普通高等教育"十三五"规划教材

大学物理实验
(第三版)

主 编 李 坤

副主编 王建荣 吕播瑞 魏国东

科学出版社

北 京

内 容 简 介

本书是普通高等教育"十三五"规划教材,是编者在多年实验讲义的基础上增加了研究性实验的内容编写而成的。全书共 6 章,包括物理实验方法论、20 个基础性实验、16 个综合性实验、8 个设计性实验、22 个研究性实验及 15 个计算机仿真实验。这 81 个实验涵盖了物理学领域内力学、热学、电磁学、光学及近代物理的各个范畴。

本书由理论到实验,由基础到应用,难度由浅入深,系统地讲述了物理实验中的各个环节,可作为普通高等学校物理实验的教材,也可以供相近专业的工程技术人员参考使用。

图书在版编目(CIP)数据

大学物理实验/李坤主编. —3 版. —北京:科学出版社,2018.1
普通高等教育"十三五"规划教材
ISBN 978-7-03-056192-3

Ⅰ. ①大… Ⅱ. ①李… Ⅲ. ①物理学-实验-高等学校-教材
Ⅳ. ①O4-33

中国版本图书馆 CIP 数据核字(2017)第 331017 号

责任编辑:任俊红 / 责任校对:桂伟利
责任印制:霍 兵 / 封面设计:华路天然工作室

科 学 出 版 社 出版
北京东黄城根北街 16 号
邮政编码:100717
http://www.sciencep.com
三河市宏图印务有限公司印刷
科学出版社发行 各地新华书店经销
*
2005 年 7 月第 一 版 开本:787×1092 1/16
2018 年 1 月第 三 版 印张:26
2021 年 12 月第五次印刷 字数:666 000
定价:49.00 元
(如有印装质量问题,我社负责调换)

前　言

大学物理实验课是理工科学生进入大学后接触到的第一门实验课程，是接受系统实验方法和实验技能训练的开端，是理工科专业对学生进行科学实验训练的重要基础。通过大学物理实验课，学生将会学习到基本实验仪器的使用、基本物理量的测量方法、基本的实验技能、基本的数据处理方法，更重要的是学会科学实验的基本思想。这对于学生将来在工作和学习中所需要具备的独立工作能力和创新能力等素质来讲是十分必要的。因此，大学物理实验课是一门对所有的理工科学生来讲都很重要的基础课程。

本书是编者在多年实验教学的基础上，依据"高等教育学校物理实验教学基本要求"编写而成的。本书的目的就是让学生通过学习书中的实验方法、实验内容、实验设计而初步获得进行科学研究的基础能力。

本书在整体编排上，遵循由浅入深、循序渐进的原则，打破了传统的力、热、光、电、近代物理实验的界限，将大学物理实验划分为基础性实验、综合性实验、设计性实验、研究性实验和计算机仿真实验，形成从低到高、从基础到前沿、从接受知识到培养综合能力的分层次课程体系。第1章物理实验方法论，主要讨论了物理实验中常用的实验方法，尤其是对误差理论与数据处理方法进行了详细的讨论。第2章基础性实验，主要为基本物理量的测量、基本实验仪器的使用、基本实验技能的训练和基本测量方法与误差分析等，涉及力、热、电、光和近代物理各个学科，是大学物理实验的入门实验，也是适合于各专业的普及性实验。第3章综合性实验，主要涉及力、热、电、光和近代物理技术的综合应用，目的在于培养学生综合思维与综合应用知识和技术的能力。第4章设计性实验，是由以前教师排好实验、准备好仪器、学生来做实验的状态，过渡到学生在教师指导下自己设计方案来完成实验，从而培养学生的综合思维和创造能力。第5章研究性实验，是让学生在具备一定的物理学和物理实验知识的基础上，进一步了解现代物理实验技术的思想、方法、技术和应用，以科研探究的方式进行实验，培养他们的创新思维、能力及合作精神。第6章计算机仿真实验，是将一些设备昂贵或有相当危险性的实验，以虚拟仿真的形式展现，开拓学生的视野。此外，书中在绪论和重点实验环节配备了详细的视频资源，扫描书中二维码即可观看、学习。

实验教学是一项集体事业，本书是经过物理系全体同仁多次修订和改编逐步积累而成的。本书的第1章和第6章由李坤编写，第2章由王建荣编写，第3章由魏国东编写，第4章由李传亮编写，第5章由吕播瑞编写，最后由李坤统稿、修改和定稿。

本书在编写过程中，借鉴了许多兄弟院校的相关资料和经验；太原科技大学物理系的李晋红老师和刘淑平老师审阅了本书并提出了许多宝贵意见；太原科技大学教务处和应用科学学院对本书的编写和出版给予了极大的支持和鼓励；科学出版社的领导和编辑们为本书的出版也做了很多工作。在此，向他们表示衷心的感谢！

限于编者水平，书中难免会有不当之处，敬请读者批评指正。

编　者

2017 年 6 月

目　　录

第1章 物理实验方法论

1.1 物理实验方法的兴起与发展

物理学是一门研究物质间相互作用及运动规律的学科，是整个自然科学的基础，也是当代科学技术的主要源泉. 从本质上讲，物理学是一门实验科学. 物理学中每个概念的提出，每个定律的发现，每个理论的建立，都以严格、坚实的实验作为基础，所以物理实验是整个物理学的基础.

1.1.1 伽利略实验探索的思想和方法

在物理学发展的漫长历程中，在好奇心的驱使下，先贤们对自然界进行过不计其数的观测. 通过这些观测，人们提出了各种理论，去解释这些现象，还制造出很多仪器，用于进一步观测. 例如，古巴比伦人发明了梁式天平；古希腊人阿里斯托芬有过利用透镜点火熔化石蜡的记述；欧几里得记载过用凹面镜聚焦太阳光的实验；阿里斯塔克第一次测定了太阳、地球、月亮之间的相对距离；等等. 在这些观测的基础上，人们慢慢地提高了对自然界的认识，逐渐发展出了物理学的雏形.

早在公元前，阿基米德就做过杠杆、滑轮等实验. 除此以外，他还做了浮力实验，建立了浮力定律. 他在"论浮体"一文中曾这样叙述：浸入静止流体中的物体受到一个浮力，其大小等于该物体所排开流体的重量，方向垂直向上并通过所排开流体的形心. 这就是一个从实验总结为理论的定量实验，迄今仍被普遍使用的"阿基米德原理".

上述这些实验，无论从系统的观测和记录，还是在人为的条件下重现物理现象来看，都能够称得上是物理实验，但是这些实验毕竟还是零星的。定量的实验很少，而定性的实验较多，大多数实验没有提升概括出理论，而只是现象的描述. 或者只做了一般的解释而没有形成系统的理论，即使形成了一些理论，也没有用其他实验去检验它. 因此，这并不标志着物理学的真正开始. 直到公元 16～17 世纪，吉尔伯特和伽利略等一批科学家出现，他们把实验方法与物理规律的研究结合起来，标志着物理学的真正开始，对物理学的发展做出了划时代的贡献. 伽利略是其中杰出的代表之一.

伽利略曾做过单摆实验，说明了单摆的周期与摆长的平方根成正比，而与摆的质量和材料无关；也曾做了斜面实验，验证了物体在重力作用下做等加速运动的性质，总结出物体从静止开始做等加速运动时，运动的距离与时间的平方成正比的普遍公式，并且利用几何关系，建立了等加速运动的平均速度与末速度关系的数学表达式. 他还根据实验事实，进行演绎推理，得出了许多物理学的理论结论. 他采用了一套对近代科学发展很有效、很具体的程序，即对现象的一般观察—实验观测—提出假设—运用数学和逻辑的手法演绎、推理得出推理——再通过物理实验对推论进行检验——对假设进行修正和推广. 伽利略的科学思想方法有以下几个特点：

1. 运用科学推理和抽象分析

亚里士多德在他的著作《论天》中阐述:"两个不同质量的物体做自由落体运动时,较重的物体速率比较大,较轻的物体的速率小."伽利略用著名的逻辑推理反驳了这个论述,他指出:如果亚里士多德的论断成立,即重物比轻物下落的速度大,那么将一轻一重两个物体拴在一起,下落快的重物会由于被下落慢的轻物拖着而减速,而下落慢的轻物会由于被下落快的重物拖着而加速,因而两个拴在一起的物体的下落速度将比两个中较重的物体下落速度小.但两个物体拴在一起又要比原来较重的物体更重,下落速度应更大."这样亚里士多德的论断陷于自相矛盾的困境.这个流传了千余年的落体运动的谬误终于被伽利略纠正.

亚里士多德的另一论断:"作用于物体上的力一旦终止,物体就随即静止."伽利略经过独立思考、推理,用抽象方法针对消除摩擦的极限情况来说明惯性运动,发现了惯性原理,纠正了统治物理界两千年之久的"力是维持速度的原因"的谬误.

2. 重视观察和实验

以哥白尼为代表的地动论和以亚里士多德为代表的地静论争论的焦点是,地静论认为如果地球是做高速运动,为什么地面上的人一点也感觉不出来呢?为此伽利略亲自到船上作了十分细致的观察、实验,揭示了一条极为重要的真理,即从一个做匀速直线运动的船中发生的任何一种现象,是无法判断该船究竟是在运动还是停着不动.这就是说地球本身的运动对居住在地球上的人们来说是觉察不出来的.这个结论从根本上否定了地静论对地动说的非难,现在人们称这个论断为伽利略相对性原理,这个重要原理后来也成为狭义相对论的两个基本原理之一.

伽利略还用自身的脉搏跳动作计时器(当时无计时工具)证明了摆的等时性,计算了摆的周期,并证明了摆的周期与摆的长度的平方根成正比,而与摆锤的重量无关.这个实验的结论纠正了亚里士多德的"摆幅小需时少"的错误说法.

此外,伽利略还研究了匀加速运动,并用实验来验证他推出的公式,即从静止开始的匀加速运动,运动距离和时间的平方成正比,还把这一结果推广到自由落体运动.

3. 把实验探索和理论有机地结合起来

伽利略所发现的许多最基本的定理,都是通过了实验和理论的双重证明并把两者有机地结合起来,从而既克服了实验不精确的缺陷,又摒弃了"万物皆数"的唯心主义对科学研究的不良影响.值得指出的是,在伽利略的著作里所描述的实验都是理想化的,他所写出的实验数据都同理论有很好的符合,这很可能是因为他对数据进行了筛选.这表明伽利略并没有被实验的表面现象束缚,能正确地对待和解释实验误差.在他看来,实验结果与理想的简单规范之间的偏差,只是某些次要因素干扰的结果.

综上所述,伽利略把科学的实验方法发展到了一个完全新的高度.从此,物理学的一个新时代开始了,物理学走上了真正科学的道路.

1.1.2 物理实验在物理学发展中的作用

在物理学发展的历程中,实验和理论互为依赖,相辅相成.下面,我们从它们的相互关系来讨论物理实验在物理学发展中的作用.

1. 物理学理论是实验事实的总结

有许多物理学的理论规律是直接从大量实验事实中总结概括出来的. 例如, 经典物理学中的开普勒三定律是依据弟谷·布拉赫所积累的大量观测资料, 采纳了哥白尼体系, 又把哥白尼体系中的圆轨道修改为椭圆轨道而得到的. 牛顿是在伽利略、开普勒、胡克、惠更斯等的工作基础上, 经过归纳总结, 提出了牛顿三大定律的.

不仅经典物理的规律是这样, 近代物理的发展中也不乏这种例子. 例如, 粒子物理中的奇异粒子就是 1947 年首先在宇宙射线中被观察到的. 后来, 20 世纪 50 年代在加速器实验中发现了一批粒子, 它们协同产生, 非协同衰变, 而且是产生快、衰变慢. 经研究, 需要引进一个新的守恒量来对其进行概括, 于是提出了一个新的量子数——奇异数. 普通粒子的奇异数为零, 奇异粒子的奇异数不为零. 这是完全从实验规律中总结而来的.

2. 物理学中的争论需要用实验去判定

在物理学中, 对某一问题的看法常常会产生几种不同意见. 而这些意见的对错往往并不直观, 最终还要靠实验做出判断.

在对光本质认识的历史过程中, 微粒说和波动说的争论持续过很长一段时间. 最初, 由于光的成像和直线传播的事实, 人们很自然地支持了微粒说. 可是, 光的独立传播, 即两束光交叉后, 还是各自按原来的方向和强度传播, 又给惠更斯的波动说提供了有力的佐证. 杨氏双缝干涉实验证明光是一种波, 马吕斯发现的光的偏振也证明光是一种横波. 光电效应及康普顿效应又给爱因斯坦的光量子论以有力的支持. 最后, 以波粒二象性结束了这一场旷日持久的争论, 解释了全部实验事实.

3. 实验是修正错误的依据和发展理论的起点

实验常常成为纠正错误理论的依据和发展理论的新起点. 例如, 古希腊的亚里士多德曾经断言: 体积相等的两个物体, 较重的下落较快. 他认为, 物体下落的快慢精确地与它们的重量成正比. 这种理论曾经影响了人们 1800 多年. 但以后的无数实验事实以及伽利略的逻辑分析, 都无可争辩地否定了亚里士多德的观点.

1911 年, 昂内斯在观察低温下水银的电导变化时, 在 4.2 K 附近发现电阻突然消失的现象, 后来又观察到许多金属在低温下都存在超导状态(即电阻率为 0). 由此产生了一个新的物理学分支领域——超导物理.

以上我们强调了实验在物理学发展中的重要作用, 但是, 并没有丝毫轻视理论的意思. 在物理学的发展史上, 理论的发展往往有其相对的独立性. 在一个相当长的时期内, 理论可以独立于实验而发展, 而且这种独立的趋势还可能随着物理学的进一步发展而扩展. 然而, 归根结底新理论的提出还是需要一定的实验事实来支撑, 并且绝不能违背已有的实验事实.

物理学发展到今天, 在理论指导下进行实验就变得更加重要了. 因为除了天文现象以外, 已经很少有在一般条件下就可以观察到的新的、具有前所未有的理论价值的实验现象了. 现代物理实验往往要用大型或非常精密的仪器, 花费很多人力、物力和时间, 在一定的特殊条件下去探索, 并且经过大量数据处理才可能获得结果.

1.2　物理实验中的实验方法

在物理学中, 基本物理量包括长度、质量、时间、温度、电流强度与发光强度等. 除此之外, 电动势、电压及电阻也是物理实验中十分重要的物理量. 本章将分别介绍上述这些物理量的基本实验方法.

1.2.1　实验方法

物理学是一门实验科学. 包罗万象的物理规律, 是通过对现象的观察分析, 对物理量的反复测量而建立的. 物理量的测量方法种类繁多, 在大学物理实验中, 归纳起来, 可以概括出以下基本实验方法, 分别为：比较法、模拟法、放大法、补偿法、混合法和仿真法等.

1. 比较法

比较法是将被测量与标准量进行比较而得出测量值的测量办法. 例如, 用米尺测量长度, 就是将被测长度与标准长度(m、cm、mm 等)进行比较；用天平测质量, 就是将被测质量与标准质量(kg、g、mg 等)进行比较；又如测量光栅衍射的各级衍射角, 也是用比较法通过分光计上已刻好分度的圆游标测出结果的.

2. 模拟法

模拟法是一种间接的测量方法. 这里, 以电流场模拟静电场为例对模拟法加以说明. 直接对静电场进行测量是相当困难的. 为此, 可联想到, 电流场与静电场虽然是两种不同的场, 然而它们所遵循的规律在形式上相似. 而且, 对电流场的测量相对来说容易很多. 那么, 利用其相似性, 对电流场进行研究以代替对静电场的研究, 这就是一种模拟的方法.

3. 放大法

在物理量测量中, 对那些难以用普通测量仪器进行准确测量的微小量, 常采用放大的方法将其放大, 也是一种基本测量方法, 称为放大法. 例如, 利用螺旋测微器测量长度时, 实际上就是把螺杆的位移放大成鼓轮的转动；又如测量钢丝的杨氏模量时, 用光杠杆法放大钢丝在拉力作用下的微小伸长量.

4. 补偿法

补偿法是将种种原因使测量状态受到的影响尽量加以弥补. 例如, 可用电压补偿法弥补用电压表直接测量电压时而引起被测支路工作电流的变化；用温度补偿法可弥补因某些物理量(如电阻)随温度变化而对测试状态带来的影响；用光程补偿法可弥补光路中光程的不对称等.

5. 仿真法

在现代物理实验中, 利用计算机进行仿真实验是一种新兴的实验方法. 随着计算机的迅速发展与普及, 计算机提供了强大的数学运算能力、绘图能力及存储空间, 对于一些物理实验，可以在计算机上进行模拟，调节各实验参数，综合数据进行结果分析，从而找出其中的一般规律.

1.2.2 基本物理量的测量方法

1. 长度的测量方法

长度的国际标准从 1795 年法国颁布米制条例以来一直在不断地完善.

最早，科学家设想从自然界选取长度标准，把从北极通过巴黎到赤道的地球子午线长度的十万分之一作为长度的基本单位，称为"米"，并用纯铂制成了米的基准器. 显然，这种基准器(称为自然基准器)的准确度受到对地球子午线的测量程度的限制.

在 1889 年巴黎第一届国际计量大会上规定长度的国际标准是一根横截面呈 X 形的铂铱(90%铂和10%铱)合金棒，保存于巴黎附近的塞弗尔市的国际计量局中，叫做国际米原器. 把刻在棒两端附近的两条细线之间的距离定义为 1 m.

由于国际米原器及其复制品的长度可能由于外界的作用而随时间发生微小的变化，所以对于极精密的测量工作来说，国际米原器不是理想的长度标准. 任何大块物质都不可能保持本身的物理性质永久不变，而单个原子的性质可以合理地假定为基本上不随时间而变化. 所以许多年来，科学家们企图把长度的标准和原子的性质联系起来. 由于实验技术的发展，人们已经能够极精密地测定光的波长. 1960 年第十一届国际计量大会决定，以氪的一种纯同位素——氪-86 原子在 $2p_{10}$ 和 $5d_1$ 能级间跃迁所对应的辐射，在真空中的波长作为长度的新标准，并规定 1 m 等于该波长的 1650763.73 倍. 新标准一方面提高了测量的准确度，另一方面比旧标准方便得多，因为在任何设备比较完善的实验室里都能够获得氪-86 发出的橙红色光.

用氪-86 波长复现长度单位"米"时，在最好的复现条件下，其准确度为 $\pm 4 \times 10^{-9}$，要继续提高存在着困难，因为原子受激跃迁时，总要受外部电磁场作用和其他干扰的影响. 这些影响会使谱线产生偏移，就限制了长度计量的测量精确度的进一步提高.

20 世纪 70 年代初，有些国家在研究光速方面投入了很大的力量. 因为当时的时间频率测量精度已经比较高了，如果能准确测量光速，必然会提高长度测量的精度.

1983 年 10 月 7 日在巴黎召开的第十七届国际计量大会上，审议并批准了米的新定义. 决定：

(1) 米是光在真空中 1 / 299 792 458 s 的时间间隔内行程的长度.

(2) 废除 1960 年以来使用的建立在氪-86 原子在 $2p_{10}$ 和 $5d_1$ 之间能级跃迁的米的定义.

新定义用词简单，含义明确、科学，又能够为广大非科技人员所理解. 这个定义带有开放性，随着科学技术的发展，复现程度可不断提高，并且复现方便，即使是经济不很发达的国家，也有能力复现，并有足够的精确度.

在国际单位制(SI 制，简称国际制)中，长度单位是"米(m)".

除了"米"以外，在国际制中还可用"米"的十进倍数或分数作长度单位. 符号及其与"米"的关系如下：

$$1 \text{ 千米(km)} = 10^3 \text{ m}$$

$$1 \text{ 厘米(cm)} = 10^{-2} \text{ m}$$

$$1 \text{ 毫米(mm)} = 10^{-3} \text{ m}$$

$$1 \text{ 微米(μm)} = 10^{-6} \text{ m}$$

$$1 \text{ 纳米(nm)} = 10^{-9} \text{ m}$$

天文学中计量天体之间的距离时，常用"天文单位"及"光年"作为长度单位. 1 天文单位就是地球和太阳的平均距离，等于 1.496×10^8 km. 1 光年就是光在真空中 1 年所走过的路程. 光的速度约为 3×10^8 m/s，所以 1 光年等于 9.46×10^{15} m.

在物理实验中常用的长度测量仪器有米尺、游标卡尺、螺旋测微器、读数显微镜、百分表等. 选用时要注意仪器的量程和分度值(一般分度值越小，仪器越精密). 在工程技术和科学研究中经常需要测量不同量值、不同精度要求的长度，针对不同情况需使用不同的长度测量仪器. 此外，有许多物理量的测量也经常转化为长度测量，如温度、压力、电流和电压等，因此掌握长度测量十分重要.

2. 质量的测量方法

物体的质量可以用两种不同的方法来测量.

一种方法是利用牛顿第二定律中关于质量的关系式，即物体的质量是作用在该物体上的力与物体加速度的比值. 将已知力作用在一个物体上，测出该物体的加速度，那么用这个力除以此加速度，就可得到该物体的质量.

另一种方法就是用被测物体的质量和标准质量进行比较. 例如，天平就是利用这一方法来测量质量的，所谓的标准质量实际上就是砝码.

天平作为一种计量仪器，很早就出现在世界上了. 我们勤劳智慧的祖先早在周朝时期已在我国不少地方利用天平做仪器进行称衡了. 如果追究我国第一次使用这种天平的时间，应当比这还早. 我国是世界上使用天平最早的国家.

质量的国际单位，在 1889 年以前经历了与长度的国际单位相类似的完善过程. 1795 以后，把千克作为质量单位，它等于 1 dm^3 的纯水在 4 ℃时的质量，并且用纯铂制成了千克的基准器. 随着测量技术的提高，经过反复的精确测量，发现质量为 1 kg 的纯水，在 4 ℃的体积并不是 1 dm^3，而是 1.00028 dm^3，即千克基准器的质量和理论之间存在很大的差别.

自 1889 年起，国际单位制将千克的大小定义为与国际千克原器(在专业度量衡学中很多时候会把它缩写为 IPK)的质量相等. IPK 由一种铂合金制成，这种合金叫"90Pt10Ir"，即 90% 铂及 10%铱(按质量比)，然后把这种合金用机器制造成 39.17 mm 的直立圆柱体(高度=直径)，被放置在双层玻璃罩内的石英托盘上，与国际米原器一起保存于国际计量局.

常用的质量单位及其换算关系如下：

$$1 \text{ 克(g)} = 10^{-3} \text{ kg}$$

$$1 \text{ 毫克(mg)} = 10^{-6} \text{ kg}$$

$$1 \text{ 微克(μg)} = 10^{-9} \text{ kg}$$

实验室中测量质量常用的仪器有物理天平、分析天平以及电子天平等.

3. 时间的测量方法

关于时间的测量，可能遇到两类问题：第一类是测定某一现象开始的真正时刻，这主要是在天文和地球物理研究中有它的意义；第二类是测定两个时刻之间的时间间隔，例如，某一现象的开始和终止之间的时间间隔，这是在物理学的研究中经常遇到的问题.

1960 年以前，人们是利用地球的自转来定义时间的，那时国际上对时间的标准定义为太阳连续两次出现在子午面的时间间隔，取其一年中的平均值，称为平均太阳日，1 秒=平均太阳日/86400. 1960~1967 年，为了提高时间单位的准确度，出现了秒的第二次定义，即用历书秒代替平均太阳秒作为秒的定义. 历书秒是以地球公转为基础的，因为地球公转的周期比自转周期更加稳定. 历书秒的定义为 1900 年 1 月 1 日 0 点开始的一个回归年的 31556925.9747 分之一.

1967 年 10 月，第十三届国际计量大会决定，把时间的标准改为"秒是铯-133 原子在其基态两个超精细能级间跃迁时辐射的 9192631770 个周期所持续的时间"，按照此定义，复现秒的精密度已超过十亿分之一秒.

国际单位制中，时间的单位是"秒(s)". 除"秒"以外，国际制还可使用其他的时间单位. 常用的时间单位及其与"秒"的关系如下：

$$1 日(d) = 86\ 400\ s$$

$$1 时(h) = 3600\ s$$

$$1 分(min) = 60\ s$$

$$1 毫秒(ms) = 10^{-3}\ s$$

$$1 微秒(\mu s) = 10^{-6}\ s$$

$$1 纳秒(ns) = 10^{-9}\ s$$

$$1 皮秒(ps) = 10^{-12}\ s$$

$$1 飞秒(fs) = 10^{-15}\ s$$

实验室中测量时间常用的仪器有停表(机械停表、电子停表)、数字毫秒计和光电计时器等.

4. 温度的测量方法与仪器

温度是表征物体冷热程度的物理量. 要定量地确定温度，必须对不同的温度给以数量标志. 温度的数量表示方法叫做温标. 为使温度的测量统一，就必须建立统一的温标. 人们总结了生产和科学研究中测量温度的经验，并由理论分析得出热力学温标是最科学的温标. 因此国际上规定热力学温标为基本温标. 热力学温度单位是国际单位制中的温度单位. 1954 年第十届国际计量大会将它的定义规定为选取水的三相点为基本点，并定义其温度为 273.16 K. 1967 年第十三届国际计量大会以开尔文的名称(符号 K)代替"K 氏度"(符号 K)，并对热力学温度定义如下："热力学温度单位开尔文是水的三相点热力学温度的 1/273.16."

实验室中测量温度常用的仪器有：气体温度计、水银温度计、电测温度计以及光测温度计等.

5. 电流的测量方法与仪器

在国际单位制中，电流是基本物理量之一. 电流的测量不仅是电学中其他物理量测量的基础，也是许多非电量测量的基础. 安培的定义为"若保持在处于真空中相距 1 m 的两无限长、而圆截面可忽略的平行直导线内，通以相等的恒定电流，当两导线之间产生的力在每米长度上等于 2×10^{-7} N 时，各导线上的电流为 1 A". 该定义在 1948 年第九届国际计量大会上得到批准，1960 年第十一届国际计量大会上，安培被正式采用为国际单位制的基本单位之一. 安培是为纪念法国物理学家 A. M. 安培而命名的. 利用电流的各种物理效应，可以制成各种各样测量电流的仪器.

在实验中最常用的是磁电式电流表.

1.3　测量误差与数据处理

1.3.1　测量与误差

物理实验不仅要定性观察物理量的变化过程，更重要的是要定量地测定物理量的大小.

1. 测量的基本概念

图 1-3-1 是用米尺测量 AB 的长度. 这是一个最简单、最基本的测量. 由此例可知，"测量"就是将待测量与选为单位的标准量进行比较的过程.

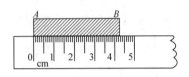

图 1-3-1　用米尺测量 AB 的长度

此例中，AB 的长度就是待测量(更确切地说是"给定的测量目标")，米尺(测量设备)上每一分格的长度就是标准量. 比较的结果(测量所得的信息)，即待测量与标准量比较所得的倍数(此倍数可能是整数、分数或无理数)称为"测得值"或"测定值".

图 1-3-1 中 AB 的长度是 4.25 cm 或 42.5 mm.

2. 直接测量和间接测量

"直接测量"是指能用仪器或仪表直接测出测量值的测量过程. 由直接测量所得的测量值为"直接测量值". 例如，用米尺量得 AB 的长度是 4.25 cm；用电压表测得电路中两点的电势差是 3.20 V 等.

"间接测量"是指测量的最终结果(测得值)需将一些直接测量值代入一定的函数式，通过计算才能得出的测量过程. 例如，圆柱体的密度 ρ 需将圆柱截面的直径 D、圆柱体的高 H 和质量 m 这三个直接测量值代入函数式 $\rho = 4m / (\pi D^2 H)$ 中进行计算才能得出. 物理实验大都是由直接测量得出某些物理量的值，然后通过已确定的函数关系求另一物理量，或通过对一些直接测量数据的分析研究建立其与待测量间的函数关系.

3. 真值、最佳值与误差

1) 真值

物体有各种各样的性质，我们可以用一些物理量来表示这些性质. 这些物理量所具有的客观真实值称为它的"真值"，也可更确切、更具体地给真值下一个定义，即当待测量和测量过程完全确定，且所有测量的不完善性可以排除时，由测量所获得的一个值称为此量的真值.

测量的目的是得到待测量的真值，但通过有限次测量能测得真值吗?让我们再来分析一下图 1-3-1 所示的测量. 我们把 AB 的一端 A 和米尺"0"刻线对齐，另一端 B 所对的米尺的位置即为 AB 的长度. 从图中可以看到 B 是在 4.2 cm 到 4.3 cm 之间. 但究竟是 4.2 几 cm 呢?不同的人可以读出不同的数来(对同一个人，在不同的时候来测，读数也可能不同)，如读成 4.28 cm、4.27 cm、4.24 cm 等. 这些读数中，最后一位数是估计出来的，称为"估计数字"(也称为"可疑数字""欠准数字"等). 我们很难判断哪个读数更准，因而也就不能确定物长的真值是多少. 那么图 1-3-2 中所示的两个测量是否就很准了呢?其实不然. 图 1-3-2(a)中长度应记为 4.20 cm, 即 AB 的长度可能是 4.19 cm、4.20 cm、4.21 cm 等. 而图 1-3-2(b)中 AB 应记为 4.00 cm, 即它可能是 4.01 cm、4.00 cm 或 3.99 cm 等. 要注意的是, 这两个读数中的 "0", 并不表示绝对正确, 而是表示在我们测量时边缘 "B" 似乎与米尺的某一刻线对齐了, 即把估读的那位数估成 "0" 了. 还要注意的是: AB 测得值的最后一位应比米尺的最小分格还小一位. 例如, 图 1-3-2(b)中 AB 一定要记为 4.00 cm, 而不能记为 4 cm 或 4.0 cm.

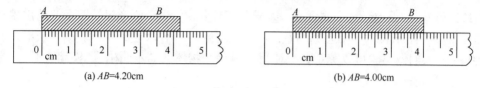

(a) AB=4.20cm   (b) AB=4.00cm

图 1-3-2 米尺测量 AB 长度对比

以上的例子是由主观因素(估计读数不能确定)造成的测量值与真值有差异,其实还有许多客观因素(例如, 待测物与测量设备的材料不同, 在温度变化时, 它们的膨胀情况也不一样)以及难以预料的因素也会造成测量值与真值的差异. 所以, 通过有限次测量是不能测得真值的.

2) 最佳值

在相同条件下(即等精度)对某一物理量进行 N 次测量, 其测量值为 x_1, x_2, x_3, $\cdots$, x_k, 算术平均值为 $\bar{x}$, 则

$$\bar{x} = \frac{1}{N} \sum_{i=1}^{N} x_i \tag{1-3-1}$$

理想情况下, 在一组 N 次测量的数据中, 算术平均值最接近于真值, 称为测量的 "最佳值". 当测量次数 $N \to \infty$ 时, $\bar{x} = X$ (真值).

3) 误差

由以上分析可知, 任何测量都包含欠佳成分(可疑成分), 也就是说, 任何测量值与真值之间都存在差异, 这种差异就是测量的误差.

1.3.2 误差定义和分类

由于各种主观的、客观的、可以预见和不可预见的原因都对测量有影响, 测量值偏离了真值而造成误差. 为了能定量地估算这种偏离程度, 人们定义了绝对误差和相对误差.

1. 绝对误差和相对误差

绝对误差是测量值与真值之差, 即

$$\Delta x = x - X \tag{1-3-2}$$

式中, x 是测量值, X 是待测量的真值, Δx 则是 x 的绝对误差. 注意:绝对误差可以取 "+" 或 "−"(不是误差取绝对值), 即 Δx 可表示测量值 x 偏离真值 X 的程度(即 "大小"), 也可表示偏离的方向(如 $\Delta x > 0$, 表示 x 偏大于 X; $\Delta x < 0$, 则表示 x 偏小于 X).

但是, 绝对误差并不能反映测量的准确程度, 即测量的好坏. 例如, 多级弹道火箭在射程为 12 000 km 时, 能击中直径为 2 km 的圆面积目标;而优秀射手在距离为 50 m 远处, 能

准确地射中直径为 2 cm 的圆形靶心. 如只考虑绝对误差,则火箭的误差比射手的要大 10 万倍. 但是,火箭的误差与射程之比为 0.01%,而射手的误差与射程之比却是 0.02%,可见火箭击中目标的准确率比优秀射手要高. 为了能正确地表达测量的好坏,还应引入相对误差的概念.

相对误差是绝对误差与测量值(对某一次测量而言)或近真值(对多次测量而言)之比(常用百分率来表示),即

$$E_x = (\Delta x / x) \times 100 \tag{1-3-3}$$

从以上讨论可知,"误差"这个词含有"差异""差别""错误"等意思,即误差的出现几乎是人为的,误差是用来表示这个差错的量. 其实,测量值的不确定是客观事实,是不以人的意志为转移的. 人们做实验可以测量,只能得出对待测物体的"不明确""模糊""不确定"的认识.

2. 误差的分类

传统的分类法就是着重于误差的产生原因和误差值的规律性质,一般把误差分为如下三类.

1) 系统误差

在同一测量条件下,多次测量同一值时,其误差的绝对值和符号恒定(定制系统误差),或按一般的规律变化(变质系统误差)的误差称为系统误差. 系统误差产生的原因主要有以下三个方面:

(1) 理论和实验方法方面——实验所依据的理论不够充分,或未考虑到影响所求结果的全部因素. 例如,精确测定某物体的重量时,忽略了空气浮力产生的影响;计算真实气体的状态变化时,采用了理想气体状态方程;在简化运算公式时,略去的部分所占比例过大等. 若能充分探讨其理论,并将校正项引入到测量结果中去,这种误差是可以部分避免的.

(2) 仪器设备方面——仪器设备常由于制造不够精密或安装不妥,测量结果不够准确. 例如,米尺的刻度不均匀或弯曲,天平的两臂不等距,螺旋测微器的螺距不均匀等. 虽然仪器设备不可能绝对完好,但设法改进仪器的设计和制造,可尽量减小这种误差.

(3) 个人原因——因观察者感觉的敏钝或生理上某些缺陷引起. 这种误差往往因人而异,若矫正生理上的缺陷,并经过一段时间的实验技术训练,这种误差也可以减小.

系统误差的特点是使测量的结果总是偏向一边,不是偏大,就是偏小. 一般来说,这类误差有规律可循,往往可预先设法消除或减小. 在物理实验中,前两个因素应在实验室设计和准备实验时加以考虑. 第三个因素要靠实验者自己努力克服.

2) 随机误差

在相同条件下,对同一量进行多次重复测量时,在极力消除或修正一切明显的系统误差之后,每次测量值仍会出现一些随机起伏,由这些起伏所造成的误差称为随机误差.

随机误差产生的原因主要有以下两种:

(1) 剩余的——系统误差虽然可以设法减少,但不能完全消除. 一般来讲,经过精心校正后的测量值,其误差残余已不再有系统误差的性质,而成为随机性的误差. 例如,对真实气体使用范德瓦耳斯方程比采用理想气体方程准确,但仍然只是近似准确,在某些状态范围内它和真实气体之间仍有偏离.

(2) 意外的——在测定过程中,观察者的生理状态以及外界条件,如温度、气流等发生变

化(实际上总是在不断地改变着)而引起的误差, 这种影响往往不是人力所能控制的.

随机误差又被称为"偶然误差". 它的特征是"随机性", 即每一个单独误差值的大小和正负是没有规律性的、不固定的, 但多次测量就会发现绝对值相同的正负误差出现的概率大致相等, 因此它们之间常能互相抵消. 所以随机误差可以通过增加测量次数取平均值的办法来减小.

值得注意的是, 随机误差是无法消除的, 但我们可以研究它的分布情况, 估算它的大小, 并探讨它出现的概率.

3) 过失误差和粗大误差

过失误差是指人为事故所造成的误差. 粗大误差是指在一定的测量条件下, 超出规定条件下预期的误差. 这两类误差产生的原因均是观察者的疏忽大意. 观察者对仪器的使用方法不当, 或对实验原理不甚理解, 或记错数据均会造成这类误差. 这类误差毫无规律可循, 有时可能造成极大的差错. 因此, 这类误差实际上可称为"错误", 它是完全可以避免的, 而且应该避免的.

1.3.3 测量的准确度、精密度, 仪器准确度与仪器误差

1. 多次测量误差分布的直方图、分布曲线和分布函数

表 1-3-1 中所列的数据是测量某钢球直径所得的值. 表中列了两组数据, I 组总共做了 $N=150$ 次测量, I A 组做了 $N=50$ 次测量. 为了便于比较, 我们所列的数据是以测量值 S_i 为中心值, 间隔 $\Delta S = 0.01$ 的出现次数. 例如, 表 1-3-1 中 7.320 出现的次数 $n_i = 3$ (对应于 $N=150$), 是指 S_i 的测量值在 7.315～7.325 这一区间内出现的次数为 3. 表中的相对出现次数 n_i / N 在统计学上称为频率. 当 $N \to \infty$ 时, 频率的极限就是概率. 图 1-3-3 是以 n_i 为纵坐标, S_i 为横坐标所作的直方图(在横轴上依次按间隔 ΔS 截出各组距, 并以此组距为底, 以 ΔS 间隔中纵坐标的中心值为高作一长方形. 用这种方法所作的统计图称为"直方图"). 图 1-3-4 是以 S_i 为横坐标, 频率 n_i / N 为纵坐标的频率直方图. 图 1-3-5 是以 S_i 为横坐标, 以 $(n_i / N) \times (1 / \Delta S)$ (此乘积称为"频率密度")为纵坐标的频率密度直方图.

表 1-3-1 钢球直径测量数据表

测量值(S_i)	出现次数		相对出现的次数	
	I 组 $N=150$	I A 组 $N=50$	I 组 $N=150$	I A 组 $N=50$
7.310	1	0	0.007	0
7.320	3	1	0.020	0.02
7.330	8	3	0.058	0.06
7.340	18	6	0.120	0.12
7.350	28	9	0.187	0.18
7.860	34	11	0.227	0.22
7.370	29	10	0.198	0.20
7.380	17	6	0.113	0.12
7.390	9	2	0.060	0.04
7.400	2	1	0.013	0.02
7.410	1	1	0.007	0.02

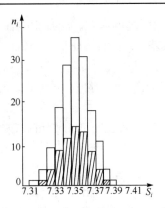

图 1-3-3　直方图

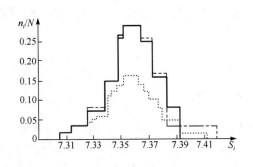

图 1-3-4　频率直方图

$—\cdot—\cdot—\ N=50,\quad ds=0.01$
$————\quad N=150,\quad ds=0.01$
$\cdots\cdots\cdots\quad N=150,\quad ds=0.005$

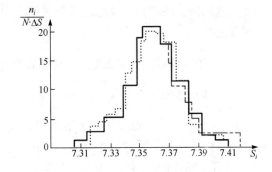

图 1-3-5　频率密度直方图

$—\cdot—\cdot—\ N=50,\quad ds=0.01$
$————\quad N=150,\quad ds=0.01$
$\cdots\cdots\cdots\quad N=150,\quad ds=0.005$

仔细分析以上各图，可得出以下结论：

(1) 由图 1-3-3 可见，$N=150$ 次(图中无阴影部分)与 $N=50$ 次(阴影部分)两组数据所对应的测量次数虽然不同，但它们的分布情况(直方图)却非常相似. 这说明，对同一物理量进行相同的测量，当测量次数足够多时，数据的分布基本相同.

(2) 由图 1-3-4 可知，当间隔 ds 相同时，不论 $N=150$ 或 $N=50$，所得频率直方图(为了便于研究，图中有些直线未画)几乎重合. 间隔 ds 不同时，虽总次数 N 相同，频率直方图也不能重合. 可见，频率分布情况与间隔 ds 有关.

(3) 图 1-3-4 表示，对于同一物理量做相同的测量，做足够多次测量，不论取多大间隔，它们的频率密度直方图几乎是重合的.

(4) 为了能更深刻地理解频率密度，我们可以设想把间隔 ds 分得无限小，即使它成为一微分量(无穷小量) ds，并设 $y=(dn_i/N)\times(1/dS)=(1/N)\times(dn_i/dS)$，则图 1-3-4 即为 y-S 曲线，它是一条光滑的曲线.

(5) 由以上讨论可知：在一组总测量次数为 N 的实验中，测量值介于 $\left[S_i-\left(\dfrac{ds}{2}\right),\ S_i+\left(\dfrac{ds}{2}\right)\right]$ 之内的出现次数为 n_i，其出现频率为 n_i/N. 如把 ds 无限取小，即 $ds\to 0$，致使在间隔区间内不多于一个测量值，其出现频率就变为

$$p_i = \frac{dn_i}{N} = \frac{1}{N}\left(\frac{dn_i}{dS}\right)dS = y_i dS \tag{1-3-4}$$

p_i 就是测量值 S 在 N 次测量中出现的概率.

　　以上的讨论是对测量值而言的. 对误差而言，随机误差的大小和方向都不能预知，但在等精度条件下，对物理量进行足够多次的测量，就会发现测量的随机误差是按一定的统计规律分布的，而最典型的分布就是正态分布(高斯分布)，如图 1-3-6 所示.

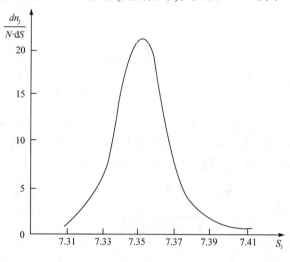

图 1-3-6　正态分布图

　　由概率论的知识可以证明，随机误差的正态分布函数是

$$y = \frac{1}{\sigma\sqrt{2\pi}}\mathrm{e}^{-(\varepsilon^2/2\sigma^2)} \tag{1-3-5}$$

其中

$$\sigma = \lim_{N\to\infty}\sqrt{\frac{1}{N}\sum_{i=1}^{N}(x_i - X)^2} = \lim_{N\to\infty}\sqrt{\frac{1}{N}\sum_{i=1}^{K}\varepsilon_i^2} \tag{1-3-6}$$

式中，y 为概率密度函数，σ 为均方根误差或标准误差，ε 为误差.

　　具有正态分布的随机误差具备以下特点：

　　(1) 单峰性：绝对值小的误差出现的概率比绝对值恒大的误差出现的概率大.

　　(2) 对称性：绝对值相等的正负误差出现的概率相同.

　　(3) 有界性：在一定的测量条件下，误差的绝对值不会超过一定限度，即特别大的正负误差出现的概率都极小.

　　(4) 抵偿性：随机误差的算术平均值随着测量次数的增加而越来越趋于 0. 所以不能用绝对误差的算术平均值来估算多次测量的随机误差，而应该先对各绝对误差取绝对值(都变成正的)，然后再求平均.

　　2. 测量精密度、准确度和精度

　　测量精密度、准确度和精度是在测量、实验、检验和工程技术中常用到的概念，下面我们简单介绍它们的含义.

(1) 精密度. 它是指重复测量所得结果的相互接近程度，是描述实验(或测量)重复性好坏的尺度，能反映随机误差的大小. 图 1-3-7 是三条精密度不同的绝对误差的分布曲线图(为了能反映随机误差的对称性，把 y 轴移到了曲线中央). 由图可见，曲线 I 代表的测量精密度最高，因为误差为 0 或近于 0 的概率最大，即测量的误差都极小；而曲线 III 的精密度最差，因为误差较大的与较小的值出现的概率几乎相等，可见它的重复性很差. 因为正态分布曲线有"单峰性"，如不考虑系统误差，则 $x=0$ 时，y 有最大值 y_0. 由式(1-3-5)，当 $x=0$ 时可得

$$y_0 = \frac{1}{\sigma\sqrt{2\pi}} = \frac{h}{\sqrt{\pi}} \tag{1-3-7}$$

其中，$h = \dfrac{1}{\sqrt{2}\sigma}$，称为精密度常数，用来表征测量的精密度程度. 由于曲线与横轴间围成的面积等于误差落在全区间的概率，即等于 1，是恒定值，因此，当 h 越大，即 σ 越小时，曲线中部分升得越高，两侧曲线下降越快，曲线 I 就是这种情况；反之，h 越小，即 σ 越大，曲线中部就升得低，两侧曲线下降得慢，曲线 III 就是这种情况.

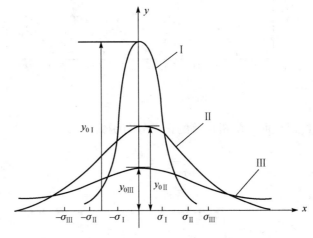

图 1-3-7　绝对误差分布曲线图

(2) 准确度. 准确度是实验所得结果(测量值)与真值的符合程度，它能反映系统误差的大小.

(3) 精度. 随机误差和系统误差的综合效果常用"精度"这个词来表述. 精度是一个含义不统一的词，概括而言此词大致有以下四种含义：①指仪器分辨能力的标志，通常用仪器的最小分度表示. 例如，螺旋测微器的精度为 0.01 mm 等. ②它常概括地表示测量相对误差的大小. 例如，测量的相对误差为 0.1%，则说测量精度为 10^{-3}，但这样表述与习惯不一致. 因为相对误差越小，测量越好，精度也应越高. 为与习惯一致，常规定以测量精度的相对误差的倒数来表达，则上述测量精度应为 10^3. ③有些仪器、仪表常用"精度级别"或"测量精度"来衡量产品的质量，此时，精度的含义应由部颁标准或国家标准来定义. ④精度有时特指"精密度"，是精密度的简称. 所以，在看到"精度"时，应先弄清楚它的含义.

3. 一次测量的误差、仪器准确度与仪器误差

在实验中，我们用仪器对某物理量测量一次，读得一个数据，称为"一次测量"．这种测量的误差分布往往是均匀的，即：如在仪器的误差范围内，估读数的出现概率(或误差的概率)相等；如在仪器误差范围以外，概率为 0，不能出现．例如，用米尺(最小分格是 mm)来测长度，则读数的最后一位即估计读数与 0.1 mm 同数量级，那么，不论你估成多少(但误差不能超过 ±0.5 mm)，均算对，机会均等；如估读数误差超过 ±0.5 mm，则影响到了正确数字，均算错，也就是说，这种情况不能出现，或者说"概率为 0"．

由误差理论可以证明，均匀分布的最大绝对误差 Δx (下式中 a 是仪器误差范围)为

$$\Delta x = \pm \frac{1}{2} a \tag{1-3-8}$$

标准误差(也称"均方根误差")为

$$\sigma = \pm \frac{a}{\sqrt{3}} \tag{1-3-9}$$

用仪器测量时，在仪器误差范围 a 以内估读一位数是必须的．考虑到读数误差可能是正，也可能是负，所以估读数必须小于或等于 $\pm a$ 而且也只需读一位，不要多读．

由于不同仪器的准确度不一定相同，相应的误差范围 a 也不一样，估读数也有差别．下面对物理实验中常用仪器的误差范围做必要说明和约定：

(1) 有刻度的仪器：如米尺、玻璃温度计、螺旋测微器等．这些仪器的最小分格 δ 就是误差范围 a，所以用它们测量时，读数的最大绝对误差是 $\pm \delta$，即读数的最后一位应比 δ 还小一位(估读一位)．估读数也应根据分格的实际情况来定，例如，最小分格是 1 mm 的米尺，可以按 0.1 mm 为最小单位来估读；而最小分格是 0.1 ℃的玻璃温度计，因为分格太小，如以 0.01 ℃为最小分格来估读，就显得不太可靠了．此时，可以按 0.05 ℃为最小单位来估读(与分格重合时读为 0.10 ℃，不重合时读为 0.05 ℃)比较恰当．

(2) 游标卡尺：游标卡尺的误差范围可约定为 $\pm i$ (i 是游标卡尺精度)．所以，用游标卡尺测量时，最后一位应与 i 同位．例如，用 $i=0.02$ mm 的游标卡尺测量时，读数的最后一位应与 i 同位(即读数以 mm 为单位时，小数点后应有两位)，且应是 0.02 mm 的整倍数．

(3) 电表：电表的误差范围由它的准确度等级与量程的乘积来定．例如，0.5 级的电压表，量程是 3 V，则最大误差 $\Delta U_{max} = \pm 0.5\% \times 3 = \pm 0.015 \approx \pm 0.02\mathrm{V}$ ．所以，用此电压表测量时，读数应估读到小数点后两位．

(4) 数字式仪器、进位式仪器：如数字式计时器、便携式电桥等，这些仪器的读数只能按数字进位，而不能在两数字之间再估读．它们的仪器误差应是最后位数的一个最小单位，读数也只能到这一位．例如，旋钮式电阻箱上有六个旋盘．读数最小的盘是"×1"，单位是 Ω，则此时仪器误差应是 ±1 Ω，即读数的最后一位应与 1 Ω同位．

1.3.4　误差的估算，不确定度和测量结果的表述

我们用表 1-3-1 中的 ⅠA 组的数据(用精度为 0.01 mm 的螺旋测微器测量)作为例子来说明误差的估算和测量结果的正确描述．

为了测钢球直径，一次实验就测 50 次(或 150 次)，取得 50 个数据(或 150 数据)进行数据

处理，是不太现实，也不太经济的. 一般来说，一次物理实验对某一量作 5～10 次测量的结果就够了. 为了取得更精确的实验结果，可对 n 次测量的结果再进行处理，我们把表 1-3-1 中 Ⅰ A 组的数据分成 5 列(认为五次实验所得)，即

(Ⅰ) 7.870　7.412　7.363　7.385　7.364　7.352　7.371　7.362　7.350　7.344

(Ⅱ) 7.365　7.390　7.343　7.363　7.372　7.354　7.381　7.391　7.348　7.363

(Ⅲ) 7.338　7.357　7.372　7.363　7.363　7.344　7.400　7.370　7.365　7.353

(Ⅳ) 7.370　7.354　7.339　7.344　7.370　7.380　7.362　7.380　7.334　7.368

(Ⅴ) 7.344　7.354　7.324　7.355　7.380　7.371　7.370　7.355　7.380　7.330

1. 测量误差的估算

1) 一次测量的误差

由以上讨论可知，一次测量的最大绝对误差 $\Delta x = \pm\frac{1}{2}a$，螺旋测微器的 a 就是它的精度(最小分格值)，为 0.01 mm. 所以，每一次测量的最大绝对误差 $\Delta x = \pm\left(\frac{1}{2}\times 0.01\,\text{mm}\right) = \pm 0.005\,\text{mm}$，即每一读数的最后一位应在小数点后第三位(以 mm 单位). 如没有读到这一位，则应用 0 补足(如 7.4 应写成 7.400 mm). 一次测量的标准误差 $\sigma = a/\sqrt{3}$，即

$$\sigma = \pm(1/\sqrt{3}\times 0.01)\text{mm} \approx \pm 0.0058\text{mm} \approx \pm 0.006\,\text{mm}$$

(1) 直接测量的平均绝对误差 Δx 和均方根误差(标准误差) σ.

设有一组测量值 $x_1, x_2, \cdots, x_n$，共测了 n 次，其真值为 x，则

$$\overline{X} = \frac{1}{n}(x_1 + x_2 + \cdots + x_n) = \frac{1}{n}\sum_{i=1}^{n} x_i \tag{1-3-10}$$

为最佳测量值或近真值.

设每一组测量的误差(测量值 x_i 与真值 x 之差)为 Δx_i，偏差(测量值 x_i 与平均值 $\overline{X}$ 之差)为 V_i，则

$$\Delta x_1 = x_1 - x, V_1 = x_1 - \overline{X}$$
$$\Delta x_2 = x_2 - x, V_2 = x_2 - \overline{X}$$
$$\cdots\cdots$$
$$\Delta x_n = x_n - x, V_n = x_n - \overline{X}$$

注意：Δx_i 与 V_i 是不相同的，Δx_i 称为"绝对误差"，V_i 称为"绝对偏差"或"误差". 当 $n \to \infty$ 时，V_i 的极限值是 Δx_i.

(2) 平均绝对误差 $\overline{\Delta X}$ 和平均绝对偏差 $\overline{V}$.

由于绝对误差服从正态分布，有对称性，所以不能用算术平均值作为此列测量绝对误差的评价标准，但可以先把每个绝对误差取绝对值(都变成"+"的)后再求平均，即

$$\overline{\Delta X} = \frac{(|\Delta x_1| + |\Delta x_2| + \cdots + |\Delta x_n|)}{n} = \frac{1}{n}\sum_{i=1}^{n}|\Delta x_n| \tag{1-3-11}$$

这样算得的误差称为"平均绝对误差". 由误差理论可以证明，在这组测量中，绝对误差的绝对值 $|\Delta x_i| \leqslant \overline{\Delta X}$ 的概率约为 57.6%，即约有 57.6%的绝对误差比 $\overline{\Delta X}$ 小.

在实验中测量次数 n 不可能无限增多, 实际上, n 取 10 次左右就足够了(误差理论可以证明, 当 $n>10$ 时, 再增加 n, 测量精度几乎没有什么提高). 所以, 平均绝对误差只有理论意义, 实验测不到. 当测量次数为 n 时, 平均绝对偏差 $\overline{V}$ 定义为

$$\overline{V} = \frac{\sum_{i=1}^{n} |\Delta x_i|}{\sqrt{n(n-1)}} \tag{1-3-12}$$

(3) 均方根误差(标准误差)σ.

我们也可以先对各个绝对误差取平方, 再求平均, 然后再开平方, 即

$$\sigma = \sqrt{[(\Delta x_1)^2 + (\Delta x_2)^2 + \cdots + (\Delta x_n)^2] / n} \tag{1-3-13}$$

这样计算的误差称为 "均方根误差".

实际中, 测量次数 n 是有限的, 所以均方根误差(即当 $n \to \infty$ 时的 σ)是无法测得的, 我们计算的只是均方根偏差. 由误差理论知, 均方根偏差为

$$\sigma' = \sqrt{\frac{\sum_{i=1}^{n} (x_i - \overline{X})^2}{n-1}} = \sqrt{\frac{\sum_{i=1}^{n} V_i^2}{n-1}} \tag{1-3-14}$$

(4) 极限误差.

由于一般情况下随机误差分布服从正态分布, 由式(1-3-5)可知, 某一次测量的随机误差出现在 $[-a,a]$ 区间内的概率为

$$p = \int_{-a}^{a} \frac{1}{\sigma\sqrt{2\pi}} e^{-(\varepsilon^2/2\sigma^2)} d\sigma \tag{1-3-15}$$

令 $a = k\sigma$, 则区间 $[-a,a]$(可记作 $[-k\sigma, k\sigma]$)称为置信区间, p 称为该置信区间的置信概率, k 称为置信因子.

置信因子 $k=1,2,3$ 时, 即随机误差出现在 $[-\sigma,\sigma]$,$[-2\sigma,2\sigma]$,$[-3\sigma,3\sigma]$ 置信区间的概率分别为

$$P(\sigma) = \int_{-\sigma}^{\sigma} \frac{1}{\sigma\sqrt{2\pi}} e^{-(\varepsilon^2/2\sigma^2)} d\sigma = 0.683 = 68.3\%$$

$$P(2\sigma) = \int_{-2\sigma}^{2\sigma} \frac{1}{\sigma\sqrt{2\pi}} e^{-(\varepsilon^2/2\sigma^2)} d\sigma = 0.954 = 95.4\% \tag{1-3-16}$$

$$P(3\sigma) = \int_{-3\sigma}^{3\sigma} \frac{1}{\sigma\sqrt{2\pi}} e^{-(\varepsilon^2/2\sigma^2)} d\sigma = 0.997 = 99.7\%$$

由上述讨论可知, 测量值落在 $[x-\sigma, x+\sigma]$ 区间内的概率为 68.3%, x 为真值. 同理, 测量值落在 $[x-2\sigma, x+2\sigma]$ 区间内的概率为 95.4%, 测量值落在 $[x-3\sigma, x+3\sigma]$ 区间内的概率为 99.7%.

这就是说, 在 1000 次测量中, 有可能出现 3 次比 3σ 大的误差. 由于我们在做实验时, 一般测量次数都不超过 10 次, 所以我们可以认为这种情况一般不会出现. 如发现某一误差大于 3σ, 则可认为所对应的测量值是疏失造成的, 应舍去, 所以 3σ 也称为 "极限误差".

根据以上讨论, 我们可对所测钢球直径的 5 列数据进行处理, 计算各列测量的近真值、平均绝对误差(或偏差)、均方根误差(或偏差)以及极限误差等, 并把各值列于表 1-3-2 中.

表 1-3-2　钢球直径测量数据处理表

i(列号)	I	II	III	IV	V
$\overline{X_i}$	7.367 3	7.367 0	7.362 5	7.360 1	7.356 8
$\overline{\Delta X_i}$	0.013 76	0.013 2	0.011 7	0.013 9	0.015 2
$\overline{V_i}$	0.014 50	0.013 9	0.012 3	0.014 6	0.016 0
σ_i	0.018 6	0.008 51	0.016 2	0.015 7	0.016 5
σ_i'	0.019 6	0.008 97	0.017 1	0.016 6	0.019 5

　　由以上计算可知：误差是反映测量不准确程度的一个标志，可以认为它之中的数字都是可疑的、欠准的. 所以，误差(或偏差)均只要保留一个非 0 的数就可以了. 如按此原则来取舍 $\overline{\Delta X_i}$ 与 $\overline{V_i}$，σ_i 与 σ_i' 没有什么差别. 因此在大学物理实验中，不必区别误差与偏差.

　　2) 相对误差

　　为了正确表达测量的好坏，应计算相对误差. 在物理实验中相对误差有三种算法，要注意它们的区别.

　　(1)
$$E(x) = \left(\frac{\sigma}{\overline{x}}\right) \times 100\% \tag{1-3-17}$$

　　这样计算的相对误差反映了多次测量数据的分散程度(统计学上称为"离散度"). $E(x)$ 大表示数据"离散"严重；反之，$E(x)$ 小表示数据彼此很接近.

　　(2)
$$E(x) = \left(\frac{\overline{x} - x(公认值)}{x(公认值)}\right) \times 100\% \tag{1-3-18}$$

　　这样计算所得的相对误差反映了我们所测得的结果(最佳测量值)与公认值(公认值是由国际上公认的，经权威实验室中有经验的人员用精密的仪器、严格的数据处理方法，经过长期的精心操作得出的. 这些公认值可在实验手册中查到). $E(x)$ 大，表示我们的测量值与公认值相差甚远(测量水平较差)；$E(x)$ 小，表示测量值与公认值相差不大(水平较高).

　　(3)
$$E(x) = \left(\frac{\overline{x} - x(理论值)}{x(理论值)}\right) \times 100\% \tag{1-3-19}$$

　　这样计算是为了用实验方法来验证理论. 如 $E(x)$ 大，则表示用我们的测量结果不能验证此理论，这可能是我们的测量精度不高，也可能是理论不正确；如 $E(x)$ 小，则表示测量结果与理论计算非常符合，可以说，用我们的实验数据已较好地验证了理论.

　　在计算相对误差时，一定要弄清这三种算法的区别，不可混淆.

　　2. 不确定度和测量结果的正确表述

　　1) 不确定度概念

　　既然测量结果与被测量真值之差定义为测量误差，那么在计算误差时，就需要知道真值. 而真值却不能通过次数有限、存在误差的实际测量获得. 为了解决这个困难，在传统误差理论中引入了约定真值，测量的目的是刻意追求通过测量又不可得到的真值，可以说这是传统误差理论的缺陷.

如果换个思路, 使测量的目的为合理地评估出真值以多大的概率存在于某个量值区间, 这个区间反映了测量结果的不确定性, 只要这个区间符合测量要求就行, 而不必刻意追求真值的具体量值. 这是现实的, 在实际测量中是完全可以实现的. 例如, 某人在市场买了一包塑料袋包装的食盐, 标称净质量为(1000±5)g, 包装袋质量为 10 g. 此人在市场监督的电子秤上称得此包食盐总质量为 1008 g, 包装袋质量充其量为 10 g, 虽然此包食盐净质量不少于 998 g, 但仍符合标称值, 他认为质量合格, 而没有必要再去追求此包食盐净质量的真值到底是多少, 也是这个道理.

1980 年, 国际计量局提出了实验不确定度建议书, 建议用不确定度来评定测量结果. 1993 年, 自国际标准化组织、国际计量委员会、国际电工委员会、国际法制计量组织、国际纯物理及应用物理联合会等 7 个国际权威组织发布实施《测量不确定度表示指南(1993)》以来, 用不确定度来评价测量结果在我国国民经济和科学的各领域都得到全面推广和应用. 1999 年, 我国还颁布并实施了技术规范《JJF 1059—1999 测量不确定度评定与表示》, 以便规范不确定度评定与表示中的具体问题. 因此, 对传统误差理论进行变革, 用不确定度评定与表示物理实验结果也就成为必然.

JJF1059 中定义: 表征合理地赋予被测量之值的分散性, 与测量结果相联系的参数为不确定度. 不确定度恒取正值. 不确定度一词指可疑程度, 广义而言, 测量不确定度意为对测量结果正确性的可疑程度, 也就是说要对被测量的真值所处范围做出评定. 测量不确定度可以包括许多分量, 这些分量按其数值的评定方法可归并为两类:

不确定度的 A 类评定——在重复性条件下, 对同一被测量进行多次测量的结果, 用统计分析的方法来评定的不确定度. 用统计分析的方法计算出的那些分量称为不确定度的 A 类分量, 此类分量主要源于随机误差.

不确定度的 B 类评定(type B evaluation of uncertainty)——用不同于统计分析的方法来评定的不确定度, 所计算出的那些分量称为不确定度的 B 类分量, 此类分量主要源于系统误差.

这两类分量只是在评定时所采用的方法不同, 其本质是完全相同的.

2) 不确定度的估算

(1) 不确定度的 A 类评定.

用统计方法计算出的那些分量都是不确定度的 A 类评定.

在相同的测量条件下, n 次等精度独立重复测量值为

$$x_1, x_2, \cdots, x_n$$

其最佳估计值为算术平均值 $\bar{x} = \dfrac{1}{n}\sum_{i=1}^{n} x_i$, 则定义 A 类标准不确定度 s 为

$$s(x) = \sqrt{\frac{1}{n(n-1)}\sum_{i=1}^{n}(x_i - \bar{x})^2} \tag{1-3-20}$$

(2) 不确定度的 B 类评定.

用非统计方法计算出的那些分量都是不确定度的 B 类评定. 既然 B 类评定不按统计方法进行, 也就是说不需要重复测量, 而是根据对测量装置特性的了解和经验, 测量装置的生产厂家提供的技术说明文件和产品说明书、检定证书, 所用仪器提供的检定数据, 取自国家标准、技术规范、手册的参数等形成的一个信息集合, 来评定不确定度的 B 类分量. 信息的来

源不同，评定的方法也不同，本书一般只考虑仪器误差这个主要因素.

设仪器误差为 a，则当仪器的误差服从均匀分布时，B 类不确定度 u 为

$$u(x) = a/\sqrt{3} \tag{1-3-21}$$

当仪器误差服从正态分布时，B 类不确定度 u 为

$$u(x) = a/3$$

值得指出的是，如果仪器误差没有标注是服从哪种分布，那么我们一般将 B 类不确定度记为 $u(x) = a/\sqrt{3}$.

(3) 不确定度的合成.

对某物理量的测量结果中，如果不仅存在若干个不确定度的 A 类分量 $s(x)$，还存在多个不确定度的 B 类分量，在各个不确定度分量互相独立、不相关的情形下，计算 A 类和 B 类评定的总贡献时，应将各个不确定度分量按"方和根"的方法合成，这时，直接测量结果的标准不确定度的总贡献 U 为

$$U = \sqrt{\sum_{i=1}^{n} s(x_i)^2 + \sum_{i=1}^{m} u(x_i)^2} \tag{1-3-22}$$

3) 测量结果的正确表述

一般来说，测量结果的完整表达应包括四个内容，即测量近真值(算术平均值) $\overline{X}$ 、测量不确定度 U、测量次数 n 和相对误差 $E(x)$. 前三项实际上表达测量值可能出现的范围，相对误差表达的是测量的好坏.

例 1-3-1　用测量范围为 0～25 mm 的外径千分尺测量一钢球的直径 d 共 8 次，测量结果为 d_i =8.434、8.428、8.421、8.429、8.418、8.417、8.430、8.422(单位：mm)，计算实验的标准不确定度.

解　直径 d 的算术平均值为

$$\overline{d} = \frac{1}{8} \sum_{i=1}^{8} d_i = 8.425 \text{ mm}$$

其标准差为

$$\sigma = \sqrt{\frac{1}{8-1} \sum_{i=1}^{8} (d_i - \overline{d})^2} = 0.0062 \text{ mm}$$

其相对误差为

$$E(d) = \frac{\sigma}{\overline{d}} = \frac{0.0062}{8.425} = 0.00074$$

由式(1-3-20)，d 的 A 类标准不确定度为

$$u_A(d) = \left[\frac{1}{n \times (n-1)} \sum_{i=1}^{8} v_i^2 \right]^{1/2} = \left[\frac{1}{8 \times 7} \sum_{i=1}^{8} (d_i - \overline{d})^2 \right]^{1/2} = 0.0022 \text{ mm}$$

根据国家标准《GB/T 1216—2004 外径千分尺》，测量范围为 0～25 mm 的外径千分尺的示值误差为 4μm，在不知误差的概率分布的情形下，由式(1-3-21)计算 d 的 B 类标准不确定度即 d 的 B 类标准不确定度为

$$u_{\mathrm{B}}(d) = 0.004 / \sqrt{3} = 0.0023 \ \mathrm{mm}$$

$u_{\mathrm{A}}(\bar{d})$ 和 $u_{\mathrm{B}}(d)$ 这两个分量是互相独立、不相关的，计算 A 类和 B 类不确定度分量总贡献时，应根据式(1-3-22)将两个不确定度分量按"方和根"的方法合成. 这个实验结果的标准不确定度应为

$$u(d) = \sqrt{u_{\mathrm{A}}^2(d) + u_{\mathrm{B}}^2(d)} = \sqrt{2.2^2 + 2.3^2} \times 10^{-3} = 3.2 \times 10^{-3} \approx 3 \times 10^{-3} \ \mathrm{mm}$$

实验结果可表示为

$$d = (8.425 + 0.003)\mathrm{mm} = 8.425(3)\mathrm{mm}, \quad \text{相对误差为 } 0.00074$$

这种表示说明，钢球的直径在[8.422 mm，8.428 mm]区间的概率约为 68%.

1.3.5　间接测量的误差计算

所谓间接测量的误差计算，就是要确定直接测量误差是怎样影响间接测量的(称为"误差传递")，从而得出间接测量误差的计算公式.

间接测量误差计算有三种任务：①由直接测量误差来计算间接测量误差；②在对间接测量误差的大小(范围)预先提出要求的情况下，确定各直接测量的误差范围，从而确定测量值的取值范围；③确定最有利的测量条件.

1. 误差传递的一般公式

设间接测量值 N 与直接测量值 A，B，$\cdots$，Z 之间的函数关系是

$$N(A,B,C,\cdots,Z) = f(A,B,C,\cdots,Z)$$

其中，$A,B,C,\cdots,Z$ 是相互独立的. $\bar{A},\bar{B},\bar{C},\cdots,\bar{Z}$ 为每一直接测量量的算数平均值，每一直接测量的误差分别为 $\Delta A, \Delta B, \Delta C, \cdots, \Delta Z$，那么间接测量量 N 的最可信赖值为

$$\bar{N} = f(\bar{A},\bar{B},\bar{C},\cdots,\bar{Z}) \tag{1-3-23}$$

同样，间接测量值的结果也可表达 $\bar{N} + \Delta N$，则

$$\bar{N} + \Delta N = f(\bar{A} + \Delta A, \bar{B} + \Delta B, \bar{C} + \Delta C, \cdots, \bar{Z} + \Delta Z) \tag{1-3-24}$$

由于误差相对于测量值来说是小量，因此可以将式(1-3-24)右边在 $\bar{A},\bar{B},\bar{C},\cdots,\bar{Z}$ 附近作泰勒级数展开，且忽略二级以上的无穷小量，则得

$$f(\bar{A} + \Delta A, \bar{B} + \Delta B, \bar{C} + \Delta C, \cdots, \bar{Z} + \Delta Z)$$
$$\approx f(\bar{A},\bar{B},\bar{C},\cdots,\bar{Z}) + \frac{\partial f}{\partial A}\Delta A + \frac{\partial f}{\partial B}\Delta B + \cdots + \frac{\partial f}{\partial Z}\Delta Z \tag{1-3-25}$$

比较式(1-3-24)和式(1-3-25)，并结合式(1-3-23)可得

$$\Delta N = \frac{\partial f}{\partial A}\Delta A + \frac{\partial f}{\partial B}\Delta B + \cdots + \frac{\partial f}{\partial Z}\Delta Z \tag{1-3-26}$$

式(1-3-26)中第一项为直接测量量 A 的误差对间接测量量 N 的误差的贡献，第二项为直接测量量 B 的误差对间接测量量 N 的误差的贡献，$\cdots$.

根据误差理论可知：

(1) 间接测量的平均绝对误差：

$$\overline{\Delta N} = \left| \frac{\partial f}{\partial A}\overline{\Delta A} \right| + \left| \frac{\partial f}{\partial B}\overline{\Delta B} \right| + \cdots + \left| \frac{\partial f}{\partial Z}\overline{\Delta Z} \right| \tag{1-3-27}$$

(2) 间接测量的均方根误差：

$$\sigma_N = \sqrt{\left(\frac{\partial f}{\partial A}\right)^2 \Delta A^2 + \left(\frac{\partial f}{\partial B}\right)^2 \Delta B^2 + \cdots + \left(\frac{\partial f}{\partial Z}\right)^2 \Delta Z^2} \tag{1-3-28}$$

(3) 间接测量的相对误差：

$$E_N = \frac{\sigma_N}{\overline{N}} = \frac{\sqrt{\left(\frac{\partial f}{\partial A}\right)^2 \Delta A^2 + \left(\frac{\partial f}{\partial B}\right)^2 \Delta B^2 + \cdots + \left(\frac{\partial f}{\partial Z}\right)^2 \Delta Z^2}}{\overline{N}} \tag{1-3-29}$$

$$= \sqrt{\left(\frac{\partial f}{\partial A}\right)^2 \left(\frac{\Delta A}{\overline{N}}\right)^2 + \left(\frac{\partial f}{\partial B}\right)^2 \left(\frac{\Delta B}{\overline{N}}\right)^2 + \cdots + \left(\frac{\partial f}{\partial Z}\right)^2 \left(\frac{\Delta Z}{\overline{N}}\right)^2}$$

2. 不确定度传递的基本公式

根据不确定度的定义和上述讨论，不确定度的传递原则和误差的传递原则完全相似. 直接测量的不确定度也必然会通过与误差传递相似的公式，影响间接测量的结果.

彼此独立的直接测量量 A、B、$\cdots$、Z，其不确定度分别为 $u_A, u_B, \ldots, u_Z$. 类比误差传递公式和不确定度合成的原则，容易知道间接测量不确定度 U_N 为

$$U_N = \sqrt{\left(\frac{\partial f}{\partial A}\right)^2 u_A^2 + \left(\frac{\partial f}{\partial B}\right)^2 u_B^2 + \cdots + \left(\frac{\partial f}{\partial Z}\right)^2 u_Z^2} \tag{1-3-30}$$

间接测量的相对不确定度 $E_N(u)$ 为

$$E_N(u) = \frac{U_N}{N} = \sqrt{\left(\frac{\partial f}{\partial A}\right)^2 \left(\frac{u_A}{\overline{N}}\right)^2 + \left(\frac{\partial f}{\partial B}\right)^2 \left(\frac{u_B}{\overline{N}}\right)^2 + \cdots + \left(\frac{\partial f}{\partial Z}\right)^2 \left(\frac{u_Z}{\overline{N}}\right)^2} \tag{1-3-31}$$

对于以乘除或指数运算为主的函数关系，为运算方便，相对不确定度有时也可表示为

$$E_N(u) = \sqrt{\left(\frac{\partial \ln f}{\partial A}\right)^2 u_A^2 + \left(\frac{\partial \ln f}{\partial B}\right)^2 u_B^2 + \cdots + \left(\frac{\partial \ln f}{\partial Z}\right)^2 u_Z^2} \tag{1-3-32}$$

式(1-3-31)与式(1-3-32)是等价的. 表 1-3-3 中给出了一些常用函数不确定度的传递公式. 事实上，将不确定度替换成均方根误差，表 1-3-3 中的公式同样适用.

表 1-3-3　常用函数不确定度的传递公式

函数的表达式	传递合成公式
$N = ax \pm by$	$E_N(u) = \dfrac{\sqrt{a^2 u_x^2 + b^2 u_y^2}}{\overline{N}}$
$N = axy$	$E_N(u) = \sqrt{\left(\dfrac{u_x}{x}\right)^2 + \left(\dfrac{u_y}{y}\right)^2}$
$N = a\dfrac{x}{y}$	$E_N(u) = \sqrt{\left(\dfrac{u_x}{x}\right)^2 + \left(\dfrac{u_y}{y}\right)^2}$
$N = a\dfrac{x^k y^m}{z^n}$	$E_N(u) = \sqrt{k^2\left(\dfrac{u_x}{x}\right)^2 + m^2\left(\dfrac{u_y}{y}\right)^2 + n^2\left(\dfrac{u_z}{z}\right)^2}$

续表

函数的表达式	传递合成公式
$N = a\sqrt[k]{x}$	$E_N(u) = \dfrac{1}{k}\dfrac{u_x}{x}$
$N = \sin x$	$E_N(u) = \dfrac{\lvert \cos x \rvert u_x}{\sin x}$
$N = \ln x$	$E_N(u) = \dfrac{u_x}{(\ln x)x}$

需要说明的是，有时我们遇到的问题是间接测量量的不确定度已经确定，需要计算每个直接测量量的不确定度. 例如，如果要求测量某物体体积时相对不确定度不能超过 0.5%，那么我们应该选取相对不确定度是多少的仪器去对这个物体进行测量？这时我们的原则是将间接测量结果的总不确定度均分到各个直接被测量中去，使得各直接被测量的不确定度对总不确定度的贡献相等，这就是所谓的不确定度均分原则.

3. 间接测量误差计算的举例说明

下面用两个例子来说明间接测量误差计算的方法.

例 1-3-2 圆球的体积 $V = \dfrac{4}{3}\pi R^3$. 今测得球的半径 $R = \overline{R} \pm u_R = (5.012 \pm 0.005)\text{cm}$，求球的体积 $\overline{V}$，不确定度 U，相对误差 $E_N(u)$，并把 V 写成正确表达式.

解 球的体积 $\overline{V}$ 为

$$\overline{V} = (4/3)\pi \overline{R}^3 = (4/3)\pi \times 5.012^3 = 527.11038\ \text{cm}^3$$

球的相对误差 $E_N(u)$ 为

$$E_N(u) = \sqrt{\left(\frac{\partial V}{\partial R}\right)^2 \left(\frac{u_R}{V}\right)^2} = \sqrt{\left(4\pi R^2 \big|_{R=\overline{R}}\right)^2 \left(\frac{u_R}{V}\right)^2} = 3\frac{u_R}{R} = 0.00299 \approx 0.30\%$$

不确定度 U 为

$$U = \overline{V}E_N(u) = 527.3773 \times 0.00299 = 1.57 \approx 2(\text{cm}^3)$$

V 测量结果的正确的表达式为

$$V = \overline{V} \pm \overline{\Delta V} = (527 \pm 2)\text{cm}^3$$
$$E_N(u) = 0.30\%$$

注意：①在写测量结果时，应先确定绝对不确定度的位数，因为不确定度中各数均是"欠准"的，所以不确定度只保留一位非 0 数字，多余的可按只进不舍处理；其次确定近真值的位数，它的最后一位效应与误差的非 0 数字对齐. ②球的半径相对不确定度约为 0.1%，而体积的相对误差为 0.30%；间接测量的不确定度比直接测量的不确定度大了 3 倍. 由此可见，间接测量值与直接测量值的函数关系中若有高次幂项存在，那么误差会增加几倍. 当然，此时直接测量值应尽量测量得准一些.

例 1-3-3 测量某个圆柱体的体积 V，需先测得其直径 D 和高度 h. 粗测得 D 约为 5.00 mm，h 约为 30.00 mm，若要求测量结果的相对不确定度 $E = \dfrac{u(V)}{V} \leqslant 0.5\%$，应该怎样选择仪器？

解　按照圆柱形的体积公式

$$V = \frac{\pi}{4}D^2h$$

由式(1-3-31)可知，其体积平均值为 $\overline{V} = 589.05 \ \text{mm}^3$，其相对不确定度为

$$E_V = \frac{U(V)}{\overline{V}} = \sqrt{\left(2\frac{u(D)}{\overline{D}}\right)^2 + \left(\frac{u(h)}{\overline{h}}\right)^2}$$

根据不确定度均分原则：

$$2\frac{u(D)}{\overline{D}} = \frac{u(h)}{\overline{h}} = \frac{1}{\sqrt{2}}\frac{U(V)}{\overline{V}}$$

由于 $E = \frac{u(V)}{\overline{V}} \leqslant 0.5\%$，因此：

$$2\frac{u(D)}{\overline{D}} = \frac{u(h)}{\overline{h}} \leqslant \frac{0.5\%}{\sqrt{2}}$$

代入 D 和 h 的估计值可得

$$u(D) = 0.009 \ \text{mm}, \qquad u(h) = 0.1 \ \text{mm}$$

由于 $u(D)$、$u(h)$ 为 B 类不确定度，因此测量直径和高度所采用仪器的误差 σ_D、σ_h 分别为

$$\sigma_D \leqslant u(D) \times \sqrt{3} = 0.0155 \ \text{mm}, \qquad \sigma_h \leqslant u(h) \times \sqrt{3} = 0.173 \ \text{mm}$$

　　量程为 25 mm 的千分尺分度值为 0.01 mm，仪器的极限误差为 0.004 mm；量程为 125 mm 的游标卡尺，仪器的极限误差为 0.02 mm. 因此，对该物体进行测量时应选用两种精度不同的测量仪器，即测量直径时选用千分尺，而测量高度时选用游标卡尺. 然而，实际实验中，使用两种不同的测量工具对同一物体进行测量，显得既不经济也不方便. 因此，我们有必要计算一下，若都用游标卡尺进行测量，其不确定度是否符合要求.

　　若都用游标卡尺进行测量，则

$$u(D) = u(h) = \frac{\sigma_{游标卡尺}}{\sqrt{3}} = 0.012 \ \text{mm}$$

$$E_V = \frac{U(V)}{\overline{V}} = \sqrt{\left(2\frac{u(D)}{\overline{D}}\right)^2 + \left(\frac{u(h)}{\overline{h}}\right)^2} \approx 0.48\% < 0.5\%$$

其精度满足测量要求. 可见，对于题目中要求的相对不确定度，高度 h、直径 D 可同时选用游标卡尺来测量.

1.3.6　有效数字及其运算规则

1. 有效数字的概念

　　在实验中数字有两类：一类是用来计"数目"的. 例如，我们在某一测量中，对某量测了 10 次，这个"10"就是数目，不包含有估计的成分. 这些数不带有近似性和不确定性，在运算中不考虑它们的位数，运算结果的取位也与它们无关. 另一类是用来表示测量结果的，它由精确读出的"准确数字"和估计读得的"可疑数字"两部分组成. 所以，用仪器测得的

"准确数字"与"可疑数字"对测量结果而言，都是有效的，称为"有效数字". 例如，图 1-3-1 中，米尺测量的结果为 4.25 cm，有效数字是三位，4.2 是准确数字，尾位"5"是可疑数字，这一位数字虽然是可疑的，但它在一定程度上反映了客观实际，因此也是有效的.

但需要注意以下两点：

(1) 有效数字是指数据中能有效地表示大小的任一个数(包括 0)，而与单位有关的，只表示小数点位置的 0 不能算是有效数字. 例如有以下五个数据：123 cm、0.00123 km、12.03 cm、12.30 cm、12.00 cm，其中第二个数 0.00123 km 中的三个"0"表示小数点的位置，当把单位由 km 变成 cm 时，这三个"0"自动消失；后面三个数据的"0"均是有效的，不因单位变换而消失. 可以概括地说，数据中的"0"如出现在第一非"0"数字之前(左)，则此"0"不是有效数字；如出现在第一个非"0"数字之后(右)，则此"0"均是有效数字.

(2) 在实际测量中，对于数值很大或很小的数据，往往使用科学计数法来表示. 科学计数法的标准形式是用 10 的方幂来表示其数量级. 前面的数字是测得的有效数字，并只保留一位数在小数点的前面. 例如 $L = 2.306 \times 10^3$ m，$m_e = 9.109 \times 10^{-28}$ g 等. 上述的 L 和 m_e 有效数字均为 4 位. 一般地，有效数字越多，则表示相对误差越小. 如果将 $L = 2.306 \times 10^3$ m 写成 $L = 230600$ cm，那么有效数字就由 4 位变成 6 位，精度提高了 100 倍，这是不实际的夸大记录，实验中应避免此类错误.

2. 有效数字的运算规则

1) 有效数字运算的总原则

(1) 舍入只被用于最后结果. 因此，对参与运算的数和中间结果都不做修约，只在最后结果表示再修约.

(2) 在近似计算中，准确数字之间进行的运算，得到的仍是准确数字；只要有可疑数字参与的运算得到的仍为可疑数字.

(3) 运算结果的最末一位是可疑数字. 也就是说，可疑数字只能保留一位.

(4) 运算中，确定了可疑位后，去掉其余尾数时，按"四舍六入五凑偶"的规则进行取舍. 即被修约的数字小于等于 4，舍去；大于等于 6，进位；等于 5 时，要看 5 前面的数字，若是奇数则进位，若是偶数则舍去，若 5 的后面还有不为"0"的任何数，则此时无论 5 的前面是奇数还是偶数，均应进位. 如把下列数字修成三位有效数字：14.26331 ≈ 14.3，14.3426 ≈ 14.3，14.15 ≈ 14.2，14.250 0 ≈ 14.2.

(5) 对于不确定度，一般来说，它都只保留一位有效数字，应按"只进不舍"原则来处理；而相对误差一般可取两位有效数字，余者按"四舍六入五凑偶"的规则进行取舍.

2) 加减法运算

为了在运算中清楚地识别可疑数字，我们在可疑数字下面加一横线. 例如：

$$
\begin{array}{r}
32.1\underline{2} \\
+\ 2.2\underline{63} \\
\hline
34.3\underline{83}
\end{array}
$$

在运算结果 34.3<u>83</u> 中，后两位均为可疑数字，根据有效数字运算的原则，只保留一位可疑数字，因此运算结果可记为 34.3<u>8</u>. 同样，减法运算，例如：

$$
\begin{array}{r}
32.1\underline{2} \\
-\ \ 2.26\underline{3} \\
\hline
29.8\underline{57}
\end{array}
$$

此结果也存在两位可疑数字，根据只保留一位可疑数字及"四舍六入五凑偶"原则，最终结果应记为 29.86.

3) 乘除运算

$$
\begin{array}{r}
31.\underline{2} \\
\times\ 0.2\underline{3} \\
\hline
936 \\
624\ \ \\
\hline
7.\underline{176}
\end{array}
$$

根据同样的原则，此结果可记为 7.2. 由上述几个例子可知，四则运算中以有效数字最少的数为标准. 最后结果中的有效数字位数与运算前各数字中有效数字位数最少的一个相同.

4) 其他运算

严格地说，进行除四则运算以外的函数运算时，应根据误差传递公式来计算. 一般情况下的原则是：

有效数字在乘方和开方时，运算结果的有效数字位数与其底的有效数字的位数相同.

对数函数运算后，结果中尾数的有效数字位数与真数有效数字位数相同.

指数函数运算后，结果中有效数字的位数与指数小数点后的有效数字位数相同.

三角函数的有效数字位数与无误有效数字的位数相同.

需要说明的是，上述的运算规则都是相当粗略的. 多数情况下，为了防止运算带来的误差，中间运算结果应多取至少一位有效数字，但最后结果中仍保留一位可疑数字.

1.3.7　处理实验数据的一些常用方法

科学实验的目的是找出事物的内在规律，或检验某种理论的正确性，并作为以后实践工作的依据，因此对实验测量收集到的大量数据进行正确处理显得尤为重要. 数据处理是指对实验数据进行记录、整理、计算、分析、拟合等，从而获得实验结果和寻找物理量变化规律或经验公式. 这是物理实验的重要组成部分.

需要强调的是：为了正确处理数据，由仪器测量直接读出、未经处理的原始数据应全面正确地记录下来，不能随意涂改. 如发现数据有错，应把错误数据划掉，并把正确的数据记在它的附近. 原始数据应实事求是记录，离开实验室就不得再涂改.

本书主要介绍列表法、图示法、逐差法和线性拟合法.

1. 列表法

列表法就是在记录或处理数据时，将测量数据和有关的计算结果按照一定规律分类、分行、分列地列成表格. 这是一种最基本、最常用的数据处理方法. 列表法的优点是：①简单易作；②数据易于参考比较；③形式紧凑；④同一表格内可以同时表示几个变量间的变化关系而不混乱. 列表时要注意：

(1) 表格的设计要有利于记录、运算和检查.

(2) 表格的每行(或列)第一格应标明此行(或列)所代表的物理量的符号、单位等. 表格中的单位应一致.

(3) 表格中的直接测量值应按有效数字规则填写清楚. 中间过程的计算值可比直接测量值多保留一位有效数字.

2. 图示法

图示法(也称作图法、图解法)是把一系列数据之间的关系用图线的形式直观地表示出来.

1) 图示法的作用和优点

物理实验中, 大量数据相互间的关系可能并不直观, 仅仅通过观察这些数据, 难以把握它们之间蕴含的科学内涵, 通过作图能帮助人们有效地观察和理解这些数据间的关联.

图示法的优点是:

(1) 形象、直观, 能很清楚地揭示物理量间的变化规律;

(2) 容易发现测量中的错误, 并根据图线对实验中的误差进行分析;

(3) 可以用外推法推知无测量点处的情况和变化趋势;

(4) 可以从图形中得出许多有用的参数, 如函数的极值(极大、极小、斜率、截距)等.

2) 作图的基本规则

(1) 根据函数关系选择适当的坐标纸(如直角坐标纸、单对数坐标纸、双对数坐标纸、极坐标纸等)和比例, 画出坐标轴, 标明物理量符号、单位和刻度值, 并注明测试条件.

(2) 坐标的原点不一定是变量的零点, 可根据测试范围加以选择. 一般可用低于实验数据最小值的某一整数作为起点, 用高于实验数据最大值的某一整数作为终点, 以使图形尽量充满整个坐标纸. 坐标分度的选择要适当, 一般要使数据中的准确数字的最后一位与坐标最小分度相当. 纵横坐标比例要恰当, 以使图线居中.

(3) 描点和连线. 根据测量数据, 用 "×" 清楚地标出各实验点在坐标中相应的位置. 在一张坐标纸上画多条实验曲线时, 每条曲线应用不同的标记, 如 "+" "×" "·" "Δ" 等符号标出, 以免混淆. 连线时, 要根据实际情况, 将数据点连成光滑曲线、直线或折线. 由于误差的存在, 很多时候直线或曲线并不能通过所有的数据点, 而应使数据点均匀地分布在曲线(直线)的两侧, 且尽量贴近曲线. 个别偏离过大的点要重新审核, 属过失误差的应剔除.

(4) 标明图注. 即作好实验图线后, 应在图纸下方或空白的明显位置处写明图的名称、作者和作图日期, 有时还要附上简单的说明, 如实验条件、图线特征等, 使读者一目了然. 作图时, 一般将纵轴代表的物理量写在前面, 将横轴代表的物理量写在后面, 中间用 "～" 连接.

(5) 最后将图纸贴在实验报告的适当位置, 便于教师批阅.

3) 图解法求线性方程

在物理实验中, 作出实验图线以后, 可以由图线求出经验公式. 图解法就是根据实验数据作好的图线, 用解析法找出相应的函数形式. 实验中经常遇到的图线是直线、抛物线、双曲线、指数曲线、对数曲线. 特别是当图线是直线时, 采用此方法更方便.

由实验图线建立经验公式的一般步骤:

(1) 根据解析几何知识判断图线的类型;

(2) 由图线的类型判断公式的可能特点；

(3) 由于曲线方程难以判断，因此常利用对数或倒数等坐标系，把原曲线改为直线；

(4) 确定常数，建立起经验公式，并用实验数据来检验所得公式的准确程度．

用直线图解法求直线方程的方法一般有以下两种：

(1) 斜率截距法．

如果作出的实验图线是一条直线，则经验公式应为直线方程：

$$y=kx+b \tag{1-3-33}$$

要建立此方程，必须求出常数 k 和 b．

在图线上选取两点 $P_1(x_1, y_1)$ 和 $P_2(x_2, y_2)$，需要注意的是，P_1 和 P_2 一般不使用原始数据点，而应从图线上直接读取．所取的两点应尽量彼此分开一些，以减小误差．由解析几何可知，上述直线方程中，k 为直线的斜率，b 为直线的截距．可以根据两点的坐标求出 k，为

$$k = \frac{y_2 - y_1}{x_2 - x_1} \tag{1-3-34}$$

其截距 b 为 $x=0$ 时的 y 值；若原实验中所绘制的图形并未给出 $x=0$ 段直线，可将直线用虚线延长交 y 轴，则可量出截距．也可以由下式：

$$b = \frac{x_2 y_1 - x_1 y_2}{x_2 - x_1} \tag{1-3-35}$$

求出截距，将求出的斜率和截距的数值代入方程中就可以得到经验公式．

(2) 曲线改直法．

在许多情况下，物理量间的函数关系是非线性的．但我们可通过适当的坐标变换将非线性的函数关系转化成线性关系，并在作图中用直线表示，这种方法叫做曲线改直法．作这样的变换不仅是由于直线容易描绘，更重要的是直线的斜率和截距所包含的物理内涵往往是我们所需要的．例如：

① $y=ax^b$，式中 a、b 为常量，可变换成 $\ln y = b\ln x + \ln a$，$\ln y$ 为 $\ln x$ 的线性函数，斜率为 b，截距为 $\ln a$．

② $y=ab^x$，式 a、b 中为常量，可变换成 $\ln y = (\ln b)x + \ln a$，$\ln y$ 为 x 的线性函数，斜率为 $\ln b$，截距为 $\ln a$．

③ $PV=C$，式中 C 为常量，要变换成 $P=C(1/V)$，P 是 $1/V$ 的线性函数，斜率为 C．

④ $y^2=2px$，式中 p 为常量，$y=\pm\sqrt{2p}\,x^{1/2}$，y 是 $x^{1/2}$ 的线性函数，斜率为 $\pm\sqrt{2p}$．

⑤ $y=x/(a+bx)$，式中 a、b 为常量，可变换成 $1/y=a(1/x)+b$，$1/y$ 为 $1/x$ 的线性函数，斜率为 a，截距为 b．

⑥ $s=v_0t+at^2/2$，式中 v_0、a 为常量，可变换成 $s/t=(a/2)t+v_0$，s/t 为 t 的线性函数，斜率为 $a/2$，截距为 v_0．

例如，在恒定温度下，一定质量气体的压强 P 随容积 V 而变，作 $P \sim V$ 图，为一双曲线，如图 1-3-8 所示．若横坐标由 V 转换成 $\dfrac{1}{V}$，则 $P \sim \dfrac{1}{V}$ 图为一直线，如图 1-3-9 所示．由图可知，$P = C\dfrac{1}{V}$，其中 C 为斜率，即 P 与 V 的乘积为一常数 C，这就是玻意耳-马略特定律．

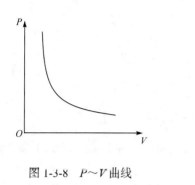

图 1-3-8 $P{\sim}V$ 曲线

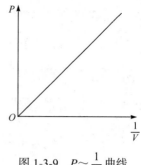

图 1-3-9 $P{\sim}\dfrac{1}{V}$ 曲线

又例如，单摆的周期 T 随摆长 L 而变，绘出 $T{\sim}L$ 实验曲线为抛物线型，如图 1-3-10 所示.

若将横坐标由 T 转换成 T^2，则图线为直线型，如图 1-3-11 所示. 由图可知，T^2 与 L 的关系为 $T^2 = kL$，其中 k 为斜率. 经计算可知 $k = \dfrac{T^2}{L} = \dfrac{4\pi^2}{g}$，于是可写出单摆的周期公式：

$$T = 2\pi\sqrt{\dfrac{L}{g}}.$$

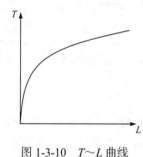

图 1-3-10 $T{\sim}L$ 曲线

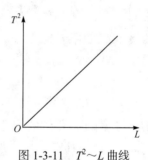

图 1-3-11 $T^2{\sim}L$ 曲线

3. 逐差法

逐差法是物理实验中常用到的数据处理方法之一. 通常情况下，逐差法就是把实验测得的数据平分成高低两组，将对应项相减得到差值，然后利用差值进行相应运算的方法. 逐差法应用的前提是自变量等间距变化，且与因变量之间的函数关系为线性，如下式所示：

$$y = \sum_i a_i x^i \tag{1-3-36}$$

例如，一空载长为 x_0 的弹簧，逐次在其下端加挂质量为 m 的砝码，测出对应的长度 $x_1, x_2, \cdots, x_5$，求每加一单位质量的砝码的伸长量.

若用通常求平均值的办法，Δy 为每加一单位质量的砝码的伸长量，则有

$$\Delta y = \frac{1}{5}\left[\frac{x_1 - x_0}{m} + \frac{x_2 - x_1}{m} + \cdots + \frac{x_5 - x_4}{m}\right] = \frac{1}{5m}(x_5 - x_0)$$

这种处理方法只有 x_0、x_5 两个数据起作用，中间值全部抵消，没有充分利用整个数据组，丢失了大量信息，是不合理的.

若利用逐差法，可将测量数据按顺序对半分成两组，即 $[x_0, x_1, x_2]$ 与 $[x_3, x_4, x_5]$，使两组对

应项相减，求平均可得

$$\overline{\Delta x} = \frac{1}{3}\left[\frac{x_3 - x_0}{3} + \frac{x_4 - x_1}{3} + \frac{x_5 - x_2}{3}\right]$$

则每增加一单位质量的砝码的伸长量为

$$\Delta y = \frac{\overline{\Delta x}}{m} = \frac{1}{9m}[(x_3 + x_4 + x_5) - (x_0 + x_1 + x_2)]$$

这种处理方法尽量利用所有测量量，而又不减少结果的有效数字位数，达到了多次测量减小误差的目的.

4. 线性拟合法(最小二乘法)

作图法虽然在数据处理中是一个很便利的方法，但在图线的绘制上往往会引入附加误差，尤其是在根据图线确定常数时，这种误差有时很明显. 为了克服这一缺点，通常采用更严格的数学解析的方法，从一组数据点中找出一条最佳的拟合曲线，这种方法称为线性拟合(方程回归). 其中最常用到的线性拟合方法就是最小二乘法.

最小二乘法是指，根据已知一组实验点 (x_i, y_i) $(i = 1, 2, \cdots, n)$，选取一个近似函数 $\varphi(x)$，使得 $\sum_{i=1}^{m}\left[\varphi(x_i) - y_i\right]^2$ 最小. 这种求近似函数的方法称为曲线拟合的最小二乘法，函数 $\phi(x)$ 称为这组数据的最小二乘函数.

下面简单介绍最小二乘法在实验数据处理中的应用. 假设两个物理量 x 与 y 之间满足线性关系：

$$y = a + bx \tag{1-3-37}$$

式中，a 和 b 为我们期待得到的物理常量. 而直接测量得到了两组物理量，分别为 $(x_1, x_2, \cdots, x_n)$ 和 $(y_1, y_2, \cdots, y_n)$，其中 x_i 与 y_i 为相互对应的物理量. 由最小二乘法的定义可知，常量 a、b 应使得式(1-3-38)中 S 取极小值.

$$S(a,b) = \sum_{i=1}^{n}\left[y_i - (a + bx_i)\right]^2 \tag{1-3-38}$$

根据极小值的求法，令 S 对 a 和 b 的偏导数为零，即可解出满足上式的 a、b 值.

$$\begin{cases} \dfrac{\partial S}{\partial a} = \dfrac{\partial \sum_{i=1}^{n}\left[y_i - (a + bx_i)\right]^2}{\partial a} = -2\sum_{i=1}^{n}(y_i - a - bx_i) = 0 \\[4mm] \dfrac{\partial S}{\partial b} = \dfrac{\partial \sum_{i=1}^{n}\left[y_i - (a + bx_i)\right]^2}{\partial b} = -2\sum_{i=1}^{n}(y_i - a - bx_i)x_i = 0 \end{cases} \tag{1-3-39}$$

即

$$\begin{cases} na + (\sum_{i=1}^{n} x_i)b - \sum_{i=1}^{n} y_i = 0 \\[4mm] (\sum_{i=1}^{n} x_i)a + (\sum_{i=1}^{n} x_i^2)b - \sum_{i=1}^{n} x_i y_i = 0 \end{cases} \tag{1-3-40}$$

式(1-3-40)中的两个式子，实际上就是关于 a 和 b 的二元一次方程组，其解为

$$\begin{cases} a = \dfrac{\displaystyle\sum_{i=1}^{n} x_i y_i \sum_{i=1}^{n} x_i - \sum_{i=1}^{n} y_i \sum_{i=1}^{n} x_i^2}{(\displaystyle\sum_{i=1}^{n} x_i)^2 - n\sum_{i=1}^{n} x_i^2} \\[4mm] b = \dfrac{\displaystyle\sum_{i=1}^{n} x_i \sum_{i=1}^{n} y_i - n\sum_{i=1}^{n} x_i y_i}{(\displaystyle\sum_{i=1}^{n} x_i)^2 - n\sum_{i=1}^{n} x_i^2} \end{cases} \tag{1-3-41}$$

引入算数平均值：$\overline{x} = \dfrac{1}{n}\sum_{i=1}^{n} x_i$，$\overline{y} = \dfrac{1}{n}\sum_{i=1}^{n} y_i$，$\overline{xy} = \dfrac{1}{n}\sum_{i=1}^{n} x_i y_i$，$\overline{x^2} = \dfrac{1}{n}\sum_{i=1}^{n} x_i^2$，代入式(1-3-41)可得

$$\begin{cases} a = \dfrac{\overline{xy} \cdot \overline{x} - \overline{y} \cdot \overline{x^2}}{(\overline{x})^2 - \overline{x^2}} \\[4mm] b = \dfrac{\overline{x} \cdot \overline{y} - \overline{xy}}{(\overline{x})^2 - \overline{x^2}} \end{cases} \tag{1-3-42}$$

由式(1-3-41)或式(1-3-42)计算得出的 a 和 b 利用最小二乘法计算出的待定参数,将其代入直线方程 $y = a + bx$，就得到了由数据组 (x_i, y_i) 所能够拟合出的最佳直线方程.

上面介绍了用最小二乘法求经验公式中的常数 a 和 b 的方法,是一种直线拟合法. 它在科学实验中的运用很广泛,特别是有了计算器后,计算工作量大大减小,计算精度也能得到保证,因此它是既有用又很方便的方法. 用这种方法计算的常数值 a 和 b 是"最佳的",但并不是没有误差,它们的误差估算比较复杂. 一般来说,一列测量值的 $S(a,b)$ 大(即实验点对直线的偏离大),那么由这列数据求出的 a、b 值的误差也大,由此定出的经验公式可靠程度就低;如果一列测量值的 $S(a,b)$ 小(即实验点对直线的偏离小),那么由这列数据求出的 a、b 值的误差就小,由此定出的经验公式可靠程度就高. 直线拟合中的误差估计问题比较复杂,可参阅其他资料,本书不作介绍.

为了检查实验数据的函数关系与得到的拟合直线的符合程度,数学上引进了线性相关系数 r 来进行判断. r 定义为

$$r = \frac{l_{xy}}{\sqrt{l_{xx} \cdot l_{yy}}} \tag{1-3-43}$$

其中

$$\begin{cases} l_{xy} = \displaystyle\sum_{i=1}^{n} x_i y_i - \frac{1}{n}\sum_{i=1}^{n} x_i \sum_{i=1}^{n} y_i = n(\overline{xy} - \overline{x} \cdot \overline{y}) \\[3mm] l_{xx} = \displaystyle\sum_{i=1}^{n} x_i^2 - \frac{1}{n}\sum_{i=1}^{n} x_i \sum_{i=1}^{n} x_i = n(\overline{x^2} - \overline{x}^2) \\[3mm] l_{xy} = \displaystyle\sum_{i=1}^{n} y_i^2 - \frac{1}{n}\sum_{i=1}^{n} y_i \sum_{i=1}^{n} y_i = n(\overline{y^2} - \overline{y}^2) \end{cases} \tag{1-3-44}$$

则 r 可表示为

$$r = \frac{\overline{xy} - \overline{x} \cdot \overline{y}}{\sqrt{(\overline{x^2} - \overline{x}^2) \cdot (\overline{y^2} - \overline{y}^2)}} \tag{1-3-45}$$

可以证明，r 的取值范围为 $-1 \leqslant r \leqslant 1$，即 $|r| \leqslant 1$. 如果 $|r|$ 接近于 1，则说明各实验点均在一条直线上，反之，$|r|$ 接近于 0，则说明各实验点都远离这条直线，实验数据很分散，无线性关系. 因此，从相关系数的这一特性可以判断实验数据是否符合线性关系.

值得注意的是，由于某些曲线的函数可以通过数学变换改写为直线，例如对函数 $y = ae^{-bx}$ 取对数得 $\ln y = \ln a - bx$，$\ln y$ 与 x 的函数关系就变成直线形了. 因此，最小二乘法有时也适用于某些曲线参数的拟合.

1.3.8　有关实验课的若干规定

上好物理实验课，除了要了解物理知识和误差理论以外，还需要了解实验的一般规则.

1. 实验预习

物理实验在很大程度上要求学生独立工作，如果事先没有做好周密的计划，上课时会忙乱，那么，就不能取得良好的实验效果. 因此在实验之前，必须很好地预习实验内容，并完成预习报告. 在物理实验中，内容的排列顺序不完全按照讲课的顺序进行，所以，在开始预习时可能会感到困难. 为了提高效率，在预习时只要把实验所遇的问题大致弄懂就行，如实验的基本原理、仪器的使用方法、实验步骤和注意事项等. 那些目前还不能证明的公式，复杂仪器的内部结构等是不可能立即就能弄懂的，预习时不强求钻研. 预习报告不需过于详细，或者写一些与实验无关的东西，应该使预习报告成为自己进行工作的有利助手而不是累赘. 实验预习报告应该在上实验课前完成. 实验预习成绩是实验成绩的一部分.

2. 实验室守则

学生在进行实验时必须遵守学生实验守则，具体如下：

(1) 学生在实验课前必须认真预习实验指导书规定的有关内容，熟悉仪器设备的操作规程及注意事项，熟悉有关安全常识.

(2) 实验前认真检查个人专用仪器、用具是否齐备完好. 如有缺损，应及时向实验教师或实验技术人员报告.

(3) 学生应独立完成实验准备及实验过程的全部工作. 要爱护仪器、工具，节约药品、材料，实验后要按原样摆放整齐.

(4) 学生应按规定格式真实记录原始数据的结果，按时完成实验报告.

(5) 实验进行中不得脱离岗位，必须离开时，需经实验指导教师同意.

(6) 发生事故，要保持镇定，迅速切断电源、气源等，听从指导教师或实验技术人员的指导，不要惊慌失措.

(7) 损坏丢失实验室的设备器材，应立即报告实验教师或实验技术人员. 属违反操作规程导致设备损坏的，照章赔偿.

(8) 禁止在实验室做与实验无关的活动. 每次实验后，将室内打扫干净，按照要求关好水、电、气、门、窗等.

3. 实验报告的内容与格式

实验报告的书写是一项重要的基本技能训练. 它不仅是对每次实验的总结，更重要的是它可以初步培养和训练学生的逻辑归纳能力、综合分析能力和文字表达能力，是科学论文写作的基础. 因此，参加实验的每位学生，均应及时认真地书写实验报告. 实验报告一般包括两个部分：一是原始数据记录，二是实验报告正文.

对于原始数据记录，需要事先设计好记录数据所需的表格. 在实验过程中，应将由仪器测量直接读出、未经处理的原始数据全面正确地记录下来，不能随意涂改. 如发现数据有错，应把错误数据划掉，并把正确的数据记在它的附近，且注明修改原因. 原始数据应实事求是记录，离开实验室后，就不得再涂改.

对于实验报告正文，应有如下的格式和内容：

(1) 实验名称：应与实验内容相符.

(2) 实验者信息：应包括实验者的专业、班级、姓名、学号；同组者姓名；实验日期等.

(3) 实验目的：不同的实验有不同的训练目的，应按实验前对实验的要求并结合自己在实验过程的体会来写.

(4) 实验仪器：应全面详细地描述实验中所用到的仪器和材料，包括仪器和材料的具体名称、规格型号、主要技术参数等信息.

(5) 实验原理：简要写出必要的理论和公式推导过程，画出为阐述原理而必要的原理图或实验装置示意图.

(6) 实验步骤：应实事求是地记录实际实验中的操作步骤，特别是关键性的步骤和注意事项.

(7) 实验数据处理及误差计算：严格根据实验中测量所得的数据，利用误差与数据处理的相关知识，得到最终结果，并对结果进行合理的分析讨论. 实验结果应与实验目的相互呼应.

(8) 问题讨论：根据自己的理解，解答实验老师所布置的相关问题.

总之，实验报告应整洁简明、条理清晰、字迹端正. 如报告有错误，应遵循指导教师的意见进行修改.

习　　题

1. 按有效数字运算法则计算下列各式：

(1) $255.47 + 5.6 + 0.06546$

(2) $90.55 - 8.1 - 31.218$

(3) $91.2 \times 1.45 \div 1.0$

(4) $(100.25 - 100.23) \div 100$

(5) $\pi \times 2.001^2 \times 2.0$

(6) $\dfrac{50.00 \times (18.30 - 16.3)}{(103 - 3.0)(1.00 + 0.001)}$

2. 将下式中错误或不当之处改正过来：

(1) $L = 115 \text{ cm} = 1150 \text{ mm}$

(2) $\alpha = (1.71 \times 10^{-5} \pm 6.31 \times 10^{-7}) \text{kg}$

3. 将下列测定值写成科学记数法：

(1) $x=(17000\pm0.1\times10^4)$km

(2) $T=(0.001730\pm0.00005)$s

4. 用一级千分尺测量一个小球的直径，测得数据如下：

d_i(mm)：10.000，9.998，10.003，10.002，9.997，10.001，9.998，9.999，10.004，9.997．计算直径的算术平均值、标准误差、相对误差以及正确表达测量结果．

5. 测一单摆的周期(单位为秒)，每次连续测 50 个周期的时间为：100.6，100.9，100.8，101.2，100.4，100.2，求其算术平均值、平均绝对误差、相对误差和结果的标准形式．

6. 求下列各式的误差传递公式：

(1) $N=A+B-C$

(2) $N=\dfrac{BC}{A}$

(3) $\rho=\dfrac{4m}{\pi D^2 L}$

(4) $\rho=\dfrac{m}{M_0-M+m}\rho_0$（设 $\Delta M_0=0, \Delta\rho_0=0$）

7. 一个圆柱体，测得其直径为 $d=(10.987\pm0.006)$mm，高度为 $h=(4.526\pm0.005)$cm，质量为 $m=(149.106\pm0.006)$g，计算该圆柱体的密度、标准误差、相对误差，正确表达测量结果．

8. 已知一质点做匀加速直线运动，在不同时刻测得质点的运动速度如下：

时间 t/s	1.00	2.50	4.00	5.50	7.00	8.50	10.00
速度 v/(cm/s)	26.33	28.62	30.70	33.10	35.35	37.28	39.99

作 v-t 图，并由图中求出：

(1) 初速度 v_0；(2) 加速度 a；(3) 在时刻 $t=6.25$ s 时质点的运动速度．

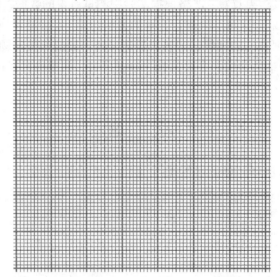

9. 已知某铜棒的电阻与温度关系为 $R_t=R_0+\alpha\cdot t$．实验测得 7 组数据如下：

t/℃	19.1	25.1	30.1	36.0	40.0	45.1	50.1
R_t/Ω	76.30	77.80	79.75	80.80	82.35	83.90	85.10

试用最小二乘法求出参量 R_0、α，确定它们的误差．

第2章 基础性实验

2.1 力学基本测量

力学基本测量就是对力学的基本物理量：长度、质量、时间的测量. 由于测量对象和测量的要求不同，测量时所用的仪器、方法也各不相同. 因此，在实验中选择正确的基本测量仪器，恰当地运用测量方法，就成为实验成功的首要问题.

物理实验中测量长度的常用仪器有：米尺，最小分度值为 1 mm；游标卡尺，最小分度为 0.1～0.01 mm；螺旋测微器，最小分度为 0.01 mm；测距显微镜(比长仪)，最小刻度为 0.01 mm等. 若测量微小长度可采用光学仪器，如迈克耳孙干涉仪，则可准确测量 0.0001 mm 的长度. 所谓仪器的精度就是指仪器的最小分度值. 仪器的精度越高，仪器的允许误差越小. 量程是指仪器的测量范围，以上仪器的量程各不相同. 量程和精度标志着这些仪器的规格.

学习使用这些仪器，要注意掌握它们的构造特点、规格性能、读数原理、使用方法以及维护知识等，并在实验中恰当地选择使用.

2.1.1 实验一 长度的测量

【实验目的】

(1) 了解游标卡尺、螺旋测微器的构造和原理，并掌握其正确使用方法；
(2) 练习读数和记录数据；
(3) 练习有效数字的运算，正确地表示测量结果和测量误差.

【实验仪器】

游标卡尺、螺旋测微器、待测物体(有圆孔的圆柱体、球体).

【实验原理和仪器描述】

1. 游标卡尺

游标卡尺是常用的长度测量仪器. 它由一个主尺和一个附尺组成，如图 2-1-1 所示. 主尺上固定有钳口 A 和刀口 A′；附尺上固定有钳口 B、刀口 B′ 和尾尺 C，附尺可以在主尺上滑动，故称其为游标. 当钳口 A 和 B 靠拢时，A′ 和 B′ 对齐，C 和主尺亦正好对齐. 游标的零线刚好与主尺上的零线对齐. 测物体的外部尺寸时，将待测物体轻轻夹在外量爪之间. 测物体的内直径时，用外量爪伸入物体内部. 测物体的深度时，可用尾尺. 游标卡尺用来测量物体的长、宽、高、深以及圆环的内外直径等. 一般实验用的游标卡尺最多可测量十几厘米的长度.

游标的安装是为了提高读数的精确度，常用的游标分度有 10 分度(精度为 0.1 mm)、20分度(0.05 mm)、30 分度(多用于测量角度)和 50 分度(0.02 m)等，它们的原理和读数方法大致相同.

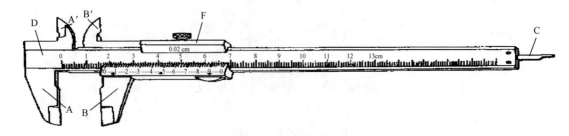

图 2-1-1　游标卡尺

现以 10 分度的游标为例说明其原理. 如果主尺上最小刻度的长度用 a 来表示, 游标上一个分度的长度用 b 来表示, 游标上的分度数用 n 来表示(通常是使游标上 n 个分度的长度与主尺上 $(n-1)$ 个最小刻度的总长度相等, 即 $nb=(n-1)a$, 那么, 每个游标分度的实际长度为

$$b = \frac{n-1}{n}a$$

这样主尺最小刻度与游标一个分度之差为

$$a - b = a - \frac{(n-1)a}{n} = \frac{a}{n}$$

这就是游标的精度值. 如图 2-1-2 所示, $a=1$ mm, $n=10$, 则

$$a - b = \frac{a}{n} = \frac{1}{10}\text{mm} = 0.1\text{mm}$$

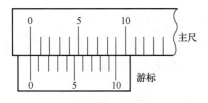

图 2-1-2　10 分度游标

可见 10 分度游标的精确度为 0.1 mm, 仪器读数的一般规律是读数的最后一位应该是读数误差所在的一位.

在测量时, 游标零线离开主尺零线的距离即为所测之长度. 毫米的整数部分直接从游标零线左边的主尺上读得, 毫米以下的小数部分从游标上读得. 如果游标是第 x 条分度线与主尺上某一刻度线对齐, 那么游标零线与主尺上左边的相邻刻度线间的距离(即毫米以下小数部分)为

$$\Delta x = Ka - Kb = K\frac{a}{n}$$

根据上面关系, 对于任何一种游标, 只要弄清主尺最小刻度的长度 a 与游标的分度数 n, 就可以直接利用游标来读数.

例如, 有一种游标卡尺, 虽然游标上 20 个分度长与主尺上 39 mm 长度相等, 它的精度仍可用 $\frac{a}{n} = \frac{1}{20} = 0.05$ mm 计算出. 按游标的刻度原理, 游标上 40 个分度应与主尺上 39 mm 长相等, 其精度为 $\frac{a}{n} = \frac{1}{40} = 0.025$ mm. 此卡尺是将游标上每个分度长扩大 1 倍, 将 40 个分度数减成 20 个分度数, 其精度便从 0.025 mm 降低为 0.05 mm, 但毫米以下的小数仍可用 $\Delta x = K\frac{a}{n} = K \times 0.05$ mm 读出.

现以 50 分度的游标卡尺为例介绍游标卡尺的读数方法. 如图 2-1-3 所示, 主尺上最小刻度 "$a=1$mm, 游标上分度数 $n=50$, 那么游标上一个分度与主尺上最小刻度之差为

$\dfrac{a}{n}=\dfrac{1}{50}\,\text{mm}=0.02\,\text{mm}$. 测长度时，如果游标上零分度线对在主尺上，如图 2-1-4 所示位置时，

毫米以上的整数部分 y 可以从主尺上直接读出，图中 y=6.00 mm；毫米以下的小数部分从游标上读出的办法是仔细寻找游标上哪一根分度线与主尺上的刻度线对得最齐，然后数出对齐的分度是第几条，如图 2-1-4 所示是第 6 条，即 K=6，

则 $\Delta x=K\dfrac{a}{n}=6\times0.02\,\text{mm}=0.12\,\text{mm}$，所测长度 L=y+Δx=6.00+0.12=6.12 mm. 为了读数方便，游标上已将 K=5，10，15，…相应的 Δx=0.10 mm，0.20 mm，0.30 mm，…毫米的十分位上的数标出. 假如对齐的分度线是游标上数字 3 后面的第 4 条线，则立即可读出 Δx=0.38 mm，不必再去数游标上对齐线以左所有的分度数. 50 分度的游标读数结果写到 0.01 mm 这一位上即可.

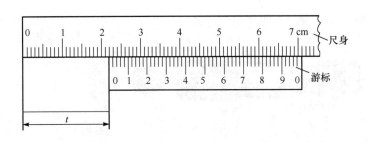

图 2-1-3　50 分度游标　　　　　　　　　　　图 2-1-4　游标卡尺读数

　　游标卡尺是精密的量具，使用时应注意：①测量时将物体轻轻卡在钳口之间，不要用力过大，不要弄伤刀口和钳口. 锁紧固定螺丝后再读数，以免游标滑动影响读数的正确. ②使用前要检查起点读数. 起点读数就是当钳口刚好靠拢时，游标的零分度线与主尺上零刻度线的符合程度. 如果刚好对齐，起点读数 S=0.00 mm，如图 2-1-5(a)所示. 如果没有对齐，当游标上零分度线落在主尺零刻度线左边时，如图 2-1-5(b)所示，起点读数 S 记为负数；落在右边时，如图 2-1-5(c)所示，起点读数 S 记为正数. 则测量时卡尺上的读数减去起点读数，即 $L=y+\Delta x-S$，即得所测结果. 其修正公式为：测量结果=测量读数–起点读数 0，这样可以消除仪器的系统误差. ③使用完毕将其放回盒内，防止潮湿生锈.

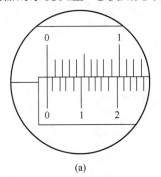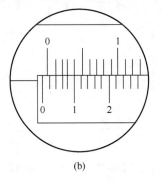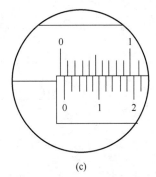

(a)　　　　　　　　　　　(b)　　　　　　　　　　　(c)

图 2-1-5　游标卡尺起始读数

2. 螺旋测微器

螺旋测微器又叫千分尺,它是比游标卡尺更为精密的测量长度的仪器. 其精度为 0.01 mm,实验室用的千分尺量程为 25 mm. 常用于测量细丝直径、薄片厚度等微小长度. 螺旋测微器是根据螺旋推进的原理设计的,其构造如图 2-1-6 所示. 它有一个弓形架 1, 架的两端有固定钳口 2 和活动钳口 4,3 是待测物体,5 是测量轴即螺杆,7 是一个固定的内管,上面有一横线(称为准线). 横线上下的最小分度都是 1 mm,但彼此错开 0.5 mm. 套筒 8 是套在内管上的,它和测量轴即螺杆是固定连接的. 转动尾端的棘轮 9,可以使螺杆前进或后退,从而使钳口 2、4 靠拢或离开. 螺旋每旋转一周,螺杆就沿轴线方向移动一个螺距的长度,常用的螺旋测微器的螺距为 0.5 mm. 在套筒 8 的周围边缘上刻有 50 个等分刻度,套筒旋转一个刻度,螺杆就前进或后退 $\frac{0.5}{50}=0.01$ mm ,因此,螺旋测微器能精确地读到 0.01 mm,可估读到 0.001 mm. 仪器误差定为 0.004 mm. 6 是锁定机构,测量时用 6 制动后再读数.

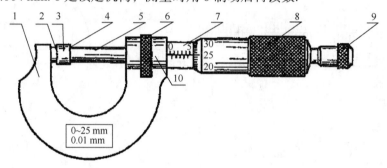

图 2-1-6　螺旋测微器

读数方法:当钳口 2 和 4 刚刚靠拢时,套筒边缘与准线上的零刻度线重合,并且套筒上的零刻度线与准线对齐. 旋转棘轮 9 带动套筒 8 同时旋转,把待测物体夹在 2 和 4 之间,从套筒边缘所对着的准线上的分度可以读出 0.5 mm 以上的读数 y,从准线对着的套筒边缘分度读出 0.5 以下的读数 Δx ,则测量值 $L = y + \Delta x$. 如图 2-1-7(a)所示,在主尺上读得 y=5.500 mm,在套筒上读得 Δx=0.492 mm,结果 L=5.992 mm. 如图 2-1-7(b)所示,读数应为 5.492 mm. 两者差别就在于套筒边缘的位置不同,前者超过标准线上 0.5 mm 的刻度线.

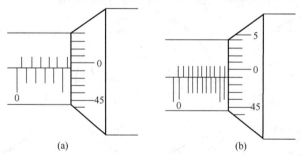

(a)　　　　　　　　　　　(b)

图 2-1-7　螺旋测微器读数

使用螺旋测微器应注意以下几个方面:①测量时应先检查起点读数,钳口靠拢后若套筒上的零刻度线正好与准线对齐,起点 S=0.000 mm,如图 2-1-8(a)所示. 若套筒上的零线在准线 C 的上端,则起点读数 S 记作负数,如图 2-1-8(b)所示. 若套筒零线在准线 C 的下端,则起点

读数 S 记作正数. 如图 2-1-8(c)所示. 那么测量结果 $L=y+\Delta x-S$. 这样便可消除仪器的系统误差. ②测量时不要用手直接旋转套筒 8，以免改变起点读数. 应轻轻旋转棘轮 9，当听到喀喀声响时就停止旋转，这表示钳口 2 和 4 已与被测物体正常接触. 再用力旋转 9 就会挤坏内部的螺纹. ③仪器用毕后，应使钳口 2 和 4 间留一小空隙，以免热膨胀时钳口过分压紧而损坏螺纹.

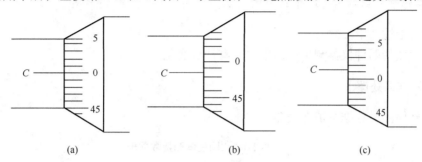

图 2-1-8　螺旋测微器起点读数

在进行测量前要选择适当的测量仪器，选择仪器的时候要结合各量的实际测量误差进行分析. 例如，待测圆柱体的直径 $D \approx 2.00\,\mathrm{cm}$，高度 $L \approx 7.00\,\mathrm{cm}$，如果要求 $\dfrac{\Delta V}{V} \leqslant 0.50\%$，应如何选择仪器？

根据 $V = \dfrac{\pi}{4}D^2 L$，则 $\dfrac{\Delta V}{V} = 2\dfrac{\Delta D}{D} + \dfrac{\Delta L}{L} < 0.50\%$，根据误差分配的等分原则，可取 $\dfrac{2\Delta D}{D} < 0.25\%$，$\dfrac{\Delta L}{L} < 0.25\%$.

假若都选用米尺测量，米尺测量误差 $\Delta_{\mathrm{mi}} \approx 0.05\,\mathrm{cm}$，则 $2\dfrac{\Delta D}{D} = 2 \times \dfrac{0.05}{2.00} = \dfrac{5}{100} > 0.25\%$. 这一项已超过要求，所以不能选用米尺.

假若都选用游标卡尺测量，游标卡尺测量误差 $\Delta_{\mathrm{you}} \approx 0.002\,\mathrm{cm}$，则 $2\dfrac{\Delta D}{D} = 2 \times \dfrac{0.02}{2.00} = \dfrac{2}{100} < 0.25\%$，$\dfrac{\Delta L}{L} = \dfrac{0.002}{7.00} \approx \dfrac{3}{10000} < 0.25\%$，此项可忽略不计，故选用游标卡尺.

【实验内容】

1. 用游标卡尺测量有圆孔的圆柱体的体积

(1) 弄清游标卡尺的精度和量程.

(2) 检查卡尺的起点读数，学会正确使用和操作.

(3) 用卡尺测量圆柱体的直径和高度、圆孔的内径和深度，要求在不同位置各测量 5 次.

(4) 将测量数据填在表格中，计算绝对误差和相对误差或者计算标准偏差，写出测量最后结果.

(5) 用上述结果计算圆柱体的体积及其误差.

2. 用螺旋测微器测量球体的体积

(1) 记录仪器的精度，检查起点读数.

(2) 测球体直径，分别在不同位置重复测量 5 次.

(3) 将测量数据记入表格中，计算绝对误差和相对误差或者计算标准偏差，写出最后结果.

(4) 用上述结果计算球体体积及其误差.

3. 用游标卡尺测量同一球体的体积

(1) 重复上述 2 中步骤.

(2) 比较使用两种仪器测量的结果误差有什么变化.

【数据和结果处理】

(1) 圆柱体测量数据可填在表 2-1-1 中.

表 2-1-1　圆柱体测量数据表

游标卡尺的精度_____，起点读数_____

项目　　　　数据	1	2	3	4	5	平均值
外径 D/cm						
ΔD/cm						
内径 d/cm						
Δd/cm						
高度 L/cm						
ΔL/cm						
深度 h/cm						
Δh/cm						

外径　　　　$E = \dfrac{\Delta D}{D} \times 100\% = $_____　　　　$\overline{D} \pm \Delta D = $_____

或者　　　　$E = \dfrac{\sigma_D}{D} \times 100\% = $_____　　　　$\overline{D} \pm \sigma_D = $_____

内径 d、高度 L 和深度 h 的数据由实验者自己作相应的计算.

圆柱的体积　　　　$V = V_1 - V_2 = \dfrac{\pi}{4} D^2 L - \dfrac{\pi}{4} d^2 h = $_____

用算术平均误差计算：

$$E_1 = \frac{\Delta V_1}{V_1} = \left(\frac{2\Delta D}{D} + \frac{\Delta L}{L} \right) 100\% = \underline{\hspace{2cm}}$$

$$\Delta V_1 = E_1 V_1 = \underline{\hspace{2cm}}$$

$$E_2 = \frac{\Delta V_2}{V_2} = \left(\frac{2\Delta d}{d} + \frac{\Delta h}{h} \right) 100\% = \underline{\hspace{2cm}}$$

$$\Delta V_2 = E_2 V_2 = \underline{\hspace{2cm}}$$

$$\Delta V = \Delta V_1 + \Delta V_2 = \underline{\hspace{3cm}} \qquad E = \frac{\Delta V}{V} \times 100\% = \underline{\hspace{3cm}}$$

或者使用标准偏差：

$$E_{\sigma V} = \frac{\sigma_{V_1}}{V_1} = \sqrt{\left(\frac{2\sigma_D}{D}\right)^2 + \left(\frac{\sigma_L}{L}\right)^2} \times 100\% = \underline{\hspace{3cm}}$$

$$\sigma_{V_1} = E_{\sigma V} \cdot V_1 = \underline{\hspace{2.5cm}} \qquad V_1 \pm \sigma_{V_1} = \underline{\hspace{2.5cm}}$$

(2) 将球体测量数据填入表 2-1-2.

表 2-1-2　球体测量数据表

螺旋测微器的精度_____，起点读数_____

次数 直径	1	2	3	4	5	平均值
d/cm						
Δd/cm						

直径　$E = \dfrac{\Delta d}{d} \times 100\% = \underline{\hspace{2.5cm}}$ 　　　$d \pm \Delta d = \underline{\hspace{2.5cm}}$

或者　$E = \dfrac{\sigma_d}{d} \times 100\% = \underline{\hspace{2.5cm}}$ 　　　$d \pm \sigma_d = \underline{\hspace{2.5cm}}$

体积　$V = \dfrac{4}{3}\pi\left(\dfrac{d}{2}\right)^3 = \underline{\hspace{2.5cm}}$ 　　$E = \dfrac{\Delta V}{V} = \dfrac{3\Delta d}{d} \times 100\% = \underline{\hspace{2cm}}$

　　　$\Delta V = EV = \underline{\hspace{2.5cm}}$ 　　　$V \pm \Delta V = \underline{\hspace{2.5cm}}$

或者　$E_V = \dfrac{\sigma_V}{V} = \sqrt{\left(\dfrac{3\sigma_V}{d}\right)^2} \times 100\% = \underline{\hspace{2cm}}$

　　　$\sigma_V = E_V = \underline{\hspace{2.5cm}}$ 　　　$V \pm \sigma_V = \underline{\hspace{2.5cm}}$

[预习思考题]

(1) 有两种游标卡尺，主尺上分度的长度分别为 0.5 mm、1.0 mm. 游标上分别有 50 个分度、20 个分度，该游标卡尺的精确度分别是多少？

(2) 有一种 20 个分度的游标卡尺，主尺上一个分度为 1.0 mm，游标刻度总长对应主尺上 39mm 长. 该游标尺的精确度为多少？

(3) 螺旋测微器检查起点读数时，套筒边缘上的零刻度线在准线 C 的上端，距离准线 5 个分度，起点读数记为多少？零刻度线在准线 C 的下端 2.3 个分度，起点读数记为多少？

[讨论问题]

(1) 一个游标卡尺的零点示数如图 2-1-5(b)所示. 当测量某物体的长度读数为 7.0 mm 时，其实际长度为多少？

(2) 一个螺旋测微器的零点示数如图 2-1-8(b)所示. 用其测量某一物体的长度读数为 6.723 mm，物体的实际长度是多少？

(3) 有一块长约 15 cm、宽约 4 cm、厚约 0.2 cm 的铁板，应选用哪种仪器进行测量才能使其体积的测量结果保持 4 位有效数字?

假如某一球体直径 d 测量 10 次的结果如下:0.5570 cm、0.5580 cm、0.5550 cm、0.5560 cm、0.5590 cm、0.550 cm、0.5540 cm、0.5560 cm、0.5570 cm、0.5570 cm. 其平均直径为

$$\overline{d} = \frac{1}{10}\sum_{t=1}^{10} d = 0.5564(\text{cm})$$

$$\sigma_d = \frac{\sigma}{\sqrt{n}} = \sqrt{\frac{\sum_{i=1}^{10}(d_i - \overline{d})^2}{10(10-1)}} = \underline{\hspace{2cm}}$$

$$\sqrt{(0.0006)^2 + (0.0016)^2 + (0.0014)^2 + \cdots + (0.0006)^2 + (0.0006)^2} = \underline{\hspace{2cm}}$$

$$0.000476 \approx 0.0005\ \text{cm}$$

由于偶然误差本身就是一个估计值，所以其结果一般只取一位或两位数字，为简单起见，这里只取一位.

$$E_d = \frac{\sigma_d}{d} = 0.0005/0.5564 \approx 0.00090 = 0.090\%$$

$$d \pm \sigma_d = (0.5564 + 0.0005)\text{cm}$$

计算体积:

$$V = \frac{4}{3}\pi(\frac{\overline{d}}{2})^2 = \frac{4}{3}\pi(\frac{0.5564}{2})^2 = 0.09019\ \text{cm}^3$$

$$E_V = \frac{\sigma_v}{V} = \sqrt{(\frac{3\sigma_d}{d})^2} = \sqrt{(\frac{3 \times 0.0005}{0.5564})^2} = 0.0027 \approx 0.27\%$$

$$\sigma_v = E_V \cdot V = 0.00024 \approx 0.0003\ \text{cm}^3$$

$$V \pm \sigma_v = (0.0902 \pm 0.0003)\ \text{cm}^3$$

根据误差宁大勿小的原则，绝对误差只进不舍.

2.1.2　实验二　物体密度的测定

1. 形状规则物体密度的测定

【实验目的】

(1) 掌握物理天平的构造和使用方法;
(2) 学习测定形状规则密度的一种方法;
(3) 练习数据处理的方法.

【实验仪器】

物理天平、待测物体(圆柱体、球体).

【原理和仪器的描述】

密度是物质的基本特性之一，它是指单位体积内所含物质的质量. 若物体的质量为 m，体积为 V，则其密度为

$$\rho = \frac{m}{V}$$

只要测得 m 和 V ，就可求出密度 ρ .

　　形状规则的物体，其体积 V 可以用长度测量的结果算得，而质量 m 则需用天平去测量. 实验中常用的物理天平是根据等臂杠杆的原理制成的. 它的外形如图 2-1-9 所示,主要由横梁 A，称盘 P、P′ 和支柱 H 三部分组成. 横梁上有三个刀口，两端的刀口 b 和 b′悬挂两个称盘，中间的刀口 a 安装在可以升降的支柱 H 上. 横梁的下部固定有指针 J,立柱上装有刻度标尺 S. 根据指针在标尺上的位置可以判断天平是否平衡. 横梁的上边还装有可滑动的游码 D,借助于游码在横梁上的位置可读出所配备的最小砝码以下的质量数.

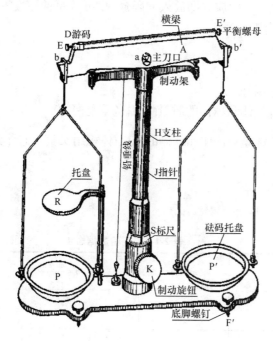

图 2-1-9 物理天平

　　不同的天平有不同的最大称量和感量. 所谓最大称量就是天平允许称量的最大质量(即极限负载). 所谓感量就是天平能准确称出的最小质量. 也可这样说，当两称盘上的质量相等时，指针位于标记尺的零点，若使指针从此位置偏转一个最小分格，则两称盘上的质量差就是天平的感量. 如果天平处于平衡位置，在其中一个称盘中加单位质量后指针所偏转的分格数，就称为天平的灵敏度，由此可见，灵敏度是感量的倒数. 它们是天平精确度的标志.

　　物理天平的调节和称量：

　　(1) 调节支柱铅直. 其方法是调节底座上的两个底脚螺钉 F 和 F′使挂在支柱上的线锤摆尖与底座上的锤尖对准(若底座上带有水准器，可调节 F 和 F′，使水准器气泡居于到线之中).

　　(2) 调节零点. 先把游码 D 移至左端零点处，然后旋转制动旋钮 K 将横梁缓慢升起，观察指针在标尺中央 “0” 线左右摆动的情况. 若两边摆动格数几乎相等，则天平平衡；若不相等，将横梁放下(以免磨损刀口)，调节横梁上的平衡螺丝 E 和 E′,然后再支起横梁，直至左右摆动格数相等.

(3) 称衡. 将被称物体放在左盘中央,砝码放在右盘中央,然后升起天平横梁,若不平衡,将横梁放下,适当增减砝码或向右移动游码,直至天平平衡,则物体的质量为右盘砝码与游码读数之和.

一般物理天平两臂往往并不严格对称,所以放在左右面盘称得的质量也不相等. 为了消除这方面的系统误差,常采用复称法,即将物体和砝码互易位置,再次称出物体质量,取两次质量的平均值 $m=\sqrt{m_1 m_2}$,或者 $m=\dfrac{m_1+m_2}{2}$ 为待测物体质量(见本节附录).

使用物理天平时注意:①天平的负载量不应超过天平的最大称量.②取放物体、增减砝码及调节螺丝时,必须在天平止动时进行,而且动作要轻,以免损坏刀口.③砝码应用镊子夹取,而不能用手拿. 用完砝码应立即放入砝码盒中.④天平的左右零件都是固定使用的,不得互换,更不能和另一台天平合用.

【实验内容】

(1) 先将天平按要求调好.

(2) 用复称法称出圆柱体和球体的质量(左右各重复两次).

(3) 利用公式 $\rho=\dfrac{m}{V}$ 计算圆柱体和球体的密度(体积用实验一的计算结果).

【数据和结果处理】

将实验数据填入表 2-1-3.

表 2-1-3　实验数据表 1

物体	次数	m_1(左)	m_2(右)	$m=\dfrac{m_1+m_2}{2}$		平均值	Δm
圆柱体	1			1			
	2			2			
球体	1			1			
	2			3			

$$E_m=\frac{\Delta m}{m}\times 100\%=\underline{\qquad} \qquad m+\Delta m=\underline{\qquad} \qquad \rho=\frac{m}{V}=\underline{\qquad}$$

$$E_\rho=\frac{\Delta\rho}{\rho}=\left(\frac{\Delta m}{m}+\frac{\Delta V}{V}\right)\times 100\%=\underline{\qquad} \qquad \Delta\rho=\rho\cdot E_\rho=\underline{\qquad} \qquad \rho\pm\Delta\rho=\underline{\qquad}$$

或者
$$E_\rho=\frac{\sigma_\rho}{\rho}=\sqrt{\left(\frac{\sigma_m}{m}\right)^2+\left(\frac{\sigma_V}{V}\right)^2}\times 100\%=\underline{\qquad}$$

$$\sigma_\rho=E_\rho\cdot\rho=\underline{\qquad} \qquad \rho\pm\Delta\rho=\underline{\qquad}$$

2. 用流体静力称衡法测定形状不规则物体的密度

【实验目的】

(1) 掌握流体静力称衡法测量密度的原理和方法;

(2) 学习用流体静力称衡法测定形状不规则物体和液体的密度.

【实验仪器】

物理天平、形状不规则的铝块、酒精、玻璃烧杯、温度计.

【实验原理】

1) 测形状不规则固体的密度

假如测得待测物体在空气中的重量为 W_1，当空气的浮力忽略不计时，则

$$W_1 = \rho g V$$

式中，ρ 为待测物体的密度，g 为当地的重力加速度，V 为物体的体积. 如果将待测物体浸入水中，测得物体在水中的重量为 W_2. 根据阿基米德定律，浸在液体里的物体受到向上的浮力，浮力的大小等于物体排开液体的重量，则该物体所受浮力为

$$W_1 - W_2 = \rho_0 g V \tag{2-1-1}$$

式中，ρ_0 为水在温度下的密度(查表可知). 以上两式相比有

$$\frac{\rho}{\rho_0} = \frac{W_1}{W_1 - W_2}$$

即

$$\rho = \frac{W_1}{W_1 - W_2} \rho_0 \tag{2-1-2a}$$

利用天平称衡时，上式可写为

$$\rho = \frac{m_1}{m_1 - m_2} \rho_0 \tag{2-1-2b}$$

其中，m_1 和 m_2 分别为空气中和水中称衡时砝码的质量.

如果待测物体的密度小于水的密度，先在空气中测得物体重量 W_1，然后用如图 2-1-10 所示的方法将待测物体下端拴上一个重物，将重物浸入水中，测得物体连同重物的重量为 W_2，再将物体连同重物一起浸入水中，测得它们共同的重量为 W_3，物体所受浮力为 $W_2 - W_3 = \rho_0 g V$. 则有

$$\frac{\rho}{\rho_0} = \frac{W_1}{W_2 - W_3}$$

即

$$\rho = \frac{W_1}{W_2 - W_3} \rho_0 \tag{2-1-3a}$$

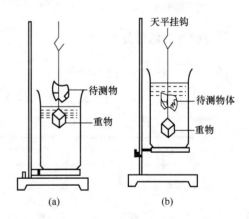

图 2-1-10 待测物体的密度小于水的密度

利用天平称衡时，上式可写为

$$\rho = \frac{m_1}{m_2 - m_3} \rho_0 \tag{2-1-3b}$$

其中，m_1 为空气中称衡时砝码的质量，m_2 和 m_3 分别为待测物体拴挂重物后，待测物体没有浸入和全部浸入水中称衡时砝码的质量.

2) 测液体的密度

假若待测液体的密度为 ρ'，可将上述物体再浸入此待测液体中，然后测出此液体中的重量 W_3，则物体在待测液体中所受浮力为 $W_1 - W_3 = \rho'gV$．物体在水中所受的浮力为 $W_1 - W_2 = \rho_0 gV$，所以有比例式

$$\frac{\rho'}{\rho_0} = \frac{W_1 - W_3}{W_1 - W_2}$$

即

$$\rho' = \frac{W_1 - W_3}{W_1 - W_2}\rho_0 \qquad\qquad (2\text{-}1\text{-}4a)$$

利用天平称衡时，上式可写为

$$\rho' = \frac{m_1 - m_3}{m_1 - m_2}\rho_0 \qquad\qquad (2\text{-}1\text{-}4b)$$

其中，m_1、m_2 和 m_3 分别为在空气中、水中和待测液体中称衡时砝码的质量．

【实验内容】

(1) 调整好物理天平，称量出悬挂在空气中的铝块质量为 m_1，即天平平衡时砝码的质量．

(2) 将盛水的杯子放在托盘上，把用细线挂着的铝块全部浸入水中，并用玻璃棒去除附在铝块表面的气泡．记下铝块在水中平衡时砝码的质量 m_2．

(3) 测出水温 t，并查表得出在此温度下水的密度 ρ_0．

(4) 将水换成酒精，将铝块全部浸入酒精中，记下铝块在酒精里天平平衡时砝码的质量 m_3．

(5) 将 m_1、m_2、m_3、ρ_0 代入式(2-1-2b)中计算出铝块的密度 ρ．

(6) 将 m_1、m_2、m_3、ρ_0 代入式(2-1-4b)中计算出酒精的密度 ρ'．

【数据和结果处理】

将实验数据填入表 2-1-4.

表 2-1-4　实验数据表 2

物理天平的感量_____

物理量	t	ρ_0	m_1	m_2	m_3	ρ	ρ'	σ_{m_1}	σ_{m_2}	σ_{m_3}
数据										

单次测量的误差标准误差为仪器最小分度的 $1/\sqrt{3}$ 倍，故可分别求得 σ_{m_1}、σ_{m_2}、σ_{m_3}．因为 ρ_0 的数据是由表中查出的，所以误差可略去不计．

σ_ρ 的计算方法[以式(2-1-2b)为例]如下：

(1) 取对数，求全微分．

对公式 $\rho = \dfrac{m_1}{m_1 - m_2}\rho_0$ 两边取对数：

$$\ln\rho = \ln m_1 - \ln(m_1 - m_2) + \ln\rho_0$$

求全微分

$$\frac{\mathrm{d}\rho}{\rho} = \frac{\mathrm{d}m_1}{m_1} - \frac{\mathrm{d}(m_1 - m_2)}{m_1 - m_2} + \frac{1}{\rho_0}\mathrm{d}\rho_0$$

(2) 合并同一变量系数. (取绝对值相加, 将微分号换成误差符号即可得 $\frac{\Delta\rho}{\rho}$)

$$\frac{\Delta\rho}{\rho} = \left|\frac{-m_2}{m_1(m_1 - m_2)}\Delta m_1\right| + \left|\frac{\Delta m_2}{m_1 - m_2}\right| + \left|\frac{1}{\rho_0}\right|\Delta\rho_0$$

(3) 微分号变为标准误差号, 平方后相加再开方得

$$E_\rho = \frac{\sigma_\rho}{\rho} = \sqrt{\frac{(-m_2)^2}{m_1{}^2(m_1 - m_2)^2}\sigma_{m_1}^2 + \frac{1}{(m_1 - m_2)^2}\sigma_{m_2}^2 + \frac{1}{\rho_0{}^2}\sigma_{\rho_0}^2}$$

因为 ρ_0 由查表可得出, 故 $\frac{1}{\rho_0{}^2}\sigma_{\rho_0}^2$ 可忽略不计.

$$\sigma_\rho = \frac{\sigma_\rho}{\rho}\rho = \rho\sqrt{\frac{(-m_2)^2}{m_1{}^2(m_1 - m_2)^2}\sigma_{m_1}^2 + \frac{1}{(m_1 - m_2)^2}\sigma_{m_2}^2}$$

$\sigma_{\rho'}$ 由实验者自己推出, 并计算出结果.

$$\rho \pm \sigma_\rho = \underline{\qquad\qquad}$$
$$\rho' \pm \sigma_{\rho'} = \underline{\qquad\qquad}$$

3. 用密度瓶测定小块固体的密度

【实验目的】

(1) 学习一种测定小块固体密度的方法;
(2) 学习测定液体密度的另一种办法.

【实验仪器】

物理天平、密度瓶、待测小玻璃球若干、温度计、待测液体.

【实验原理】

密度瓶可以有多种不同的形状. 图 2-1-11 所示是最简单的一种密度瓶. 为了保证瓶中的容积固定, 瓶塞是用一个中间有毛细管的磨口塞子做成的. 当瓶内装满液体后, 用塞子塞紧瓶口, 多余的液体就会从毛细管中溢出来, 这样瓶内盛有的液体就是固定的.

用密度法测定不溶于水的小块固体的密度 ρ_0 时可依次称出小块固体的质量 M_2, 盛满纯水后密度瓶和纯水的质量为 M_1, 以及在满纯水的瓶内投入小块固体后的质量为 M_3. 显然, 被小块固体排出密度瓶的水的质量是 $M_1 + M_2 - M_3$, 排出水的体积就是小块固体的体积. 所以小块固体的密度为

图 2-1-11 密度瓶

$$\rho = \frac{M_2}{M_1 + M_2 - M_3} \rho_0 \tag{2-1-5}$$

其中，ρ_0 是纯水在实验温度下的密度，可从表中查出.

用密度法还可以测出某液体的密度 ρ'. 方法：先称出密度瓶的质量 M_0，然后将纯水注满密度瓶，称出纯水和密度瓶的总质量 M_1，最后将与室温相同的待测液体注满密度瓶，再称出该液体和密度瓶的总质量 M_4，于是,同体积的水和待测液体的质量为别为 $M_1 - M_0$ 和 $M_4 - M_0$，则待测液体的密度为

$$\rho' = \frac{M_4 - M_0}{M_1 - M_0} \rho_0 \tag{2-1-6}$$

【实验内容】

1) 用密度瓶法测小玻璃球的密度

(1) 调整好物理天平，称出干净的小玻璃球的质量 M_2.

(2) 将密度瓶注满纯水，并用细铜丝伸入瓶内轻轻搅动以去除附着在瓶壁上的气泡. 塞紧塞子，擦去溢到瓶外的水，称出密度瓶和纯水的总质量 M_1.

(3) 将小玻璃球投入盛有纯水的密度瓶内，用同样方法排除小气泡. 塞紧塞子，擦干水，称出其总质量 M_3.

(4) 由式(2-1-5)计算出小玻璃球的密度 ρ.

2) 用密度瓶法测液体的密度

(1) 洗净、烘干密度瓶，称出其质量 M_0.

(2) 称出密度瓶盛满纯水后的总质量 M_1.

(3) 倒出纯水，烘干密度瓶后，盛满待测液体，称出其总质量 M_4.

(4) 由式(2-1-6)计算出待测液体的密度 ρ'.

【数据和结果处理】

将实验数据填入表 2-1-5.

表 2-1-5　实验数据表 3

物理天平的感量_____，纯水的温度 t_____

物理量	M_0	M_1	M_2	M_3	M_4	ρ_0	ρ	ρ'
数据								

写出实验结果：

$$E_\rho = \frac{\sigma_0}{\rho} = \underline{\hspace{2cm}} \qquad \rho \pm \rho_0 = \underline{\hspace{2cm}}$$

$$E_\rho = \frac{\sigma'_\rho}{\rho'} = \underline{\hspace{2cm}} \qquad \rho' \pm \sigma'_\rho = \underline{\hspace{2cm}}$$

【预习思考题】

(1) 如何消除由于物理天平的两臂不相等所引起的系统误差?

(2) 物理天平有几个刀口？应如何保护它？

(3) 物理天平的使用注意事项有哪几项？

【讨论问题】

(1) 在"用流体静力称衡法测定形状不规则物体的密度"中把不规则铝块吊起来的线，是用棉线、尼龙线还是铜线？是用粗线还是细线？试定性地说明.

(2) 若求一批用同一物质做成的体积相等的微小球粒的直径，采用本实验所述的哪一种方法可以得到比较准确的结果呢？

(3) 假如待测固体能溶于水，但不溶于某种液体，现欲用比重瓶法测定该固体的密度，试写出测量的大致步骤.

【附录】

复称法——用于对天平两臂不等长的修正.

设物体的实际质量为 m，天平的左臂长为 L_1，右臂长为 L_2. 当物体在左砝码在右时，有

$$mgL_1 = m_1gL_2 \tag{2-1-7}$$

物体与砝码互易位置后，则有

$$mgL_2 = m_2gL_1 \tag{2-1-8}$$

式(2-1-7)×式(2-1-8)得

$$m^2L_1L_2 = m_1L_1m_2L_2 \tag{2-1-9}$$

所以

$$m = \sqrt{m_1m_2} \tag{2-1-10}$$

如果两臂之长相差很小，则 m_1 与 m_2 之差也很小，若以 x 代表 m_1，$x+\Delta x$ 代表 m_2，则 Δx 很小时，可得

$$m = \sqrt{m_1m_2} = \sqrt{x(x+\Delta x)} = x\sqrt{1+\frac{\Delta x}{x}}$$

按二项式展开 $\left(1+\dfrac{\Delta x}{x}\right)^{\frac{1}{2}}$ 得

$$\left(1+\frac{\Delta x}{x}\right)^{\frac{1}{2}} = 1 + \frac{\Delta x}{2x} - \frac{1}{8}\left(\frac{\Delta x}{2x}\right)^2 + \cdots$$

略去 Δx^2 以上的项代入式(2-1-10)得

$$m = x\left(1+\frac{\Delta x}{2x}\right) = \frac{2x+\Delta x}{2} = \frac{x+(x+\Delta x)}{2}$$

则

$$m = \frac{m_1+m_2}{2}$$

2.2　用拉伸法测量金属丝的杨氏弹性模量

【实验目的】

(1) 学会用拉伸法测钢丝的杨氏弹性模量；

(2) 学会用光杠杆测量微小长度增量的方法；

(3) 掌握望远镜的调节技术；

(4) 练习基本测量仪器的选用，学习用逐差法处理实验数据的方法.

【实验仪器】

杨氏弹性模量仪(图 2-2-1)、游标卡尺、螺旋测微器、米尺和砝码一套.

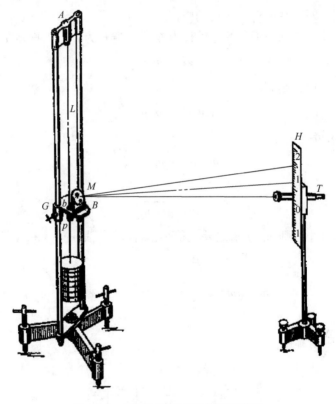

图 2-2-1　用光杠杆测杨氏模量的装置

【实验原理】

　　杨氏弹性模量是描述固体材料抵抗形变能力的重要物理量. 它与物体所受外力的大小和物体的形状无关，只决定于材料的性质. 所以杨氏弹性模量是表征固体性质的一个物理量，是选定机械构件材料的重要依据之一，是工程技术中常用的参数.

　　设有一棒状物体，其长为 L，截面积为 S. 当有一力 F 沿着棒的长度方向作用到棒上时，棒的伸长(或缩短)量为 ΔL，则单位面积上的作用力 F/S 称为胁强，相对伸长量 $\Delta L/L$ 称为

伸长胁变. 对工程上常用的材料，如碳钢、合金钢等材料的拉压实验证明，在弹性限度内，胁强与胁变成正比. 比例系数为

$$Y = \frac{F/S}{\Delta L/L} = \frac{F \cdot L}{S \cdot \Delta L} \tag{2-2-1}$$

称为杨氏弹性模量. 其单位为 N / m^2.

　　本实验采用拉伸法测量钢丝的杨氏模量. 由式(2-2-1)可知，只要测出待测钢丝的原长 L，横截面积 S，外加拉力 F 和绝对伸长 ΔL，即可求出弹性模量 Y. 其中 L、S 和 F 均可用一般方法测得，唯有绝对伸长量 ΔL 是一个微小增量，用一般工具不易测准，而它对 Y 值的影响又很大，因此精确地测定 ΔL 值就是本实验要解决的关键问题. ΔL 可采用光杆杠法测定.

　　光杠杆是一种利用光学原理把微小位移放大的测量装置，如图 2-2-2 所示. 它由一个可绕水平轴转动的平面镜和三脚支架构成. 要测量微小伸长量 ΔL，可先将光杠杆的前足 a、b 放在固定平台 B 的槽中，后足 c 放在滑动头 p 上(参看图 2-2-1)，并且使镜面基本上垂直于平台. 在平面镜 M 前面的适当位置(1.000～1.200 m)处放置标尺 H 和望远镜 T，使望远镜和平面镜等高，镜面处于垂直平台的状态. 然后调节望远镜的焦距，使之能清晰地看到十字叉丝和叉丝所对准的标尺上的读数，且无视差(见附录 1). 在砝码钩上置 1 kg 的砝码，这时从望远镜中读出叉丝对准标尺上的读数 n_1，再增加 1 kg 砝码，此时叉丝对准标尺上的读数 n_2. 由于增加了砝码，即钢丝受到了拉力，钢丝伸长了 ΔL，光杠杆的后足 c 随之下降了 ΔL，则若以 c 到 a、b 连线的垂直线 cd(即光杠杆常数 K)为半径，也相应转过了 θ，$\theta \approx \Delta L / K$，镜面 M 也就跟着转动 θ 达到 M' 的位置，镜面两个位置法线间的夹角也是 θ 角，如图 2-2-3 所示. 令两次入射到镜面的光线 n_1 和 n_2 间的夹角为 β，则由图可知，设标尺 H 到镜面 M 的距离为 D，光杠杆常数为 K，由于实际情况下 β 角很小，故有

$$\Delta n = n_2 - n_1 \approx D \cdot \tan\beta \approx D \cdot \beta = D \cdot 2\theta$$

所以

$$\theta = \frac{\Delta n}{2D}$$

又 $\Delta L \approx K \cdot \theta$，所以

$$\Delta L \approx K \cdot \frac{\Delta n}{2D}$$

因为 $D \gg K$，所以 $\Delta n \gg \Delta L$，这就是说用光学方法把 ΔL 放大了 $\dfrac{2D}{K}$ 倍，这便是用光杠杆法测量微小伸长量的原理. 将上述结果代入式(2-2-1)，便得

图 2-2-2　光杠杆

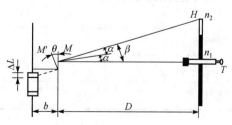

图 2-2-3　光放大原理图

$$Y = \frac{L}{S}\frac{F}{\Delta L} = \frac{L}{S} \cdot \frac{2D}{K} \cdot \frac{F}{\Delta n} \tag{2-2-2}$$

此式成立的条件是：外力 F 不能超过细丝的弹性限度，θ 要很小. 将 $S = \pi\left(\dfrac{d}{2}\right)^2$ 代入式(2-2-2)得

$$Y = \frac{8DLF}{\pi Kd^2 \Delta n} \tag{2-2-3}$$

【实验内容】

(1) 将仪器按图 2-2-1 安装好，借助水准器调节杨氏模量仪支架底部的三个螺旋，使平台达到水平. 将 1 kg 的砝码钩挂在钢丝下端的金属环上，使钢丝拉直.

(2) 选择适当的测量工具，分别测量钢丝的长度 L、直径 d(从不同的部位测 5 次).

(3) 调好光杠杆和望远镜标尺系统，使之能清楚地看到标尺的像和十字叉丝的像，且无视差(见附录 1)，光学系统调节后不可再动.

(4) 每次增加一个砝码，在望远镜中观察标尺的像，并依次记下相应标尺的刻度 n_i'(以十字叉丝为准读数)，直至加到 6 kg(或 0.320 kg × 6).

(5) 按相反顺序每次取下 1 个砝码，直至取完，并记下每次相应标尺的读数 n_i''.

(6) 将光杠杆的三个脚放在白纸上压出三个脚的痕迹，量出光杠杆常数 K 之值，再测光杠杆镜面到标尺间的距离 D.

选择测量工具的原则是使各被测量的有效数字位或相对误差基本接近. 本实验中距离 D 和钢丝的长度 L 可用米尺测量，光杠杆常数 K 需选用游标卡尺测量，钢丝的直径 d 很小，需选用螺旋测微器测量，而钢丝的绝对伸长量更小，必须采用更精密的光学放大系统来测量，只有这样才能使上述各量最少保持三位有效数字，且使综合量 Y 的误差 ΔY 比较小.

【数据和结果处理】

本实验中的各量均要求按此测量，然后求其平均值. 建议按表 2-2-1 和表 2-2-2 进行测量和记录数据.

关于数据处理，下面介绍两种方法，实验者可选其中一种.

表 2-2-1　数据处理表 1　　(单位：cm)

次数 项目	1	2	3	4	5	平均值	绝对误差
钢丝长度 L							
钢丝直径 d							
距离 D							
光杠杆常数 K							

表 2-2-2　数据处理表 2

拉力 F/kg	望远镜中标尺读数 n_i				$\Delta F = F_{t+3} - F_t$	
	加砝码	减砝码	平均值	Δn	$\overline{\Delta n}$	$\overline{\Delta(\Delta n)}$
F_1	n_1'	n_1''	n_1	$\Delta n_1 = n_4 - n_1$		
F_2	n_2'	n_2''	n_2			
F_3	n_3'	n_3''	n_3	$\Delta n_2 = n_5 - n_2$		
F_4	n_4'	n_4''	n_4			
F_5	n_5'	n_5''	n_5	$\Delta n_3 = n_6 - n_3$		
F_6	n_6'	n_6''	n_6			

1. 逐差法(见附录 2)

为了显示多次测量的优越性，使差值 Δn 较大些，误差较小些，需将测得的数据分成两组．一组是 n_1、n_2、n_3；另一组是 n_4、n_5、n_6. 取相应项的差值，即 $\Delta n_1 = n_4 - n_1$，$\Delta n_2 = n_5 - n_2$，$\Delta n_3 = n_6 - n_3$，然后求其平均值 $\overline{\Delta n}$ 或 $\overline{\Delta(\Delta n)}$，将它所对应的外力差 $\Delta F = 3.00\,\text{kg}$ 或 $0.320\,\text{kg} \times 3$ 代替式(2-2-3)中 F，便可求出 Y 值.

2. 作图法

在要求不太严格的情况下可用作图法作出 $F_i - n_j$ 的图形(理论上应为一条直线)，求出其斜率 $\dfrac{\Delta F}{\Delta n}$，然后代入式(2-2-2)(式中用 F 代替 ΔF)便可求出 Y 值. 计算出

$$E_Y = \frac{\Delta Y}{Y} = \frac{\Delta D}{D} + \frac{\Delta L}{L} + \frac{\Delta K}{K} + \frac{2\Delta d}{d} + \frac{\overline{\Delta(\Delta n)}}{\Delta n} = \underline{\qquad\qquad}$$

$$\Delta Y = E_Y \cdot Y = \underline{\qquad\qquad}$$

$$Y + \Delta Y = \underline{\qquad\qquad}$$

【预习思考题】

(1) 本实验中钢丝的绝对伸长量用什么方法测得？为什么？

(2) 什么叫视差？如何消除视差？

(3) 什么叫逐差法？什么情况下采用逐差法处理数据？

(4) 本实验仪器调好后，在望远镜中看到的第一个数 n 在标尺的最上端或最下端附近时对实验有没有影响？

【讨论问题】

(1) 实验中你是怎样选择仪器的？依据是什么？

(2) 分析各直接测定量中四个量的测量误差哪个对测量结果的影响最大？

(3) 材料相同，长度和粗细不同的两根钢丝，它们的杨氏弹性模量是否相同？为什么？

【附录 1】 视差、望远镜的调节

(1) 视差：所谓视差就是由于观察者的运动(即从不同角度去观察)而引起的目的物的表观运动，如图 2-2-4 所示. 当观察者眼睛在位置 1 时，看到目的物 A 和物 B 在一条直线上，显得重合了. 如果观察者的眼睛向左移动到位置 2，看到的目的物 A 相对于目的物 B 好像是运动到了左边；假如观察者的眼睛向右移动到位置 3，看到的目的物 A 相对于目的物 B 好像是移动到了右边. 这就是视差. 假如目的物 A 沿 AB 连线向 B 靠近，那么当眼睛向左或向右移动时，A 相对于 B 的表观位移就变得小了. 当 A 与 B 重合时，表观位移就完全消失，这时就叫无视差. 假如 A 是一个像，B 是叉丝，那么无视差就表明像与叉丝完全重合.

(2) 望远镜的调节：望远镜的构造如图 2-2-5 所示. 它是由物镜 O、目镜 E(单透镜或透镜组构成)和叉丝 C 组成的.

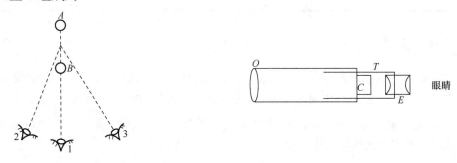

图 2-2-4　眼睛视差　　　　　　　　　　图 2-2-5　望远镜的构造

使用时先调目镜 E，使之从目镜中能清晰地看到叉丝 C 的像. 然后伸缩镜筒 T，直到从目镜中看到远处的目的物的像落在叉丝所在的平面上，且无视差.

【附录 2】 逐差法(又叫差数平均值法)

逐差法是一种处理实验数据的方法. 当测量某一连续变化的物理量时，为了减小其测量误差，需进行多次测量. 如本实验测定钢丝的伸长量，连续地在砝码钩上加 1 kg 的砝码，相继读出每加一次砝码后标尺的读数 n_1，n_2，$\cdots$，n_6，若求每相邻两次读数之差，则应为 $(n_2 - n_1)$，$(n_3 - n_2)$，$\cdots$，$(n_6 - n_5)$，差值的平均值为

$$\overline{\Delta n} = \frac{(n_2 - n_1)(n_3 - n_2) + \cdots + (n_6 - n_5)}{5} = \frac{n_6 - n_1}{5}$$

上式结果表明，平均值只与首末两个读数有关，中间测量值全部被抵消掉. 这就失去了多次测量的意义，因此不应采用这种方法求平均值. 通常把连续测量的数据从中间分成两组，如本实验将 n_1、n_2、n_3 分为一组，将 n_4、n_5、n_6 分为另一组，然后取两组中对应项的差值，再求其平均值：

$$\overline{\Delta n} = \frac{(n_4 - n_1)(n_5 - n_2) + \cdots + (n_6 - n_3)}{3}$$

这种取平均值的方法称为逐差法.

2.3 弦线上的驻波研究

在自然现象中，广泛地存在着振动现象，振动在媒质中传播就形成波，波的传播有两种形式：纵波和横波. 驻波是一种波的干涉，比如乐器中的管、弦、膜、板的共振干涉都是驻波振动. 弦振动实验则是研究振动和波的形成、传播和干涉现象的出现以及驻波的形状和与有关物理量的关系，并进行测量.

【实验目的】

(1) 了解均匀弦振动的传播规律，加深振动与波和干涉的概念的认识.

(2) 观察固定均匀弦振动共振干涉形成驻波时的波形，加深对干涉的特殊形式——驻波的认识.

(3) 了解固定弦振动固有频率与弦线的线密度ρ、弦长L和弦的张力T的关系，并进行测量.

【实验装置】

实验装置如图 2-3-1 所示. ①、⑥香蕉插头座(接弦线)；②频率显示；③电源开关；④频率调节旋钮；⑤磁钢；⑦砝码盘；⑧米尺；⑨弦线；⑩滑轮及托架；A、B 两劈尖滑块(铜块).

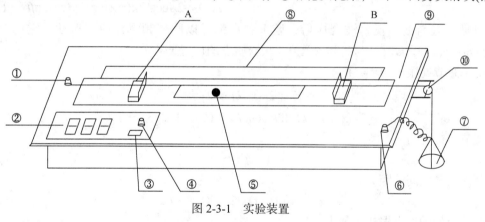

图 2-3-1 实验装置

【实验原理】

如图 2-3-1 所示，实验时在①和⑥间接上弦线(细铜丝)，使弦线绕过定滑轮⑩接上砝码盘并接通正弦信号源. 在磁场中，通有电流的弦线就会受到磁场力(称为安培力)的作用，若细铜丝上通有正弦交变电流，则它在磁场中所受的与电流垂直的安培力也随着正弦变化，移动两劈尖(铜块)即改变弦长，当固定弦长是半波长倍数时，弦线上便会形成驻波. 移动磁钢的位置，使弦振动调整到最佳状态(弦振动面与磁场方向完全垂直)，使弦线形成明显的驻波. 此时我们认为磁钢所在处对应的弦"O"为振源，振动向两边传播，铜块在 A、B 两处反射后又沿各自相反的方向传播，最终形成稳定的驻波.

为了研究问题的方便，认为波动是从 A 点发出的，沿弦线朝 B 端方向传播，称为入射波，再由 B 端反射沿弦线朝 A 端传播，称为反射波. 入射波与反射波在同一条弦线上沿相反方向传播时将相互干涉，移动劈尖 B 到适合位置，弦线上的波就形成驻波. 这时，弦线上的波被分成几段形成波节和波腹. 驻波形式如图 2-3-2 所示.

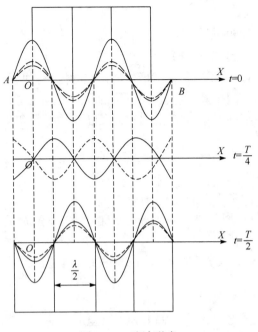

图 2-3-2　驻波形式

设图中的两列波是沿 X 轴相向方向传播的振幅相等、频率相同、振动方向一致的简谐波. 向右传播的用细实线表示,向左传播的用细虚线表示,它们的合成驻波用粗实线表示. 由图可见,两个波腹间的距离都等于半个波长,这可从波动方程推导出来.

下面用简谐波表达式对驻波进行定量描述. 设沿 X 轴正方向传播的波为入射波,沿 X 轴负方向传播的波为反射波,取它们振动相位始终相同的点作坐标原点"O",且在 $X=0$ 处,振动质点向上达最大位移时开始计时,则它们的波动方程分别为

$$Y_1 = A\cos 2\pi(ft - x/\lambda)$$

$Y_2 = A\cos[2\pi(ft + x/\lambda) + \pi]$ 式中,A 为简谐波的振幅,f 为频率,λ 为波长,X 为弦线上质点的坐标位置. 两波叠加后的合成波为驻波,其方程为

$$Y_1 + Y_2 = 2A\cos[2\pi(x/\lambda) + \pi/2]A\cos 2\pi ft \qquad (2\text{-}3\text{-}1)$$

由此可见,入射波与反射波合成后,弦上各点都在以同一频率作简谐振动,它们的振幅为 $|2A\cos[2\pi(x/\lambda) + \pi/2]|$,与时间 t 无关,只与质点的位置 x 有关.

由于波节处振幅为零,即

$$|\cos[2\pi(x/\lambda) + \pi/2]| = 0$$

$$2\pi(x/\lambda) + \pi/2 = (2k+1)\pi/2 \quad (k = 0, 1, 2, 3, \cdots)$$

可得波节的位置为

$$x = k\lambda/2 \qquad (2\text{-}3\text{-}2)$$

而相邻两波节之间的距离为

$$x_{k+1} - x_k = (k+1)\lambda/2 - k\lambda/2 = \lambda/2 \qquad (2\text{-}3\text{-}3)$$

又因为波腹处的质点振幅为最大,即

$$|\cos[2\pi(x/\lambda) + \pi/2]| = 1$$

$$2\pi(x/\lambda) + \pi/2 = k\pi \quad (k = 0, 1, 2, 3, \cdots)$$

可得波腹的位置为

$$x = (2k-1)\lambda/4 \qquad (2\text{-}3\text{-}4)$$

这样相邻的波腹间的距离也是半个波长. 因此,在驻波实验中,只要测得相邻两波节或相邻两波腹间的距离,就能确定该波的波长.

在本实验中,由于固定弦的两端是由劈尖支撑的,故两端点称为波节,所以,只有当弦线的两个固定端之间的距离(弦长)等于半波长的整数倍时,才能形成驻波,这就是均匀弦振动产生驻波的条件,其数学表达式为

$$L = n\lambda/2 \quad (n = 1, 2, 3, \cdots)$$

由此可得沿弦线传播的横波波长为

$$\lambda = 2L / n \tag{2-3-5}$$

式中，n 为弦线上驻波的段数，即半波数.

根据波速、频率及波长的普遍关系式：$V = \lambda f$，将式(2-3-5)代入可得弦线上横波的传播速度为

$$V = 2Lf/n \tag{2-3-6}$$

另一方面，根据波动理论，弦线上横波的传播速度为

$$V = (T/\rho)^{1/2} \tag{2-3-7}$$

式中，T 为弦线中的张力，ρ 为弦线单位长度的质量，即线密度.

再由式(2-3-6)和式(2-3-7)可得

$$f = (T/\rho)^{1/2} (n/2L)$$

得

$$T = \rho / (n/2Lf)^2$$

即

$$\rho = T(n/2Lf)^2 \quad (n=1, 2, 3, \cdots) \tag{2-3-8}$$

由式(2-3-8)可知，当给定 T、ρ、L，频率 f 只有满足以上关系，且积储相应能量时才能在弦线上有驻波形成.

【实验内容】

(1) 测定弦线的线密度.

选取频率 $f=100$ Hz，张力 T 由 40 g 砝码挂在弦线一端的砝码盘(W)上产生. 调节劈尖 A、B 之间的距离，使弦线上依次出现单段、两段及三段驻波，并记录相应的弦长 L_i，由式(2-3-8)式算出 $\rho_i (i=1, 2, 3, \cdots)$，求平均值 ρ.

(2) 在频率一定的条件下，改变弦的张力 T 大小，测量弦线上横波的传播速度 V.

选取频率 $f=75$ Hz，张力 T 由砝码挂在弦线的一端产生. 以 10 g 砝码为起点逐渐增加直到 60 g 为止. 在各张力的作用下调节弦长 L，使弦上出现 $n=1$，$n=2$ 个驻波段. 记录相应的 f、n、L 值，由式(2-3-7)计算弦线上横波速度的测量值 V.

(3) 在张力 T 一定的条件下，改变频率 f 分别为 50 Hz、75 Hz、100 Hz、125 Hz、150 Hz，调节弦长 L，仍使弦上出现 $n=1$，$n=2$ 个驻波段. 记录相应的 f, n, L 值，由式(2-3-6)或式(2-3-7)计算弦上横波速度的测量值 V.

【数据记录及处理】

(1) 测定弦线的线密度(表 2-3-1).

表 2-3-1 测定数据表 1 　　(砝码盘的质量 $m=10$ g)

	$f=100$ Hz, $T=(40\ g+m)10^{-3} \times 9.8$(N)		
驻波段数 n	1	2	3
弦线长 L/m			
线密度 $\rho = T(n/2Lf)^2$/(kg/m)			
平均线密度 ρ/(kg/m)			

(2) f 一定，改变张力 T，测定弦线上横波的传播速度 V 和弦线的线密度 ρ(表 2-3-2).

表 2-3-2　测定数据表 2　　　　　　　　(码盘的质量 m=10 g)

$T/(10^{-3} \times 9.8)$N	10+m		20+m		30+m		40+m		50+m	
					$f = 75$ Hz					
驻波段数 n	1	2	1	2	1	2	1	2	1	2
弦线长 L/m										
传播速度 $V=2Lf/n/$(m/s)										
平均传播速度 V/(cm/s)										
V^2										

因为 $T=\rho V^2$，所以作 $T \sim V^2$ 图，拟合直线，由直线斜率 $K=\Delta T/\Delta(V^2)=\rho$，求出弦线密度.

(3) 张力 T 一定，改变频率 f，测量弦上横波速度 V(砝码盘的质量 m=10 g，表 2-3-3).

表 2-3-3　测定数据表 3

频率 f/ Hz	50		75		100		125		150	
				$T=10$ g+m						
驻波段数 n	1	2	1	2	1	2	1	2	1	2
弦线长 L/m										
横波速度 V_T/(m/s)										
平均横波速度 V/(m/s)										
弦线线密度 $\rho=T/V^2$										

【注意事项】

(1) 改变挂在弦线一端的砝码后，要使砝码稳定后再测量.

(2) 在移动劈尖调整驻波时，磁铁中心不能处于波节位置，且等驻波稳定后，再记录数据.

【预习思考题】

(1) 在本实验中，什么是驻波？均匀弦振动产生驻波的条件是什么？

(2) 来自两个波源的两列波，沿同一直线做相向行进时能否形成驻波？为什么？

2.4　多普勒效应的验证

【实验目的】

(1) 了解多普勒效应.

(2) 利用多普勒效应测定小车的运动.

【实验仪器】

DH-DPL 系列多普勒效应及声速综合实验仪.

【实验原理】

设声源在原点，声源振动频率为 f，接收点在 x，运动和传播都在 x 方向. 对于三维情况，

处理稍复杂一点，其结果相似. 声源、接收器和传播介质不动时，在 x 方向传播的声波的数学表达式为

$$p = p_0 \cos\left(\omega t - \frac{\omega}{c_0} x\right) \tag{2-4-1}$$

(1) 声源运动速度为 V_s，介质和接收点不动.

设声速为 c_0，在时刻 t，声源移动的距离为

$$V_s(t - x/c_0)$$

因而声源实际的距离为

$$x = x_0 - V_s(t - x/c_0)$$

所以

$$x = (x_0 - V_s t)/(1 - M_s) \tag{2-4-2}$$

其中，$M_s = V_s/c_0$ 为声源运动的马赫数，声源向接收点运动时 V_s（或 M_s）为正，反之为负，将式(2-4-2)代入式(2-4-1)，可得

$$p = p_0 \cos\left\{\frac{\omega}{1 - M_s}\left(t - \frac{x_0}{c_0}\right)\right\}$$

可见接收器接收到的频率变为原来的 $\dfrac{1}{1 - M_s}$，即

$$2 f_s = \frac{f}{1 - M_s} \tag{2-4-3}$$

(2) 声源、介质不动，接收器运动速度为 V_r，同理可得接收器接收到的频率：

$$f_r = (1 + M_r) f = \left(1 + \frac{V_r}{c_0}\right) f \tag{2-4-4}$$

其中，$M_r = \dfrac{V_r}{c_0}$ 为接收器运动的马赫数，接收点向着声源运动时，V_r（或 M_r）为正，反之为负.

(3) 介质不动，声源运动速度为 V_s，接收器运动速度为 V_r，可得接收器接收到的频率：

$$f_{rs} = \frac{1 + M_r}{1 - M_s} f \tag{2-4-5}$$

(4) 介质运动，设介质运动速度为 V_m，得

$$x = x_0 - V_m t$$

根据式(2-4-1)可得

所以

$$p = p_0 \cos\left\{(1 + M_m)\omega t - \frac{\omega}{c_0} x_0\right\} \tag{2-4-6}$$

其中，$M_m = V_m/c_0$ 为介质运动的马赫数. 介质向着接收点运动时，V_m（或 M_m）为正，反之为负.

可见，若声源和接收器不动，则接收器接收到的频率为

$$f_m = (1 + M_m) f \tag{2-4-7}$$

还可看出，若声源和介质一起运动，则频率不变.

为了简单起见，本实验只研究第(2)种情况：声源、介质不动，接收器运动速度为V_r. 根据式(2-4-4)可知，改变V_r就可得到不同的f_r以及不同的$\Delta f = f_r - f$, 从而验证了多普勒效应. 另外，若已知V_r、f, 并测出f_r, 则可算出声速c_0, 可将用多普勒频移测得的声速值与用时差法测得的声速作比较. 若将仪器的超声换能器用作速度传感器，就可用多普勒效应来研究物体的运动状态.

【实验内容与步骤】

把测试架上收发换能器(固定的换能器为发射，运动的换能器为接收)及光电门Ⅰ连在实验仪上的相应插座上，实验仪上的"发射波形"及"接收波形"与普通双路示波器相接，将"发射强度"及"接收增益"调到最大；将测试架上的光电门Ⅱ、限位及电机控制接口与智能运动控制系统相应接口相连；将智能运动控制系统"电源输入"接实验仪的"电源输出". 开机后可进行下面的实验.

1. 验证多普勒效应

进入"多普勒效应实验"画面后，先"设置源频率"，用"▶"" ◀ "增减信号频率，一次变化 10 Hz, 同时观察示波器的波形，当接收波幅达最大时，源频率即已设好.

接着转入"瞬时测量"，确保小车在两限位光电门之间后，开启智能运动控制系统电源，设置匀速运动的速度，使小车运动，测量完毕后，可得到过光电门时的信号频率、多普勒频移及小车运动速度.

改变小车速度，反复多次测量，可作出$\bar{f}-\bar{v}$或$\Delta\bar{f}-\bar{v}$关系曲线.

改变小车的运动方向，再改变小车速度，反复多次测量，作出$\bar{f}-\bar{v}$或$\Delta\bar{f}-\bar{v}$关系曲线.

然后转入"动态测量"，记下不同速度时换能器的接收频率变化值. 注意：动态测量仅限于小车运动速度较低时.

改变小车速度，反复多次测量，可作出$\bar{f}-\bar{v}$或$\Delta\bar{f}-\bar{v}$关系曲线.

改变小车的运动方向，再改变小车速度，反复多次测量，作出$\bar{f}-\bar{v}$或$\Delta\bar{f}-\bar{v}$关系曲线.

动态法可更直观地验证多普勒效应.

2. 研究物体的运动状态

将超声换能器用作速度传感器，可进行匀速直线运动、匀加(减)直线运动、简谐振动等实验. 这时应进入"变速运动实验"，设置好采样点数、采样步距后，"开始测量"，测量完后显示出结果.

进行运动实验时，除了用智能运动系统控制的小车外，还可换用手动小车，这时注意应该推动小车系统的底部使小车运动，并且不能用力过大过猛.

【注意事项】

(1) 使用时，应避免信号源的功率输出端短路.

(2) 注意仪器部件的正确安装，线路正确连接.

(3) 仪器的运动部分是由步进电机驱动的精密系统，严禁运行过程中人为阻碍小车的运动.

(4) 注意避免传动系统的同步带受外力拉伸或人为损坏.

(5) 不允许小车在导轨两侧的限位位置外侧运行.

2.5　转动惯量的测定

【实验目的】

(1) 了解本实验设计思想和解决具体测量问题的方法;

(2) 学习用三线扭摆测定物体的转动惯量;

(3) 学习正确测量时间的方法.

【实验原理】

1. 转动惯量的实验测量方法

转动惯量(rotational inertia)是刚体在转动中惯性大小的量度. 它与刚体的总质量、形状和转轴的位置有关. 对于形状较简单的刚体, 可以通过数学方法计算出它绕特定轴的转动惯量. 但是, 对于形状较复杂的刚体, 用数学方法计算它的转动惯量非常困难, 因而多用实验方法测定. 因此, 学习刚体转动惯量的测定方法具有重要的实际意义.

转动惯量相当于物体在平动中的质量. 一个物体的质量是唯一的, 但对不同的转轴却有不同的转动惯量, 所以转动惯量是对一定的转轴而言的. 不同物体放在一起时, 质量可以相加. 但不同物体只有对同一转轴的转动惯量才可以相加, 即对同一转轴而言转动惯量才具有叠加性.

本实验用三线扭摆测量圆环对中心轴的转动惯量, 其总体考虑就是根据转动惯量的叠加性: 先测出下盘的转动惯量 I_0, 再把圆环放在下盘上, 测出二者对同一转轴总的转动惯量 I_1, 则圆环的转动惯量就是

$$I = I_1 - I_0 \tag{2-5-1}$$

而测量 I_0 和 I_1 的公式可根据机械能守恒定律导出. 设下盘的质量为 m_0, 使之绕通过盘心的竖直轴转动, 由于重力和悬线拉力的共同作用, 下盘在转动的同时其水平高度还会发生周期性变化, 形成一个振动, 设振动上升的最大高度为 h_m, 在振动过程中动能 E_k 和重力势能 E_p 相互转化, 则下盘在最高点时

$$E_\mathrm{p} = m_0 g h_\mathrm{m}, \quad E_\mathrm{k} = 0$$

当下盘回到平衡位置即最低点时

$$E_\mathrm{k} = \frac{1}{2} I_0 \omega_\mathrm{m}^2, \quad E_\mathrm{p} = 0$$

式中, I_0 是下盘对通过盘心竖直轴 OO' 的转动惯量, ω_m 是下盘通过平衡位置时的角速度, 也是振动过程中角速度最大值. 振动过程中空气阻力可以忽略不计, 根据机械能守恒定律, 则有

$$\frac{1}{2} I_0 \omega_\mathrm{m}^2 = m_0 g h_\mathrm{m} \tag{2-5-2}$$

式中, m_0 可用天平测得, 如果再测得 ω_m 和 h_m 就可求出 I_0, 但这两个量都难以直接测量, 本

实验通过数学技巧, 把它们转化为可以直接测量的量, 导出了间接测量 I_0 的公式.

最大角速度 ω_m 可用如下方法求得. 下盘转角 θ 很小时的振动可看成简谐振动, 令初相为 0, 则振动的角位移为

$$\theta = \theta_m \sin \frac{2\pi}{T_0} t$$

振动的角速度为

$$\omega = \frac{\mathrm{d}\theta}{\mathrm{d}t} = \frac{2\pi\theta_m}{T_0} \cos \frac{2\pi}{T_0} t$$

最大角速度为

$$\omega_m = \frac{2\pi}{T_0}\theta_m \tag{2-5-3}$$

式中, T_0 是下盘振动的周期, 可用停表测量; θ_m 是最大角位移, 即下盘上升至最大高度时自平衡位置转过的角度, 可在求出 h_m 后在式(2.3.2)中消去.

最大高度 h_m 的求法. 图 2-5-1 画出了下盘和一条悬线 AB(长为 L)的平衡位置(用实线表示)和最高位置(用虚线表示). 在平衡位置时上下两盘相距为 H_0; 当下盘上升至最高位置 h_m 时, 盘心由 O 升至 O_1, 悬点由 A 变到 A', 上盘悬点 B 在下盘上的投影由 C 变到 C', 下盘产生最大的角位移为 θ_m. 图中 R 和 r 分别表示上、下两盘的有效半径(由各自的盘心到悬点的距离). 由图 2-5-1 可见,

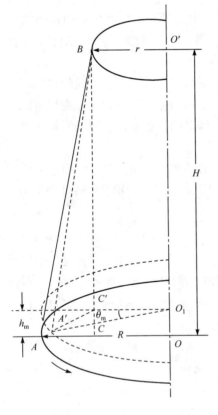

图 2-5-1　三线摆原理

$$h_m = \overline{OO_1} = \overline{BC} - \overline{BC'} = \frac{\overline{BC}^2 - \overline{BC'}^2}{\overline{BC} + \overline{BC'}}$$

$$\overline{BC}^2 = \overline{AB}^2 - \overline{AC}^2 = L^2 - (R-r)^2$$

$$\overline{BC'}^2 = \overline{A'B}^2 - \overline{A'C'}^2 = L^2 - (R^2 + r^2 - 2Rr\cos\theta_m)$$

$$\overline{BC} + \overline{BC'} = 2H_0 - h_m$$

把上面后三式代入第一式得

$$h_m = \frac{2Rr(1-\cos\theta_m)}{2H_0 - h_m} = \frac{4Rr\sin^2\left(\frac{\theta_m}{2}\right)}{2H_0 - h_m}$$

当摆角 θ_m 很小时(一般应满足 $\theta_m < 5°$, 即 $\theta_m < 0.09\,\mathrm{rad}$),

$$\sin\frac{\theta_m}{2} \approx \frac{\theta_m}{2}\mathrm{rad}, \quad 2H_0 - h_m \approx 2H_0$$

代入上一式得

$$h_m = \frac{Rr\theta_m^2}{2H_0} \tag{2-5-4}$$

把式(2-5-3)、式(2-5-4)代入式(2-3-2)可得

$$\frac{1}{2}I_0\left(\frac{2\pi}{T_0}\theta_{\mathrm{m}}\right)^2 = m_0 g\frac{Rr}{2H_0}\theta_{\mathrm{m}}^2$$

解得

$$I_0 = \frac{m_0 gRr}{4\pi^2 H_0}T_0^2 \tag{2-5-5}$$

则 I_0 的测量已转化为质量、长度和时间的测量. 这就是我们要导出的下盘对于竖直轴 OO' 的转动惯量的数学模型. 式中 R、r 为上下盘的有效半径，H_0 为上下盘之间的距离.

预测质量为 m 的待测物体对于 OO' 轴的转动惯量，只需将该物体置于圆盘上，由式(2-5-5)即可得到该物体和下圆盘共同对于 OO' 轴的转动惯量的数学模型为

$$I_1 = \frac{(m+m_0)gRr}{4\pi^2 H_1}T_1^2 \tag{2-5-6}$$

式中，T_1 为待测物体和下盘共同的振动周期，因悬线所受张力而略有伸长，上下两盘间的距离变为 H_1，由式(2-5-5)，式(2-5-6)求出 I_0 和 I_1，代入式(2-5-1)即可求得圆环对其中心轴 OO' 的转动惯量 I.

大学物理中，一般都给出几何形状简单、密度均匀的物体对不同轴的转动惯量. 下面是与本实验有关的两个公式：

圆盘　　　　　　　　　　　　$I = \frac{1}{8}m_0 d^2 \tag{2-5-7}$

转轴通过中心并与圆盘面垂直，其中 d 为直径.

圆环　　　　　　　　　　　　$I = \frac{1}{8}m(d^2 + D^2) \tag{2-5-8}$

转轴沿几何轴，其中 d、D 是圆环的内、外直径.

2. 不确定度分析

本次分析主要说明两个问题：一是输入量的不确定度对本实验的影响及其减小的办法；二是系统效应对本实验的影响及其减小的办法.

(1) 本实验各输入量的数字范围如下：

$m_0 \approx (1000.00 \pm 0.20)\mathrm{g}$　　　　　　(用天平测一次)

$m \approx (1000.00 \pm 0.20)\mathrm{g}$　　　　　　　(用天平测一次)

$R \approx (6.5000 \pm 0.0020)\mathrm{cm}$　　　　　(用卡尺测一次)

$r \approx (4.0000 \pm 0.0020)\mathrm{cm}$　　　　　(用卡尺测一次)

$H_0 \approx H_1 \approx (55.000 \pm 0.020)\mathrm{cm}$　　(用米尺各测一次)

$T_0 \approx T_1 \approx (1.50 \pm 0.10)\mathrm{s}$　　　　　(用停表各测一次)

由上述测量值可知，除 T_0 和 T_1 外，有效数字的位数都不小于四位，而唯独 T_0 和 T_1 的有效数字仅三位. 再考虑到在转动惯量的数学模型中 T_0 和 T_1 的指数为 2，则 T_0 和 T_1 的相对不确定度的灵敏系数也是 2，这使得 T_0 和 T_1 的不确定度对结果的影响更大一些. 因此，如何减少 T_0 和 T_1 的不确定度就成了本实验的关键问题之一. 由一般函数 $\varphi = Kx$（K 为常系数)的不确定度传播律 $u(\varphi) = |K|u(\varphi)$ 可知，在测量某个小量时，可以利用测量它的许多倍来减小其测量的不确

定度. 本实验的扭摆在振动过程中 T_0 和 T_1 基本上是恒定的，这样就使我们能够测量连续振动多次的时间. 设连续振动 50 次的时间为 t，则

$$T = \frac{1}{50}t, \quad u(T) = \frac{1}{50}u(t), \quad \frac{u(T)}{T} = \frac{u(t)}{t}$$

如果

$$t = (75.00 \pm 0.10)\text{s}$$

则

$$T = (1.5000 \pm 0.0020)\text{s}$$

由此可见，随着 t 的有效数字增加，T 的不确定度也大大减小. 而且在式(2-3-5)，式(2-3-6)和导出的不确定度传播律中，以 $\frac{t_0}{50}$ 和 $\frac{t_1}{50}$ 代替 T_0 和 T_1，以 $\frac{u(t)}{t}$ 代替 $\frac{u(T)}{T}$ 可免去求 T_0 和 T_1 的计算，因此有

$$I_0 = \frac{m_0 g R r}{4\pi^2 H_0}\left(\frac{t_0}{50}\right)^2 \tag{2-5-9}$$

$$I_1 = \frac{m_1 g R r}{4\pi^2 H_1}\left(\frac{t_1}{50}\right)^2 \tag{2-5-10}$$

$$u_r(I_0) = \sqrt{2^2 u_r^2(t_0) + u_r^2(H_0)}$$
$$u(I_0) = I_0 \cdot u_r(I_0) \tag{2-5-11}$$

$$u_r(I_1) = \sqrt{u_r^2(m_1) + 2^2 u_r^2(t_1) + u_r^2(H_1)}$$
$$u(I_1) = I_1 \cdot u_r(I_1) \tag{2-5-12}$$

由式(2-5-1)：$I = I_1 - I_0$，可得圆环转动惯量 I 的不确定度为

$$u(I) = \sqrt{u(I_1)^2 + u(I_0)^2} \tag{2-5-13}$$

式中，$u(I_1)$ 和 $u(I_0)$ 分别是 I_1 和 I_0 的不确定度，可由式(2-5-11)和式(2-5-12)分别求得.

(2) 本实验的测量是在扭摆角度不太大 (不超过 5°)的条件下导出的，因此在实验中要遵守这一条件，以免增大系统效应的影响. 如果在推导公式时，近似地令

$$\sin\frac{\theta_m}{2} = \frac{\theta_m}{2}$$

引入相对系统误差，其大小为

$$2\left(\frac{\theta_m}{2} - \sin\frac{\theta_m}{2}\right)\Big/ \sin\frac{\theta_m}{2}$$

当 θ_m 取 5°时，其值为 +0.064%；当 θ_m 取 10°时，其值为 +0.24%. 系统误差为正值，其影响使测量值偏大. 为了保证 θ_m 不超过 5°，即 $\theta_m < 0.09\,\text{rad}$，可把 θ_m 乘以下盘的几何半径 R' 来确定下盘边缘上任一点的振幅 $R'\theta_m$，实验操作时使振幅不超过此值.

此外，本实验是测量圆环绕其中心几何轴的转动惯量，如果圆环在下盘上放置不正，以至于圆环的几何轴与实际转轴不重合，也会引入系统误差. 若两轴线相距为 a，则可以证明系统误差为 $+ma^2$，使测量值偏大. 还有，如测 t 时，由于粗心大意，把测 50 个周期测成 49 个

周期，按 $t = 50T$ 计算会使测量值偏小．

【实验仪器】

1. 三线扭摆

三线扭摆也叫三线悬盘，简称三线摆，装置如图 2-5-2 所示，是一个用三条等长的悬线挂起来的匀质圆盘，实验时被测物体就放在悬盘上面．悬线的上端也接在一个小圆盘上，两个圆盘上的悬点都与各自的盘心等距离且间隔相同，即三条线所受的盘重的负荷也应该相同．上盘安装在固定支架的横梁上，可绕中心轴转动，略微转动上盘，就可使下盘绕通过两盘中心的竖直轴作扭转振动而成为一个扭摆．在振动的同时，下盘的重心也随之沿竖直轴上升或下降，圆盘的动能与势能发生相互转换．为了保证下盘绕几何轴转动，必须将上下盘面都调到水平状态．

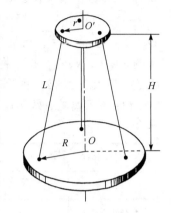

图 2-5-2　三线扭摆

(1) 先把水准仪放在上圆盘上，调底座螺旋，使水准仪气泡居中．

(2) 上盘调好后，再把水准仪放在下盘上，收放三条悬线的长度，使水准仪气泡居中．

注意调整方法：一般所有需要调整水平状态的仪器均在底座上设有三个调节螺旋(或一个固定，两个可调)，它们的连线或为正三角形或为等腰三角形．当调节一个底脚螺旋时，仪器将以另两个脚的连接线为轴作转动，这一特点将是正确快速调整的依据，切忌盲目地调节．

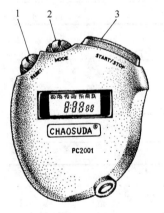

图 2-5-3　秒表

2. 秒表(second watch)

本实验所用秒表为 PC2001 电子秒表，如图 2-5-3 所示．由于此表的读数精度较高，在本实验中其仪器误差与其他测量仪器相比较小，故略去不予考虑．下面对照图 2-5-3 简单介绍一下此表的使用方法．

(1) 秒表计时前的调整．

按 2 键直至秒表显示(以 SU、FR、SA 三个指示同时闪烁为准)，如果秒表显示不为 0，按 3 键停止计时，按 1 键复位到 0．此时，秒表处于待计时状态．

(2) 计时．秒表处于待计时状态，按 3 键开始计时，再按 3 键停止计时，按 1 键复位到 0．

(3) 读数方法．停止计时后，如秒表显示为 1∶15 62，则记为 75.62 s．

3. 物理天平，卡尺，钢板尺，水准仪(level)，待测物是金属圆环

【实验内容】

1. 用三线扭摆测圆环对其中心轴的转动惯量

(1) 让下盘处于静止状态，轻轻旋转上盘 3°～5°，随即回到原位(要防止悬线与横梁接触)，

使下盘作简谐振动，测出下盘振动 50 次的时间 t_0. 测量时，先在下盘的侧面确定一条竖直准线，称为读数准线. 再在底座上与读数准线振动的平衡位置相对应处确定另一条固定准线，称为参考准线. 当下盘振动时，以读数准线通过参考准线时正对准的瞬间作为计数时刻. 在测量时，口中报数 "5、4、3、2、1、0"，在报 "0" 的时刻起动停表，数到 50 时，止动停表，记录示值. 共测 5 次，将数据填入表 2-5-1. 然后使下盘停止，用钢板尺测出上下两盘间的距离 H_0，将数据填入表 2-5-2，测量时从下盘的上表面量到上盘的下表面.

(2) 把待测圆环轻轻放在下盘上(由下盘的三个小圆孔定位，使圆环的中心轴与下盘转轴 OO' 重合)，静止后，再旋动上盘使下盘作振动，转角 3°～5°，测出下盘加圆环共同振动 50 次的时间 t_1，共测 5 次，将数据填入表 2-5-1. 然后使下盘停止，测出上下两盘间的距离 H_1，将数据填入表 2-5-2，测量时仍从下盘的上表面量到上盘的下表面.

(3) 上下盘的有效半径 r 和 R 及下盘的质量 m_0 由实验室给出，记入表 2-5-2.

表 2-5-1　扭摆振动的周期

测量顺序	1	2	3	4	5	$\bar{t}$
下盘 t_0 / s						
下盘加圆环 t_1 / s						

表 2-5-2　扭摆的数据

有效半径/ cm		上下盘距离/ cm		质量/ g	
上盘 r	下盘 R	空盘 H_0	加圆环 H_1	下盘 m_0	下盘加圆环 m_1

(4) 调整天平，测圆环的质量 m；用卡尺测量圆的内径 d 和外径 D. m、d、D 均测 1 次，将数据填入表 2-5-3.

表 2-5-3　圆环的数据

质量 m / g	内径 d / cm	外径 D / cm

2. 数据处理

(1) 由式(2-5-9)、式(2-5-11)计算下盘的转动惯量 I_0、绝对不确定度 $u(I_0)$，再计算相对不确定度 $\dfrac{u(I_0)}{I_0}$.

(2) 由式(2-5-10)、式(2-5-12)计算下盘加圆环的转动惯量 I_1、绝对不确定度 $u(I_1)$，再计算相对不确定度 $\dfrac{u(I_1)}{I_1}$.

(3) 由式(2-5-1)和式(2-5-13)求出圆环的转动惯量 I、绝对不确定度 $u(I)$，再计算相对不确定度 $\dfrac{u(I)}{I}$.

(4) 表示实验结果.

(5) 由式(2-5-8)计算圆环转动惯量理论值 I'，把 I' 和 I 比较，求比较误差：

$$\frac{I - I'}{I'} \times 100\% \tag{2-5-14}$$

【预习思考题】

(1) 一个特定的刚体，其转动惯量是否为一个确定的量值？

(2) 试说明通过测量连续 50 次振动的时间求出的周期为什么比测一次振动时间所得周期的测量不确定度小？

(3) 测三线摆振动周期，在下盘转到最大角位移时，起动停表有什么不好？

(4) 加上被测物后三线摆的振动周期是否一定比空盘的周期小？

(5) 测圆环对其几何轴的转动惯量时，如果圆环的几何轴偏离三线摆的转轴，则测量结果是偏大还是偏小？

(6) 把 $\sin\theta$ 和 $\cos\theta$ 用级数展开(级数中的 θ 以 rad 为单位)：

$$\sin\theta = \theta - \frac{\theta^3}{3!} + \frac{\theta^5}{5!} - \frac{\theta^7}{7!} + \cdots, \qquad \cos\theta = 1 - \frac{\theta^2}{2!} + \frac{\theta^4}{4!} - \frac{\theta^6}{6!} + \cdots$$

求 $\theta = 5°$ 时取 $\sin\theta = \theta$、$\cos\theta = 1$ 会产生多大的相对误差.

2.6　热功当量的测定

【实验目的】

(1) 测量机械功转变为热能的能量守恒定律,并测量热功当量.

(2) 掌握热力学实验结果的曲线校正方法.

【仪器设备】

J-FR3 型热功当量实验仪、天平(50 mg)及附件、烧杯、温度计(0.1℃)、秒表、砝码、钢卷尺.

【实验原理】

J-FR3 型热功当量实验仪(图 2-6-1)的主要部分为两个黄铜制成密切相合的圆锥体. 外圆锥体直立于转轴上，可由摇轮通过皮带传动使其转动，并有记转器与转轴相连. 内圆锥体系空心铜杯，可盛放水，上置大圆盘，沿圆盘外周用软线通过一小滑轮悬挂砝码，产生一力矩，以阻止内圆锥体随同外圆锥体转动. 若此力矩与内圆锥体间的摩擦力矩相等且作用方向相反，内锥体将停留不转动，砝码亦悬空. 此种情况相当于外锥体转动. 砝码下落所做的功则完全消耗在克服内外锥体间的摩擦，故若圆盘半径为 R，外锥体转动 n 转相当于砝码下落 $2\pi nR$，假定砝码质量为 m，则砝码下落所做功亦即消耗在内外锥体间的摩擦功为 $2\pi nRmg$，此项摩擦消耗的功全部转变为热能. 其热量可由内外锥体及杯内所盛水的温度变化量予以计算.

图 2-6-1   J-FR3 热功当量实验仪

【实验步骤】

(1) 熟悉仪器：先将大圆盘及内外两锥体取下，可看到外锥体底座有一缺口，安装时可将锥体转动位置，待缺口对准轴上的销子，锥体即坐落在轴上，扶正锥体并稍微向下压紧即可. 装上大圆盘处于近水平位置. 悬挂砝码钩的线一端固定在圆盘边上，将线在盘周槽内套一圈再跨过小滑轮，并使悬线与圆盘成正切. 摇动摇轮并一手拉住砝码钩，阻止圆盘及内锥体随同外锥体转动. 试摇数转后可加 100～200 g 砝码，使在外锥体静止时，能拖动圆盘带动内锥体转动. 再徐徐摇动摇轮，控制摇转的速度，将使砝码悬挂在空中不动. 适当调节砝码质量，至摇轮每分钟约 60 转较为适宜.

(2) 记录数据.

室温：由温度计读出；

圆盘周长：用圆盘上的线绕圆盘一周，用钢卷尺测量细线的长度；

搅拌棒的质量，内、外圆锥体的质量：由天平测出；

记转器初始值：注意左边的计数盘每格为一转，而左边的计数盘每格为 100 转.

用烧杯取大约 100 ml 的水(注意：水的温度应低于室温大约 10 ℃为宜，可用温度计测量)，放于天平上称出烧杯连同水的总质量，然后取下热功当量实验仪的大圆盘，将水加入小圆锥体的小杯中，至杯口 12～15 mm 为宜. 然后称出剩余水及烧杯的总质量，并记录两次称量的结果，它们的差值即为我们实验中注入水的质量.

(3) 重新装上大圆盘并插入温度计，浸入水中央. 用搅拌器轻轻上下搅动，待温度上涨较为缓慢时，每隔大约 2 min 记录一次水的温度，并注意记录每一温度相对应的时间值(注意：在整个实验过程中时间记录值为连续变化值，秒表不可暂停或清零)，观察温度计，待水的温度回升到较室温低 2 ℃左右时，即可开始实验.

(4) 随即摇动手轮，控制摇轮速度，使砝码保持在悬挂空中状态，继续不停摇转，并不时搅动搅拌器及观察温度计，并记录每一时刻对应的温度，每隔 2～3 min 记录一次，待温度计指示水温比室温高约 2 ℃时停止摇转，继续搅动搅拌器并注意温度计指示值的变化，停止摇转后温度仍会上升，将最高指示值记下，记录记转器最后读数.

(5) 不断用搅拌器搅拌水，每隔大约 2 min 记录一次水的温度，记录 5～8 组数据后才可停止.

(6) 取下温度计及大圆盘，取出内外锥体，将锥体中的水倒入烧杯中，然后将烧杯中的水倒掉. 整理桌面的仪器.

【数据处理】

1. 热功当量的计算

室温：$t_0 =$ _____ ℃；

内锥体的质量 $W_0 =$ _____；

外锥体的质量 $W_1 =$ _____；

搅拌棒的质量 $W_2 =$ _____；

开始量取的冷水同烧杯的总质量 $P_1 =$ _____；

所剩冷水同烧杯的总质量 $P_2 =$ _____；

水的比热 $c_1 = 1$；

黄铜的比热 $c_2 = 0.093$；

实验开始时水的温度 $t_1 =$ _____；

实验终止时水的最高温度 $t_2 =$ _____；

则可计算出铜锥体及水等所吸收的热量为

$$Q = \left[\left(P_2 - P_1 \right) c_1 + \left(W_0 + W_1 + W_2 \right) c_2 \right] \cdot \left[t_2 - t_1 \right]$$

实验开始时记转器读数 n_1；

实验终止时记转器的读数 n_2；

圆盘的周长 L；

所悬挂砝码的质量 m；

重力加速度 $g = 9.78 \, \mathrm{m / s^2}$；

则克服摩擦力所做的功为

$$A = L \left(n_2 - n_1 \right) mg$$

由此可计算得：热功当量为　　　　　　$J = \dfrac{A}{Q}$

2. 实验测量结果的修正

实验开始前：

时间(min)									
温度(℃)									

实验中：

时间(min)									
温度(℃)									

实验终止后：

时间(min)							
温度(℃)							

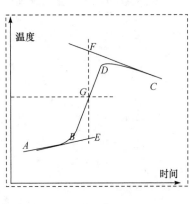

图 2-6-2

在实验准备开始前约 10 min 就开始对锥体中的水的温度进行测量，每 2 min 记录一次时间和水的温度；实验正式开始后，每 3 min 测量一次水的温度；在实验停止后，也要保持测量水的温度约 10 min 以上. 利用以上测量的结果作温度-时间曲线，如图 2-6-2 所示，将温度上涨部分 AB 延长，下降部分 CD 延长，然后通过室温作平行于时间轴的直线交 BD 于 G 点，然后过 G 点作温度轴的平行线分别交 AB、CD 的延长线于 E、F 点，则折线 $AEGFC$ 为校正后的曲线，AE 段为被测量的水在空气中吸收热量引起的温度上升，EF 段表示由无限快的做功和热传递把热量传递给水的过程，FC 段表示由水的温度高于室温所引起的放热. 则 E、F 点即为理论上做功起点的温度值和做功结束时的温度值，故我们可以利用这两点再次计算出热功当量的值.

【注意事项】

(1) 摇动摇轮时一定要匀速，切勿过快，以免将细线拉断.

(2) 小心使用温度计，轻拿轻放. 凡打碎温度计者将按仪器损坏赔偿制度处罚，课堂实验成绩按零分计.

【附录】　牛顿冷却定律

在系统与环境温度差不太大时，可以采用牛顿冷却定律求出实验过程中实验系统所散失或吸收的热量，实验证明：温度差相当小时，散热速度与温度差成正比，此即牛顿冷却定律，用数学形式可以写成

$$\frac{\Delta q}{\Delta t} = K(T - \theta)$$

其中，Δq 是系统散失的热量；Δt 是时间间隔；K 是一个常数(称为散热常数)，与系统表面积成正比，并随着表面的吸收或发射辐射的本领而变；T、θ 分别是我们考虑的系统及环境温度；$\frac{\Delta q}{\Delta t}$ 称为散热率，表示单位时间内系统散失的热量.

2.7　测量金属的比热容

【实验目的】

(1) 学会用铜-康铜热电偶测量物体的温度.

(2) 掌握用冷却法测定金属的比热容, 并测量铁和铝在不同温度下的比热容.

【实验原理】

单位质量的物质, 其温度升高或降低 1 K(1℃)所需的热量, 叫做该物质的比热容. 它是温度的函数,一般情况下,金属的比热容随温度升高而增加,在低温时增加较快,在高温时增加较慢. 根据牛顿冷却定律, 用冷却法测定金属的比热容是量热学常用方法之一.

将质量为 M_1 的金属样品加热后, 放到较低温度的介质(如室温的空气)中, 样品将会逐渐冷却. 其单位时间的热量损失($\Delta Q / \Delta t$)与温度下降的速率成正比, 于是得到下下关系式:

$$\frac{\Delta Q}{\Delta t} = C_1 M_1 \frac{\Delta \theta_1}{\Delta t} \tag{2-7-1}$$

式中, C_1 为该金属样品在温度 θ_1 时的比热容, $\dfrac{\Delta \theta_1}{\Delta t}$ 为金属样品在 θ_1 时的温度下降速率. 根据冷却定律有:

$$\frac{\Delta Q}{\Delta t} = a_1 s_1 (\theta_1 - \theta_0)^m \tag{2-7-2}$$

式中, a_1 为热交换系数, s_1 为该样品外表面的面积, m 为常数, θ_1 为金属样品的温度, θ_0 为周围介质的温度. 由式(2-7-1)和式(2-7-2), 可得

$$C_1 M_1 \frac{\Delta \theta_1}{\Delta t} = a_1 s_1 (\theta_1 - \theta_0)^m \tag{2-7-3}$$

同理, 对质量为 M_2, 比热容为 C_2 的另一种金属样品, 可有同样的表达式:

$$C_2 M_2 \frac{\Delta \theta_2}{\Delta t} = a_2 s_2 (\theta_2 - \theta_0)^m \tag{2-7-4}$$

由式(2-7-3)和式(2-7-4), 可得

$$\frac{C_2 M_2 \dfrac{\Delta \theta_2}{\Delta t}}{C_1 M_1 \dfrac{\Delta \theta_1}{\Delta t}} = \frac{a_2 s_2 (\theta_2 - \theta_0)^m}{a_1 s_1 (\theta_1 - \theta_0)^m}$$

所以

$$C_2 = C_1 \frac{M_1 \dfrac{\Delta \theta_1}{\Delta t} a_2 s_2 (\theta_2 - \theta_0)^m}{M_2 \dfrac{\Delta \theta_2}{\Delta t} a_1 s_1 (\theta_1 - \theta_0)^m}$$

如果两样品的形状尺寸都相同, 即 $s_1 = s_2$; 两样品的表面状况也相同(如涂层、色泽等), 而周围介质(空气)的性质当然也不变, 则有 $a_1 = a_2$. 于是当周围介质温度不变(即室温 θ_0 恒定而样品又处于相同温度 $\theta_1 = \theta_2 = \theta$)时, 上式可以简化为

$$C_2 = C_1 \frac{M_1 \left(\dfrac{\Delta \theta}{\Delta t} \right)_1}{M_2 \left(\dfrac{\Delta \theta}{\Delta t} \right)_2} \tag{2-7-5}$$

如果已知标准金属样品的比热容 C_1，质量 M_1，待测样品的质量 M_2 及两样品在温度 θ 时冷却速率之比，就可以求出待测的金属材料的比热容 C_2.

已知铜在 $100℃$ 时比热容为 $C_{cu} = 0.0940\text{cal}/(\text{g}\cdot\text{K})$.

【实验仪器】

FD-JSBR 型冷却法金属比热容测量仪(图 2-7-1)、铜铁铝实验样品、盛有冰水混合物的保温杯、镊子、秒表.

FD-JSBR 型冷却法金属比热容测量仪由加热仪和测试仪组成. 加热仪的热源 A 是由 75 W 电烙铁改制而成的，利用底盘支撑固定并通过调节手轮自由升降；实验样品 B 是直径 5 mm、长 30 mm 的小圆柱，其底部钻一深孔，便于安放热电偶，放置在有较大容量的防风容器 E 即样品室内的热电偶支架 D 上；测温铜-康铜热电偶 C(其热电势约为 0.042 mV /℃)放置于被测样品 B 内的小孔中. 当加热装置 A 向下移动到底后，可对被测样品 B 进行加热；样品需要降温时，则将加热装置 A 移上. 装置内设有自动控制限温装置，防止因长期不切断加热电源而引起温度不断升高.

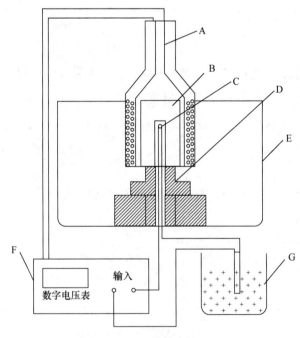

图 2-7-1　FD-JSBR 型冷却法金属比热容测量仪

热电偶的冷端置于冰水混合物 G 中,带有测量偏差的一端接到三位半数字电压表 F 的"输入" 端. 热电势差的二次仪表由高灵敏、高精度、低漂移的放大器加上满量程为 20 mV 的三位半数字电压表组成.

【实验内容】

(1) 打开电源，利用辅助导线将电压表"红""黑"短路，进行调零；

(2) 选取长度、直径、表面光洁度尽可能相同的三种金属样品(铜、铁、铝)，根据 $M_{Cu}>M_{Fe}>M_{Al}$ 这一特点，把它们区别开来；

(3) 放好样品，注意加热筒口需盖上盖子. 热电偶热端的铜导线与数字表的正端相连，冷端铜导线与数字表的负端相连，并将冷端置于冰水混合物中. 打开"加热"，当数字电压表读数为某一定值 150 ℃时(此时电压表显示约 6.7 mV)，切断"加热"电源移去电炉，样品继续安放在与外界基本隔绝的金属圆筒内自然冷却(筒口需盖上盖子)，记录样品的冷却速率. 具体做法是：当温度降到接近 102 ℃(对应 4.37 mV)时开始记录，测量样品由 4.37 mV 下降到 98 ℃(4.20 mV)所需要时间 Δt_0(因为数字电压表上的值显示数字是跳跃性的，所以只能取附近的)，从而计算 $\left(\dfrac{\Delta E}{\Delta t}\right)_{E=4.28\text{mV}}$. 按铁、铜、铝的次序，分别测量其温度下降速度，每一样品重复测量 5 次. 因为各样品的温度下降范围相同($\Delta\theta = 102\,℃ - 98\,℃ = 4\,℃$)，所以式(2-7-5)可以简化为

$$C_2 = C_1 \frac{M_1(\Delta t)_2}{M_2(\Delta t)_1} \tag{2-7-6}$$

【数据处理】

(1) 列表记录数据.

样本的质量：

$M_{Cu} = $ _____ g，$M_{Fe} = $ _____ g，$M_{Al} = $ _____ g

(各样本环境相同 $a_{Cu} = a_{Fe} = a_{Al}$，尺寸相同 $S_{Cu} = S_{Fe} = S_{Al}$)

样品从 102 ℃(4.37 mV)下降到 98 ℃(4.18 mV)所需要时间 Δt 见表 2-7-1.

表 2-7-1　冷却时间表

时间　次数 样品	1	2	3	4	5	$\overline{\Delta t}$
Fe						
Al						
Cu						

Cu 的冷却规律，见表 2-7-2.

表 2-7-2　冷却规律表

电压/mV									
时间/s	0	10	20	30	40	50	60	70	80
温度/℃									
电压/mV									
时间/s	90	100	110	120	130	140	150	160	170
温度/℃									

(2) 将数据代入式(2-7-6)，计算铁和铝在100℃时的比热容 $C_{铁}$、$C_{铝}$，并计算百分误差.

(3) 分析误差产生的原因.

【注意事项】

(1) 仪器的加热指示灯亮,表示正在加热;如果连接线未连好或加热温度过高(超过 200 ℃)导致自动保护, 指示灯不亮. 升到指定温度后, 应切断加热电源.

(2) 测量降温时间时, 按"计时"或"暂停"按钮应迅速、准确,以减小人为计时误差.

(3) 加热装置向下移动时,动作要慢,应注意要使被测样品垂直放置,以使加热装置能完全套入被测样品.

【预习思考题】

(1) 为什么实验应该在防风筒(即样品室)中进行?

(2) 若冰水混合物中的冰块融化, 会对实验结论(比热容)造成什么影响?

【分析讨论题】

(1) 可否利用本实验中的方法测量金属在任意温度时的比热容?

(2) 本实验中如何测量金属在某一温度下的冷却速率? 你还能想出其他办法吗? 试说明.

2.8　金属线胀系数的测量

【实验目的】

(1) 测定固体在一定温度区域内的平均线膨胀系数.

(2) 了解控温和测温的基本知识.

(3) 用最小二乘法处理实验数据.

【实验仪器】

实验主机、加热器、待测样品棒等(图 2-8-1).

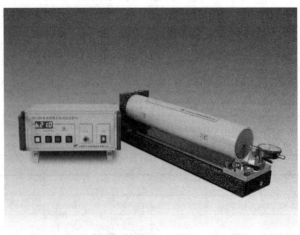

图 2-8-1　仪器的外观

【实验原理】

材料的线胀系数 α 的定义是，在压强保持不变的条件下，温度升高 1 ℃所引起的物体长度的相对变化，即

$$\alpha = \frac{1}{L}\left(\frac{\partial L}{\partial \theta}\right)_P \tag{2-8-1}$$

在温度升高时，一般固体由于原子的热运动加剧而发生膨胀，设 L_0 为物体在初始温度 θ_0 下的长度，则在某个温度 θ_1 时物体的长度为

$$L_T = L_0[1 + \alpha(\theta_1 - \theta_0)] \tag{2-8-2}$$

在温度变化不大时，α 是一个常数，可以将式(2-8-1)写为

$$\alpha = \frac{L_T - L_0}{L_0(\theta_1 - \theta_0)} = \frac{\delta L}{L_0}\frac{1}{(\theta_1 - \theta_0)} \tag{2-8-3}$$

α 是一个很小的量，表 2-8-1 中列出了几种常见固体材料的 α 值.

表 2-8-1 几种材料的线胀系数

材料	铜、铁、铝	普通玻璃、陶瓷	殷钢	熔凝石英
α数量级	-10^{-5} ℃$^{-1}$	-10^{-6} ℃$^{-1}$	$<2\times10^{-6}$ ℃$^{-1}$	10^{-7} ℃$^{-1}$

当温度变化较大时，α 与 $\Delta\theta$ 有关，可用 $\Delta\theta$ 的多项式来描述：

$$\alpha = a + b\Delta\theta + c\Delta\theta^2 + \cdots$$

其中 a,b,c 为常数.

在实际测量中，由于 $\Delta\theta$ 相对比较小，一般地，忽略二次方及以上的小量. 只要测得材料在温度 θ_1 至 θ_2 之间的伸长量 δL_{21}，就可以得到在该温度段的平均线膨胀系数 $\bar{\alpha}$：

$$\bar{\alpha} \approx \frac{L_2 - L_1}{L_1(\theta_2 - \theta_1)} = \frac{\delta L_{21}}{L_1(\theta_2 - \theta_1)} \tag{2-8-4}$$

其中，L_1 和 L_2 为物体分别在温度 θ_1 和 θ_2 下的长度，$\delta L_{21} = L_2 - L_1$ 是长度为 L_1 的物体在温度从 θ_1 升至 θ_2 的伸长量. 实验中需要直接测量的物理量是 δL_{21}，L_1，θ_1 和 θ_2.

为了使 $\bar{\alpha}$ 的测量结果比较精确，不仅要对 δL_{21}，θ_1 和 θ_2 进行测量，还要扩大到对 δL_{i1} 和相应的 θ_i 的测量. 将式(2-8-4)改写为以下的形式：

$$\delta L_{i1} = \bar{\alpha} L_1(\theta_i - \theta_1), \quad i = 1,2,\cdots \tag{2-8-5}$$

实验中可以等间隔改变加热温度(如改变量为 10 ℃)，从而测量对应的一系列 δL_{i1}. 将所得数据采用最小二乘法进行直线拟合处理，从直线的斜率可得一定温度范围内的平均线膨胀系数 $\bar{\alpha}$.

【实验步骤】

(1) 接通电加热器与温控仪输入输出接口和温度传感器的航空插头；

(2) 旋松千分表固定架螺栓，转动固定架至使被测样品(Φ 8 mm × 400 mm 金属棒)能插入特厚壁紫铜管内，再插入传热较差的不锈钢短棒，用力压紧后转动固定架，在安装千分表架时注意被测物体与千分表测量头保持在同一直线；

(3) 将千分表安装在固定架上，并且扭紧螺栓，不使千分表转动，再向前移动固定架，使千分表读数值在 0.2～0.3 mm 处，固定架给予固定. 然后稍用力压一下千分表测量端，使它能与绝热体有良好的接触，再转动千分表圆盘使读数为零；

(4) 接通温控仪的电源，设定需加热的值，一般可分别增加温度为 20 ℃、30 ℃、40 ℃、50 ℃，按确定键开始加热；

(5) 当显示值上升到大于设定值时，电脑自动控制到设定值，正常情况下在 ±0.30 ℃波动 1～2 次，可以记录 $\Delta\theta$ 和 Δl，通过公式 $\alpha = \Delta l / l \cdot \Delta\theta$ 计算线膨胀系数并观测其线性情况；

(6) 换不同的金属棒样品，分别测量并计算各自的线膨胀系数，与公认值比较，求出其百分误差.

【数据记录及处理】

铁棒和铜棒金属线膨胀系数数据见表 2-8-2 和表 2-8-3.

表 2-8-2　铁棒金属线膨胀系数数据表

θ	50℃	55℃	60℃	65℃	70℃	75℃	80℃	85℃	90℃	95℃
L_i										
δL_{i1}										

表 2-8-3　铜棒金属线膨胀系数数据表

θ	50℃	55℃	60℃	65℃	70℃	75℃	80℃	85℃	90℃	95℃
L_i										
δL_{i1}										

【注意事项】

(1) 不能用千分表去测量表面粗糙的毛坯工件或者凹凸变化量很大的工件，以防过早损坏表的零件，使用中应避免量杆过多地做无效运动，以防加快传动件的磨损；

(2) 测量时，量杆的移动不宜过大，更不可超过它的量程终止端，绝对不可敲打表的任何部位，以防损坏表的零件；

(3) 不要无故拆卸千分表内零件，不能将千分表浸放在冷却液或其他液体内使用；

(4) 千分表在使用后，要擦净装盒，不能任意涂擦油类，以防黏上灰尘影响其灵活性.

【预习思考题】

(1) 该实验的误差来源主要有哪些？

(2) 如何利用逐差法来处理数据？

(3) 利用千分表读数时应注意哪些问题，如何消除误差？

(4) 试举出几个在日常生活和工程技术中应用线胀系数的实例.

(5) 若实验中加热时间过长,仪器支架受热膨胀,对实验结果有何影响？

【附录】　FD-LEA-B 型线膨胀系数测定仪实验仪

1. 概述

FD-LEA-B 线膨胀系数测定仪是固体线膨胀系数的一种精密测定仪，固体线膨胀系数测量已被列入高等专科院校的物理实验教学大纲中. 本仪器对各种固体的热胀冷缩特性可做出定量检测，并可对金属的线膨胀系数做精确测量.

本仪器的恒温控制由高精度数字温度传感器与单片电脑组成，炉内有特厚良导体纯铜管作导热，在达到炉内温度热平衡时，炉内温度不均匀性≤±0.3 ℃，读数分辨率为 0.1 ℃，加热温度控制范围为室温至 80.0 ℃.

2. 仪器简介

(1) 仪器结构如图 2-8-2 所示，它由恒温炉、恒温控制器、千分表、待测样品等组成.

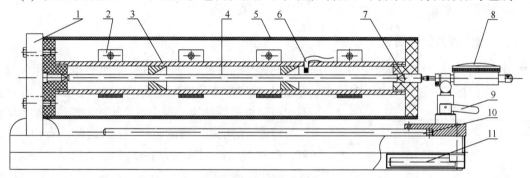

图 2-8-2　内部结构示意图

1. 大理石托架；2. 加热圈；3. 导热均匀管；4. 测试样品；5. 隔热罩；6. 温度传感器；
7. 隔热棒；8. 千分表；9. 扳手；10. 待测样品；11. 套筒

(2) 仪器使用方法：

① 被测物体为 $\Phi 8\ mm \times 400\ mm$ 的圆棒；

② 整体要求平稳，因伸长量极小，故实验时应避免振动；

③ 千分表安装需适当固定(以表头无转动为准)且与被测物体有良好的接触(读数在 0.2～0.3 mm 处较为适宜，然后再转动表壳校零)；

④ 被测物体与千分表探头需保持在同一直线.

3. 技术指标

(1) 温度控制分辨率：0.1 ℃；

(2) 样品加热炉内空间温度达到平衡时，温度不均匀性≤±0.3 ℃；

(3) 温度控制范围：室温至 80 ℃；

(4) 伸长量测量精度：0.001 mm，最大测量范围为 0.000～1.000 mm；

(5) 被测金属样品为 $\Phi 8\ mm \times 400\ mm$ 的圆棒；

(6) 温控仪使用环境和外型尺寸：

① 输入电源：220V±10%，50～60 Hz；

② 湿度：85%；

③ 温度：0～40.0 ℃；

④ 外型尺寸：315 mm×250 mm×140 mm；

⑤ 仪器重量：约 3 kg；

(7) 电加热恒温箱外型尺寸：560 mm×120 mm×20 mm.

2.9　液体黏滞系数的测量

【实验目的】

用泊肃叶(Poiseuille)法(也称毛细法)测定水的黏滞系数.

【实验仪器】

黏滞计全套装置、水、物理天平、米尺、停表、烧杯.

【实验原理和仪器描述】

在一切实际的流体流动时，其内部各部分之间的速度彼此不同，例如，在导管里流动的流体，其最接近管壁的那一层速度最小，通过轴线的流体速度最大(图 2-9-1). 因此，流体的

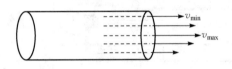

图 2-9-1　流体在管壁中的流动

不同液层以不同的速度流动，彼此互相划过，这种情形称为层流. 在互相划过的时候，各层之间就有相互作用力，运动较快的层施一加速力于运动较慢的层上. 相反，运动较慢的层也施一阻滞力于运动较快的层上，这种力称为内摩擦力. 内摩擦力的方向沿着液层面的切线方向. 实验指出，内摩擦力与液层的面积 S 和由一层到一层之间的速度变化的快慢成正比，即

$$f = \eta S \frac{\mathrm{d}v}{\mathrm{d}y} \tag{2-9-1}$$

式中，η 是比例系数，叫内摩擦系数或黏滞系数，其值由流体的性质而定，且与流体的温度、压强有关，η 大，流体的黏滞系数就大；$\frac{\mathrm{d}v}{\mathrm{d}y}$ 为垂直于速度方向单位长度的变化量.

流体的黏滞性在工程技术上有很大的实际意义，它出现在许多水利技术、热力技术和所有流体或气体的传输系统中(如水管、瓦斯管、油管等).

利用式(2-9-1)直接测 η 值很困难，因式中各物理量不易直接测出，但可以利用流体流经毛细管时其流量与流体的黏滞性有关这一性质，求出 η 和其他物理量之间的关系，再间接测出 η. 泊肃叶曾导出，当液体以层流的形式稳定地流过一均匀毛细管时，在 t 时间内流过毛细管的流体的体积为

$$V = \frac{\pi R^4 (P_1 - P_2)}{8\eta L} t \tag{2-9-2}$$

上式为泊肃叶公式(推导过程可参看福里斯著《普通物理》第一册，第 153 页). 式中，R 和 L 分别为毛细管的半径和长度(m)，(P_1-P_2) 为毛细管两端的压强差(Pa，1Pa=1N/m²)，V 是时间 t(s)内流过毛细管的流体体积(m³). 它们都可以用简便的方法测出来，因而可以算出流体的

黏滞系数 η (Pa.s).

由式(2-9-2)可得

$$\eta = \frac{\pi R^4 (P_1 - P_2) \cdot t}{8VL} \tag{2-9-3}$$

但在精密度量时, 式(2-9-3)还需要修正. 式(2-9-3)是由理想情况导出的, 实际上还应考虑下列两种情况:

(1) 对流体流出时所获得的动能进行修正, 但这项修正比较复杂, 本实验不采取.

(2) 在推导公式(2 9 3)时曾假定流体沿管轴的加速度为零, 实际上入口附近的加速度还未降至零, 需经一定长度后才以等速流动, 故管长 L 值必须加一因子 K, 半径 R 为常数, 实验测出 $K=1.64$, 故式(2-9-3)可改写为

$$\eta = \frac{\pi R^4 (P_1 - P_2) \cdot t}{8V(L + 1.64R)} \tag{2-9-4}$$

图 2-9-2 为用毛细管法测量流体黏滞系数的一种装置. 毛细管装在双层的大玻璃管 D 内, 当 D 中盛满水后, 水便从毛细管缓慢流出. 为了保持毛细管两端的压强差恒定, 在支架上装了一个稳压水槽 A. 当水不断流入 A 槽时, 一部分水流入 D 管内层, 补充经毛细管流走的水量, 多余的水从 C 管自动流出, 经过 D 管外层排放掉. 这样, A 槽的水面始终保持跟 C 管上端管口的端面相平, 从而维持了稳定的水压. 同时流过 D 管外层的水又起着保持 D 管内部水温恒定的作用.

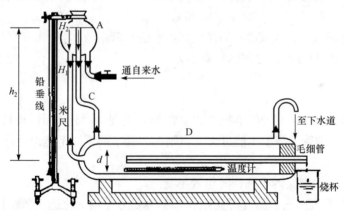

图 2-9-2　用毛细管法测量流体黏滞系数的装置图

实验时, 调节毛细管处于水平, 将 A 槽固定在支杆上 H_1 位置, 设这时 A 槽水面距毛细管轴线的高度为 h_1, 则 $P_1 - P_2 = \rho g h_1$ (ρ 是水的密度). 测出在时间 t_1 经毛细管流出的水的体积 V, 由式(2-9-4)得到

$$\frac{V_1}{t_1} = \frac{\pi R^4 \rho g h_1}{8\eta(L + 1.64R)} \tag{2-9-5}$$

再将 A 槽固定在支杆上 H_2 的位置, 这时 A 槽水面距毛细管轴线的高度为 h_2, $P_1 - P_2 = \rho g h_2$. 测出在时间 t_2 内经毛细管流出的水的体积 V_2, 又得

$$\frac{V_2}{t_2} = \frac{\pi R^4 \rho g h_2}{8\eta(L + 1.64R)} \tag{2-9-6}$$

将式(2-9-6)减式(2-9-5)后, 解得

$$\eta = \frac{\pi R^4 \rho g(h_2 - h_1)}{8(L + 1.64R)\left(\dfrac{V_2}{t_2} - \dfrac{V_1}{t_1}\right)} = \frac{\pi R^4 \rho g(H_2 - H_1)}{8(L + 1.64R)\left(\dfrac{V_2}{t_2} - \dfrac{V_1}{t_1}\right)} \tag{2-9-7}$$

这就是本次实验用来计算 η 的公式. 我们不直接测量 h_1(或 h_2), 而是将水槽改变两次位置, 测出 H_1 和 H_2, 再利用其高度差 $H_2 - H_1 = h_1 - h_2$ 来计算 ηv, 这是为了避免测量不易测准的 h_1 或 h_2, 同时也为了消除由毛细管倾斜而产生的重力和表面张力引起的附加压强.

【实验内容】

(1) 用天平称出干净烧杯的质量 m_0, 用米尺测出毛细管的长度 L, 用读数显微镜测量毛细管的内直径, 标出 R_0(或实验室给出).

(2) 按图 2-9-2 安装好仪器. 调节支架底脚螺丝, 使支杆与铅垂线平行.

(3) 接通水源后, 调节稳压槽的位置, 使水缓慢地一滴滴从管口落下(为了防止水从管口外壁流回来, 可在接近管口处涂一点凡士林). 记下水面的位置 H_2, 用已称出其质量的烧杯接水, 并立即启动停表, 经过时间 t_2(t_2 的范围由实验室给出, 一般应在 100 s 以上)后, 制动停表, 同时移开烧杯, 记下水的温度.

(4) 用天平称出烧杯和水的总质量 M, 算出水的体积 V_2. $V_2 = \dfrac{M - m_0}{\rho} \approx M - m_0$.

(5) 将水面位置改变到 H_1, 重复步骤(3)、(4), 记下 t_1, 标出 V_1(如果时间充裕, 还可将水面位置改变到 H_3、H_4. 测出相应的 t_3、V_3 和 t_4、V_4).

(6) 将上述测出数据代入式(2-9-7), 计算出水的黏滞系数 η. 查出在该温度下黏滞系数的标准值, 计算实测值与标准值之间的相对误差.

【注意事项】

(1) 在式(2-9-7)中, 毛细管的半径 R 以 R^4 的形式出现, 因此测量时应特别细心.

(2) A 槽面距毛细管的高度不能过大, 否则毛细管中的流体不能保持片流. 这时, 泊肃叶公式不能应用.

(3) 在实验过程中应保持毛细管的位置不变.

(4) 在 5~20 ℃范围内, 温度每变化 3 ℃, 水的 η 平均变化达 3.5%. 因此, 实验中不要用手摸毛细管, 同时露在空气中的一段毛细管不可过长, 以免管中水温受室温变化的影响. 实验中应保证水的温度差不超过 1 ℃.

【数据和结果处理】

将实验数据记录于表 2-9-1 中.

表 2-9-1

	H_1	H_2	H_3
M/kg			
V/m^3			
t/s			
V/t/(m^3/s)			

水的温度 $T=$_____℃；

毛细管半径 $R=$_____m；

毛细管长度 $L=$_____m；

烧杯质量 $m_0=$_____kg；

$H_2-H_1=$_____m；

$H_3-H_2=$_____m；

$H_4-H_3=$_____m.

【预习思考题】

(1) 什么叫泊肃叶公式？其中各物理量的意义是什么？各用什么单位？

(2) 若在仪器的出口处套一短橡皮套，是否对毛细管中水的流动有影响？

【讨论问题】

(1) 本实验中计算 η 为什么要用式(2-9-7)而不用式(2-9-5)和式(2-9-6)？

(2) 哪个量对 η 的测量误差影响最大？为什么？

【附录】 各种温度下水的黏滞系数

表 2-9-2 水的黏滞系数

温度/℃	黏滞系数 η/泊	温度/℃	黏滞系数 η/泊	温度/℃	黏滞系数 η/泊
0	0.00179	11	0.00127	22	0.00096
1	0.00173	12	0.00124	23	0.00094
2	0.00167	13	0.00120	24	0.00091
3	0.00162	14	0.00117	25	0.00089
4	0.00157	15	0.00114	26	0.00087
5	0.00152	16	0.00111	27	0.00085
6	0.00147	17	0.00108	28	0.00084
7	0.00143	18	0.00106	29	0.00082
8	0.00139	19	0.00103	30	0.00080
9	0.00135	20	0.00101		
10	0.00131	21	0.00098		

表 2-9-3 水的密度 (单位：$\times 10^3 \text{kg} \cdot \text{m}^{-3}$)

容度序号 \ 温度	0	10	20	30
0	0.999867	0.999727	0.998229	0.995672
1	0.999926	0.999632	0.998017	0.995366
2	0.999968	0.999524	0.997795	0.995051
3	0.999992	0.999404	0.997563	0.994728
4	1.000000	0.999271	0.997321	0.994397
5	0.999992	0.999126	0.997069	0.994058

容度序号 温度	0	10	20	30
6	0.999968	0.998969	0.997808	0.993711
7	0.999929	0.998800	0.996538	0.993356
8	0.999876	0.998621	0.996528	0.992993
9	0.999808	0.998430	0.995959	0.992622

2.10 空气的比热容比的测量

【实验目的】

(1) 测定空气的定压摩尔热容量和定容摩尔热容量的比值;

(2) 进一步了解气体状态变化过程中压力、容积、温度的变化关系及吸热放热的情况.

【实验仪器】

大玻璃瓶、开管压强计、打气筒.

【实验原理】

1 mol 的物质其温度升高(或降低)1 K 时所吸收(或放出)的热量,称为摩尔热容量. 对于一定量的气体来讲,随着变化过程的不同,摩尔热容量的数值也不相同. 因此,同一种气体在不同的过程中有不同的摩尔热容量. 常用的有定压摩尔热容量和定容摩尔热容量,分别以 C_P 和 C_V 表示. 根据热力学第一定律,在等容过程中气体吸收的热量全部用来增加内能;而在等压过程中,气体吸收的热量只有一部分是用来增加内能的,另一部分转化为气体反抗外力做的功. 所以气体升高一定的温度,在等压过程中吸收的热量要比等容过程中多,因此气体的定压摩尔热容量 C_P 较定容摩尔热容量 C_V 大. 对于理想气体,它们之间的关系由迈耶(Meyer)公式表示:

$$C_P = C_V + R$$

式中,R 为气体普适恒量. 实际上经常用到的是 C_P 与 C_V 比值,通常用 γ 表示,称为比热容比或比热比值,即

$$\gamma = \frac{C_P}{C_V}$$

对于理想气体,γ 只决定气体分子的自由度,与气体的性质和温度无关. 在中等温度(0～200 ℃)时,真实气体的 γ 实验值和理论值很接近,对于空气来说 $\gamma = 1.40$.

测定 γ 值有好几种方法,其中以维思荷尔德(Weinhold)的方法较为简便,其原理如下:设有一玻璃容器,其容积为 V. 瓶内装有一定量的空气,其起始温度为 T,压力为 P_1(高于大气压),每单位质量(如 1 mol)的空气占有体积 V_1. 现在让容器内的空气作绝热膨胀,在过程终了时,空气的温度降低到 T',压力也降至 P,而单位质量空气的体积增加到 V_2.

由绝热过程的方程式得

$$P_1 V_1^{\gamma} = P V_2^{\gamma}$$

$$\frac{P_1}{P} = \left(\frac{V_2}{V_1}\right)^{\gamma} \tag{2-10-1}$$

此后，使空气在等容条件下吸热，温度又回升到起始温度 T，压力也升高到 P_2 而达到稳定. 因为这时空气的温度和起始时相同，对于每单位质量的空气来说，应服从玻意耳-马略特(Boyle-Mariotte)定律，即

$$\frac{P_1}{P_2} = \frac{V_2}{V_1} \tag{2-10-2}$$

由式(2-10-1)，式(2-10-2)可得

$$\frac{P_1}{P} = \left(\frac{P_1}{P_2}\right)^{\gamma}$$

等式两边取对数：

$$\gamma = \frac{\ln\dfrac{P_1}{P}}{\ln\dfrac{P_1}{P_2}} \tag{2-10-3}$$

若测得 P、P_1、P_2，即可从式(2-10-3)中求出 γ.

　　本实验所用的主要仪器是一个大玻璃瓶，装置如图 2-10-1 所示. 瓶的上端盖有一玻璃片 A(玻璃片与瓶口之间用凡士林黏合，在瓶内气压略高于瓶外大气压时也不会漏气)把瓶口密闭，转动活门 C 使打气筒 B 和玻璃瓶连通，由打气筒打入空气至瓶内气压略高于瓶外大气压，随即关闭活门 C，这时气温将略高于室温 T，但稍等片刻后，由于气体的散热，温度将降至室温 T 而达到平衡态，瓶内空气有稳定的压力 P_1，P_1 和大气压之差，可由压强计两液面的高度之差 h_1 算出：

$$P_1 = P + h_1 \tag{2-10-4}$$
$$P_1 - P = h_1$$

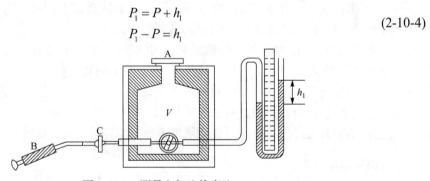

图 2-10-1　测量空气比热容比

　　这时瓶内每单位质量空气的状态为 (P_1, V_1, T). 然后，迅速翻开瓶口上的玻璃片，让空气膨胀一瞬间，立即将玻璃片盖回，这一过程历时很短(在 0.5 s 左右)，瓶内空气来不及和外界交换热量，故这一过程可以认为是接近于绝热的，在玻璃片盖回的瞬时，瓶内每单位质量空气的状态为 (P, T', V_2). 此后瓶内空气在等容的条件下缓慢地从瓶外吸收热量，温度将回升到室温 T，压力也将增大而达到平衡状态. 这一过程需时较久(5～10 min). 这时瓶内每单位质量空气的状态为 (P_2, T, V_2)，压力 P_2 可由压强计两液面的高度差 h_2 求出：

$$P_2 = P + h_2 \tag{2-10-5}$$

把式(2-10-4)和式(2-10-5)代入式(2-10-3)得

$$\gamma = \frac{\ln \dfrac{P+h_1}{P}}{\ln \dfrac{P+h_1}{P+h_2}} = \frac{\ln\left(1+\dfrac{h_1}{P}\right)}{\ln\left(1+\dfrac{h_1}{P}\right) - \ln\left(1+\dfrac{h_2}{P}\right)}$$

采用近似计算法,当 $\dfrac{h_1}{P} \ll 1$ 时,有

$$\ln\left(1+\frac{h_1}{P}\right) \approx \frac{h_1}{P}$$

同理:

$$\ln\left(1+\frac{h_1}{P}\right) \approx \frac{h_1}{P}$$

故

$$\gamma = \frac{\dfrac{h_1}{P}}{\dfrac{h_1}{P} - \dfrac{h_2}{P}} = \frac{h_1}{h_1 - h_2} \tag{2-10-6}$$

所以,只需测出 h_1 和 h_2 的值,即可求出 r.

【实验内容】

(1) 把玻璃片 A 用凡士林黏合在瓶口上,并压紧,注意使瓶口四周密闭以防漏气.

(2) 转动活门 C,使打气筒和玻璃瓶接通,用打气筒缓慢打入空气(动手不宜过急,以免压强计内的液体溢出),使压强计两液面的高度差为 10~20 cm,关闭活门 C,等候压强计的液面稳定下来,这是瓶内空气散热的过程,需 3~5 min(或液面始终不稳,则表明有漏气的现象,应检查各封口). 记下稳定时两液面的高度差 h_1.

(3) 迅速翻开玻璃片 A,使空气膨胀一瞬间(不到 1 s),立即盖回,为了使这一过程接近于绝热,操作要特别敏捷. 然后等候空气从外界吸热,温度回升,这是定容吸热过程,需 5~10 min. 待压强计液面稳定后,记下其高度差 h_2.

(4) 重做上述步骤(2)和(3),共 5 次.

注意:本实验虽操作简单,但要使结果正确很不容易,宜先试练数次,再做正式记录.

【数据和结果处理】

将实验所需数据记录于表 2-10-1 中。

表 2-10-1

	R_1	R_2	$h_1 = R_1 - R_2$	R'_1	R'_2	$h_2 = R'_1 - R'_2$	$\gamma = \dfrac{h_1}{h_1-h_2}$
1							
2							
3							
4							
5							

平均值 $\bar{\gamma}$ _____ ;

$$E = \frac{\left| \bar{\gamma} - \gamma_0 \right|}{\gamma_0} \times 100\% = \underline{\hspace{2cm}}.$$

【注意事项】

(1) 在实验过程中，不能有漏气现象，玻璃片应压紧.

(2) 打气要慢，防止液体溢出.

(3) 不要用手摸大玻璃瓶.

【预习思考题】

(1) 式(2-10-6)是怎样推导出来的？

(2) 实验中应注意哪些问题？

【讨论问题】

(1) h_1 大或 h_1 小对于测量 γ 来说哪个好些？为什么？实际情况又是怎样的？

(2) 试由实验中绝热膨胀过程的时间长短来讨论所测 γ 值偏大或偏小的原因.

【附录】

本实验中空气状态的变化过程可见图 2-10-2.

(1) 打气后，压力和温度稳定时，为状态 I (p_1, V_1, T').

(2) 迅速放气的过程为绝热过程(I—II)，最后到状态 II (p, V_2, T').

(3) 等容吸热过程(II—III)温度和压力回升，最后达到状态 III (p_2, V_2, T).

因状态 I、II 在同一绝热线上，可以应用绝热方程：

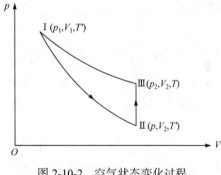

图 2-10-2 空气状态变化过程

$$P_1 V_1^{\gamma} = P V_2^{\gamma}$$

状态 I、III 在同一条等温线上，可以应用玻意耳-马略特定律：

$$P_1 V_1 = P_2 V_2$$

应当指出的是，在绝热膨胀过程中，瓶内空气的总质量发生变化，故在整个讨论中我们都只取瓶内的一单位质量空气来研究(单位质量空气的体积通常称为比容)，故满足状态变化过程中质量不变的条件.

2.11 液体表面张力系数的测量

【实验目的】

(1) 掌握用扭秤测量微小力的原理和方法；

(2) 了解液体表面的性质，测定水的表面张力系数.

【实验仪器】

扭秤、玻璃皿、镊子、温度计、游标卡尺、清洗用具等.

【实验原理和仪器描述】

液体表面层［其厚度等于分子的作用半径，约 10^{-8} cm］内的分子所处的环境跟液体内部

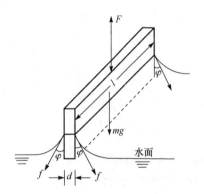

图 2-11-1　液体表面张力

的分子不同. 液体内部每一个分子的四周都被同种其他分子所包围，它所受到的周围分子的作用力的合力为零. 由于液面上方的气相层的引力小，合力不为零，这个合力垂直于液面并指向液体内部，所以分子有从液面挤入液体内部的倾向，并使得液体表面自然收缩，这种沿着表面收缩的力称为表面张力. 利用它能够说明物质的液体状态所特有的许多现象，如泡沫的形成、浸润和毛细现象等. 在工业技术上，浮选技术和液体输送技术等都要对表面张力进行研究.

假如我们在液体中浸一薄钢片或金属丝框，则其附近的液面将呈现出如图 2-11-1 所示的形状(对浸润液体). 力 f 称为表面张力，φ 称为接触角. 当缓缓拉出钢片时，接触角 φ 逐渐减小而趋向于零，因为 f 的方向垂直向下，钢片将要脱离液体表面时诸力平衡的条件为

$$F = mg + f \tag{2-11-1}$$

式中，F 为将钢片拉出液面所施的外力；mg 为薄钢片和它所黏附的液体总重量；表面张力 f 与接触面周长 $2(l+d)$ 成正比，故有 $f = 2\sigma(l+d)$；σ 称为表面张力系数，数值上等于作用在液体表面上单位长度的力. 由此可得

$$\sigma = \frac{F - mg}{2(L+d)} \tag{2-11-2}$$

表面张力系数 σ 与液体的种类、纯度、温度和它上方的气体成分有关. 实验表明，液体的温度越高，σ 的值越小，所含杂质越多，σ 值也越小. 只要这些条件保持一定，σ 就是一个常数. 因此，若在实验中分别测出 F 和 mg(或 $F-mg$)以及 L 和 d 之后即可算出 σ .

在式(2-11-2)的推导过程中引入了下列条件：

(1) 金属片处于铅垂面内，横梁保持水平.

(2) 液体(水)与金属的接触角 $\varphi \approx 0$，这要求金属片的表面非常洁净，特别是不能有油污，否则 φ 会变大.

扭秤可以测量很微小的力，不同的扭秤结构不同，其附件也各有差别，主体为一根拉紧的钢丝，一端固定在立柱 C 上，另一端安装在可以转动的圆盘 G 的中心. 在钢丝中段 M 点装有一根杠杆 MB，杠杆左端挂有小钩 B，用以悬挂被测物体. D 为镜子，上有两条水平线，用来判断扭秤是否达到平衡.

若在小钩上挂一重物 mg，杠杆绕 M 点转动，钢丝 MG 段随之被扭转，并产生一个扭转力矩跟重力矩平衡. 旋转圆盘 G 可使杠杆回到原来的(未挂重物 mg 时)平衡位置，圆盘 G 转过

的角度即为钢丝 MG 段被扭转的角度.

设 MB 的长度为 L, 在扭转角 θ 不大时, 钢丝产生的扭转反力矩与 θ 成正比, 可用 $K'\theta$ 表示(K' 为常数). 此反力矩与重力矩 mgL 平衡, 即

$$K'\theta = mgL$$

令 $K = K'/L$, 则得到

$$K = \frac{K'}{L} = \frac{mg}{\theta} \tag{2-11-3}$$

式中, K 称为扭秤常数, 在数值上等于转过单位角度所需加的外力. K 的值和钢丝的材料、粗细、MG 段长短、被拉紧的程度以及杠杆的长度 L 等有关. 使用扭转测力时, 应先测出扭秤常数 K.

把薄钢片挂在小钩 B 的下方, 将其浸入液体中. 在缓慢转动圆盘 G 的同时, 调节螺旋 F 降低圆台 H, 使杠杆保持平衡状态. 当薄钢片的下边即将脱离又未脱离液面时, 记下圆盘 G 的读数 θ'_2(对应于表面张力和湿钢片重量之和 F), 撤去盛液体的容器, 杠杆 MB 将回转而上升. 转动 G 使杠杆回到平衡位置, 记下此时 G 的读数 θ'_1(对应于湿钢片的重量 mg). 取下薄钢片, 杠杆再次上升, 再旋转 G 使它回到平衡位置, 又记下此时 G 的读数 θ'_0, 此为零点读数. 显然

$$F = K\left(\theta'_2 - \theta'_0\right), \quad mg = K\left(\theta'_1 - \theta'_0\right)$$

而表面张力

$$f = F - mg = K\left(\theta'_2 - \theta'_1\right)$$

于是表面张力系数的公式(2-11-2)成为

$$\sigma = \frac{f}{2(L+d)} = \frac{K\left(\theta'_2 - \theta'_1\right)}{2(L+d)} \tag{2-11-4}$$

因此, 只要测出 K、θ'_2、θ'_1、L、d 就可求出 σ.

【实验内容】

1. 测扭秤常数 K

(1) 在杠杆一端 B 的挂钩上挂一个可盛砝码的圆盘, 调整 G 使杠杆水平(用眼睛水平看杠杆, 使之与镜子 D 中的影重合, 并保持在镜子中两水平线的中间), 记下 G 的读数 θ_0.

(2) 用镊子加 500 mg 的砝码, 则杠杆的平衡被破坏, 调整 G 使它回到平衡位置, 记下 G 的读数 θ_1, 则所转角度 $\theta = \theta_1 - \theta_0$, 可求得 K 值.

(3) 重复上述步骤, 各测 5 次 θ_1 与 θ_0, 求出 K 的平均值.

2. 测水的表面张力系数

(1) 擦净玻璃皿, 在其中装入适量的纯净的水.

(2) 用镊子将薄钢片挂在 B 钩上, 使其浸入水中, 调节圆盘 G 和圆台 H, 使杠杆随时保持平衡, 直到钢片的下边即将脱离水面而未脱离时, 记下读数 θ'_2. 撤去盛液体容器, 调节杠杆平衡, 记下 θ'_1, 如此重复 5 次.

(3) 记下实验前后的室温，以其平均值作为液体的温度。

(4) 测出薄钢片的长度 L 及厚度量，各测 3 次.

3. 测加肥皂液后水的表面张力系数

(1) 在盛水的玻璃皿中加入适量的肥皂液.

(2) 重复"测水的表面张力系数"中的第(2)、(3)、(4)步骤.

【数据和结果处理】

(1) 自行设计数据表.

(2) 根据式(2-11-3)求出 K 的平均值.

(3) 根据式(2-11-4)求出在该温度下水的表面张力系数，查表计算出与标准值的相对误差.

(4) 根据式(2-11-4)求出加肥皂液后水的表面张力系数.

【注意事项】

(1) 在实验过程中水必须是纯净的，否则表面张力系数变小.

(2) 金属片、玻璃皿、镊子等必须保持清洁，切不可用手触及液体、玻璃皿内壁和薄钢片. 实验完毕后应将其清洗干净(按 NaOH 溶液、酒精、水的顺序进行清洗)，以便下一次实验使用.

【预习思考题】

(1) 调整扭秤平衡时，为什么必须使杠杆在两线中间？

(2) 用不纯的水来做实验，可以吗？

(3) 当薄钢片浸入水中后，为什么必须将 G 和 H 二者一起调整？单调一个可以吗？

【讨论问题】

(1) 钢丝的扭转形变与扭转力矩的大小成正比，为了调出扭转力的大小，必须保持力臂不变，这在扭秤操作过程中是如何实现的？

(2) 实验过程中要使薄钢片上边保持水平，如发生倾斜，则所测得的 σ 将如何变化？为什么？

(3) 滴入肥皂液后，水的表面张力系数发生了什么变化？说明什么问题？

2.12　电学基本测量　电磁学实验基础知识

电磁测量是现代科学研究和生产技术中应用广泛的一种实验方法和实用技术，除了能直接测量电磁量外，还可以通过换能器把许多非电学量(如压力、温度、流量、变形量等)转变为电量来进行测量. 电磁学实验的目的是学习电磁学常用的典型测量方法——模拟法、比较法、补偿法、放大法等；学会正确使用电磁学仪器、仪表及操作技能；培养看电路图、正确连接线路及分析判断实验故障的能力；通过实验加深对电磁学理论知识的认识.

下面对有关常用电磁学仪器的使用及电路连接的一般程序作简要介绍.

2.12.1　常用电学仪器简介

1. 电源

1) 交流电源(代号为 🌣)

我们常用的交流电源为 50 Hz、220 V 的单相交流电, 如需要用不同电压, 则可用变压(调压)器变压.

2) 直流电源

(1) 直流稳压电源(代号为 ⊢⊡⊣). 一般将 220 V 交流电, 经降压、整流、稳压后, 改变为稳定的直流电压. 直流稳压电源一般是可调的, 转动调节旋钮即可得到所需电压.

(2) 各种电池(代号为 ⊣⊢). 如干电池、蓄电池、标准电池等.

使用电源时应注意输出电压大小是否合适, 额定电流是否满足要求, 正负极不能接错, 严防短路.

2. 电表

1) 指针式检流计

它的特征是零点在刻度盘中央, 便于检查电路中不同方向的微小电流, 检流计的参量有:

(1) 量程. 偏转最大格数时所通过的电流强度.

(2) 检流计常数. 偏转一小格时所通过的电流值, 常用检流计常数约为 10^{-5} A / 格, 常数值越小, 检流计越灵敏.

(3) 内电阻. 内电阻是检流计两接线端之间的电阻, 一般为 100 Ω 左右.

2) 直流电流表

它是用来测量电路中直流电流大小的仪器, 有安培表、毫安表、微安表, 其主要规格如下:

(1) 量程. 它是指允许通过的最大电流值, 一般来说电流表面板上的满刻度值就是该表的量程, 也有多量程的电流表.

(2) 内电阻. 电流表两接线柱间的电阻称为内电阻或内阻. 一般安培表的内阻在 0.1 Ω 以下, 毫安表在 100~200 Ω, 微安表在 1000~20000 Ω 的范围内.

3) 直流电压表

用来测量电路中两点之间电压大小的仪器有伏特表、毫伏表, 其主要规格如下:

(1) 量程. 量程是能承受的最大电压值, 一般是电压表面板上满刻度的电压值.

(2) 内电阻. 内电阻是电压表两接线柱间的电阻, 同一电压表不同量程的内阻各不相同, 但各量程的每伏欧姆数是相同的, 所以统一由 $x(\Omega/V)$ 表示, 计算各量程的内阻可用如下公式:

$$内阻 = 量程 \times 每伏欧姆数$$

4) 电表的基本误差与准确等级

电表测量时可能引起的最大绝对误差, 称为电表的基本误差, 电表的级别按下式计算:

$$级别\% = \frac{电表的最大绝对误差}{量程} \times 100\%$$

根据我国的标准，电表分为 0.1、0.2、0.5、1.0、1.5、2.5、5.0 等 7 级，是以相对误差的百分数作为级别的. 因此知道了电表的级别，选定了量程，则其最大绝对误差=级别%×量程. 为了减小误差，应选择合适的级别与量程，并使电表的测量示值尽可能在 2 / 3 量程附近. 常见仪表盘符号的意义见表 2-12-1.

表 2-12-1　仪表盘符号意义

—	直流	Ⓥ	伏特表
$\sim$	交流	ⓝ	欧姆表
$\simeq$	直流和交流	0.5　⑤	电表准确度等级，共 7 级
$\sqcap$	磁电系仪表	⓵ 〔ⅱ〕	防外磁(电)场Ⅱ级，共 4 级
$\not\equiv$	电磁系仪表	⟨B̂⟩	防潮 B 级，共有 A、B、C 三级
Ⓐ Ⓖ	检流计	⚡2 kV	击穿电压 2 kV
㎂	微安表(10^{-6} A)	☆	绝缘试验加 1 kV
㎃	毫安表(10^{-3} A)	$\perp$		标度尺位置为垂直
Ⓐ	安培表	$\frown$ →	标度尺位置为水平
㎷	毫伏表(10^{-3} V)	↔	调零点

5) 电表使用时的注意事项

(1) 零位调整. 使用前，首先检查指针是否与零刻线重合，否则应调整表盖上的机械零位调节器，使指针准确指零.

(2) 电表极性. 在直流电路中，要注意电表的极性，电表正极"+"接在电流流入端，负极"–"接在电流流出端. 在电路中，电流表应串联，电压表应并联.

(3) 量程选择. 首先要粗略估计待测值的大小，然后选择量程，勿使测量值超过量程，以免损坏仪器，但也不能选择过大量程，导致测量精确度下降.

(4) 视差问题. 为了减少视差，必须在视线垂直刻度表面后才能读数，高级的电表在刻度标尺旁边也附有镜面，当指针与镜中的像重合时，所对准的刻度才是正确的读数.

(5) 读数的有效数字问题. 对于单量程电表，读出刻度的估计部分后，连同前边的可靠部分就组成了有效数字.

对于多量程电表. 由于表面刻度可能只是 1 或 2 种刻度，所以要进行换算. 换算系数=量程/表面刻度格数，测量值=换算系数×指针所示格数. 如安培表满刻度为 50 格，量程为 15 mA，指针示数为 42.7 格，则其测量值为

$$I = \frac{15}{50} \times 42.7 = 12.81 \text{ mA}$$

(此时注意 15 / 50=0.3 是作为常数处理的)。

3. 电阻器

常用的电阻器有电阻箱、滑线变阻器和固定电阻.

1) 电阻箱

电阻箱是将一系列相当准确的电阻，按照一定的要求连接起来并装在箱内. 电阻箱有旋转式和插头式两种. 现介绍常用 ZX21 型旋转电阻箱，其面板如图 2-12-1 所示，其内部线路如图 2-12-2 所示. 其电阻值随旋钮的位置不同而变，如图 2-12-1 所示的位置，其值为 87654.3 Ω，即(8 × 10000+7 × 1000+6 × 100+5 × 10+4 × 1+3 × 0.1). 4 个接线柱下方分别标有 0、0.9 Ω、9.9 Ω、99999.9 Ω 的字样，它表示 0 接线柱与该接线柱之间可调电阻的范围，ZX21 型电阻箱的技术指标如下：

(1) 调整范围：0～99999.9 Ω.

(2) 零电阻：当指示读数为零时，实际存在的接触电阻<0.03 Ω.

(3) 额定功率：电阻箱每挡允许通过的电流是不同的，其值可由电阻箱的额定功率 W 求得，即 $I = \sqrt{W/R}$，I 为额定电流，W 为额定功率，R 为电阻箱各挡指示的电阻值. 电阻越大的挡，额定电流越小. ZX21 型电阻箱的额定功率 $W = 0.25$ W.

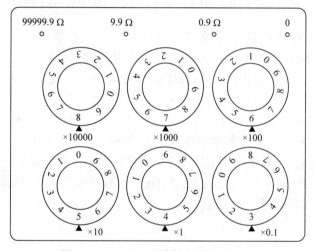

图 2-12-1　ZX21 型旋转电阻箱面板图

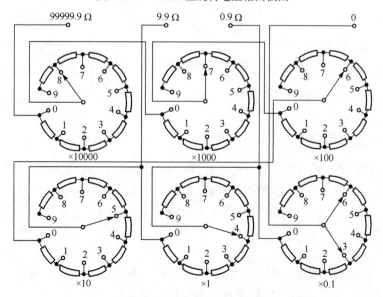

图 2-12-2　内部线路示意图

(4) 级别：电阻箱根据其误差大小一般分为 0.02、0.05、0.1、0.2 等级别，其级别表示电阻示值的相对误差百分数. ZX21 型电阻箱一般为 0.1 级，如其读数为 5643.0 Ω，则其误差为 $5643.0 \times 0.1\% \approx 5.6\ \Omega$(或 6 Ω)，这与电表误差计算法不同.

(5) 基本误差(示值误差)：电阻箱的基本误差是由级别误差与接触电阻造成的. 其相对误差为

$$E = \frac{\Delta R}{R} = \left(a + b\frac{M}{R} \right)\%$$

式中，E 为相对误差；ΔR 为绝对误差；R 为电阻箱示值电阻；M 为实际使用(电流经过的)旋钮数；a 为电阻箱级别；b 为由接触电阻造成的级别变动系数，对于级别为 0.02、0.05、0.1、0.2 的电阻箱，其对应 b 的值为 0.05、0.1、0.2、0.5.

如 ZX21 型电阻箱，a=0.1，b=0.2，R=5643.0，M=5，则

$$E = \frac{\Delta R}{R} = \left(0.1 + 0.2 \times \frac{5}{5643} \right)\% \approx 0.1002\% \approx 0.10\%$$

所以在 R 值较大时，由接触电阻造成的误差可以不计；但在阻值较小时，则不能忽略. 因此在测量低值电阻时，应尽量减少实际使用旋钮数 M，以减少误差.

在使用电阻箱时，应注意各旋钮是否灵活，接触是否稳定可靠，电流强度不能超过额定值等.

2) 滑线变阻器

滑线变阻器由一根直径均匀的电阻丝密绕在绝缘圆筒(一般用瓷筒)上组成的. 其规格指标是总电阻值与额定电流，在电路中滑线变阻器有作限流和分压用的两种接法，如图 2-12-3、图 2-12-4 所示. 使用时应注意不要超过额定电流，在接通电路前作限流时应将阻值调到最大位置，作分压时应将阻值调到最小位置.

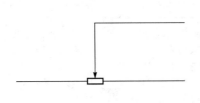　　　　　　　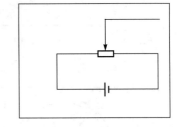

图 2-12-3　限流电阻　　　　　　　　　　　　图 2-12-4　分压电阻

2.12.2　电磁学实验操作规程

(1) 准备：在看懂、看清或设计好电路原理图及各种仪器、仪表、元件作用的基础上，将各种仪器、仪表、元件安放在适当位置，将要操作、要读数的仪器仪表放在近处，以便随手可调直接可看，其他仪器可放在稍远一些. 要做到"布局合理，走线得当，方便操作，易于观测，注意安全".

(2) 接线：接线时"先接电路，后通电源"，一般由电源正极开始，接上开关(开关一定要断开)，按电流方向连接仪器、元件，直到电源负极. 比较复杂的电路，从电源开始，一个回路—个回路地连接，并注意在同一接线柱上的接片不要超过三个.

(3) 检查：按电路图认真检查连接导线及电源、电表的极性是否正确？仪表的量程是否满足要求？滑线变阻器滑动头位置及电阻箱的示值电阻是否得当，等等.

(4) 瞬时通电试验：检查无误后，接上电源开关(手不离开关)，接通电路，看各种仪表工作是否正常(如电表指针是否反向偏转，或超过最大值等)，如有异常，立即断开开关，重新检查找出故障原因.

(5) 实验：瞬时通电正常后，按照实验内容要求进行操作、测试. 认真观察现象，记录数据，并初步分析数据是否合理齐全，避免"拆完电路，发现问题"的现象.

(6) 整理：在处理审查数据过程中，断开开关，待确信数据可靠后(或经教师签字后)，拆掉电路. 拆线时应按"先断电源，后拆电路"的原则进行，然后将仪器整理好.

2.12.3 实验一 用伏安法测量未知电阻

【实验目的】

(1) 练习连接电路，学会几种常用电学仪器的使用方法；
(2) 通过作伏-安曲线求电阻，验证欧姆定律.

【实验仪器】

直流电源、安培计、伏特计、滑线变阻器、待测电阻、单刀开关.

【实验原理】

根据欧姆定律，通过导体的电流强度 I 与导体两端的电势差 $U_1 - U_2$ 成正比而与电阻成反比，即

$$I = \frac{U_1 - U_2}{R} \tag{2-12-1}$$

如改变 $U_1 - U_2$ 的值，则 I 也改变，因而可以画出 $(U_1 - U_2)$-I 的关系曲线，这个曲线的斜率即为电阻 R_x，R_x 值也可以直接用式(2-12-1)来计算.

【实验内容】 测量 R_x 的阻值.

(1) 按图 2-12-5(a)所示的线路接线，使滑线变阻器的电阻值滑向分压最小，经教师检查后才可以接通电源.

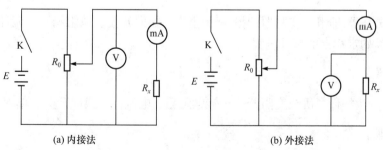

(a) 内接法 　　　　　　(b) 外接法

图 2-12-5 伏安法测电阻

(2) 调节滑线变阻器 R_0，由伏特计得出 9 个以上不同的值(即 $U_1 - U_2$ 值)，并相应地记下

安培计的值(即 I 值).

(3) 按图 2-12-5(b)所示线路接线,重复(2)步骤,记下 U_1-U_2 与 I 的对应值.

【数据和结果处理】

(1) R_x 数据记录可参见表 2-12-2、表 2-12-3.

表 2-12-2　　电流表外接测量数据表

	1	2	3	4	5	6	7	8	9
$(U_1-U_2)/\text{V}$									
I/mA									

表 2-12-3　　电流表内接测量数据表

	1	2	3	4	5	6	7	8	9
$(U_1-U_2)/\text{V}$									
I/mA									

(2) 以 U_1-U_2 为纵坐标,以 I 为横坐标作出伏安曲线(两条),由斜率求得 R_x(两个).

(3) 记下电表的级别和所用量程,计算由电表的精确度所造成的 R_x 的相对误差和绝对误差.

【预习思考题】

(1) 连接电路的一般程序是什么?

(2) 在电路图中使用安培表和伏特表要注意什么问题?

(3) 按图 2-12-5 电路所测得的 R_x 值,在理论上是否准确?

【讨论问题】

设安培表的内阻为 R_g,伏特表的内阻为 R_v,则在上述两种电路中测量 R_x 时,试分析产生的系统误差及其修正公式,进而讨论在什么情况下这个误差可以忽略?

2.12.4　实验二　测电流计的量程

【实验目的】

(1) 练习分压器(即滑线变阻器的另一种用法)、换向开关、电阻箱和电流计的用法;

(2) 应用欧姆定律求电流计量程.

【实验仪器】

直流电源、伏特计、滑线变阻器、旋转电阻箱、电流计、换向开关、单刀开关.

【实验原理】

电流计量程是指它的指针向左(或向右)偏转到最大的格数(30 格)时通过的电流 I_g,见图 2-12-6,由欧姆定律可知:如已知电流计的内阻 R_g,保持加在 R_2 和 R_g 两端的电势差 U 恒定,则当调节 R_2 使电流达到最大偏转时,有下列关系:

$$I_{g0} = \frac{U}{R_2 + R_g} \qquad\qquad (2\text{-}12\text{-}2)$$

通过实验测定 U 、R_2 ，则可由上式求得 I_{g0} .

【实验内容】

(1) 按图 2-12-6 接好线路，令 R_2 为最大值(约 9000 Ω)，分压器 R_1 调在输出最小处，经教师检查后才能接通电源.

(2) 把换向开关 S 倒向 S_1 方向，调节分压器 R_1 使伏特计的读数为 1.00 V，逐步减小 R_2 值，使电流计的指针指在 30 格为止，记下这时的电阻值 R_2 (保持伏特计的读数为 1.00 V).

(3) 把 R_2 重调至最大值，把换向开关 S 倒向 S_2 方向，逐步减小 R_2 值，使电流计的指针指在 30 格为止(反向)，记下这时的电阻值 R_2 .

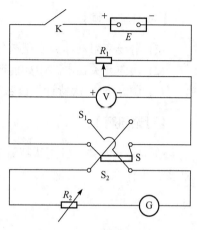

图 2-12-6　测量电流计量程

(4) 重复上述第(2)、(3)步骤，使左右两边各测出 3 次 R_2 的值.

【数据和结果处理】

(1) 数据记录

U=1.00 V，　R_g =_____(由实验室给出)

将实验数据填入表 2-12-4 中.

表 2-12-4　实验数据表

伏特计级别：_____量程：_____

指针方向	项目	1	2	3	平均值
左	R_2				
	ΔR_2				
右	R_2				
	ΔR_2				

(2) 求量程

由以下公式计算：

$$I_{g0}(左) = \frac{U}{R_2(左) + R_g} = \underline{\qquad\qquad}(A)$$

$$I_{g0}(右) = \frac{U}{R_2(右) + R_g} = \underline{\qquad\qquad}(A)$$

(3) 误差计算

$$E = \frac{\Delta I_{g0}}{I_{g0}} = \frac{\Delta U}{U} + \frac{\Delta R_2}{R_2} = \underline{\qquad\qquad} \qquad \Delta U = 伏特计级别\% \times 量程 = \underline{\qquad\qquad}$$

$$\Delta I_{g0} = E \cdot I_{g0} = \underline{\qquad\qquad}$$

$$I_{g0}(右) = (\underline{\hspace{3cm}} \pm \underline{\hspace{3cm}})(A)$$

$$I_{g0}(左) = (\underline{\hspace{3cm}} \pm \underline{\hspace{3cm}})(A)$$

【预习思考题】

(1) 滑线变阻器作分压用与作限流用在接法上有何不同?

(2) 换向开关在电路中如何起到换向作用?

(3) 调 R_2 时,伏特计的读数有无影响? 怎么办?

【讨论问题】

在误差计算中 ΔU 用伏特计的级别和量程来计算,而 ΔR_2 没有考虑用电阻箱的基本误差来计算? 为什么?

2.13　用模拟法测绘静电场

静电场
用模拟法测绘

随着静电技术、高压技术及各种电子器件的广泛应用,都需要了解各电极或导体间的电场分布,用计算方法求解静电场的分布一般比较复杂而困难,在精度要求不太高的情况下,广泛采用实验测量的方法,但是直接测量静电场需要复杂的设备,对测量技术的要求也很高,所以常采用模拟法来研究或测量静电场.

【实验目的】

(1) 学习用模拟法测定电场分布的原理和方法,了解模拟的概念和使用模拟法的条件;

(2) 测绘给定形状的电极间的电场分布;

(3) 加深对电场强度和电势概念的理解;

(4) 验证高斯定理.

【实验仪器】

电源、电阻器、灵敏电流针、电极板、导电纸、探针、放大器.

【实验原理】

1. 直接测量静电场的困难

带电体或电极周围或空间所产生的电场,可以用电场强度 E 或电位 U 来描述. 但由于电位 U 是标量,电场强度 E 是矢量,标量的测量和计算都比矢量方便,所以一般常用电位 U 来描述电场. 由于带电体的形状、位置、数目不同,在空间所产生的电场大多数很难用数学方法求出其电位分布,如用实验方法直接测定带电体周围的电场,亦是相当困难的. 因为一旦引入测试器件(如探针),就会由于静电感应而产生感应电荷,影响原电荷的分布,再加上感应电荷所产生的电场叠加在原电场上,原电场发生形变;再则所用仪器必须采用静电式仪表,因电磁式仪表在静电场中不会有电流而无法应用,所以直接测量静电场中的电位是困难的,因此一般常用稳恒电流场来模拟静电场.

2. 用稳恒电流场模拟静电场

如果两种物理现象在一定条件下满足同一形式的数学规律，就可以用对其中一种物理现象的研究代替对另一种物理现象的研究，这种研究方法称为模拟法.

静电场与稳恒电流场相似的理论依据是：当空间不存在体分布的自由电荷时，各向同性的电介质中的静电场满足下列方程：

$$\oiint_s E \cdot ds = 0 \tag{2-13-1}$$

$$\oint_l E \cdot dl = 0 \tag{2-13-2}$$

式中，E 为静电场的电场强度矢量.

在各向同性的导电介质中的稳恒电流场的电荷分布与时间无关，于是电荷守恒定律满足下列方程：

$$\oiint_s i \cdot ds = 0 \tag{2-13-3}$$

$$\oint_l i \cdot dl = 0 \tag{2-13-4}$$

式中，i 为稳恒电流的电流密度矢量.

比较上述两组方程可知，各向同性的均匀介质中静电场的电场强度 E 和各向同性的导电介质中稳恒电流场的电流密度 i 所遵守的物理规律具有相同的数学表达形式. 在相似的场源分布和相似的边界条件下，它们的解表达形式也相同. 在实验中用稳恒电流场来模拟静电场正是运用了这种形式上的相似性.

虽然相似，但不是等同，所以使用模拟法时必须注意到它的适用条件，即：①电流场中导电介质分布必须相当于静电场中的介质分布；②静电场中的带电导体的表面是等位面，则稳恒电流场中的导电体也应该是等位面，这就要求采用良好的导电体来制作导电电极，而且导电介质的电导率也不宜太大且要均匀；③测定导电介质中的电位时，必须保证探测电极支路中无电流通过.

2.13.1　实验一　用两直导线间的电流场模拟正负电荷的静电场

【实验原理】

如图 2-13-1 所示，a、b 是固定在导电纸上的两个小铜柱，给两者加上一定直流电源时，在导电纸上形成稳定分布的电流场，此电流场与同样电极的静电场相似，只要测得一系列等势面，就可得到两点电荷的模拟静电场的分布. 图中探针 d 固定在某一点上，移动探针 c 的位置直到电流指示为零，此时 c、d 两点等势，即在同一条等势线上. 依次移动 c 点可找出同一等势线上的若干点，将这些点连接成光滑曲线就是等势线. 改变 d 的位置，可找出不同的等势线，然后绘出其电场线.

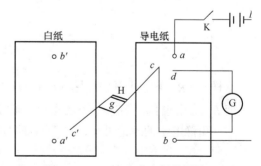

图 2-13-1　正负电荷电场的测量

【实验内容】

(1) 在 a、b 电极之间适当取 5 个等距离点，按图 2-13-1 接好电路，电源 E 不要超过 3V，(先不要合开关). 图中 H 是以 g 为轴的机械放大器(作为描点的传递和放大用).

(2) 固定 g 轴在合适的位置不动，应用机械放大器的传递作用分别将导电纸上的 a 中心、b 中心及两者之间的几个等分点描在白纸上.

(3) 将探针 d 置于 a、b 连线上距 a 最近的等分点上，闭合开关，移动探针 c，在 a、b 连线的两侧各找出 4～5 个等势点，同时利用 H 把每个等势点的位置传递描到白纸上.

(4) 把探针 d 依次移到相邻的各等分点上，重复步骤(3).

(5) 拆除电路，取下白纸，在其上作出等势线和电场线.

2.13.2　实验二　用同轴圆柱面的电流场模拟同轴圆柱体的静电场

【实验原理】

如图 2-13-2 所示，半径分别为 r_a 和 r_b 的同轴圆柱体 a、b 固定在导电纸上. 如果 a、b 带正、负静电荷，则两者之间的静电场强为

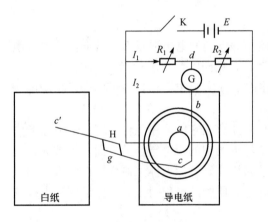

$E = \dfrac{\lambda}{2\pi\varepsilon r} = K\dfrac{1}{r}$，按辐射状分布，等势线是同心圆；如果 a、b 加上直流电源，则两者之间就有

电流场 $E' = \rho j = \rho\dfrac{I}{S} = \rho\dfrac{I}{2\pi rt}$ (其中 ρ、t 是导电纸的电阻率和厚度)，可见具有相同的规律，故我们用稳恒电流场来模拟静电场.

图 2-13-2　同轴圆柱的静电场测量

在图 2-13-2 中，用可动探针 c 把 a、b 间分成两部分充当两臂(ac 间、cb 间)与 R_1、R_2 (电阻箱)组成一电桥，给 ab 间供直流电源. 若取 b 点为零参考点，当电流计的示数为零时，电桥平衡，则有

$$U_a = I_1\left(R_1 + R_2\right) \tag{2-13-5}$$

$$U_c = U_d = I_1 R_2 \tag{2-13-6}$$

可得

$$U_c = U_d = U_a\frac{R_2}{R_1 + R_2} \tag{2-13-7}$$

这样，当 R_2 变化时，只要保持 $\left(R_1 + R_2\right)$ 之值不变，对于每一个 R_2 之值，可测出一条等势线. 改变 R_2，用同样方法在 a、b 之间测 5 条等势线.

由静电学的理论可知，对于同轴圆柱面均匀带电，有如下结论(证明见附录)：

$$\frac{U_c}{U_a} = \frac{\ln\dfrac{r_b}{r_c}}{\ln\dfrac{r_b}{r_a}} \tag{2-13-8}$$

我们是要将以式(2-13-7)为据的实验结果与以式(2-13-8)为据的理论推导结论相比较,来验证静电场的高斯定理.

【实验内容】

(1) 以 a 为对称中心在导电纸上预先作好 8 条对称辐射线记号. 利用 H 将 a 的中心描到白纸上.

(2) 按图 2-13-2 接好电路,电源电压用 2V,开始时先取 $R_2 = 500\,\Omega$,并保持 $R_1 + R_2 = 1000\,\Omega$ 不变,检查好电路后再闭合开关. 以 g 为轴移动探针 c ,在 8 条辐射线上各找一等位点,每次当电流计指示为零时,按下 c' 针在白纸上记下相应位置.

(3) 依次取 $R_2 = 400\,\Omega$ 、$300\,\Omega$ 、$200\,\Omega$ 、$100\,\Omega$,相应改变 R_1 ,重复步骤(2)(每一个 R_2 均需找到 8 个等位点).

(4) 拆除电路,取下描点白纸,画上相应电极的位置及形状. 连接等位点成等位线(同心圆),画出电场线.

(5) 在作出的每一等位线上量出 4 个 r_c (即每两个相对点间的距离的一半),再求每一等位线的平均半径,填入表 2-13-1.

$$R_1 + R_2 = 1000\,\Omega$$

表 2-13-1　计算表 1

r_c ＼ R_2 〈 次	$500\,\Omega$	$400\,\Omega$	$300\,\Omega$	$200\,\Omega$	$100\,\Omega$
1					
2					
3					
4					
平均					

(6) 计算出每一等位线的 $\ln r_c$ 值(r_c 用平均值),填入表 2-13-2.

表 2-13-2　计算表 2

R_2	$500\,\Omega$	$400\,\Omega$	$300\,\Omega$	$200\,\Omega$	$100\,\Omega$
$\dfrac{U_c}{U_a} = \dfrac{R_2}{R_1 + R_2}$	0.5	0.4	0.3	0.2	0.1
r_c(平均)					
$\ln r_c$					

(7) 以 U_c/U_a 为纵坐标,以 $\ln r_c$ 为横坐标,由表 2-13-2 中的数据描点作图,并与由式(2-13-8)得出的理论直线进行比较,分析实验结果的符合程度.

理论直线由两点决定,即:

$$r_c = r_a, \quad \ln r_c = \ln r_a \text{ 时}, \quad U_c/U_a = 1 ;$$

$$r_c = r_b, \quad \ln r_c = \ln r_b \text{ 时}, \quad U_c/U_b = 0 .$$

【注意事项】

(1) 导电纸必须保持平整、无缺陷或折叠痕迹，实验过程中手不要接触导电纸.

(2) 探针必须与纸面垂直，并保持接触良好，移动时用力不宜过大.

【预习思考题】

(1) 为什么要采用模拟法来测静电场?

(2) 使用模拟法测静电场的条件是什么?

(3) 寻找等位点时，探针应如何移动?

【讨论问题】

在实验时如将两极电压增加(或减少一半)，则所测得的等位线和电力线的形状是否会发生变化?

【附录】

如图 2-13-2 所示，a、b 为同轴圆柱体，内、外圆柱体半径分别为 r_a、r_b，两柱面间一点 c 的场强由高斯定理可知为

$$E = \frac{\lambda}{2\pi\varepsilon_0 r}$$ (λ 是沿轴向单位长度上的电荷)

$$U_c = \int_{r_c}^{r_b} \frac{\lambda}{2\pi\varepsilon_0 r} \mathrm{d}r = \frac{\lambda}{2\pi\varepsilon_0} \ln\frac{r_b}{r_c} \tag{2-13-9}$$

$$U_a = \int_{r_a}^{r_b} \frac{\lambda}{2\pi\varepsilon_0 r} \mathrm{d}r = \frac{\lambda}{2\pi\varepsilon_0} \ln\frac{r_b}{r_a} \tag{2-13-10}$$

将式(2-13-9)与式(2-13-10)相比，得

$$\frac{U_c}{U_a} = \frac{\ln\dfrac{r_b}{r_c}}{\ln\dfrac{r_b}{r_a}} \tag{2-13-11}$$

2.14　用惠斯通电桥测电阻

电桥是电器测量中最常用的一种仪器，它可以用来测量电阻、电容和电感，还可以测定输电线的损坏处. 电阻的测量是关于材料特性的研究和电学装置中最基本的工作之一，而且电阻这个电学量与其他非电学量(如变形、温度等)有直接关系，因而可以通过这些关系用电学方法来测定这些非电学量. 桥式电路是最基本的电路之一，它由于具有许多优点(如灵敏度和准确度都很高，灵活性大，使用方便等)而得到广泛的应用. 本实验所介绍的惠斯通(Wheatstone)电桥是其中最简单和最典型的一种.

【实验目的】

(1) 掌握惠斯通电桥的基本原理，初步了解一般桥式线路的特点;

(2) 学会用惠斯通电桥测电阻，熟悉电桥的结构，正确掌握电桥的使用方法和调整规律;

【实验仪器】

滑线式惠斯通电桥，箱式惠斯通电桥，检流计，滑线变阻器，电阻箱，待测电阻 R_{x1}，R_{x2}，电源，开关等.

【实验原理】

1. 桥式电路

1) 电桥平衡

电桥的基本线路如图 2-14-1 所示，四个电阻 R_1、R_2、R_3、R_4 组成一个四边形 $ABCD$，每一边称为电桥的一个臂，在四边形的一根对角线上接入电源 E，在另一对角线 C、D 上接入电流计. 所谓"桥"是指对角线 C、D 而言，它的作用就是把"桥"的两端点连接起来，从而将这两点的电势值直接进行比较. 当 CD 两点的电势相等时，称为电桥平衡. 电流计是为了检查电桥是否平衡而设的. 平衡时，电流计内没有电流通过，即

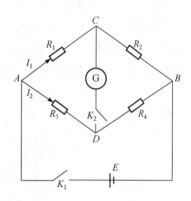

图 2-14-1　电桥电路

$$I_1(R_1 + R_2) = I_2(R_3 + R_4)$$

$$I_1 R_1 = I_2 R_3$$

两式联立，即可得到

$$R_3 = \frac{R_1}{R_2} R_4 \ \text{或} \ R_4 = \frac{R_2}{R_1} R_3 \qquad (2\text{-}14\text{-}1)$$

式(2-14-1)是电桥平衡时 4 个电阻必须满足的关系式，亦是电桥平衡条件. 如已知其中某个电阻(如 R_1、R_2、R_4)，则可求出第 4 个电阻阻值(R_3)，这就是惠斯通电桥测电阻的原理.

2) 电桥灵敏度

式(2-14-1)是在电桥平衡的条件下推导出来的，而电桥是否平衡，实际上是看检流计有无偏转来判断. 检流计的灵敏度总是有限的，一般检流计指针偏转 1 格所需的电流强度约为 10^{-6} A，当通过电流比 10^{-7} A 还要小时，指针的偏转小于 0.1 格，我们就很难觉察出来，认为电桥还是平衡的. 因此我们引入了电桥灵敏度的概念，当电桥平衡时，某一桥臂上的电阻 R 发生了微小的变化 ΔR，则检流计的指针偏转了 Δn 格，所以灵敏度为

$$S = \frac{\Delta n}{\dfrac{\Delta R}{R}} \qquad (2\text{-}14\text{-}2)$$

S 越大，表示电桥越灵敏，带来的误差越小. 如 S=100 格=1 格/1%，表示 R 改变 1%时，检流计偏转 1 格，通常我们可以觉察 1 / 10 的偏转，也就是说，该电桥平衡后，R 只要有 0.1%的改变，我们就可以觉察出来，这样由电桥灵敏度的限制所带来的误差必定小于 0.1%.

2. 滑线式惠斯通电桥

在图 2-14-1 所示的电路中，用一根截面和电阻率都均匀的电阻线代替 R_1 和 R_2，而在电阻线上安上一滑动接触点 D，如图 2-14-2 所示. 若电阻 R_4 为已知值并用 R_0 表示，而 R_3 为未知值，并用 R_x 表示，当电桥达到平衡时，由式(2-14-1)可得

$$R_x = \frac{R_1}{R_2} R_0 \qquad\qquad (2\text{-}14\text{-}3)$$

若 AD 之长为 L_1，DB 之长为 L_2，全长为 L，则

$$\frac{R_1}{R_2} = \frac{L_1}{L_2} = \frac{L_1}{L - L_1}$$

将上式代入式(2-14-3)得

$$R_x = \frac{L_1}{L - L_1} R_0 \qquad\qquad (2\text{-}14\text{-}4)$$

实际线路图 2-14-2 比原理图只多了一个可变电阻 R，它用来保护电流计，防止达到平衡前被过大的电流烧坏. 分支点 A、B 接在两块铜板上，板面安着多个接线柱，这样可以避免两个接线片接在一起而引起的接触电阻的增加，(当待测电阻很小，可以将接触电阻和导线电阻相比时，就不能用惠斯通电桥来测量). L 是米尺，k_g 是扣键，在米尺上可以滑动，当被掀下时，其与 AB 的接触点就是 D 点了. R_0 是一个电阻箱，作为标准电阻用.

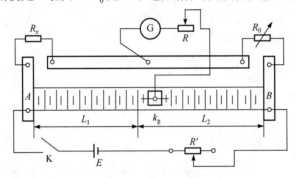

图 2-14-2　滑线电桥

3. 箱式惠斯通电桥

箱式惠斯通电桥种类较多，但其基本原理都相同. 现介绍 QJ24 型箱式直流电阻电桥，其线路原理图如图 2-14-3 所示，面板布置如图 2-14-4 所示.

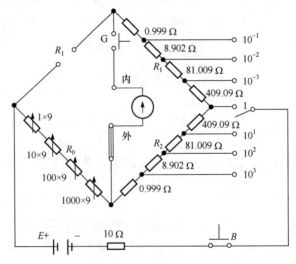

图 2-14-3　QJ24 型箱式直流电阻电桥线路原理图

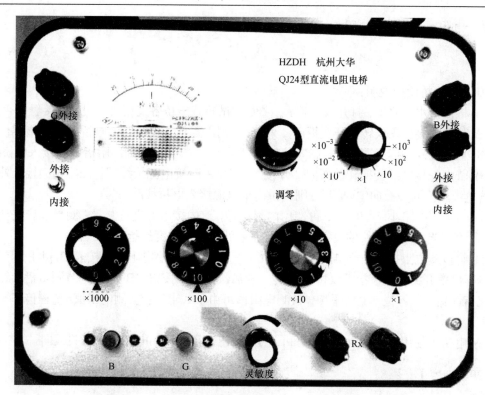

图 2-14-4 QJ24 型箱式直流电阻电桥面板布置图

图 2-14-3 中，R_0 是作为比较臂的标准电阻，由四个转盘组成，总电阻为 9999 Ω，比例臂 R_1、R_2 由 8 个定位电阻串联而成，倍率转盘可改变接线点 B 的位置，使比例系数 K 从 0.001 变成 1000，在不同的倍率挡，电阻的测量范围和准确度等级不同(表 2-14-1).

表 2-14-1 电阻的测量范围和准确度等级

量程倍率	有效量程	准确度等级		电源电压
		※	※※	
$\times 10^{-3}$	1～11.11 Ω	0.5	0.5	
$\times 10^{-2}$	10～111.1 Ω	0.2	0.2	
$\times 10^{-1}$	100～1111 Ω	0.1		4.5V
$\times 1$	1～5 kΩ	0.1	0.1	
	5～11.11 kΩ	0.2		
$\times 10$	10～50 kΩ	0.1		9V
	50～111.1 kΩ	1		
$\times 10^2$	100～500 kΩ	2	0.2	15V
	500～1111 kΩ	5		
$\times 10^3$	1～11.11 MkΩ	5	0.5	

注：※用内附检流计测量时的准确度等级；
※※用外接检流计测量时的准确度等级.

测量电阻时，将被测电阻 R_x 接在被测线路接线端上，由电路图 2-14-3 可知：

$$R_x = \frac{R_1}{R_2} R_0 = K R_0 \qquad (2\text{-}14\text{-}5)$$

QJ24 型电桥使用说明：

(1) 将仪器水平放置，打开仪器盖，检查、调试箱式电桥各旋钮是否灵活，接触是否良好.

(2) 若内外接指零仪转换开关扳向"外接"，则内附指零仪短路，电桥由外接指零仪接线端钮(G 外接)接入外接指零仪；若指零仪转换开关扳向"内接"，则内附指零仪接入电桥线路.

(3) 若内外接电源转换开关扳向"外接"，则可由外接电源接线端钮(B 外接)接入外接电源；若电源转换开关扳向"内接"，则电桥内附电源接入电桥线路.

(4) 若被测电阻小于 10 kΩ，可使用内附指零仪，内接电源进行测量，测量前应先调节指示仪的零位. 当内附指零仪的灵敏度不够时，可外接高灵敏度的指零仪.

(5) 将被测电阻接到被测电阻接线端钮(R_x)上，估计被测电阻值并按表 2-14-1 调节到适当的量程倍率开关，按下指零仪按钮"G"，随后按下电源按钮"B"，并调节测量盘旋钮，使指零仪指针趋向于零位，电桥平衡，被测电阻值可由下式求得：被测电阻值＝量程倍率×测量盘示值.

(6) 电桥不使用时，应放开"B"和"G"按钮，指零仪和电源转换开关扳向"外接".

【实验内容】

1. 用滑线电桥测电阻 R_{x1}、R_{x2}

(1) 按图 2-14-2 接好线路，接 R_{x1} 和 R_0 时，都要用尽可能短的导线，R 的滑动头先要放在电阻最大的位置.

(2) 旋转电阻箱的旋钮，使 R_0 接近 R_{x1} 的估计值(在 R_{x1} 上标明)，扣键 k_g 放在正中位置. 接通电键，然后按下扣键 k_g，看电流计有无偏转；若有偏转，记住向哪一边偏转(有多大不必记录)，然后不要移动 k_g 而是改变 R_0 来寻找平衡，这是由于当 D 点在 AB 中点时，电桥最灵敏，而测量所得结果的百分误差最小(见附录).

(3) 开始时 R_0 的改变可以大些，若 R_0 改变后，偏转在原方向更大，则表明 R_0 改变的方向(如增加)不对；若改变后，偏转在原方向变小了，则表明 R_0 改变的方向对，继续改变；若改变后，指针向另一边偏转，表明在原来的和现在的 R_0 数值之间一定有平衡点. 这样就可以逐渐缩小范围来求得近似平衡点.

(4) 逐次减小 R 再寻找近似平衡点，仍用上述方法(k_g 仍放在正中). R 是保护电流计的，它的减小(直到零)表示电流计灵敏度增加，到最后若已无法改变 R_0 而仍然有些不平衡时，稍微移动扣键 k_g 的位置，以达到最后的平衡.

(5) 记下这时(平衡时)D 点的位置(L_1)、电阻线的全长 L 和电阻箱读数 R_0，按式(2-14-4)计算出 R_{x1}.

(6) 为了消除各种不对称性(如导线电阻不均匀)引起的系统误差，把待测电阻和电阻箱位置对换一下，再进行一次测量. 最后结果取它们的平均值(记清每一次哪边是 L_1、L_2，不要搞错).

(7) 重复上面各步骤，测量另一待测电阻 R_{x2}.

2. 用滑线电桥测电流计内阻(选作)

电桥也能测量电流计本身的内阻, 而并不需要增加什么仪表(如再用一个电流计), 用上面的几件仪器就足够了, 只要把线路接法稍加改变. 如图 2-14-5 所示, 把要测内阻的电流计接到桥臂上去, 桥上只剩下扣键 k_g, 变阻器 R 现在用作分压器 R', 开始时它的滑动接触点要放在电压最小的一端, 当接通电源时, 就有电流通过电流计 G(内阻为 R_g), 并使指针偏转, 改变 R' 使电流计偏转一个适当的(约为最大标度的 1/2 即可)角度.

若按下扣键 k_g 后, 电流计偏转角度毫无改变, 则表示电桥平衡, 这时就有

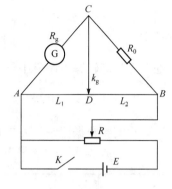

$$R_g = \frac{L_1}{L_2} R_0 = \frac{L_1}{L - L_1} R_0 \qquad (2\text{-}14\text{-}6)$$

图 2-14-5　测电流计内阻

测量时仍然以 D 点在正中(近似的)而先改变 R_0 后改变扣键 k_g 来寻找平衡点为原则. R_0 起初可以取电流计内阻的估计值, 详细步骤自己拟定.

3. 用箱式电桥测未知电阻

(1) 指零仪转换开关扳向"内接", 按下"G"按钮, 旋转"调零"旋钮, 使指零仪指针指零.

(2) 将待测电阻 R_{x1} 接在"R_x"两端, 并按 R_{x1} 的估计值由表 2-14-1 选择适当的量程倍率.

(3) 顺序按下"B"和"G"按钮, 观察指零仪指针偏转, 并同时调节测量盘示值, 使指零仪指针指在零位.

(4) 记下量程倍率 K 和测量盘示值 R_0, 由 $R_x = KR_0$ 计算待测电阻.

(5) 对已调平衡电桥, 将 R_0 值改变 ΔR_0, 使指零仪指针偏转 1 分度(一格), 记下 R_0 和 ΔR_0 值, 按式(2-14-2)计算电桥的灵敏度 S.

(6) 将 R_{x1} 换接成 R_{x2}, 重复以上步骤.

(7) 将 R_{x1} 和 R_{x2} 串联、并联, 重复上述步骤, 测出其等效电阻.

【数据和结果处理】

1. 用滑线电桥测电阻

(1) 将实验数据记录于表 2-14-2 中.

表 2-14-2　数据表 1

$L=$ _____

	左			右			平均
	L_1	R_0	$R_x = \frac{L_1}{L-L_1} R_0$	L_1	R_0	$R_x = \frac{L-L_1}{L_1} R_0$	
R_{x1}							
R_{x2}							

(2) 误差计算. 待测电阻相对误差可按下式计算:

$$E_x = \frac{\Delta R_x}{R_x} = \frac{L\Delta L_1}{(L-L_1)L_1} + \frac{\Delta R_0}{R_0}$$

其中, $\frac{\Delta R_0}{R_0} = \left(0.1 + 0.5\frac{M}{R_0}\right)\%$ 是电阻箱的基本误差, ΔL_1 一般用标尺的最小分度值的一半, 此处由于扣键较厚可用最小分度值 1 mm. 求出待测电阻 R_{x1}、R_{x2} 的绝对误差并表示出测量结果.

2. 测电流计内阻 R_g (R_g 放在哪边, 哪边电阻丝的长度为 L_1)

将实验数据记录于表 2-14-3 中.

表 2-14-3　数据表 2

	L_1	R_0	$R_g = \frac{L_1}{L-L_1}R_0$	$\overline{R_g}$
右				
左				

3. 用箱式电桥测电阻

(1) 将实验数据记录于表 2-14-4 中.

表 2-14-4　数据表 3

	K	R_0	$R_x = KR_0$
R_{x1}			
R_{x2}			
串联			
并联			

(2) 根据理论公式计算出 R_{x1}、R_{x2} 串联、并联后的等效电阻值, 并与实验结果进行比较.

【注意事项】

(1) 测电阻时, 通电时间不宜过长, 以免电阻值随温度而变化.
(2) 用滑线电桥测电阻时, 保护电阻开始时都应放在最大值处, 以后逐步减小.
(3) 为了保护检流计, 按钮"G"应快按快放.

【预习思考题】

(1) 什么叫比较法? 在电桥测量中, 哪两个物理量进行比较? 此时条件是什么?
(2) 用电桥测电阻时, 用近似平衡的办法是否可以? 为什么?
(3) 如果桥臂 AC、BC 或 CD 有一根断了, 实验将出现什么现象? 为什么?

(4) 如被测电阻约 20Ω，则箱式电桥的比例臂 N 应取什么值才能保证有 4 位有效数字?

【讨论问题】

(1) 当滑线电桥平衡后，将电源与检流计的位置互换，电桥是否仍保持平衡，为什么?
(2) 用滑线电桥测检流计内阻时，为什么可以在桥路上不再接检流计? 说明理由.

【附录】

证明：当 D 点在滑线的中心时，测量电阻的相对误差最小.

因 R_x 的相对误差表达式 $E_x = \dfrac{\Delta R_x}{R_x} = \dfrac{L\Delta L_1}{(L-L_1)L_1} + \dfrac{\Delta R_0}{R_0}$，在 L、ΔL_1、$\dfrac{\Delta R_0}{R_0}$ 一定的情况下，

对 E 求导，并令其导数为零，则 $\dfrac{\mathrm{d}}{\mathrm{d}L_1}\left[\dfrac{L\Delta L_1}{(L-L_1)L_1} + \dfrac{\Delta R_0}{R_0}\right] = L\Delta L_1\dfrac{-(L-2L_1)}{(LL_1-L_1^2)^2} = 0$，得 $L_1 = \dfrac{L}{2}$ 时，即

当滑动点 D 所在处的长度为全长 L 的一半时，测得的电阻误差最小.

2.15　示波器的使用

示波器的使用

阴极射线(电子射线)示波器，简称示波器，主要由示波管及一套复杂的电子线路组成. 用示波器可以直接观察电压波形，并可测电压大小. 因此一切可以转换成电压的电学量(如电流、电功率、阻抗等)、非电学量(如温度、位移、速度、压力、光强、磁场、频率等)，以及它们随时间的变化过程均可用示波器来观测. 由于电子射线的惯性小，又能在荧光屏上显示出可见的图像，因此，示波器是一种用途广泛的现代化测量工具.

【实验目的】

(1) 了解示波器的基本原理和构造，学习使用示波器和低频信号发生器的基本方法;
(2) 用示波器测量交流电压的大小及交流电压的周期、频率;
(3) 通过用示波器观察李萨如图形，学会一种测量振动频率的方法，并巩固对互相垂直振动合成的理解.

【实验仪器】

GOS—620 型示波器、TFG2006V 型函数信号发生器.

【实验原理】

示波器由示波管与其配合的电子线路所组成. 各种不同型号的示波器所用的电子线路均很复杂，现就其简单原理介绍如下，见图 2-15-1.

1. 示波管

示波管的结构大致可分为三部分：电子枪、偏转板及荧光屏.
(1) 电子枪. 当加热电流通过灯丝加热阴极时，阴极表面金属氧化物涂层内的自由电子将获得较大的动能从金属表面逸出，在加速电场中被电场力作用而加速，穿过一极小的孔，形

成一束速度很高(10^7 m／s)的电子射线，打在荧光屏上，在屏背上可看见一个亮点.

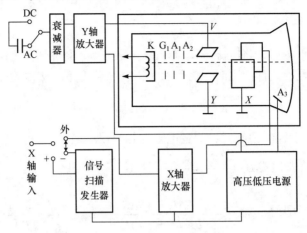

图 2-15-1　示波器原理图

(2) 电子束的偏转. 电子束在射出枪口(最后一个加速场)后，前进的方向受到两对相互垂直的电场控制. 由于电场加速作用，通过两板之间的电子束方向发生偏转. 两板间的电压越大，屏上的光点位移也越大，两者是线性关系. 因此示波器能被用来作为测量电压的工具.

(3) 荧光屏. 示波管各电极都封装在高真空的玻璃壳内，正面屏内表面涂有荧光物质膜层，称为荧光屏，简称屏. 当有高速电子流打到屏上时，屏上涂覆的荧光物质就会发光.

2. 电压放大器

示波管本身的 X 及 Y 轴偏转灵敏度不高，当加于偏转板的信号电压不大时，电子束不能发生足够的位移，不便观测. 这就要求预先把小信号电压不失真地加以放大再加到偏转板上. 为此设置了 X 及 Y 轴的放大器，见图 2-15-l. 从"Y 轴输入"与"地"两端接入被测电压U_{yy}，经衰减器(即分压器)衰减后作用于 Y 轴放大器，放大器放大 G 倍后加在 $Y_1 - Y_2$ 两块偏转板上，使屏上光点位移增大. 调节 Y 轴衰减开关的不同挡位(即调整衰减倍数)，可改变荧光屏上光点的位移大小.

衰减器的作用是使过大的输入电压减小，以适应 Y 轴放大器的要求(因放大器的放大倍数一定)，本仪器采用跳跃式开关，从 5 mV/格至 10 mV/格共分 11 挡(有些示波器分为 3 挡，另设有微调旋钮)衰减. X 轴放大器具有同样的作用.

3. 扫描与同步

要在屏上观测一个从 Y 轴输入的周期性信号电压的波形，就必须使一个(或几个)周期内的信号电压随时间变化的细节稳定地出现在荧光屏上，以利观测. 例如，输入交流电压$U_{yy} = U_m \sin \omega t$，是时间的函数，它的正弦波形是大家熟知的. 但只把U_{yy}电压通过放大器加在 Y 轴偏转板时，屏上的光点只能作上下方向的振动，振动频率较高时，在屏上看起来像是一条垂线，不能显示出时间 t 的正弦曲线(波形). 如果屏上的光点同时也能沿 X 轴正向运动，我们就能看到光点描出了时间函数的一段曲线. 如果光点沿 X 轴正向移动U_{yy}的一个周期后，迅速反跳回原始位置再重复 X 轴正向运动，即光点的正弦移动的轨迹和前一次重合，每一个周期都重复同样的运动光点轨迹，就能保持固定的位置，重复的频率较高时，就可在屏上看到连续不动的一个周期函数曲线.

　　光点沿 X 轴正向运动及反跳的周期过程称为扫描，获得扫描的方法是由扫描信号发生器(锯齿波发生器)产生一个周期性与时间成正比的电压，也称锯齿波电压，见图 2-15-2. 锯齿波的周期(或频率 $f = 1/T$)可由扫描开关进行调节.

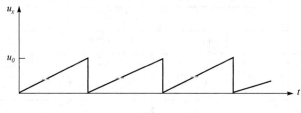

图 2-15-2　扫描电压波形图

　　若扫描电压与待测 Y 信号电压周期完全相同,则荧屏上就显现出一个完整的正弦波形. 若扫描电压周期为 Y 信号电压周期的 n 倍，屏上就出现 n 个完整的正弦波形. 由于锯齿波电压和 Y 信号来自不同的振荡源，要使它们的周期做到准确相等，或正好是简单的整数比是困难的，尤其是在频率高时，从而造成图像不稳定. 克服的方法是：从经放大后的 Y 信号中取出一部分作用于锯齿波发生器，使扫描频率准确等于 Y 信号频率，或正好为简单的整数比，从而在荧光屏上得到稳定的波形. 调节整步电压的幅度，通过电子电路来迫使扫描电压频率与输入信号频率成整数比的调整过程，称为"整步"或"同步".

　　4. 电源

　　电源分高压部分和低压部分，高压是供给示波管用的，低压供给放大器、扫描信号发生器及示波管的第二加速阴极等用.

　　5. 李萨如图的形成

　　如果在示波器 X 轴和 Y 轴上输入的都是正弦电压，从荧光屏上看到的将是两个互相垂直振动的合成，称为李萨如图形. 图 2-15-3 描绘了频率相差一倍的两个正弦信号合成的李萨如图形. 如果在李萨如图形的边缘上分别作一条水平切线和一条垂直切线，并读出与图形相切的点数，可以证明

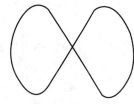

$$\frac{f_y}{f_x} = \frac{\text{水平切线上切点数（}N_x\text{）}}{\text{垂直切线上的切点数（}N_y\text{）}} \qquad (2\text{-}15\text{-}1)$$

图 2-15-3　李萨如图

如果 f_y 或 f_x 中有一个是已知的，则由李萨如图形用公式(2-15-1)，就可以求出另一未知频率，这是测量振动频率的重要方法.

【实验内容】

　　1. 示波器的调整，测交流电压、周期和频率

　　示波器类型很多，但其原理和使用方法基本相同，本实验采用 GOS-620 型示波器，使用方法参看其使用说明书.

1) 调整示波器为正常工作状态

按表 2-15-1 的内容检查并调节示波器面板上各旋钮及按键的位置，并按"单一频道基本操作法"进行调整.

表 2-15-1　GOS-620 型示波器各旋钮及按键初始设定位置

项目		设定	项目		设定
POWER	6	OFF 状态	AC-GND-DC	10 18	GND
INTEN	2	中央位置	SOURCE	23	CH1
FOCUS	3	中央位置	SLOPE	26	凸起(+斜率)
VERT MODE	14	CH1	TRIG. ALT	27	凸起
ALT/CHOP	12	凸起(ALT)	TRIGGER MODE	25	AUTO
CH2 INV	16	凸起	TIME/DIV	29	0.5mSec/DIV
POSITION⬍	11 19	中央位置	SWP. VAR	30	顺时针到底 CAL 位置
VOLTS/DIV	7 22	0.5V/DIV	◀ POSITION ▶	32	中央位置
VARIABLE	9 21	顺时针转到底 CAL 位置	×10 MAG	31	凸起

2) 接入待测信号

用同轴电缆将示波器与信号发生器连接起来，调节信号发生器输出一个正弦信号，并调节该正弦信号为合适的幅值和频率. 根据被测电压大小，调节示波器 VOLTS/DIV 旋钮于适当位置(VARIABLE 顺时针旋到底，这样 Y 轴垂直偏转因数才是有效的)，使正弦波的幅度在荧光屏的范围内足够高. 若正弦波不稳定，则需要调节 TIME/DIV 旋钮，或调节 LEVEL 旋钮，使示波器显示出稳定的波形.

3) 测量交流电压

如图 2-15-4 所示，读出正弦波波峰到波谷之间的垂直距离 $\mathrm{d}y$，则电压峰-峰值为

$$U_{\mathrm{p-p}} = a \cdot \mathrm{d}y$$

式中，a 为 y 轴的电压偏转因数(即 VOLTS/DIV 旋钮的值).

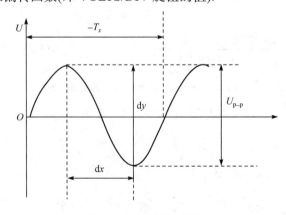

图 2-15-4　正弦波电压

4) 测量交流电的周期和频率

如图 2-15-4 所示，读出正弦波波峰到波谷之间的水平距离 dx，则交流电的周期为

$$T = b \cdot 2dx$$

式中，b 为扫描速度(扫描时间，即 TIME/DIV 旋钮的值). 而交流电的频率为

$$f = \frac{1}{T}$$

2. 用李萨如图形测频率

(1) 将信号发生器的一个输出端(如 A 端)接示波器的 CH1 通道输入端，信号发生器的另一输出端(如 B 端)接示波器的 CH2 通道输入端，并将示波器的扫描旋钮 TIME/DIV 置于 $x-y$ 处.

(2) 调节信号发生器输出一正弦信号，调节幅度大小，使示波器荧光屏上的波形大小适中. 保持信号发生器的某一输出端的频率不变(如 B 端，$f_y = 50\,\text{Hz}$)，并作为已知频率，改变信号发生器另一输出端的频率(如 A 端，f_x)，直到荧光屏上得到不同的李萨如图形(表 2-15-4)，将相应的 f_y、f_x 实际值填入表中.

实际操作时，f_y：f_x 不可能成标准的整数比，因此两个振动的周期差要发生缓慢变化，图形不可能很稳定，只要调到变化最缓慢即可.

用公式(2-15-1)算出 f_x' 的理论值并填入表 2-15-4 中，进而计算误差 Δf_x.

3. 用示波器观察晶体二极管的伏安特性曲线

晶体二极管的伏安特性可以用我们已学过的伏安法进行测定，但这种方法比较烦琐. 而利用示波器非线性扫描，不仅方法简单，而且能直接观察到二极管伏安特性的全貌，其测试电路如图 2-15-5，图中 R_1 为一滑线变阻器，接成分压电路. D 为被测二极管，R_2 为一纯电阻. 扫描打到 X-Y 处，将 D 上的电压通过 X 轴输入端加在 X 轴偏转板上，将 R_2 上的电压通过 Y 轴输入端即 CH1 加在 Y 轴偏转板上，这个电压实质上反映了通过二极管 D 的电流，这时荧光屏上显示出如图 2-15-6 所示的图形，从图形上可以看出晶体二极管的伏安特性曲线.

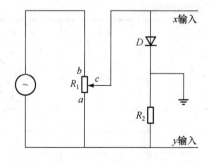

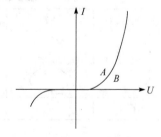

图 2-15-5　测量二极管特性曲线电路图　　　　图 2-15-6　晶体二极管伏安特性曲线

(1) 按图 2-15-5 接好电路，电位器 R_1 作分压电阻用，在其两端加上 6V 交流电压. 将 X 输入与 Y 输入分别接到示波器 X 输入端与 Y 输入端.

(2) 将电位器 R_1 上的 c 点逐步由 a 滑向 b，使输出电压(加在二极管 D 和输出电阻 R_2 上)

逐渐增大，荧光屏上出现二极管的伏安特性曲线，如图 2-15-6 所示. 当特性曲线将出现击穿现象时，停止调节输出电压，否则将损坏二极管. 记录二极管伏安特性曲线的图形.

【数据和结果处理】

1. 测交流电压与周期频率

按表 2-15-2 和表 2-15-3 记录数据，并进行计算.

表 2-15-2　测量交流电压数据表

衰减倍率 a /(V/cm)	峰-谷间距 $\mathrm{d}y$ /cm		$U_{\mathrm{p\text{-}p}} = a \cdot \mathrm{d}y$ /V	有效值 $U = \dfrac{U_{\mathrm{p\text{-}p}}}{2\sqrt{2}}$
	1			
	2			
	3			
	平均			

表 2-15-3　测量交流电的周期和频率的数据表

扫描速率 b/(ms/cm)	$\mathrm{d}x$/cm		$T_x = b \cdot 2\mathrm{d}x$ / s	$f = \dfrac{1}{T_x}$ / Hz
	1			
	2			
	3			
	平均			

2. 李萨如图形测频率

按表 2-15-4 的图形要求，保持 f_y 为 50 Hz 不变，调 f_x 得出相应图形时，将 f_x 的值填入表 2-15-4 中，按公式(2-15-1)计算出 f_x' 的理论值，计算出两者之差 Δf_x，Δf_x 称为频差.

表 2-15-4　用李萨如图形测频率的数据表

f_y　f_x	1.1	1.2	1.3	2.1	2.3	3.4
李萨如图形						
N_z	1	1	1	2	2	3
n_y	1	2	3	1	3	4
f_y	50 Hz	50 Hz	50 Hz	50 Hz	50 Hz	50 Hz
f_x						
f_x'						
Δf_x						

3. 晶体二极管的伏安特性曲线

用方格纸画下示波器上所显示的伏安特性曲线图.

【注意事项】

(1) 示波器信号发生器调整时，必须明确各旋钮的作用及调整方法.

(2) 示波器的光点不要调得太亮，更不能较长时间停留在一点，避免造成荧光屏的损坏.

【预习思考题】

(1) 如果示波器良好，荧光屏上无亮点或亮线，可能是由哪些原因造成的，应如何调节？

(2) 示波器上的正弦波形不稳定，总是向左或向右移动，这是为什么？应如何调节？

(3) 在实验过程中，如果暂时不用示波器，是将示波器关机，还是将辉度调节到最暗？

【讨论问题】

(1) 示波器的扫描电压频率 f_x 远大于(或远小于)Y 轴的输入电压频率 f_y 时，荧光屏上的图形将怎样变化？

(2) 当荧光屏上出现 n 个水平方向的正弦波时，则 $f_y : f_x$ 的比值是多少？

(3) 如何使李萨如图形稳定下来？

2.16 测绘铁磁材料的磁滞回线和基本磁化曲线

【实验目的】

(1) 认识铁磁材料的磁化规律，比较两种类型的铁磁材料的动态磁化特性；

(2) 测定样品的基本磁化曲线，绘制 $\mu\text{-}H$ 曲线；

(3) 测定样品的 H_c、B_r、B_m 和 $[BH]$ 等参数；

(4) 测绘样品的磁滞回线，估算其磁滞损耗.

【实验装置】

示波器、磁滞回线实验组合仪(包括实验仪和测试仪两大部分).

【实验原理】

铁磁材料是一种性能特异、用途广泛的材料. 铁、钴、镍、钆的单质和某些含有最外层电子排布为 3d 和 4f 的金属元素的合金以及部分含铁的氧化物(铁氧体)均属铁磁材料. 其特征是在外磁场作用下能被强烈磁化，磁导率 μ 很高. 另一特征是磁滞，即磁场作用停止后，铁磁材料仍保持磁化状态.

图 2-16-1 所示为铁磁材料的磁感应强度 B 与磁场强度 H 之间的关系曲线.

图中的原点 O 表示磁化之前铁磁材料处于磁中性状态，即 $B = H = 0$. 当外磁场 H 从零开始增加时，磁感应强度 B 随之缓慢上升，如线段 Oa 所示；继之 B 随 H 迅速增长，如线段 ab 所示；其后 B 的增长又趋缓慢，并当 H 增至 H_s 时，B 达到饱和值 B_s. 在 s 点的 B_s 和 H_s，通常称为本次磁滞回线的最大值 B_m 和 H_m. 曲线 $Oabs$ 段称为起始磁化曲线.

当磁场从 H_s 逐渐减小至零时，磁感应强度 B 并不沿起始磁化曲线恢复到 "O" 点，而是沿着另外一条新的曲线 sr 下降，比较线段 Os 和 sr 可知， H 减小 B 也相应减小，但 B 的变化滞后于 H 的变化，这种现象称为磁滞. 磁滞的明显特征就是当 $H=0$ 时， B 并不为零，而是保留剩磁 B_r.

当磁场反向从 $H=0$ 逐渐变为 $-H_c$ 时，磁感应强度 B 消失，即 $B=0$. 这说明要想消除剩磁 B_r，使 B 降为零，必须施加一个反向磁场 H_c，这个反向磁场强度 H_c 称为矫顽力. 它的大小反映了铁磁材料保持剩磁状态的能力，线段 rc 称为退磁曲线.

图 2-16-1 还表明，当磁场按 $H_s \rightarrow 0 \rightarrow -H_c \rightarrow -H_s \rightarrow 0 \rightarrow H_c \rightarrow H_s$ 的次序变化时，相应的磁感应强度 B 则按照闭合曲线 $srcs'r'c's$ 变化，这个闭合曲线称为磁滞回线. 所以，当铁磁材料处于交变磁场中时(如变压器铁心)，将沿磁滞回线反复被磁化—去磁—反向磁化—反向去磁. 由于磁畴的存在，此过程要消耗能量，并以热的形式从铁磁材料中释放出来，这种损耗称为磁滞损耗. 可以证明磁滞损耗与磁滞回线所围面积成正比.

当初始状态为 $H=B=0$ 的铁磁材料，在峰值磁场强度由弱到强的交变磁场 H 作用下依次进行磁化时，可以得到面积由小到大，向外扩张的一组磁滞回线，如图 2-16-2 所示.

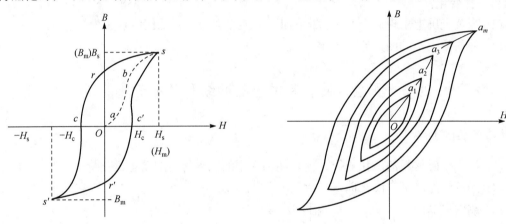

图 2-16-1　铁磁材料的起始磁化曲线和磁滞回线　　　图 2-16-2　同一铁磁材料的一组磁滞回线

这些磁滞回线的顶点 ($s_1 s_2 s_3 \cdots$) 所连成的曲线称为该铁磁材料的基本磁化曲线. 由此，可以近似确定其磁导率 $\mu = \dfrac{B}{H}$，因 B 与 H 是非线性关系，所以铁磁材料的 μ 不是常数，而是随 H 而变化，如图 2-16-3 所示.

铁磁材料的磁导率可高达数千乃至数万，这一特点是它用途广泛的主要原因之一.

可以说磁化曲线和磁滞回线是铁磁材料分类和选用的主要依据. 图 2-16-4 为常见的两种典型的磁滞回线，其中软磁材料的磁滞回线狭长，矫顽力、剩磁和磁滞损耗均较小，是制造变压器、电机和交流磁铁的主要材料. 而硬磁材料的磁滞回线较宽，矫顽力大，剩磁强，可用来制造永磁体.

观察和测量磁滞回线和基本磁化曲线的线路如图 2-16-5 所示.

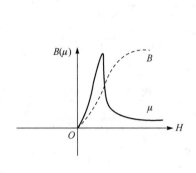

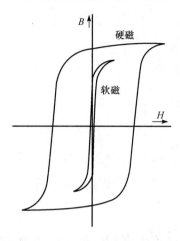

图 2-16-3　铁磁材料的基本 B-H 和 μ-H 关系曲线　　　图 2-16-4　不同铁磁材料的磁滞回线

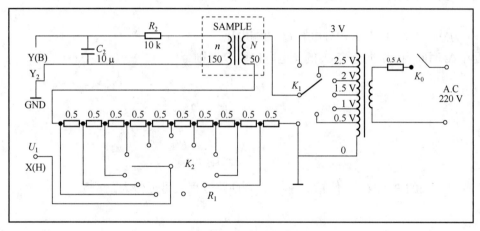

图 2-16-5　实验线路

待测样品为 EI 型矽钢片，N 为励磁绕组，n 为用来测量磁感应强度 B 而设置的绕组，R_1 为励磁电流取样电阻. 设通过 N 的交流励磁电流为 i_1，根据安培环路定理，样品的磁化强度为

$$H = \frac{Ni_1}{L}$$

式中，L 为样品的平均磁路.

因为

$$i_1 = \frac{U_1}{R_1}$$

所以

$$H = \frac{N}{LR_1}U_1 \tag{2-16-1}$$

上式中的 N、R_1、L 均为已知常数，所以通过测量 U_1 可计算出磁场强度 H.

在交变磁场作用下，样品的磁感应强度瞬时值 B 是由测量绕组 n 和 R_2、C_2 电路给定的. 根据法拉第电磁感应定律，由于样品绕组中的磁通 Φ 变化，在测量线圈中产生的感应电动势的大小为

$$\varepsilon_2 = \left| -n\frac{\mathrm{d}\Phi}{\mathrm{d}t} \right|$$

则

$$\begin{cases} \Phi = \dfrac{1}{n}\displaystyle\int \varepsilon_2 \mathrm{d}t \\ B = \dfrac{\Phi}{S} = \dfrac{1}{nS}\displaystyle\int \varepsilon_2 \mathrm{d}t \end{cases} \tag{2-16-2}$$

式中，S 为样品的横截面积.

在测试样品回路中，根据基尔霍夫定律有

$$\varepsilon_2 = i_2 R_2 + U_2 + i_2 r - L_2\frac{\mathrm{d}i_2}{\mathrm{d}t}$$

式中，r 为测试线圈内阻，L_2 为测试线圈自感.

因为测试线圈的内阻和自感系数都很小，均可忽略不计，则回路方程可近似为

$$\varepsilon_2 = i_2 R_2 + U_2$$

式中，i_2 为感生电流，U_2 为积分电容 C_2 两端电压.

设在 Δt 时间内，i_2 向电容 C_2 的充电电量为 Q，则

$$U_2 = \frac{Q}{C_2}$$

所以

$$\varepsilon_2 = i_2 R_2 + \frac{Q}{C_2}$$

如果选取足够大的 R_2 和 C_2，使 $i_2 R_2 \gg \dfrac{Q}{C_2}$，则回路方程又可近似为

$$\varepsilon_2 = i_2 R_2$$

因为

$$i_2 = \frac{\mathrm{d}Q}{\mathrm{d}t} = C_2\frac{\mathrm{d}U_2}{\mathrm{d}t}$$

所以

$$\varepsilon_2 = R_2 C_2 \frac{\mathrm{d}U_2}{\mathrm{d}t} \tag{2-16-3}$$

由式(2-16-2)和式(2-16-3)可得

$$B = \frac{R_2 C_2}{nS} U_2 \tag{2-16-4}$$

上式中的 R_2、C_2、n 和 S 均为已知常数，所以通过测量 U_2 便可计算出 B.

综上所述，将图 2-16-5 中的 U_1 和 U_2 分别加到示波器的"X 输入"和"Y 输入"两端，便可观察样品的 $B=H$ 曲线；如将 U_1 和 U_2 加到测试仪的信号输入端，可测定样品的饱和磁感应强度 B_s、剩磁 B_r、矫顽力 H_c、磁滞损耗 $[BH]$ 以及磁导率 μ 等参数.

【实验内容】

(1) 电路连接：选样品 1，按实验仪上所给的电路图连接线路，并令 $R_1 = 2.5\,\Omega$，"U 选择"

置于 0 位. U_H 和 U_B（即 U_1 和 U_2）分别接示波器的"X 输入"和"Y 输入"，插孔 ⊥ 为公共端.

(2) 样品退磁：开启实验仪电源，对试样进行退磁，即顺时针方向转动"U 选择"旋钮，令 U 从 0 增至 3 V，然后逆时针方向转动旋钮，将 U 从最大值降为 0，其目的是消除剩磁，确保样品处于磁中性状态，即 $B=H=0$，如图 2-16-6 所示.

(3) 观察磁滞回线：开启示波器电源，令光点位于坐标网格中心，令 $U=2.2$ V，分别调节示波器 X 和 Y 轴的灵敏度，使显示屏上出现图形大小合适的磁滞回线（若图形顶部出现编织状的小环，如图 2-16-7 所示，这时可降低励磁电压 U 予以消除）.

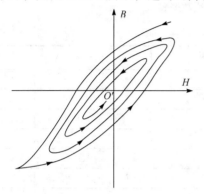 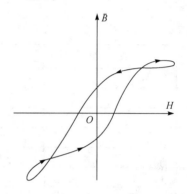

图 2-16-6　退磁示意图　　　　　图 2-16-7　U_2 和 B 的相位差等因素引起的畸变

(4) 观察基本磁化曲线. 按步骤(2)对样品进行退磁，从 $U=0$ 开始，逐挡提高励磁电压，将在显示屏上得到面积由小到大一个套一个的一簇磁滞回线. 这些磁滞回线顶点的连线就是样品的基本磁化曲线，借助长余辉示波器，便可观察到该曲线的轨迹.

(5) 观察比较样品 1 和样品 2 的磁化特性.

(6) 测绘 $\mu\sim H$ 曲线：仔细阅读测试仪的使用说明，接通实验仪和测试仪之间的连线，开启电源，对样品进行退磁后，依次测定 $U=0.5$ V、1.0 V、…3.0 V 时的十组 H_m 和 B_m 值，作出 $\mu-H$ 曲线.

(7) 令 $U=3.0$ V，$R_1=2.5$ Ω，测定样品 1 的 B_m、B_r、H_c 和 $[BH]$ 等参数.

(8) 取步骤(7)中的 H 和其相应的 B 值，用坐标纸绘制 $B\text{-}H$ 曲线（如何取数？取多少组数据？自行考虑），并估算曲线所围面积.

【数据和处理结果】

将实验数据记录于表 2-16-1 和表 2-16-2 中，并在坐标纸上绘制 $\mu\text{-}H$ 和 $B\text{-}H$ 曲线.

表 2-16-1　基本磁化曲线与 μ - H 曲线数据表

U/V	$H/(\times10^4 \text{ A/m})$	$B/(\times10^2 \text{ T})$	$\mu/(\text{H/m})$
0.5			
1.0			
1.2			
1.5			
1.8			
2.0			

续表

U/V	$H/(\times 10^4 \text{ A/m})$	$B/(\times 10^2 \text{ T})$	$\mu/(\text{H/m})$
2.2			
2.5			
2.8			
3.0			

表 2-16-2   *B-H* 曲线数据表

$H_c =$ _____ $B_r =$ _____ $B_m =$ _____ $[BH] =$ _____ .

No.	$H/(\times 10^4\text{A/m})$	$B/(\times 10^2\text{T})$	No.	$H/(\times 10^4\text{A/m})$	$B/(\times 10^2\text{T})$	No.	$H/(\times 10^4\text{A/m})$	$B/(\times 10^2\text{T})$
1								
2								
3								
4								
5								
6								
...								

【预习思考题】

(1) 什么叫磁滞回线，为什么示波器能显示铁磁材料的磁滞回线？

(2) 如何用示波器测出磁滞回线上某点的 H 和 B 的值？

(3) 如何用示波器测出基本磁化曲线？

2.17　硅光电池特性实验

【实验目的】

(1) 了解光电池的基本特性；

(2) 掌握光电池的开路电压和短路电流以及它们与入射光强度的关系，掌握光电池的输出伏安特性.

【实验仪器】

硅光电池，毫伏表，毫安表，电阻箱，滑动变阻器，光具座，卤钨灯，照度计，导线等.

【实验原理】

1. 光电池的基本原理

半导体受到光的照射而产生电动势的现象，称为光生伏特效应. 硅光电池是根据光生伏特效应的原理做成的半导体光电转换器件.

硅光电池是一个大面积的光电二极管，基本结构如图 2-17-1 所示. 其工作原理基于光生伏特效应，设入射光线照射在 PN 结的 P 区，当入射光子能量大于材料禁带宽度时，处于价带中的束缚电子激发到导带，在 P 区表面附近将产生电子-空穴对，若 P 区厚度小于载流子的平均扩散长度，则电子和空穴能够扩散到 PN 结附近. 在结区内电场的作用下空穴只能留在 PN 结区的 P 区一侧，而电子则被拉向 PN 结区的 N 区一侧，这样电子空穴就被内电场分离开来，使 P 端电势升高，N 端电势降低，因而在 PN 结两端形成了光生电动势. 由于光照产生的载流子向相反方向运动(P 区的电子穿过 PN 结进入 N 区)，因而在 PN 节内部形成自 N 区向 P 区的光生电流，而光生电动势相当于在 PN 结两端加上正向电压，若将 PN 结与外电路连通，只要光照不停止，就会有电流通过电路，PN 结相当于一个以光为源的电池.

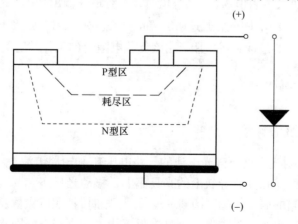

图 2-17-1　光电池结构示意图

当入射光强度变化时，光生载流子的浓度及通过外电路的光电流也随之发生相应的变化. 就算在入射光强度很大的动态范围内，这种变化仍能保持较好的线性关系.

2. 光电池的基本特性

1) 光电池的开路电压与入射光强度的关系

光电池的开路电压是光电池在外电路断开时两端的电压，用 V_s 表示，亦即光电池的电动势. 在无光照时，开路端电压为零.

光电池的开路电压不仅与光电池的材料有关，而且与入射光强度有关. 在相同的光强照射下，不同材料制作的光电池的开路电压不同. 理论上，开路电压的最大值与材料禁带宽度正相关. 对于给定的光电池，其开路电压随入射光强度变化而变化. 其规律是：光电池的开路电压与入射光强度的对数成正比，即开路电压随入射光强度增大而增大，但入射光强度越大，开路电压增大得越缓慢.

2) 光电池的短路电流与入射光强度的关系

光电池的短路电流就是它无负载时回路中的电流，用 I_s 表示. 对于给定的光电池，其短路电流与入射光强度成正比. 对此，我们是很容易理解的，因为入射光强度越大，光子越多，从而由光子激发的电子-空穴对也就越多，短路电流也就越大.

3) 在一定入射光强度下光电池的输出特性

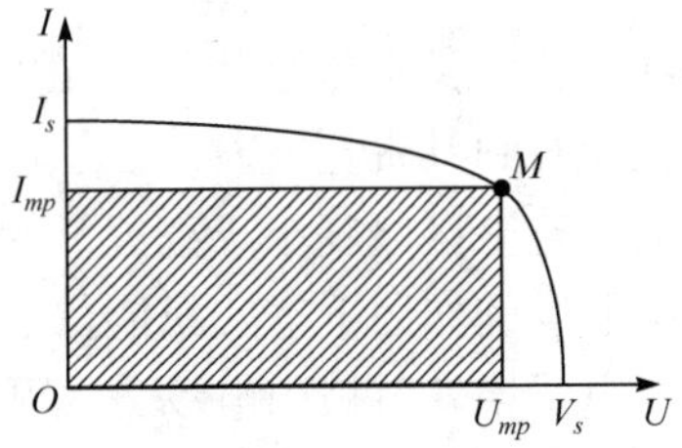

图 2-17-2　光电池的输出伏安特性

当光电池两端连接负载而使电路闭合时，如果入射光强度一定，电路中的电流 I 和开路端电压 V 均随负载电阻的改变而改变，同时，光电池的内阻也随之变化. 光电池的输出伏安特性如图 2-17-2 所示.

图 2-17-2 中，I_s 为 $U=0$ 即短路时的电流，就是在该入射光强度下的光电池的短路电流. V_s 为 $I=0$ 即开路时的路端电压，就是光电池在该入射光强度下的开路电压. 曲线上任一点对应的 I 和 U 的乘积(在图中则是一个矩形面积)，就是光电池有相应负载电阻时的输出功率 P. 曲线上有一点 M，它对应的 I_{mp} 和 U_{mp} 的乘积(即图中画斜线的矩形面积)最大，即光电池的输出功率最大. 注意到电压与电流的比值正是此时光电池的负载电阻值. 可见，光电池仅在它的负载电阻值为 U_{mp}/I_{mp} 值时，才有最大输出功率. 这个负载电阻值被称为最佳负载电阻，用 R_{mp} 表示. 因此，通过研究光电池在一定入射光强度下的输出特性，可以找出它在该入射光强度下的最佳负载电阻. 在该负载电阻时的工作状态为最佳状态，它的输出功率最大.

【实验内容】

1. 光电池基本常数的测定

1) 测定在一定入射光强度下硅光电池的开路电压 V_s 和短路电流 I_s

把照度计的探头固定在光学导轨上的光具座上，移动光具座，调节探头到光源的距离，直到照度计指示出适当的照度值(相当于某一入射光强)时，把照度数值及探头的位置记录下来. 然后把硅光电池放在原来探头的位置，用高内阻毫伏表和毫安表分别测出硅光电池在该照度下的开路电压 V_s 和短路电流 I_s.

2) 测定硅光电池的开路电压和短路电流与入射光强度的关系

调节硅光电池在光学导轨上的位置来改变硅光电池的入射光强度，则硅光电池的开路电压和短路电流随之改变，分别用照度计、高内阻毫伏表、毫安表测出硅光电池一系列位置处相应入射光的照度 E_V、开路电压 V_s 和短路电流 I_s. 对于每个位置的测量步骤同 1). 填入自拟表格，并用坐标纸画出 $I_s \sim E_V$ 及 $V_s \sim E_V$ 曲线.

2. 硅光电池工作在无偏压状态，在一定入射光强度下，研究硅光电池的输出特性

保持某个适当的入射光强度不变，即把硅光电池固定在光学导轨的某个适当位置不动. 测量硅光电池的入射光的照度、开路电压和短路电流，方法步骤同 1). 然后按照图 2-17-3 连接好线路. 调节负载电阻 R，测出与每个负载电阻值相应的电流 I 和电压 U，测 U 时，使 S_2 与 a 闭合，再闭合 S_1；测 I 时打开 S_1，使 S_2 与 b 闭合. 把照度、开路电压 V_s、短路电流 I_s 及一系列相应的 R、U、I 的数据填入自拟的表格.

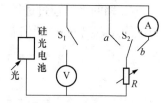

图 2-17-3 硅光电池输出特性的测试

(1) 计算在该入射光强度下，与各个 R 相对应的输出功率 $P = IU$，求出与最大输出功率 $P_{\max}$ 相应的硅光电池的最佳负载电阻 R_{mp}、U_{mp}、I_{mp} 之值.

(2) 作 $P \sim R$ 及输出伏安特性 $I \sim U$ 图线.

3. 测量硅光电池在有外加偏压下的伏安特性

硅光电池在无外界入射光的情况下，可视为一个二极管. 按图 2-17-4 接线，合上 S_1，将 S_2 合向 "1" 位置，调节可变电阻 R_1，测出硅光电池两端的电压值. 再将 S_2 合向 "2" 位置，测出 R_2 两端的电压值，从而计算出通过硅光电池的电流大小. 通过得到的不同电压与电流值绘出其伏安特性曲线.

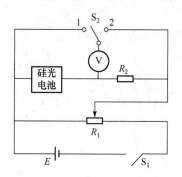

图 2-17-4 有偏压时的伏安特性测试

【思考题】

(1) 硅光电池的短路电流受哪些因素的影响？

(2) 测量短路电流与光强度不能完全成正比的原因是什么？

(3) 硅光电池外接无偏压或有偏压时，在测量与调节方法上有些什么区别？

(4) 如何获得硅光电池的最大输出功率？

2.18 薄透镜焦距的测量

【实验目的】

(1) 了解薄透镜的成像规律；

(2) 掌握简单光路的分析和调整方法；

(3) 掌握测量薄透镜焦距的几种方法.

【实验仪器】

光具座、光源、凸透镜、凹透镜、物屏(箭形孔)、像屏等.

【实验原理】

1. 薄透镜的成像规律

透镜可分为凸透镜和凹透镜两类. 凸透镜具有使光线会聚的作用, 就是说当一束平行于透镜主光轴的光线通过透镜后, 将会聚于主光轴上, 会聚点 F 称为该透镜的焦点, 透镜光心 O 到焦点 F 的距离称为焦距 f(图 2-18-1(a)). 凹透镜具有使光线发散的作用, 即一束平行于透镜主光轴的光线通过透镜后将散开, 我们把发散光的延长线与主光轴的交点 F 称为该透镜的焦点, 透镜光心 O 到焦点 F 的距离称为焦距 f(图 2-18-1(b)).

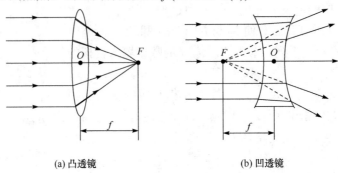

(a) 凸透镜　　　　　　　　　　(b) 凹透镜

图 2-18-1　透镜的焦点和焦距

当透镜的厚度与其焦距相比为甚小时, 这种透镜称为薄透镜.

在近轴光线的条件下, 薄透镜(包括凸透镜和凹透镜)成像的规律可表示为

$$\frac{1}{u}+\frac{1}{v}=\frac{1}{f} \tag{2-18-1}$$

式中, u 为物距, v 为像距, f 为透镜的焦距, u、v 和 f 均从透镜光心 O 点算起. 对于实物, 物距 u 恒取正值; 像距 v 的正负由像的实虚来确定, 实像时 v 为正, 虚像时 v 为负; 凸透镜的焦距 f 取正值, 凹透镜的焦距 f 取负值.

为了便于计算透镜的焦距 f, 式(2-18-1)可改写为

$$f=\frac{uv}{u+v} \tag{2-18-2}$$

可见, 只要测得物距 u 和像距 v, 便可计算出透镜的焦距 f.

2. 凸透镜焦距的测量原理

1) 自准法(平面镜法)

如图 2-18-2 所示, 当光点(物 AB)位于凸透镜的前焦平面上时, 它发出的光线通过凸透镜后将成为一束平行光. 若用与主光轴垂直的平面镜将此平行光反射回去, 反射光再次经过凸透镜后仍会聚于凸透镜的前焦平面上, 且焦点将在光点相对于光轴的对称位置上, 得到一个与原物大小相等而倒立的实像($A'B'$), 此关系称为自准原理. 此时, 物到透镜的距离即为透镜的焦距.

2) 物距像距法

物体发出的光线经过凸透镜后成像于另一侧(图 2-18-3). 测出物距 u 和像距 v, 代入

式(2-18-2)即可计算出透镜的焦距.

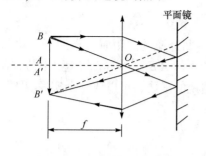

图 2-18-2　自准法光路图

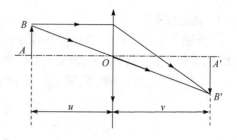

图 2-18-3　物距像距法光路图

3) 共轭法(二次成像法)

如图 2-18-4 所示，设物与像屏间的距离为 L(要求 $L>4f$)，并保持 L 不变. 移动透镜，当它在 O_1 处时，屏上将出现一个放大的清晰的像 $A'B'$；当它在 O_2 处时，屏上将出现一个缩小的清晰的像 $A'B''$.

根据透镜成像公式，有

$$\frac{1}{u_1}+\frac{1}{v_1}=\frac{1}{f} \tag{2-18-3}$$

$$\frac{1}{u_2}+\frac{1}{v_2}=\frac{1}{f} \tag{2-18-4}$$

由图可见，

$$v_1=L-u_1,\quad v_2=L-u_2=L-(u_1+d)$$

则式(2-18-3)和式(2-18-4)可写成

$$\frac{1}{u_1}+\frac{1}{L-u_1}=\frac{1}{f} \tag{2-18-5}$$

$$\frac{1}{u_1+d}+\frac{1}{L-(u_1+d)}=\frac{1}{f} \tag{2-18-6}$$

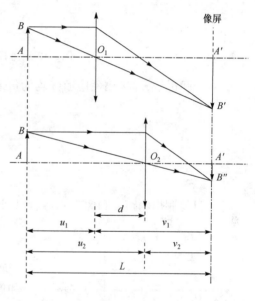

图 2-18-4　共轭法测凸透镜焦距

解得

$$u_1=\frac{L-d}{2} \tag{2-18-7}$$

将式(2-18-7)代入式(2-18-5)，解得

$$f=\frac{L^2-d^2}{4L} \tag{2-18-8}$$

可见，只要测出物与像屏间距 L 和透镜在两次成像之间移动的距离 d，就可计算出透镜焦距 f.

这种方法的优点是：把焦距的测量归结为对于可以精确测定的量 L 和 d 的测量，避免了在测量 u 和 v 时，由于估计透镜光心位置不准确所带来的误差(因为一般情况下，透镜的光心并不跟它的对称中心重合).

3. 凹透镜测焦距的测量原理

1) 物距像距法

凹透镜不能如凸透镜那样成实像于屏上，所以测凹透镜的焦距时需借助于一块凸透镜. 如图 2-18-5 所示，物 AB 先经凸透镜 L_1 成一个缩小的实像 $A'B'$，若在凸透镜 L1 与 $A'B'$ 之间放入一个焦距为 f 的待测凹透镜 L_2，则 $A'B'$ 就为凹透镜的虚物，可以成一个实像 $A''B''$.

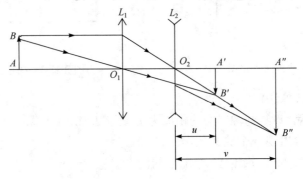

图 2-18-5　物距像距法测凹透镜的焦距

对于凹透镜，像距 v 和焦距 f 均为负值，由式(2-18-1)得

$$\frac{1}{u} - \frac{1}{v} = -\frac{1}{f}$$

或

$$f = \frac{uv}{u-v}$$

可见，只要测出物距 u 和像距 v，就可以计算出焦距 f.

2) 自准法

如图 2-18-6 所示，将物点 A 安放在凸透镜 L_1 的主光轴上，测出它的成像位置 F. 固定 L_1 后，在凸透镜 L_1 和像 F 之间插入待测的凹透镜 L_2 和一个平面反射镜 M，并使 L_2 与 L_1 的光心 O_1、O_2 在同一轴上. 移动 L_2，当由平面镜 M 反射的光线在物点 A 附近成一个清晰的像时，则从凹透镜射到平面镜上的光将是一束平行光，此时虚像点 F 就是凹透镜 L_2 的焦点. 测出此时 L_2 的位置，则间距 O_2F 即为该凹透镜的焦距.

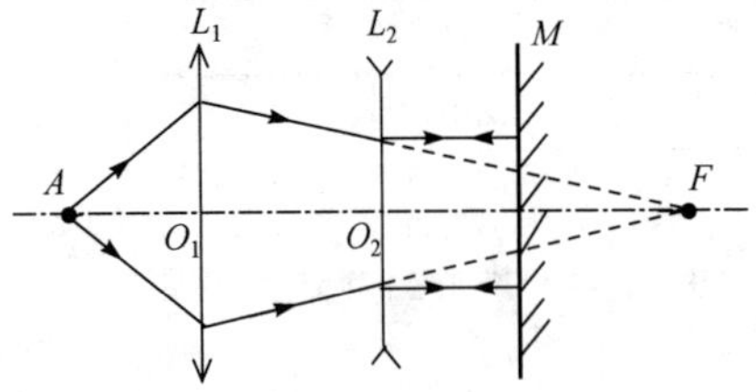

图 2-18-6　自准法测凹透镜的焦距

【实验内容】

1. 光学元件的等高共轴调节

由于薄透镜成像公式(2-18-1)只有在近轴光线的条件下才成立，因此必须使各光学元件调节到有共同的光轴(即各光学元件的光轴互相重合)，且光轴与光具座导轨平行，此过程称为等高共轴调节. 它是光路调整的基本技术，是光学实验必不可少的步骤之一，也是减小测量误差，确保实验成功的极为重要的关键之处，必须反复仔细地进行调整. 等高共轴调节一般分为两步.

(1) 粗调：把光源、物体、透镜、像屏等相应的夹具夹好置于光具座上(实验中的透镜皆夹在可调滑座上)，先将它们靠拢，调节其高低和左右，用眼睛观察，使镜面、屏面互相平行并与光具座导轨垂直，使光源、物屏上的箭形孔(作为物体)的中心、透镜中心、像屏中心大致在同一条与导轨平行的直线上.

(2) 细调：借助于其他仪器或应用光学的基本规律来调整. 在本实验中，可利用共轭法成像的特点和光路(参见图 2-18-4)进行调节. 如果物的中心偏离透镜的光轴，则左右移动透镜时两次成像所得的放大像和缩小像的中心将不重合. 如果放大像的中心高于缩小像的中心，说明物的位置偏低(或透镜偏高). 调节时，可以以缩小像中心为目标，调节透镜(或物)的上下位置，逐渐使放大像中心与缩小像中心完全重合，此时表明已达到等高共轴要求. 此步调节是使大像中心趋向小像中心，称为"大像追小像".

2. 凸透镜焦距的测量

1) 自准法

用小灯照明箭头形状的物，将凸透镜和平面镜依次装在光具座的支架上. 固定物的位置，改变凸透镜到物的位置，使得在物屏面上得到一个清晰的大小相等、倒立的实像. 记录物的位置和凸透镜的位置，二者之差即为凸透镜的焦距.

在实际测量时，由于对成像清晰程度的判断难免有一定的误差，故常用左右逼近法读数. 先使透镜由左向右移动，当像刚清晰时停止，记下透镜位置的读数，再使透镜自右向左移动，在像刚清晰时又可记下透镜位置的读数，取这两次读数的平均值作为成像清晰时凸透镜的位置. 保持物的位置不变，重复以上测量步骤三次，把平均值作为测量结果(数据表格参看表 2-18-1).

2) 物距像距法

在物距 $u>2f$ 或 $2f>u>f$ 的范围内(最好取 $u \approx 2f$)，各取三个不同的 u 值(固定物和屏，改变凸透镜的位置)，用左右逼近法测出成像清晰时各元件的位置. 重复测量三次，计算物距和像距的平均值，然后求出焦距的平均值(数据表格参看表 2-18-2).

3) 共轭法

图 2-18-4 所示，将被光源照明的箭形物、透镜和像屏装夹在光具座的支架上，取物与像屏的间距 $L>4f$，并且固定物与像屏的位置. 移动透镜，分别记录成放大像和缩小像时凸透镜的位置(用左右逼近法读数). 重复测量三次，由式(2-18-8)计算出凸透镜的焦距，并计算其平均值(数据表格参看表 2-18-3).

注意：L 不要取的太大. 否则，将使一个像缩得很小，以致难以确定凸透镜在哪一个位置上时成像最清晰.

3. 凹透镜焦距的测量

测量时需要用一凸透镜作辅助用具. 具体实验步骤，请参阅"凹透镜焦距的测量原理"一节自己拟定.

【数据和结果处理】

记录实验所需数据，并将部分数据填入表 2-18-1～表 2-18-3 中.

1. 凸透镜焦距的测量

1) 自准法

表 2-18-1　数据表 1　　　　　　　　(单位：mm)

次数	物位置	凸透镜位置			焦距
		左 →右	右→左	平均	
1					
2					
3					
平均值					

2) 物距像距法

表 2-18-2　数据表 2　　　　　　　　(单位：mm)

次数	物位置	像位置	镜位置			物距 u	像距 v	焦距 f
			左→右	右→左	平均			
1								
2								
3								
平均值								

3) 共轭法

表 2-18-3　数据表 3

物位置_____mm,　　像位置_____mm,　　$L=$_____mm　　　　(单位：mm)

次数	镜位置 x_1			镜位置 x_2			镜位移 $d = \lvert x_2 - x_1 \rvert$
	左→右	右→左	平均	左→右	右→左	平均	
1							
2							
3							
平均值							

2. 凹透镜焦距的测量

根据实验内容，自己拟定数据表格，并记录实验数据.

【预习思考题】

(1) 各光学系统等高共轴调节的具体方法是什么？为什么要进行等高共轴调节？

(2) 如何减小因人眼判断成像清晰度不准而带来的测量误差？

(3) 用共轭法测凸透镜焦距 f 时，为什么要选取物与像屏的间距 L 大于 $4f$(4 倍焦距)？

【讨论问题】

(1) 测量透镜焦距时存在误差的主要原因有哪些？

(2) 直接用眼睛能看见实像吗？为什么常用毛玻璃屏(或白屏)观察实像？

2.19 分光计的调整与玻璃折射率的测定

【实验目的】

(1) 了解分光计的结构，掌握调节和使用分光计的方法；

(2) 使用最小偏向角法测定棱镜玻璃的折射率.

【实验仪器】

分光计、平面反射镜、玻璃三棱镜、钠光灯、照明小灯泡等.

分光镜是主要的光学仪器之一，是精确地观察和测量光学角度的仪器. 光学实验中测角度的情况较多，如反射角、折射角、衍射角以及光谱线的偏向角等. 分光计和其他一些光学仪器(如摄谱仪、单色仪等)在结构上有很多相似处，是这种仪器的一种典型代表.

由于应用目的和实验要求的不同，分光计在结构上和测量的精度方面可以相差很大. 实验室中常用的一种学生型分光计的外型结构如图 2-19-1 所示.

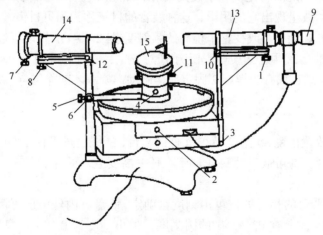

图 2-19-1 分光计结构图

1. 望远镜水平光轴调节螺旋；2. 度盘止动螺旋；3. 望远镜微调螺旋；4. 载物台锁紧螺旋；5. 游标盘止动螺旋；6. 游标盘微调螺旋；7. 狭缝宽调节螺旋；8. 平行光管光轴水平调节螺旋；9. 目镜调节螺旋；10. 望远镜光轴左右调节螺旋；11. 载物台调节螺旋；12. 平行光管左右调节螺旋；13. 望远镜筒；14. 平行光管；15. 载物平台

分光计由 5 个主要部分组成，即望远镜、载物平台、平行光管、读数圆盘和底座. 各部分均附有特定的调节螺旋，先简介如下.

1. 望远镜

它是用来观察和确定光线进行方向的. 它由复合的消色差物镜和目镜组成. 物镜装在镜筒的一端，目镜装在镜筒另一端的套筒中，套筒可在镜筒中前后移动，借以达到调焦的目的.

在目镜焦平面附近装有十字叉丝，具体结构与目镜中的视场如图 2-19-2(a)所示.

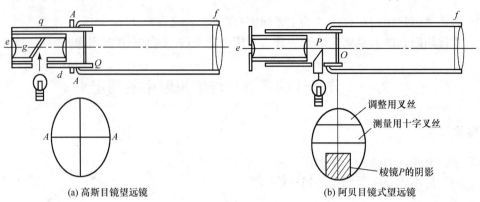

　　　　(a) 高斯目镜望远镜　　　　　　　　　　　(b) 阿贝目镜式望远镜

图 2-19-2　望远镜的结构图

　　目镜一般由两个平凸透镜共轴构成. 在目镜套筒的侧面开有圆窗孔，外装照明小灯，两透镜间装有一个与光轴成 45°角的平面玻璃片. 当光线从小孔射入时，经玻璃片反射后沿光轴前进而照亮叉丝. 改变目镜和十字叉丝之间的距离，能使目镜对十字叉丝聚焦清晰，这样装置的目镜称为高斯目镜.

　　分光计望远镜的目镜的另一种形式的结构和视场如图 2-19-2(b)所示，在目镜和叉丝之间装有反射小棱镜，绿色的照明光线经小棱镜反射后照亮叉丝的一小部分，由于小棱镜在场中挡掉了一部分光线，故呈现出它的阴影，这种装置的目镜称为阿贝目镜.

　　调节望远镜下方螺旋 1 可改变整个镜筒的倾斜度(图 2-19-1)；转动望远镜支架，能使望远镜绕轴旋转；旋紧螺旋 2，可使望远镜固定于任意方位，这时还可调节微动螺旋 3，使望远镜在小范围内转动.(注意：只有当螺旋 2 固定后，微动螺旋 3 才起作用.)

　　2. 载物平台

　　它是一个用以放置棱镜、光栅等光学元件的平台，能绕通过平台中心的铅直轴(仪器主轴)转动和沿铅直轴升降，并可通过螺旋 4 固定在任一高度上，平台下有三个调节螺丝，用以改变平台对铅直轴的倾斜度.

　　望远镜和载物平台的相对方位可由刻度盘确定,该盘有内外两层,外盘和望远镜相连,能随望远镜一起转动，上有 0°～360°的圆刻度，最小刻度为 0.5°；内盘通过螺旋 4 可和载物平台相连，盘上相隔 180°处有两个对称的小游标. 其中各有 30 个分格，它和外盘上 29 个分格刻度相当，因此最小读数可达 1. 读数方法按游标原理读取. 由于内盘是通过螺旋 4 和载物平台相连，所以只有旋紧了螺旋 4，内盘才和载物平台一起转动；如果旋松螺旋 4，则载物平台仍可绕铅直轴转动，但不带动内盘. 在调节和读数时，必须注意这一点，以免发生差错.

　　为了消除刻度盘刻划中心与其旋转中心(仪器主轴)之间的偏心差(见附录 1)，记录读数时，必须读取两个游标所示刻度.

　　旋紧螺旋 5 可将内盘固定，这时仍可旋动微动螺旋 6，使之作微小转动. 但必须注意，当各固定旋丝旋紧后，不得再硬性转动各部件，以免损坏仪器.

3. 平行光管

平行光管又称准直管，是用来获得平行光束的. 它的一端装有一个复合的消色差准直物镜，另一端是一个套筒，套筒末端有一可变狭缝，缝宽可由螺旋 7 调节(或旋动套帽). 前后移动套筒，可改变狭缝和准直物镜间的距离. 当狭缝位于物镜的焦平面上时，从狭缝入射的光束经准直物镜后即称为平行光束. 平行光管的下方有螺旋 8，可改变平行光管的倾斜度. 整个平行光管是和分光计的底座固定在一起的，平行光管与望远镜之间的夹角可由刻度盘读出.

2.19.1　实验一　分光计的调节

分光计是较精密的仪器，使用前必须按一定的步骤调节妥当，否则不能进行测量.

分光计观测系统由三个平面组成，如图 2-19-3 所示.

(1) 待测光路平面由平行光管产生的平行光和经待测光学元件折射(或反射)后的光路确定.

(2) 观察平面由望远镜绕分光计中心轴旋转构成，望远镜光轴必须垂直转轴，否则旋转结果是一个圆锥面.

(3) 读数平面由刻度盘和游标盘构成.

调节的目的是使上述三个平面达到互相平行，否则测量将引入误差.

为了达到使三个平面相互平行的目的，通常是

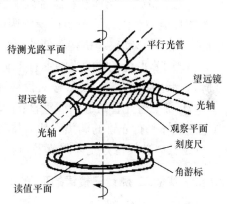

图 2-19-3　分光计观测系统三平面图

以调节三个平面都垂直于分光计中心轴来实现的. 因读数平面垂直公共轴的问题已由仪器结构解决，余下的问题是调节望远镜光轴垂直于光轴和待测光路垂直于中心转轴.

(1) 目镜的调焦：目镜调焦的目的是使眼睛通过目镜能很清楚地看到目镜中分划板上的刻线. 调焦方法是先把目镜调焦手轮 9 旋出(图 2-19-1)，然后一边旋进一边从目镜中观察，直至分划板刻线成像清晰，再缓慢地旋出手轮，至目镜中的像的清晰度将被破坏而未被破坏时为止.

(2) 望远镜的调焦：望远镜调焦目的是将目镜分划板上的十字线调整到物镜的焦平面上，也就是望远镜对无穷远调焦. 其方法是：①接上灯源. 即把从变压器出来的 6.3 V 电源插头插到底板的插座上，把目镜照明器上的插头插到转座的插座上. ②把望远镜光轴位置的调节螺丝 1、10 调到适合位置. ③在载物平台的中央放上光学平行平板. 其反射面对着望远镜物镜，且与望远镜光轴大致垂直. ④通过调节载物平台的调节螺丝 11 和转动载物平台，使望远镜的反射像和望远镜在一直线上. ⑤从目镜中观察，此时可以看到一亮斑，前后移动目镜，对望远镜进行调焦，使亮十字线成清晰像，然后，利用载物平台上的调平螺丝和载物平台微调机构，把这个亮十字线调节到与分划板上方的十字线重合，往复移动目镜，使亮十字和十字线无视差重合.

(3) 调整望远镜的光轴垂直并通过旋转主轴：①调整望远镜光轴上下位置调节螺丝 1，使反射回来的亮十字精确地成像在十字线上. ②把游标盘连同载物平台板旋转 180°时观察到的亮十字可能与十字线有一个垂直方向的位移，即亮十字可能偏高或偏低. ③调节载物平台调

节螺丝，至位移减少一半. ④调整望远镜光轴上下位置调节螺丝 1，至垂直方向的位移完全消除. ⑤把游标盘连同载物平台、平行平板再转过 180°，检查其重合程度，重复上述③和④至偏差得到完全校正.

(4) 将分划板十字线调成水平和垂直：当载物平台连同光学平行平板相对于望远镜旋转时，观察亮十字是否水平地移动，如果分划板的水平刻线与亮十字的移动方向不平行，就要转动目镜，使亮十字的移动方向与分划板的水平刻线平行. (注意：不要破坏望远镜的调焦，然后将目镜锁紧螺丝旋紧.)

(5) 平行光管的调焦：目的是把狭缝调整到物镜的焦平面上，也就是平行光管对无穷远调焦. ①去掉目镜照明器上的光源，打开狭缝，用漫射光照明狭缝. ②在平行光管物镜前放一张白纸，检查在纸上形成的光斑，调节光源的位置，使得在整个物镜孔径上照明均匀. ③除去白纸，把平行光管光轴左右位置调节螺丝 12 调到适中的位置，将望远镜管正对平行光管，从望远镜目镜中观测，调节望远镜微调机构和平行光管上下位置调节螺丝 8，使狭缝位于视场中心. ④前后移动狭缝机构，使狭缝清晰地成像在望远镜分划板平台上.

(6) 调节平行光管的光轴垂直于旋转主轴：调节平行光管光轴上下位置调节螺丝 8，升高或降低狭缝像的位置，使狭缝对目镜视场的中心对称.

(7) 将平行光管狭缝调成垂直：旋转狭缝机构，使狭缝与目镜分划板的垂直刻线平行，注意不要破坏平行光管的调焦，然后将狭缝装置锁紧螺丝旋紧.

(注意：必须在分光计调节妥当后，才可做实验二和实验三.)

2.19.2　实验二　测量三棱镜的顶角 A

(1) 取下平行板，放上待测棱镜. 为了便于调节，可将棱镜三边垂直于平台下三个螺丝的连线放置，如图 2-19-4 所示.

(2) 调好游标盘的位置，使游标在测量过程中不被平行光管或望远镜挡住，紧锁制动架和游标盘、载物台和游标盘的止动螺钉.

(3) 使望远镜对准 AB 面，锁紧转座与盘、制动架和底座的止动螺丝.

(4) 旋转制动架末端上的调节螺丝，对望远镜进行微调(旋转)，使亮十字与十字线完全重合，从两窗口读出 V_1、V_2 值，见图 2-19-5.

(5) 放松制动架与底座上的止动螺丝，旋转望远镜，使之对准 AC 面，锁紧制动架与底座上的制动螺丝.

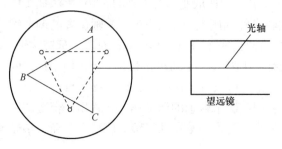

图 2-19-4　三棱镜的放置图

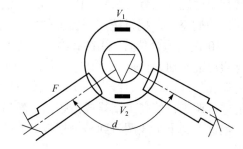

图 2-19-5　三棱镜顶角的测量

(6) 重复上述步骤(4)读出 V_1'、V_2' 值.

(7) 根据以上关系可计算出顶角 A：

$$\alpha = \frac{1}{2}\left[|V_1 - V_1'| + |V_2 - V_2'|\right]$$

$$A = 180° - \alpha$$

稍微变动载物台的位置，重复测量多次，求出顶角的平均值.

（注意：在转动转台时，如某一游标经过 360° 的刻线，则 α 角应由下式决定 $\alpha = \frac{1}{2}\left[360° - |V_1 - V_1'| + |V_2 - V_2'|\right]$，$V_1'$ 和 V_2' 为经过 360° 刻线的那一游标的两次读数，以后每次读数都应注意这一点.）

2.19.3 实验三 测量最小偏向角

当光线通过两种透明介质的分界面时将改变传播方向，这种现象叫做光的折射，入射角 i 和折射角 r 的关系由分界面两边透明介质的性质决定，这两个角的正弦之比称为折射光介质对入射光介质的相对折射率.

$$n = \frac{\sin i}{\sin r} \tag{2-19-1}$$

因为不同波长的入射光有不同的折射率，通常所说的折射率是以钠光的 D 线(波长 $\lambda = 5893 \times 10^{-10}\,\mathrm{m}$)为标准而言的绝对折射率，即相对于真空(或空气)的折射率. 当光线以入射角 i_1 向三棱镜的一个磨光侧面投射后即以一个折射角 r_1 射入三棱镜内部，遇到另一磨光侧面时，又以入射角 r_2 和折射角 i_2 穿出三棱镜(图 2-19-6)，此时光线的方向和原入射线的方向偏离一角度 δ(δ 称为偏向角)，由图中集合关系可看出

$$\delta = (i_1 - r_1) + (i_2 - r_2) = (i_1 + i_2) - (r_1 + r_2) = (i_1 + i_2) - A \tag{2-19-2}$$

式中，$A = r_1 + r_2$ 为三角形的顶角，角 i_2 的大小除与 i_1 有关外，还与三棱镜介质的折射率 n 及其顶角 A 有关，因此偏向角 δ 也是这些有关量的函数. 可以证明，当三棱镜及光线的性质一定时(即 A、n 为常数时)，在 $i_1 = i_2 = i$ 的条件下，偏向角为最小值(证明见附录 2)，称为最小偏向角，以 δ_m 表示. 这时光线是对称地通过三棱镜(图 2-19-7)，于是由式(2-19-2)可得

$$i = \frac{\delta_m + A}{2}, \qquad r = \frac{A}{2}$$

将此关系式代入式(2-19-1)得

$$n = \frac{\sin\dfrac{\delta_m + A}{2}}{\sin\dfrac{A}{2}} \tag{2-19-3}$$

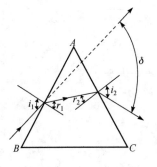

图 2-19-6 $i_1 \neq i_2$ 光路图

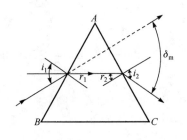

图 2-19-7 $i_1 = i_2$ 光路图

　　若测得三棱镜的顶角(实验二中已测出)及最小偏角 δ_m ，即可求出三棱镜介质的折射率 n.
测量最小偏角的步骤如下：

(1) 把钠光灯放在平行光管狭缝之前，并转动转台，使三棱镜转到图 2-19-8 实线所示的

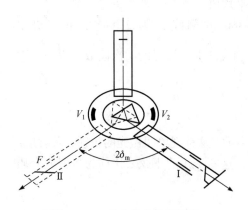

位置，先用眼睛观察钠光的谱线(即钠光照亮的狭缝经三棱镜折射后的谱线)，缓慢转动转台，使偏角减小，当观察谱线的移动方向开始反转时，即达到最小偏角，然后把望远镜转到 I 位置. 从望远镜中精确地寻找谱线刚刚开始反转时的位置，确定后固定螺旋，用微动螺旋使叉丝的竖线与谱线重合，从窗口读出 V_1 和 V_2.

图 2-19-8　最小偏向角的测量

(2) 将三棱镜转到图 2-19-8 中虚线所示的位置，用眼睛观察钠光谱线，并用手缓慢转动三棱镜(注意不能转动转台)，找到最小偏角的位置，将望远镜转到 II 位置，精确地读出两边游标读数 V_1' 和 V_2'.

(3) 按同样方法在位置 I 和位置 II 重做一次.

(4) 由下式计算出最小偏向角：

$$\delta_m = \frac{1}{4}\left[|V_1 - V_1'| + |V_2 - V_2'|\right] = \underline{\hspace{3cm}}$$

【数据和结果处理】

1. 三棱镜的顶角

将实验二所测 V_1、V_2、V_1'、V_2' 填入表 2-19-1.

表 2-19-1　顶角数据表

次数	V_1	V_2	V_1'	V_2'	α	A	$\overline{A}$
1							
2							
3							

$$\alpha = \frac{1}{2}\left[|V_1 - V_1'| + |V_2 - V_2'|\right] = \underline{\hspace{3cm}}$$

或

$$\alpha = \frac{1}{2}\left[360° - |V_1 - V_1'| + |V_2 - V_2'|\right] = \underline{\hspace{3cm}}$$

$$A = 180° - \alpha$$

2. 最小偏向角 δ_m

将实验三所测 V_1、V_2、V_1'、V_2' 填表 2-19-2.

表 2-19-2 偏向角数据表

次数	置位(Ⅰ)		位置(Ⅱ)		δ_m	$n = \dfrac{\sin\dfrac{\delta_m + A}{2}}{\sin\dfrac{A}{2}}$
1						
2						

平均 $n-$ _____

【预习思考题】

(1) 分光计必须调节到哪几点要求才能进行测量?

(2) 为什么分光计要有两个游标刻度?

(3) 如何将三棱镜放置在载物平台上? 为什么?

【讨论问题】

(1) 计算角度时若某一游标经过 0°刻线应如何处理?

(2) 总结调节分光计的体会.

【附录1】 消除偏心差的原理

由于刻度盘中心与转盘中心并不一定重合, 真正转过的角度同读出的角度之间会稍有差别, 这个差别叫"偏心差".

如图 2-19-9 所示, O 与 O' 分别为刻度盘和转盘的中心. 转盘旋过的角度为 φ, 但是在两个角游标上读出的角度分别为 φ_1 和 φ_2.

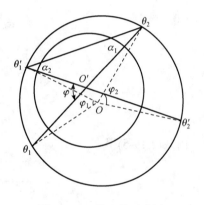

图 2-19-9 偏心差示意图

由几何原理可知:

$$\alpha_1 = \frac{1}{2}\varphi_1$$

$$\alpha_2 = \frac{1}{2}\varphi_2$$

又因为

$$\varphi = \alpha_1 + \alpha_2$$

故

$$\varphi = \frac{1}{2}(\varphi_1 + \varphi_2) = \frac{1}{2}\Big[\big|V_1 - V_1'\big| + \big|V_2 - V_2'\big|\Big]$$

所以实验时取两个角游标读出的角度数值的平均值.

【附录2】 求 δ 为最小值的条件

在前面阐述原理时已指出偏向角 δ 是 i_1、i_2、A 的函数, 即

$$\delta = (i_1 + i_2) - A \qquad\qquad (2\text{-}19\text{-}4)$$

其中，i_2 是由 i_1、n 和 A 各量决定的，因此当 n、A 为常量时，δ 的数值只与 i_1 有关，δ 为最小的条件可由 $\dfrac{\mathrm{d}\delta}{\mathrm{d}i_1} = 0$ 求得. 由式(2-19-4)得

$$\frac{\mathrm{d}\delta}{\mathrm{d}i_1} = 1 + \frac{\mathrm{d}i_2}{\mathrm{d}i_1} = 0 \qquad\qquad (2\text{-}19\text{-}5)$$

利用以下关系：

$$\sin i_1 = n \sin r_1$$
$$\sin i_2 = n \sin r_2$$
$$r_1 + r_2 = A$$

可得

$$
\begin{aligned}
\frac{\mathrm{d}i_2}{\mathrm{d}i_1} &= \frac{\mathrm{d}i_2}{\mathrm{d}r_2} \cdot \frac{\mathrm{d}r_2}{\mathrm{d}r_1} \cdot \frac{\mathrm{d}r_1}{\mathrm{d}i_1} \\
&= \sqrt{\frac{n^2 \cos^2 r_2}{1 - n^2 \sin^2 r_2}} \times (-1) \times \sqrt{\frac{1 - n^2 \sin^2 r_1}{n^2 \cos^2 r_2}} \\
&= -\frac{\sqrt{\dfrac{1}{n^2} - \left(1 - \dfrac{1}{n^2}\right)\tan^2 r_1}}{\sqrt{\dfrac{1}{n^2} - \left(1 - \dfrac{1}{n^2}\right)\tan^2 r_2}}
\end{aligned}
$$

由式(2-19-5)得

$$\sqrt{\frac{1}{n^2} - \left(1 - \frac{1}{n^2}\right)\tan^2 r_1} = \sqrt{\frac{1}{n^2} - \left(1 - \frac{1}{n^2}\right)\tan^2 r_2}$$

故 δ 为最小值的条件是 $r_1 = r_2$，亦即 $i_1 = i_2$.

2.20　用牛顿环测量透镜的曲率半径

【实验目的】

(1) 观察牛顿环的干涉图样；
(2) 用已知波长测定透镜的曲率半径.

【实验仪器】

读数显微镜、钠光灯、平凸透镜、平面玻璃.

【实验原理】

　　利用透明薄膜上下表面对入射光的依次反射，入射光的振幅将分解成有一定光程差的几个部分，这是一种获得相干光的重要途径，被多种干涉仪所采用. 若两束反射光在相遇时的光程差取决于产生反射光的薄膜厚度，则同一干涉条纹所对应的薄膜厚度相同，这就是所谓

用牛顿环测量透
镜的曲率半径

的等厚干涉.

将一块曲率半径 R 较大的平凸透镜的凸面置于一光学平玻璃板上,在透镜凸面和平玻璃板间就形成一层空气薄膜,其厚度从中心接触点到边缘逐渐增加. 当以平行单色光垂直入射时,入射光将在此薄膜上下两表面反射,产生具有一定光程差的两束相干光. 显然,它们的干涉图样是以接触点为中心的一系列明暗交替的同心圆环——牛顿环. 其光路示意图见图 2-20-1.

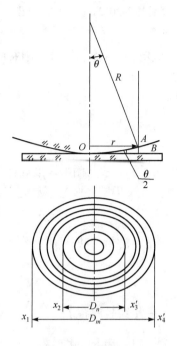

图 2-20-1 牛顿环及其形成光路示意图

由光路分析可知,与第 k 级条纹对应的两束相干光的光程差为

$$\delta_k = 2e_k + \frac{\lambda}{2} \qquad (2\text{-}20\text{-}1)$$

式中,$\lambda/2$ 是由于光线由光疏介质进入到光密介质在反射时有一相位 π 的改变,引起的附加光程差. 由图 2-20-1 可知:

$$R^2 = r^2 + (R - e)^2$$

化简后得到

$$r^2 = 2eR - e^2$$

如果空气薄膜厚度 e 远小于透镜的曲率半径,即 $e \ll R$,则可略去二级小量 e^2. 于是有

$$e = \frac{r^2}{2R} \qquad (2\text{-}20\text{-}2)$$

将 e 值代入式(2-20-1),得

$$\delta = \frac{r^2}{R} + \frac{\lambda}{2}$$

由干涉条件可知,当 $\delta = \dfrac{r^2}{R} + \dfrac{\lambda}{2} = (2k+1)\dfrac{\lambda}{2}$ 时干涉条纹为暗条纹. 于是得

$$r_k^2 = kR\lambda \qquad (k = 0, 1, 2, \cdots) \qquad (2\text{-}20\text{-}3)$$

如果已知射入光的波长 λ,并测得第 k 级暗条纹的半径 r_k,则可由公式(2-20-3)计算出透镜的曲率半径 R.

观察牛顿环时将会发现,牛顿环中心不是一点,而是一个不甚清晰的暗或亮的光斑. 其原因是透镜和平玻璃接触时,由于接触压力引起形变,接触处为一圆面;又因为板面上可能有微小灰尘等存在,从而引起附加的程差. 这都会给测量带来较大的系统误差.

我们可以通过取两个暗条纹半径的平方差来消除附加程差带来的误差. 假设附加厚度为 a,则光程差为

$$\delta = 2(e \pm a) + \frac{\lambda}{2} = 2(k+1)\frac{\lambda}{2}$$

即

$$e = k \cdot \frac{\lambda}{2} \pm a$$

将式(2-20-2)代入上式，得

$$r^2 = kR\lambda \pm 2Ra$$

取第 m，n 级暗条纹，则对应的暗环半径为

$$r_m^2 = mR\lambda \pm 2Ra$$

$$r_n^2 = nR\lambda \pm 2Ra$$

将两式相减，得

$$r_m^2 - r_n^2 = (m-n)R\lambda$$

可见 $r_m^2 - r_n^2$ 与附加厚度 a 无关.

又因暗环圆心不易确定，故取暗环的直径替换，得

$$D_m^2 - D_n^2 = 4(m-n)R\lambda$$

因而，透镜的曲率半径为

$$R = \frac{D_m^2 - D_n^2}{4(m-n)} \tag{2-20-4}$$

【实验内容】

1. 调整测量装置

实验装置示意图如图 2-20-2 所示. 由于干涉条纹间隔很小，精确测量需用读数显微镜(图中所示的读数显微镜见附录). 调整时应注意：

(1) 调节 45°玻璃片，使显微镜视场中亮度最大，这时基本上满足入射光垂直于透镜的要求.

(2) 因反射光干涉条纹产生在空气薄膜的上表面，显微镜应对上表面调焦才能找到清晰的干涉图像.

(3) 调焦时，显微镜筒应自下而上缓慢上升，直到看清楚干涉条纹时为止.

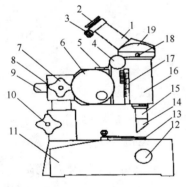

图 2-20-2　读数显微镜

1. 目镜接筒；2. 目镜；3. 锁紧螺钉；4. 调焦手轮；5. 标尺；6. 测微鼓轮；7. 锁紧手轮；8. 接头轴；9. 方轴；10. 锁紧手轮；11. 底座；12. 反光镜旋轮；13. 压片；14. 半反镜组；15. 物镜组；16. 镜筒；17. 刻尺；18. 锁紧螺钉；19. 棱镜室

2. 观察干涉条纹的分布特征

例如，各级条纹的粗细是否一致，条纹间隔有无变化，并做出解释. 观察牛顿环中心是亮斑还是暗斑？若是亮斑，如何解释呢？用擦镜纸仔细地将接触的两个表面擦干净，可使中心呈暗斑.

3. 测量牛顿环的直径

转动测微鼓轮，依次记下欲测的各级条纹在中心两侧的位置(级数适当取大一些，如 $k=10$ 左右)，求出各级牛顿环的直径. 在每次测量时，注意鼓轮应沿一个方向转动，中途不可倒转(为什么？).

【数据和结果处理】

计算出各级牛顿环直径的平方值后，用逐差法处理所得数据，求出直径平方差的平均值

$D_m^2 - D_n^2$ (如可取 $m-n=5$ 左右)，代入式(2-20-4)和由此公式推出的误差公式即得到透镜的曲率半径：

$$R = \overline{R} \pm \Delta R$$

将牛顿环直径数据填入表 2-20-1.

表 2-20-1　牛顿环直径数据表

$\lambda = 5893 \times 10^{-8} \, cm$

环数	第一次测量		第二次测量		平均直径 D_k /cm
	左边	右边	左边	右边	

将各级牛顿环直径的平方差值填入表 2-20-2.

表 2-20-2　牛顿环直径平方差数据表

$(D_{k+5}^2 - D_k^2)$ /cm	$R = \dfrac{D_{k+5}^2 - D_k^2}{20\lambda}$ /cm

透镜的平均曲率半径 $R =$ _____ (cm)

平均绝对误差 $\Delta R =$ _____ (cm)

相对误差 $E = \dfrac{\Delta R}{R} \times 100\% =$ _____ (%)

$R \pm \Delta R =$ _____ (cm)

【预习思考题】

(1) 何谓牛顿环？用以测定透镜曲率半径的理论公式是什么？

(2) 实验中为什么要测量多组数据和分组处理所测数据?

【讨论问题】

(1) 试比较牛顿环与劈尖干涉条纹的异同点.

(2) 为什么说读数显微镜测量的是牛顿环的直径,而不是显微镜内牛顿环的放大像的直径? 如果改变显微镜筒的放大倍数,是否会影响测量的结果?

(3) 由于环中心不易确定,因而实验中所测牛顿环直径实际为接近直径的各种弦长,请问对实验结果有无影响? 为什么?

(4) 在此实验中,假如平玻璃板上有微小的凸起,则凸起处空气薄膜厚度减小,导致等厚干涉条纹发生畸变. 试问这时牛顿(暗)环将局部内凹还是局部外凸? 为什么? (请画出条纹的形状).

【附录】　读数显微镜

一般显微镜只有放大物体的作用,不能测量物体的大小. 如果在显微镜的目镜中装上十字叉丝,并把镜筒固定在一个可以移动的拖板上,而拖板移动的距离由螺旋测微器或游标尺读出来,则这样改变的显微镜成为读数显微镜. 它主要用来精确测定微小的或不能用夹持量具测量的物体的尺寸,如毛细管内径、金属杆的线膨胀量、微小钢球的直径等. 测量的准确度一般为 0.01 mm.

1. 结构

主要部分为放大待测物体的显微镜和读数用的主尺及附尺. 附尺有两种形式:一种是游标尺的形式,另一种是螺旋测微器的形式. 其读数原理分别与游标尺和螺旋测微器的读数原理相同.

转动旋钮,即转动丝杆,能使套在丝杆上的螺母套管移动. 调节固定螺钉,可使装有显微镜的拖板脱开或者固定在螺母套管上. 脱开时,用于对准待测物体;固定时,用来测读数据.

显微镜由目镜、物镜和十字叉丝组成. 使用时,镜筒可以垂直于水平面,还可以将显微镜的基座旋转 90°,以端面作为底面,用来测量毛细管内液柱的上升高度等. 测量时,为使显微镜有明亮的视场,还附有照明器.

2. 使用方法

(1) 根据测量对象的具体情况,决定读数显微镜的安放位置. 把待测物体放在显微镜的物镜的正下方或正前方.

(2) 调节目镜,使十字叉丝成像清楚.

(3) 调节旋钮,可以改变镜筒跟物体的间距,以便在目镜中看到一个清晰的物像. 旋转目镜的镜筒,使十字叉丝和主尺的位置平行,另一条丝用来测定物体的位置.

(4) 旋动转钮或轻轻移动待测物体,使显微镜十字叉丝中的一条丝和待测物体的一条边相切,从主尺和附尺上读出与该位置对应的读数 x. 然后,保持待测物体的位置不变,转动旋钮,使显微镜的十字叉丝与待测物体的另一边相切,读出 x'. 于是待测物体的长度 L 为

$$L=\left|x-x'\right|$$

3. 注意事项

(1) 当眼睛注视目镜时，只准镜筒移离待测物体，以防止碰破显微镜物镜.

(2) 在整个测量过程中，十字叉丝的一条丝必须和主尺平行.

(3) 在多次测量(如 x 和 x' 的测量)中，旋钮只能向一方转动，不能时而正转，时而反转. 如果正向前行的拖板突然停下朝反向进行，则旋钮(丝杆)一定在空转(即转动丝杆而拖板不动)，转动几圈后才能重新推动拖板后退，这是因为丝杆和螺母套筒之间有间隙.

第3章 综合性实验

3.1 共振法测量声波声速

【实验目的】

(1) 观察空气柱的共鸣现象；

(2) 测量声波在空气中的传播速度；

(3) 验证声速与声源的频率无关.

【实验装置】

共振源，共鸣管(附蓄水桶、连通管、铁支架)，卷尺，温度计.

【实验原理】

1. 共振干涉法

设有一从声源发出的一定频率的平面声波，经过空气的传播，到达接收器. 如果接收面与发射平面严格平行，入射波即在接收面上垂直反射，入射波与反射波相干涉形成驻波. 改变接收面与声源之间的距离 L，在一系列特定的距离上，介质中出现稳定的共振现象，此时 L 等于半波长的整数倍，驻波的波腹达到最大；同时，在接收面上的波腹也相应达到极大值. 不难看出，在移动反射平面的过程中，相邻两次到达共振所对应的接收面之间的距离为半波长. 因此保持频率 f 不变，通过测量两次相邻的接收信号达到极大值时接收面之间的距离 $\lambda/2$，就可以用 $v = \lambda f$ 计算声速.

2. 共鸣管测声速

共鸣管是一直立的带有刻度的透明玻璃管，如图 3-1-1 所示. 移动蓄水桶可以使管中的水

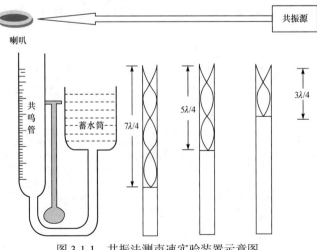

图 3-1-1 共振法测声速实验装置示意图

位升降，从而获得一定长度的空气柱. 声波沿空气柱传播至水面发生反射，入射波与反射波在空气柱中干涉，调节空气柱的长度 L，当其与波长 λ 满足

$$L = (2n+1)\frac{\lambda}{4} \quad (n=1, 2, 3, \cdots) \tag{3-1-1}$$

此时将形成管口为波腹、水面为波节的驻波，声音最响，即产生共鸣.

设相邻两次共鸣空气柱的长度差为 ΔL，则

$$\Delta L = L_{n+1} - L_n = \frac{\lambda}{2} \tag{3-1-2a}$$

故

$$\lambda = 2\Delta L \tag{3-1-2b}$$

若声波频率(即声源频率)为 f，其波长 λ 和波速 v 之间的关系是 $v = \lambda f$，代入上式得

$$v = 2\Delta L f$$

由此说明：在 f 已知的情况下，只要测出 ΔL，便可求出声波在空气中的传播速度 v. 改变不同频率的声源，可观测 v 是否变化.

3. 声速与温度之间的关系

声波在理想气体中的传播过程，可以认为是绝热过程，因此传播速度可以表示为

$$v = \sqrt{\frac{\gamma R T}{\mu}} \tag{3-1-3}$$

其中，常数 $R = 8.31\,\mathrm{J \cdot mol^{-1} \cdot K^{-1}}$，对于空气 $\mu = 29\,\mathrm{kg \cdot mol^{-1}}$，$\gamma = 1.40$，而

$$T = 273.15 + t(^\circ\mathrm{C})$$

将 $T = 273.15 + t(^\circ\mathrm{C})$ 代入(t 为摄氏温度)得到计算声波在空气中的传播速度的理论公式为

$$v = \sqrt{\frac{\gamma R(273.15 + t)}{\mu}} = \sqrt{\frac{273.15\gamma R}{\mu}}\sqrt{1 + \frac{t}{273.15}} = V_0\sqrt{1 + \frac{t}{273.15}} \tag{3-1-4}$$

其中，$V_0 = (273.15\gamma R/\mu)^{1/2} = 331.45\mathrm{m/s}$ 为空气介质在 $0\,^\circ\mathrm{C}$ 时的声速.

【实验步骤】

(1) 如图 3-1-2 所示，安装好实验仪器，调节仪器竖直，并往蓄水筒注水，调节水面高度直到管内水面接近管口为止；

(2) 调节喇叭，使喇叭的振动平面与水面保持平行. 将喇叭输入线接入到共振源的输出端口，打开电源调节输出频率及功率至适当值. 使管内水位缓慢下降，直到产生第一次共鸣(反复调节水位，待听到声音最响)时，用卷尺进行测量，记下此时水面的位置 L_1. 反复测三次，求平均；

(3) 继续使管内水位下降，按实验步骤(2)测得第二、三、⋯次共鸣时水面的位置 L_2、L_3、⋯；

(4) 改变共振源的输出频率，重复上述步骤，验证声速与声源的频率无关.

图 3-1-2　实验装置实物图

【实验数据和结果处理】

实验数据的记录和处理的结果，填入表 3-1-1 中.

表 3-1-1 数据记录与处理表

频率	L_1				L_2				L_3				速度
	1	2	3	平均	1	2	3	平均	1	2	3	平均	
			.										

要求：根据实验原理 2 中的公式分别求出对应频率的声波在空气中的传播速度 v_1、v_2、v_3，与利用实验原理 3 中的公式计算出的理论值进行比较，求出百分误差. 验证声速与声源的频无关.

【讨论问题】

(1) 共鸣时为什么管口处不是波节而是波腹呢？

(2) 在寻找不同共鸣声的最佳位置时，音叉是否可以在管口上下移动？

(3) 分析在实验过程中误差产生的原因.

3.2 波尔共振实验

【实验目的】

(1) 研究波尔共振仪中弹性摆轮受迫振动的幅频特性和相频特性.

(2) 研究不同阻尼力矩对受迫振动的影响，观察共振现象.

(3) 学习用频闪法测定运动物体的某些量，如相位差.

(4) 通过本次实验，初步体会实验中所用波尔共振仪测量受迫振动的振幅、频率以及相位差的方法，通过不断的学习和提高，进而在实验中提高自身的科学素养.

【实验装置】

ZKY-BG 型波尔共振仪由振动仪与电器控制箱两部分组成，其示意图如图 3-2-1 所示，铜质圆形摆轮 A 安装在机架上，弹簧 B 的一端与摆轮 A 的轴相连，另一端可固定在机架支柱上，在弹簧弹性力的作用下，摆轮可绕轴自由往复摆动. 在摆轮的外围有一卷槽型缺口，其中一个长形凹槽 C 比其他凹槽长出许多. 机架上对准长型缺口处有一个光电门 H，它与电器控制箱相连接，用来测量摆轮的振幅角度值和摆轮的振动周期. 在机架下方有一对带有铁芯的线圈 K，摆轮 A 恰好嵌在铁芯的空隙，当线圈中通过直流电流后，摆轮受到一个电磁阻尼力的作用. 改变电流的大小即可使阻尼大小相应变化. 为使摆轮 A 作受迫振动，在电动机轴上装有偏心轮，通过连杆机构 E 带动摆轮，在电动机轴上装有带刻线的有机玻璃转盘 F，它随电机一起转动. 由它可以从角度读数盘 G 读出相位差 Φ. 调节控制箱上的十圈电机转速调节旋钮，可以精确改变加于电机上的电压，使电机的转速在实验范围(30~45 rad/min)内连续可调. 由于电路中采用特殊稳速装置、电动机采用惯性很小的带有测速发电机的特种电机，所以转速极为稳定. 电机的有机玻璃转盘 F 上装有两个挡光片. 在角度读数盘 G 中央上方 90°处也有光电门 I(强迫力矩信号)，并与控制箱相连，以测量强迫力矩的周期.

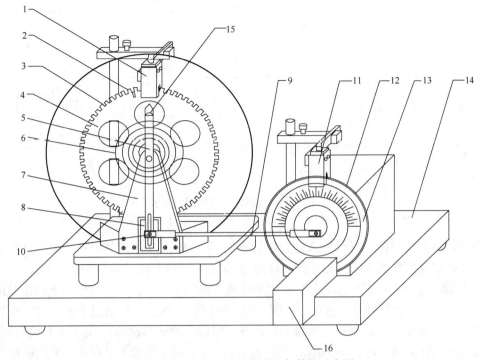

图 3-2-1　ZKY-BG 型波尔共振仪结构示意图

1. 光电门 H；2. 长凹槽 C；3. 短凹槽 D；4. 铜质摆轮 A；5. 摇杆 M；6. 蜗卷弹簧 B；7. 支承架；8. 阻尼线圈 K；
9. 连杆 E；10. 摇杆调节螺丝；11. 光电门 I；12. 角度盘 G；13. 有机玻璃转盘 F；14. 底座；15. 弹簧夹持螺钉 L；16. 闪光灯

受迫振动时摆轮与外力矩的相位差是利用小型闪光灯来测量的. 闪光灯受摆轮信号光电门控制，每当摆轮上长型凹槽 C 通过平衡位置时，光电门 H 接收光，引起闪光，这一现象称为频闪现象. 在稳定情况时，由闪光灯照射下可以看到有机玻璃指针 F 好像一直"停在"某一刻度处，所以此数值可方便地直接读出，误差不大于 2°. 闪光灯放置位置如图 3-2-1 所示，搁置在底座上，切勿拿在手中直接照射刻度盘.

摆轮振幅是利用光电门 H 测出摆轮读数 A 处圈上凹型缺口个数，并在控制箱液晶显示器上直接显示出此值，精度为 1°.

波尔共振仪电器控制箱的前面板和后面板分别如图 3-2-2 和图 3-2-3 所示.

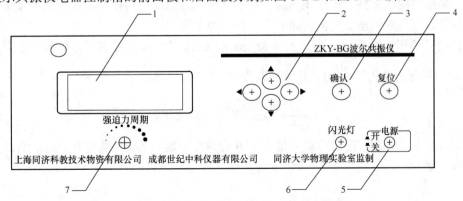

图 3-2-2　ZKY-BG 波尔共振仪前面板示意图

1. 液晶显示屏幕；2. 方向控制键；3. 确认按键；4. 复位按键；5. 电源开关；6. 闪光灯开关；7. 强迫力周期调节电位器

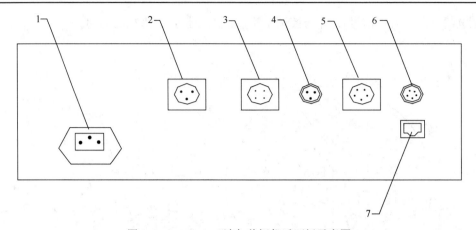

图 3-2-3　ZKY-BG 波尔共振仪后面板示意图

1.电源插座(带保险)；2.闪光灯接口；3.阻尼线圈；4.电机接口；5.振幅输入；6.周期输入；7.通信接口

电机转速调节旋钮，可改变强迫力矩的周期. 可以通过软件控制阻尼线圈内直流电流的大小，达到改变摆轮系统的阻尼系数的目的. 阻尼挡位的选择通过软件控制，共分 3 挡，分别是"阻尼 1"、"阻尼 2"、"阻尼 3". 阻尼电流由恒流源提供，实验时根据不同情况进行选择. 闪光灯开关用来控制闪光与否，当按住闪光按钮、摆轮长缺口通过平衡位置时便产生闪光，由于频闪现象，可从相位差读盘上看到刻度线似乎静止不动的读数(实际有机玻璃 F 上的刻度线一直在匀速转动)，从而读出相位差数值. 为使闪光灯管不易损坏，采用按钮开关，仅在测量相位差时才按下按钮. 电器控制箱与闪光灯和波尔共振仪之间通过各种专业电缆相连接，不会产生接线错误之弊病.

【实验原理】

物体在周期性外力作用下发生的振动称为受迫振动，这种周期性外力称为驱动力或者受迫力. 如果受迫力是按简谐振动规律变化，那么稳定状态时的受迫振动也是简谐振动，此时，振幅保持恒定，振幅的大小与受迫力的频率和原振动系统无阻尼时的固有振动频率以及阻尼系数有关. 在受迫振动状态下，系统除了受到受迫力的作用外，同时还受到回复力和阻尼力的作用. 所以在稳定状态时物体的位移，速度变化与受迫力变化不是同相位的，存在一个相位差. 当受迫力频率与系统的固有频率相同时产生共振时，振幅最大，相位差为 90°.

实验采用摆轮在弹性力矩作用下自由摆动，在电磁阻尼力矩作用下作受迫振动来研究受迫振动特性，可直观地显示机械振动中的一些物理现象.

当摆轮受到周期性受迫外力矩 $M = M_0 \cos\omega t$ 的作用，并在有空气阻尼和电磁阻尼的媒质中运动时(阻尼力矩为 $-b\dfrac{\mathrm{d}\theta}{\mathrm{d}t}$)，其运动方程为

$$J\frac{\mathrm{d}^2\theta}{\mathrm{d}t^2} = -k\theta - b\frac{\mathrm{d}\theta}{\mathrm{d}t} + M_0 \cos\omega t \qquad (3\text{-}2\text{-}1)$$

如式(3-2-1)所示，J 为摆轮的转动惯量，$-k\theta$ 为弹性力矩，M_0 为受迫力矩的幅值，ω 为受迫力的角频率.

令

$$\omega_0^2 = \frac{k}{J}, \ 2\beta = \frac{b}{J}, \ m_0 = \frac{M_0}{J}$$

则式(3-2-1)变为

$$\frac{d^2\theta}{dt^2} + 2\beta\frac{d\theta}{dt} + \omega_0^2\theta = m_0\cos\omega t \tag{3-2-2}$$

当 $m_0\cos\omega t = 0$ 时，式(3-2-2)为阻尼振动方程. 当 $\beta = 0$，即在无阻尼情况时，式(3-2-2)变为简谐振动方程，系统的固有频率为 ω_0. 方程(3-2-2)的通解为

$$\theta = \theta_1 e^{-\beta t}\cos(\omega_f t + \varphi_0) + \theta_2\cos(\omega t + \varphi) \tag{3-2-3}$$

由式(3-2-2)可见，受迫振动可分成两部分：

第一部分，$\theta_1 e^{-\beta t}\cos(\omega_f t + \varphi_0)$ 和初始条件有关，经过一定时间后衰减消失.

第二部分，说明受迫力矩对摆轮做功，向振动体传送能量，最后达到一个稳定的振动状态. 振幅为

$$\theta_2 = \frac{m_0}{\sqrt{(\omega_0^2 - \omega^2)^2 + 4\beta^2\omega^2}} \tag{3-2-4}$$

它与受迫力矩之间的相位差为

$$\varphi = \arctan\frac{2\beta\omega}{\omega_0^2 - \omega^2} = \arctan\frac{\beta T_0^2 T}{\pi(T^2 - T_0^2)} \tag{3-2-5}$$

由式(3-2-4)和式(3-2-5)可以看出，振幅 θ_2 与相位差 φ 的数值取决于受迫力矩 M、受迫力角频率 ω、系统的固有频率 ω_0 和阻尼系数 β 四个因素，而与系统振动初始状态无关.

由 $\frac{\partial}{\partial\omega}[(\omega_0^2 - \omega^2)^2 + 4\beta^2\omega^2] = 0$ 极值条件可得出，当强迫力的圆频率 $\omega = \sqrt{\omega_0^2 - 2\beta^2}$ 时，产生共振，θ 有极大值. 若共振时角频率和振幅分别用 ω_r、θ_r 表示，则

$$\omega = \omega_r = \sqrt{\omega_0^2 - 2\beta^2} \tag{3-2-6}$$

将式(3-2-6)代入式(3-2-4)可得

$$\theta_r = \frac{m_0}{2\beta\sqrt{\omega_0^2 - \beta^2}} \tag{3-2-7}$$

由式(3-2-6)以及式(3-2-7)可以看出，阻尼系数 β 越小，共振时角频率越接近于系统固有频率，振幅 θ_r 也越大. 图 3-2-4(a)和(b)给出在不同 β 时受迫振动的幅频特性和相频特性.

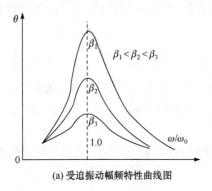

(a) 受迫振动幅频特性曲线图

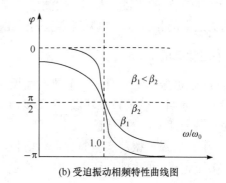

(b) 受迫振动相频特性曲线图

图 3-2-4

【实验内容与步骤】

1. 实验准备

(1) 按下电源开关后，屏幕上出现欢迎界面，其中 NO.0000X 为电器控制箱与电脑主机相连的编号. 过几秒钟后屏幕上显示如图 3-2-2 所示"按键说明"字样. 符号"◀"为向左移动；"▶"为向右移动；"▲"为向上移动；"▼"为向下移动. 下文中的符号不再重新介绍.

(2) 选择实验方式：根据是否连接电脑选择联网模式或单机模式. 这两种方式下的操作完全相同，故不再重复介绍.

2. 实验内容与步骤

1) 测摆轮固有周期 T_0 与振幅 θ 的关系

通过如图 3-2-2 所示波尔共振仪前控制面板中的按键"2"选择实验模式为"自由振荡"，其目的是测量摆轮的振幅 θ 与系统固有振动周期 T_0 的关系. 此时，需要将阻尼选择放在"0"处，且将角度盘(图 3-2-1 中"13")指针调节至 0° 位置，然后用手把摆轮拨到振幅较大处(140°～160°处)，然后放手，让摆轮作自由振动，将"测量"置于"开"状态，此时仪器开始自动记录实验数据，振幅测量范围为 50°～140°. 实验结束后，"测量"为"关"，按"回查"菜单可调出仪器自动保存的数据，记录实验数据.

2) 测定阻尼系数 β

恢复至菜单，选择实验模式"阻尼振荡"，可选择"阻尼 1、阻尼 2、阻尼 3"中的任意一种阻尼实验，按"确定"进行测量，"测量"选择"开". 仪器自动记录 10 次实验数据，实验结束后按"回查"菜单可以调出仪器自动保存的数据，记录实验数据. 利用如下公式：

$$\ln \frac{\theta_0 \mathrm{e}^{-\beta t}}{\theta_0 \mathrm{e}^{-\beta(t+nT)}} = n\beta\overline{T} = \ln \frac{\theta_0}{\theta_n} \tag{3-2-8}$$

求出 β，式中，n 为阻尼振荡的周期次数，θ_n 为阻尼振荡第 n 次的振幅，$\overline{T}$ 为阻尼振荡周期的平均值，可以测出 10 个摆轮振动周期然后求其平均值.

3) 测定受迫振动的幅频和相频特性曲线

恢复至菜单，选择实验模式为"受迫振荡"，然后按下"确定"，与此同时，"电机"置于"开"，等待 5 min 后，比较实验中"电机"和"摆轮"的数值，在达到稳定的状态时，进行 10 次"周期"的比较，若 10 次测量的周期相等，则可以利用频闪现象测定受迫振动位移与强迫力之间的相位差，并与理论值进行比较.

【注意事项】

(1) 强迫振荡实验时，调节仪器面板强迫力周期旋钮(见图 3-2-2 按钮"7")，从而改变不同电机转动周期，该实验必须做 10 次以上，其中必须包括电机转动周期与自由振荡实验时的自由振荡周期相同的数值.

(2) 在做强迫振荡实验时，需待电机与摆轮的周期相同(末位数差异不大于 2)即系统稳定后，方可记录实验数据. 且每次改变强迫力矩的周期，都需要重新等待系统稳定.

(3) 因为闪光灯的高压电路及强光会干扰光电门采集数据, 所以须待一次测量完成, 显示测量关后, 才可使用闪光灯读取相位差.

(4) 按住复位按钮保持不动, 几秒钟后仪器自动复位, 此时所做实验数据全部清除, 然后按下电源按钮, 结束实验.

【实验数据和结果处理】

1. 测定摆轮固有周期 T_0 与振幅 θ 关系

表 3-2-1　摆轮固有周期 T_0 与振幅 θ 对应关系　　　　阻尼开关位置: _____ 挡

θ /(°)									
T_0 /s									
$\omega_0 = \dfrac{2\pi}{T_0}$ /s^{-1}									

2. 测定阻尼系数

利用公式(3-2-9)对所测数据(表 3-2-1)按逐差法处理, 求出 β 值:

$$5\beta\overline{T} = \ln\frac{\theta_i}{\theta_{i+5}} \tag{3-2-9}$$

其中, i 为阻尼振荡的周期次数, θ_i 为第 i 次振荡时的振幅. $10\,T =$ _____(s), $\overline{T} =$ _____(s), 阻尼系数 $\beta =$ _____.

表 3-2-2　测定阻尼系数　　　　阻尼挡位: _____ 挡

序号	振幅 θ /(°)	序号	振幅 θ /(°)	$\ln\dfrac{\theta_i}{\theta_{i+5}}$
θ_1		θ_6		
θ_2		θ_7		
θ_3		θ_8		
θ_4		θ_9		
θ_5		θ_{10}		
$\ln\dfrac{\theta_i}{\theta_{i+5}}$ 平均值				

3. 测定受迫振动的幅频和相频特性曲线

将记录的实验数据填入表 3-2-3, 并通过表 3-2-1 查询振幅 θ 与固有频率 T_0 的对应关系, 获取对应的 T_0 值, 也填入表 3-2-3.

注意: 表 3-2-3 第一行数据为共振点数据, 以下为共振点两侧各测量四个点的相关数据, 同时 φ_1 为通过实验测量的相位差, 而 φ_2 则为通过式(3-2-5)计算所得相位差的理论值.

表 3-2-3　幅频特性和相频特性测量数据记录表　　　　　阻尼挡位_____挡

T /s	θ /(°)	T_0 /s	φ_1 /(°)	φ_2 /(°)	$\dfrac{\omega}{\omega_0}$

以 $\dfrac{\omega}{\omega_0}$ 为横轴，θ 为纵轴，作出作幅频特性；以 $\dfrac{\omega}{\omega_0}$ 为横轴，φ 为纵轴，作出相频特性曲线图.

【思考与讨论题】

(1) 受迫振动与简谐振动的联系和区别.

(2) 实验中是如何利用闪频原理来测量相位差的?

(3) 为什么实验时，选定阻尼电流后，要求阻尼系数和幅频特性以及相频特性的测定一起完成，而不能先测定不同电流时的 β 值，再测定相应阻尼电流时的幅频和相频特性?

【附录1】　ZKY-BG 型波尔共振仪调整方法

波尔共振仪各部分经校正，请勿随意拆装改动，电器控制箱与主机有专门电缆相接，不会混淆，在使用前请务必清楚各开关与旋钮功能.

经过运输或实验后，若发现仪器工作不正常，可进行调整，具体步骤如下：

(1) 将角度盘指针 F 放在"0"处.

(2) 松动连杆上锁紧螺母，然后转动连杆 E，使摇杆 M 处于垂直位置，然后再将锁紧螺母固定.

(3) 此时摆轮上一条长形槽口(用白漆线标志)应基本上与指针对齐，若发现明显偏差，可将摆轮后面三只固定螺丝略松动，用手握住蜗卷弹簧 B 的内端固定处，另一手即可将摆轮转动，使白漆线对准尖头，然后再将三只螺丝旋紧：一般情况下，只要不改变弹簧 B 的长度，此项调整极少进行.

(4) 若弹簧 B 与摇杆 M 相连接处的外端夹紧螺钉 L 放松，此时弹簧 B 外圈即可任意移动(可缩短、放长)缩短距离不宜少于 6 cm. 在旋紧夹持螺钉时，务必保持弹簧处于垂直面内，否则将明显影响实验结果.

(5) 将光电门 H 中心对准摆轮上白漆线(即长狭缝)，并保持摆轮在光电门中间狭缝中自由摆动，此时可选择阻尼挡为"1"或"2"，打开电机，此时摆轮将作受迫振动，待达到稳定状态时，打开闪光灯开关，此时将看到指针 F 在相位差度盘中有一似乎固定读数，两次读数值在调整良好时差 1°以内(在不大于 2°时实验即可进行)，若发现相差较大，则可调整光电门位置；若相差超过 5°以上，必须重复上述步骤，重新调整.

由于弹簧制作过程中问题，在相位差测量过程中可能会出现指针 F 在相位差读数盘上两端重合较好，中间较差，或中间较好、两端较差的现象.

【附录 2】 ZKY-BG 型波尔共振仪常见故障排除方法

表 3-2-4

故障现象	原因及处理办法
"强迫振荡"实验无法进行，一直无测量值显示	检查刻度盘上的光电门 I 指示灯是否闪烁. (1) 若此指示灯不亮，左右移动光电门，会看到指示灯亮，再将其调整到合适的不阻碍转盘运动的位置； (2) 指示灯长亮，不闪烁.说明光电门 I 位置偏高，使有机玻璃转盘 F 上的白线无法挡光，实验不能进行.调整光电门 I 的高度，直到合适位置即可； (3) 若以上情况都不是，则"周期输入"小五芯电缆有断点或有粘连，拆开接上断点或排除粘连即可.
"强迫振荡"实验进行时，按住闪光灯，电机周期会变	可能有如下两个原因： (1) 闪光灯的强光会干扰光电门 H 及光电门 I 采集数据； (2) 闪光灯的高压电路会对数据采集造成干扰，因此必须待一次测量完成，显示"测量关"后，才可使用闪光灯读取相位差.
幅频和相频特性曲线数据点非常密集	在做"强迫振荡"实验时，未调节强迫力矩周期电位器来改变电机的转速.每记录一组数据后，应该调节强迫力矩周期电位器来改变电机的转速，再进行测量.
除 1、2 号集中器外，其他编号的集中器（如 3、4 号等）连接好后系统无法识别	系统默认的是 1、2 号集中器，如果是其他编号的集中器，则需要在软件界面"系统管理"/"连接装置管理"中添加，只有添加后才能被系统识别.
"自由振荡"实验时无测量值显示	连接"振幅输入"的大五芯线内有断点或有粘连，拆开接上断点或排除粘连即可.

3.3 动力学共振法测固体材料的杨氏模量

【实验目的】

(1) 用动力学共振法测定铜、钢材料的杨氏弹性模量.

(2) 了解压电陶瓷换能器的功能，熟悉信号源和示波器的使用，学会用示波器观察判断样品共振的方法.

(3) 学习用作图外延(或内插)法处理实验数据.

(4) 培养学生综合运用知识和使用常用实验仪器的能力.

【实验装置】

YM-2 动态型杨氏模量测试台，FB2729A 型动态杨氏模量测试仪，通用示波器，试样棒(铜、不锈钢)，天平，游标卡尺以及螺旋测微器等.

图 3-3-1 以及图 3-3-2 分别给出了动态法测杨氏模量的实验装置示意图以及实验平台实物图. 由图 3-3-1 以及图 3-3-2 可知，FB2729A 型动态杨氏模量测试仪有两对换能器，分别是激振器和拾振器，依次可以用悬挂法和支撑法来进行杨氏弹性模量测试的实验. 其中一对换能器分别悬挂在两个竖立的杠杆两侧，为悬挂法测杨氏模量所用，另一对则安放在实验台下方一固定的滑杆之上，为支撑法测试所用. 换能器通过导线和分路器相连. 用悬挂法做实验时，测试的黄铜棒可以悬挂在换能器下方的悬丝上，两换能器之间的距离可以调整. 此外，用支撑法做实验时，需将黄铜棒放置在滑杆的换能器上，同样换能器之间的距离可以在滑杆上做自由调整.

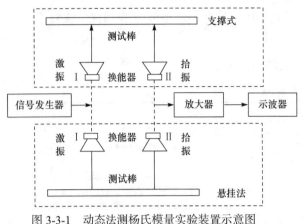

图 3-3-1　动态法测杨氏模量实验装置示意图

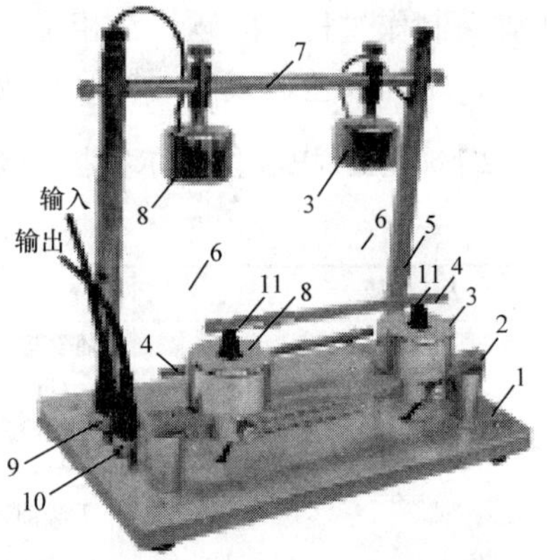

图 3-3-2　YM-2 动态型杨氏模量测试台

1.底座　2.支撑导杆　3.拾振器　4.试样棒　5.立杆　6.悬线
7.悬线横杆　8.激振器　9.信号输入　10.信号输出　11.支撑力

下面对图 3-3-2 所示的"3. 拾振器"和"8. 激振器"分别做简单介绍,以便对此动态杨氏模量测定装置有更深刻的了解与认识.

拾振器:它采用的是弯曲振动的压电换能装置,主要由压电陶瓷圆片、圆形薄铜片等组成. 其中,陶瓷片经过高电压极化处理后就有了压电效应,再在它上面镀一层极薄的银层作为电极引出. 圆铜片中心引出悬挂线作为实验样品振动时的传导信号之用,当挂在悬丝上的试验棒发生振动时,通过悬丝,将会引起铜片中心部位作鼓膜弯曲振动,这时压电陶瓷受到交变应力的作用而产生交变电压.

【实验原理】

如图 3-3-2 所示,被测试棒用两根细悬丝悬挂在两个换能器("3. 拾振器"和"8. 激振器")之间,激振器作为发射换能器,当信号发生器输出的信号加到激振器上时,使激振器中的膜片产生同频机械振动. 由于激振器正下方的悬丝与此膜片紧密相连,因此,膜片的振动将会引起其正下方的悬丝也上下振动,从而激发被测试棒也发生同频受迫振动. 被测试棒的振动通过另一条悬丝(与拾振器相连的悬丝)再传给拾振器(接收换能器),与此同时,它将被测试棒的振动转换成同频率的电信号,此电信信号将通过导线加到示波器的 y 输入端上,同时信号发生器输出的信号也加到示波器的 x 输入端上.

当信号发生器的频率与被测试棒的固有频率不相等时,试验棒不会产生共振现象,此时示波器上几乎观察不到信号波形或者信号波形很小. 随着信号发生器频率的改变,当其数值与试棒的某一振动模式的频率发生共振时,被测试棒的振幅达到最大,此时拾振器的输出电信号也将达到最大值. 此时的信号发生器输出频率 f 为试棒的共振频率. 下面将简单介绍本实验的动力学原理.

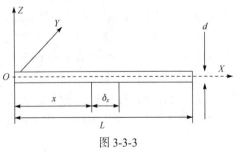

图 3-3-3

如图 3-3-3 所示,长度为 L 的细棒沿 X 方向放置,其横振动(又称弯曲振动)满足如下动力学方程:

$$\frac{\partial^4 \eta}{\partial^4 x} + \frac{\rho S}{YI} \frac{\partial^2 y}{\partial t^2} = 0 \qquad (3\text{-}3\text{-}1)$$

式中, η 为棒上距离左端 x 处截面在 Z 方向的位移, Y 为该棒的杨氏弹性模量, ρ 为试验棒的材料密度，S 为试棒的横截面积，I 为试棒某一横截面的惯性矩：

$$I = \int_s z^2 \mathrm{d}S \tag{3-3-2}$$

其中，z 为静止时截面上各点对于 X 轴的 Z 向坐标. 使用分离变量法，可得式(3-3-1)的通解为

$$\eta(x,t) = (B_1 \mathrm{ch}\, Kx + B_2 \mathrm{sh}\, Kx + B_3 \cos Kx + B_4 \sin Kx) \cdot A \cos(\omega t + \varphi) \tag{3-3-3}$$

式中，K 为待定常数，

$$\omega = \sqrt{\dfrac{K^4 YI}{\rho S}} \tag{3-3-4}$$

式(3-3-4)称为频率公式，它对任意形状的截面、不同的边界条件的试棒都是成立的. 只要用特定的边界条件确定常数 K，且将特定截面的惯性矩 Y 代入，便可得到具体条件下的关系式. 当试样棒用悬丝悬挂起来时，如果悬点恰好在试样棒的节点附近，则试棒的两端均处于自由状态，因而棒两端横向作用力 F 和弯矩 M 均为零. 因此，可以由横向作用力 $F = -YI\dfrac{\partial^3 \eta}{\partial x^3}$ 和弯矩 $M = -YI\dfrac{\partial^2 \eta}{\partial x^2}$ 得到 4 个边界条件：

$$\left.\frac{\mathrm{d}^3\eta}{\mathrm{d}x^3}\right|_{x=0} = 0; \quad \left.\frac{\mathrm{d}^3\eta}{\mathrm{d}x^3}\right|_{x=L} = 0; \quad \left.\frac{\mathrm{d}^2\eta}{\mathrm{d}x^2}\right|_{x=0} = 0; \quad \left.\frac{\mathrm{d}^2\eta}{\mathrm{d}x^2}\right|_{x=L} = 0 \tag{3-3-5}$$

将式(3-3-5)的边界条件代入式(3-3-3)，得到超越方程：

$$\cos KL \cdot \mathrm{ch}\, KL = 1 \tag{3-3-6}$$

用数值法求解式(3-3-6)可以得到该超越方程的根，即本征值 K 和棒长 L 应满足：

$$K_n L = 0, 4.730, 7.853, 10.996, 14.137, \cdots$$

此数列逐渐趋于表达式 $K_n L = \left(n - \dfrac{1}{2}\right)\pi$ 的值.

式(3-3-6)的第一个根"0"相对应于静止状态，故将其舍去. 将第二个根作为第一个根，记作 $K_1 L = 4.730$，与此相应的振动频率称为基振频率(或固有频率). 试样棒的横振动节点与振动级次有关，当 n 为 1，3，5，$\cdots$ 时，对应于对称形振动，当级次为 2，4，6，$\cdots$ 时，对应于反对称形振动. 图 3-3-4 给出了当 $n=1,2,3,4$ 时的振动波形.

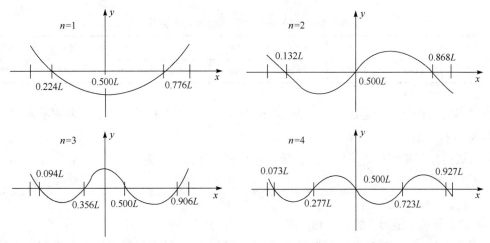

图 3-3-4　两端自由棒 $n=1,2,3,4$ 时的振动波形图

将 $K_1L = 4.730$ 代入式(3-3-4)，可得试棒作基频振动时的固有频率：

$$\varpi = \sqrt{\frac{4.730^4 YI}{\rho L^4 S}} \tag{3-3-7}$$

从中求解出杨氏弹性模量：

$$Y = 1.9978 \times 10^{-3} \frac{\rho L^4 S}{I} \varpi^2 = 7.8870 \times 10^{-2} \frac{L^3 m}{I} f_0^2 \tag{3-3-8}$$

其中，m 为试棒的质量，f_0 为试棒的基振频率. 对于直径为 d 的圆棒来说，其惯性矩为

$$I = \int_S z^2 \mathrm{d}S = \frac{\pi d^4}{64} \tag{3-3-9}$$

将其代入杨氏模量公式(3-3-8)得

$$Y = 1.6067 \times \frac{L^3 m}{d^4} f_0^2 \tag{3-3-10}$$

实际测量时，如果试样棒不能满足 $d \ll L$，则式(3-3-10)应乘上一个修正系数 T_1，即

$$Y = 1.6067 \times \frac{L^3 m}{d^4} f_0^2 T_1 \tag{3-3-11}$$

式(3-3-11)即为本实验的理论计算公式，其中修正系数 T_1 的大小可根据试样棒的径长比(d/L)以及材料的泊松比查表 3-3-1 得到. 在本次实验中，所使用的试样棒是直径 $d=8$ mm，长 $L=180$ mm 的黄铜棒，相应的修正系数 $T_1=1.01$. 这里需要特别注意的是，物体本身的固有频率 $f_{固}$ 和其共振频率 $f_{共}$ 是两个不同的物理概念，其中固有频率是金属棒本身固有的属性，对于特定规格的金属棒，其固有频率是确定不变的，不会因为外部条件的改变而轻易发生变化. 而共振频率则是指当驱动力振动频率非常接近系统的固有频率时，系统振动的振幅达到最大时的振动频率. 二者有如下关系：

$$f_{固} = f_{共} \sqrt{1 + \frac{1}{4Q^2}} \tag{3-3-12}$$

式中，Q 为试样棒的机械品质因数，对于悬丝法测量，Q 一般最小值约为 50，故

$$f_{固} \approx f_{共}.$$

表 3-3-1　径长比与修正系数的对应关系

径长比 d/L	0.01	0.02	0.03	0.04	0.05	0.06	0.08	0.10
修正系数 T_1	1.001	1.002	1.005	1.008	1.014	1.019	1.033	1.055

通过本实验也只能测量出试棒的共振频率 $f_{共}$，鉴于两者相差很小，因此固有频率 $f_{固}$ 可用共振频率 $f_{共}$ 代替.

如果试样棒横截面是矩形的，其杨氏模量的理论计算公式为

$$Y = 0.9464 \times \frac{L^3 m}{bh^3} f_0^2 T_1 \tag{3-3-13}$$

其中，b 和 h 分别为矩形棒的宽度和高度.

由图 3-3-4 可知，试棒基频共振时($n=1$)只有两个节点. 若将试棒悬挂或者支撑在 $0.224 L$

和 0.776 L 的两个节点处，由于此时阻尼为零，所以测得的共振频率等于基频固有频率. 然而，在这两个节点处振动振幅几乎均为零，悬挂或者支撑在节点处的试棒均难以被激振和拾振，故造成无法测量实验数据. 偏离节点，由于悬丝或者支撑架对试棒的阻尼作用，所以检测到的共振频率是随悬挂点或支撑点的位置变化而变化的. 悬挂点或支撑点偏离节点越远(距离试棒的端点越近)，可检测到的共振信号越强，与此同时，试样棒所受到的阻尼作用也越大，离试棒两端自由这一定解条件的要求相差越大，因此产生的系统误差就越大. 由于压电陶瓷换能器拾取的是悬挂点或者支撑点的加速度共振信号，而不是振幅共振信号，因此所检测到的共振频率随悬挂点或者支撑点到节点的距离增大而变大. 本实验中采取在节点两侧选取不同的点对称悬挂或支撑，用外延法(或内插)测量法找出节点处的共振频率，从而得到基频频率 f_0 的值.

本实验提到的外延(内插)法，指的是所需要的数据在测量数据范围之外(间)，采用作图外推(内插)求值的方法求出所需的数据，外延(内插)法的适用条件是在所研究的范围内没有突变，否则不能使用. 本实验就是以悬挂点或者支撑点的位置为坐标、以与坐标相对应的共振频率为纵坐标作出关系曲线，求出曲线节点处所对应的共振频率即试棒的基频频率 f_0.

实验测量过程中，激发换能器、接收换能器、悬丝、支架等部件都有自己的共振频率，可能以其本身的基频或者高次谐波频率发生共振. 此外，根据实验原理可知，试棒本身也不只在一个频率处发生共振现象，会出现几个共振峰，以致在实验中难以确认哪个是基频共振峰，因此，本次实验的关键是正确地判断出示波器上显示出的共振信号是否为试棒的基频共振信号，可以采用如下方法进行判断：

(1) 在室温下，钢和铜的杨氏模量分别为 2×10^{11} N/m^2 和 1.2×10^{10} N/m^2，先由本实验中使用的杨氏模量的理论计算公式(3-3-13)估算出基频共振频率 f，以便寻找共振点.

(2) 用小起子顺着试棒的轴线方向轻触到节点处就不会影响试棒的振动幅度，而轻触到其他位置时，试样棒的振幅就会受到明显影响.

(3) 用听诊器沿着试棒的轴线方向移动，在节点处听不到振动声.

【实验内容与步骤】

1. 用动态悬挂法测量不同试样棒的杨氏模量

(1) 测量和安装试棒.

选择一试棒，测量其质量 m、长度 L 和直径 d 各测量 5 次，取平均值填入表 3-3-2. 小心地将试棒悬挂于两悬丝之上，要求试棒横向水平，悬丝与试棒轴向垂直，两悬丝点到试棒端点的距离相同，并处于静止状态.

表 3-3-2 试棒质量及其主要几何参数　　　　　　　试棒材料____

测量次数 测量对象	1	2	3	4	5	平均值
m/kg						
L/m						
d/m						

(2) 根据图 3-3-5 连接测量仪器.

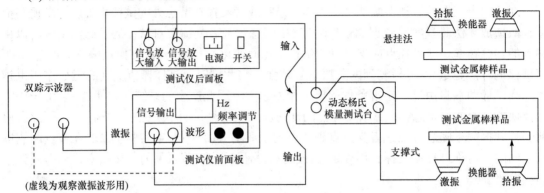

图 3-3-5　FB2729A 动态法测杨氏模量实验仪器连接图

(3) 开机调试.

开启仪器的电源，调节示波器处于正常工作状态，信号发生器的频率置于适当挡位，连续调节输出频率，此时激发换能器应发出相应响声. 轻敲桌面，示波器 Y 轴信号大小立即变动并与敲击强度有关，这说明整套实验装置已经处于工作状态.

(4) 鉴频与测量.

由低到高调节信号发生器的输出频率，用示波器幅值(最大)法或者李萨如图形法(因为小阻尼线性系统作定常受迫振动，当激励信号频率正好等于系统的固有频率时，受迫振动滞后激励信号的相位差恒为 $\pi/2$，即此时的李萨如图形是一个正椭圆)使试棒产生共振，确定只有两个节点，这时的共振即为基频下的共振，从频率计上读出此时的频率值. 继续升高频率，大约在 2.74 倍基频处查看是否能测出一次谐波共振频率.

(5) 外延(内插)法测量.

从两端开始，从外向内一次同时移动两个悬挂点的位置，每次移动 5 mm，分别测出不同位置处相对应的基频共振频率，将其实验数据填入表 3-3-3.

表 3-3-3　实验数据记录表　　　　　　　试棒材料：＿＿＿

测量次数 n	1	2	3	4	5	6	7	8	9
端支距离 x/mm	15	20	25	30	35	40	45	50	55
端支距/棒长 x/L	0.083	0.111	0.139	0.167	0.194	0.222	0.250	0.278	0.306
基频共振频率 f/Hz									

(6) 换用其他种类试棒，重复上述步骤进行测量.

2. 用动态支撑法测量不同试棒的杨氏模量

选择一试棒，小心地将试样棒放在支座支撑刀口上，要求试样棒横向水平，支撑点到试样棒端点的距离相同. 基频共振频率测量方法与动态悬挂法类似.

【注意事项】

(1) 悬挂试棒时应轻拿轻放，千万不可用力拉扯悬线，否则会损坏换能器的膜片.

(2) 悬挂试样棒后，应移动悬挂横杆上的激振器以及拾振器到既定位置，使两根悬线垂直试样棒.

(3) 实验时，一定要等待试棒稳定之后才可以正式进行测量.

(4) 试棒不可随处乱放，应保持清洁.

【数据处理】

(1) 用外延法(或内插法)求出节点处基频共振频率.

在实验中以支撑点或悬挂点的位置为横坐标，以相对应位置处的基频共振频率为纵坐标，在计算机上用 Excel 软件作出 f-x 关系曲线. 然后用外延法(或内插法)在曲线上求得 $x=0.224L$ 时所对应的频率即为试样棒对应的基频频率.

(2) 将测得的数据代入式(3-3-11)，计算得到试棒的杨氏模量 Y.

【思考与讨论题】

(1) 如何正确判断试棒基频共振波形？

(2) 实验中所测得的实际为样品的共振频率，它与样品本身的固有频率有着怎样的区别与联系？

(3) 本实验的测量误差主要来自哪几个方面？

3.4 霍尔效应及磁场强度的测量

【实验目的】

(1) 了解产生霍尔效应的物理过程及其霍尔效应测量磁场的原理；

(2) 测绘霍尔元件的 U_H-I_S 和 U_H-I_M 曲线，确定其线性关系；

(3) 测绘长直密绕螺线管轴线上磁感应强度的分布；

(4) 学习消除测量中由于附加效应而产生误差的一种方法.

【实验装置】

TH-S 型螺线管磁场测定实验组合仪(包括实验仪和测试仪两大部分).

1. 实验仪

(1) 长直螺线管. 长度 $L=28$ cm，单位长度的线圈匝数 N(匝/米)标注在实验仪上.

(2) 霍尔器件和调节机构.

典型的霍尔器件结构示意图如图 3-4-1 所示，它有两对电极，A、A' 电极用来测量霍尔电压 V_H，D、D' 极为工作电流电极，两对电极用四线扁平线经探杆引出，分别接到实验仪的 V_H 输出开关以及 I_S 换向开关处.

霍尔器件的灵敏度 K_H 与载流子浓度成反比，因半导体材料的载流子浓度随温度变化而变化，故 K_H 与温度有关. 实验仪上给出了该霍尔器件在 15℃时的 K_H 值.

如图 3-4-2 所示，给出了 TH-S 型螺线管磁场测定实验组合仪结构示意图. 探杆固定在二维(X、Y方向)调节支架上，其

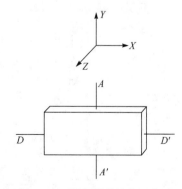

图 3-4-1 霍尔器件结构示意图

中 Y 方向调节支架通过旋钮 Y 调节探杆中心轴线与螺线管内孔轴线位置，应使之重合. X 方向调节支架通过旋钮 X_1、X_2 调节探杆的轴向位置. 二维支架上设有 X_1、X_2 及 Y 测距尺，用来指示探杆的轴向及纵向位置.

X_1、X_2 是两个互补的轴向调节支架，可以实现从螺线管一端到另一端的整个轴向磁场分布曲线的测试，而且调节平稳、可靠，读数准确.

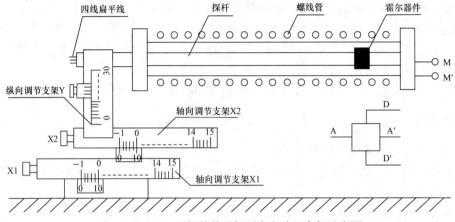

图 3-4-2　TH-S 型螺线管磁场测定实验组合仪示意图

如操作者想使霍尔探头从螺线管的右端移至左端，为调节顺手，应先调节 X_1 旋钮，使调节支架 X_1 的测距尺读数 X_1 为 0.0～14.0 cm，再调节 X_2 旋钮，使调节支架 X_2 的测距尺读数 X_2 为 0.0～14.0 cm；反之，要使探头从螺线管左端移至右端，应先调节 X_2，读数为 14.0～0.0 cm，再调节 X_1，读数为 14.0～0.0 cm.

(3) 实验仪与测量仪连接工作电流 I_S 以及励磁电流 I_M 的换向开关，霍尔电压 U_H 输出开关，这三组开关对应的霍尔器件及螺线管线包间连线均已接好.

霍尔探头位于螺线管右侧、中心以及左侧时，测距尺指示见表 3-4-1.

表 3-4-1　霍尔探头位于螺线管的右端、中心及左端，测距尺读数值

位置		右端	中心	左端
测距尺读数/cm	X_1	0	14	14
	X_2	0	0	14

2. 测试仪

测试仪面板如图 3-4-3 所示.

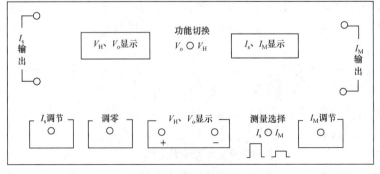

图 3-4-3　测试仪面板图

(1) "I_s 输出". 霍尔器件工作电流源, 输出电流 0~10 mA, 通过 I_s 调节旋钮连续调节.

(2) "I_M 输出". 螺线管励磁电流源, 输出电流 0~1A, 通过 I_M 调节旋钮连续调节.

上述两组恒流源读数可通过"测量选择"按键共用一只三位半 LED 数字电流表显示, 按键测 I_M, 放键测 I_s.

(3) 直流数字电压表. 三位半数字直流毫伏表, 供测量霍尔电压用. 电压表零位可通过面板左下方调零电位器旋钮进行校正.

【实验原理】

1. 产生霍尔效应的基本原理

霍尔效应在科学技术的许多领域内得到了广泛的应用, 以此制成的元件称霍尔元件. 它在测量磁场、电流强度及对各种物理量进行模拟(四则、乘方、开方等)运算等方面显示了独特的作用. 它的工作原理比较简单, 当把一片状导体(或半导体)置于均匀磁场, 并在此导体上通过电流, 且磁场方向与电流方向垂直时, 导体内的载流子因受洛伦兹力的作用而产生偏转. 在此导体的两侧(参见图 3-4-4 中 P、S 平面), 由于电荷积累而产生电场, 其场强方向由 P 指向 S 面(假定载流子是电子). 这种现象就称为霍尔效应, 与之相应的电位差就称为霍尔电压(严格地说应称为霍尔电动势.)

理论和实验都证明, 霍尔电压 U_H 与磁感应强度 B 通过霍尔元件的工作电流 I_S 满足下列关系:

$U_H \propto I_S B$ 或者 $U_H = K_H B \cdot I_S$ (3-4-1)

其中, K_H 为霍尔元件的灵敏度, 它表示该元件在单位工作电流和磁感应强度下输出的霍尔电压. 一般要求 K_H 越大越好. K_H 表示材料霍尔效应的大小, 可以证明

$$K_H = \begin{cases} 1/npd, & \text{载流子为电子} \\ 1/ppd, & \text{载流子为空穴} \end{cases}$$

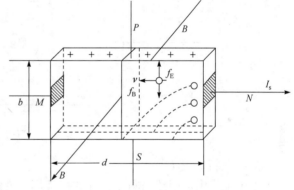

图 3-4-4 产生霍尔电动势示意图

式中, n、p 为载流子的浓度, d 为霍尔元件的厚度. 若式(3-4-1)中 U_H 的单位用 mV, I_S 的单位用 mA, B 的单位用 T, 则 K_H 的单位为 mV/(mA·T).

由式(3-4-1)可知, 霍尔电压 U_H 正比于工作电流 I_S 和磁感应强度 B 的值, 并且它的方向随着 I_S 和 B 的换向而换向.

由式(3-4-1)可得

$$B = \frac{U_H}{K_H \cdot I_S} \tag{3-4-2}$$

如果霍尔元件灵敏度 K_H 已知, 测出 U_H 和 I_S, 即可由式(3-4-2)求出 B 值.

2. 霍尔元件中附加电压的产生和消除

这里必须指出: 实际实验过程中某次测量的霍尔元件 A、A' 电极两端(图 3-4-1)的电压 $U_{AA'}$ 并非完全是 U_H, 其中还包括其他因素带来的附加电压, 因而根据 $U_{AA'}$ 计算出的磁感应强度 B 并非完全准备. 下面首先分析影响准确测量的原因, 然后提出能够消除影响的测量方法.

1) 不等位电势差(U_0)

即使磁场为零情况下，接通工作电流后，在霍尔电极 P、S 两点间也可能存在电势差，这是由于 P、S 两点不在同一等位线上，为此在制作霍尔元件时，应尽量使 P、S 两点处于同一等位线上，但一般产品元件很难做到这一点. 因此，霍尔元件或多或少都存在 P、S 电位不相等而造成的电势差 U_0. 显然，U_0 的产生只与工作电流 I_S 的方向有关，它只随 I_S 的换向而换向，而与 B 的方向无关.

2) 埃廷斯豪森效应(U_E)

1887 年埃廷斯豪森发现，霍尔元件中各载流子速度有大有小，假定载流子速度方向与电流方向相反，那么由霍尔效应可知，载流子(电子)在磁场作用下会偏向霍尔元件下部，如图 3-4-5 所示. 但因载流子速度不同，它们在磁场中受到的作用力也就不同. 显然，速度快的载流子，动能大，其偏转半径大，速度慢的载流子，动能小，其偏转半径小. 结果导致元件内部温度分布的不均匀，因此在元件内形成了温差电动势力 U_E，方向由上指向下，这种现象称为埃廷斯豪森效应. 它与霍尔电压一起产生，难以分离. 不难看出，U_E 既随 B 也随 I_S 的换向而换向.

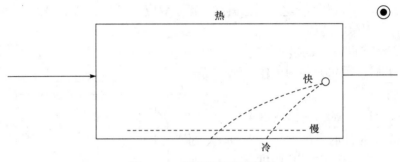

图 3-4-5　埃廷斯豪森示意图

3) 能斯特效应(U_N)

由于工作电流引线与霍尔元件的连接焊点处的电阻不同，通电后发热程度不同，霍尔元件左右两端间存在温度差，于是会产生热扩散电流. 在磁场的作用下，会在霍尔元件上下两端出现附加电压 U_N，这种现象叫能斯特效应. U_S 随 B 的换向而换向，而与 I_S 的换向无关.

4) 里纪-勒迪克效应(U_S)

上述热扩散电流各载流子速度不相同，在磁场作用下，类似埃廷斯豪森效应，又在霍尔元件上下两端产生附加温差电压 U_S，这种现象称为里纪-勒迪克效应. 由于 U_S 是由热扩散电流引起的，因此它也随 B 的换向而换向，而与 I_S 的换向无关.

综上所述，在确定的磁场 B 和工作电流 I_S 的条件下，实际测量的电压不仅包括霍尔电压 U_H，还包括 U_0、U_E、U_N 以及 U_S，是这 5 项电压的代数和. 例如，假设 B 和 I_S 的大小不变，方向如图 3-4-4 所示. 又设霍尔元件上下两端电压 U_0 为正，其右端面的温度比左端面温度高，测得的上下两端间的电压为 U_1，则

$$U_1 = U_H + U_0 + U_E + U_N + U_S \tag{3-4-3a}$$

若 B 换向，I_S 不变，则测得的霍尔元件上下两端的电压为

$$U_2 = -U_H + U_0 - U_E - U_N - U_S \tag{3-4-3b}$$

若 B 和 I_S 同时换向，则测得的霍尔元件上下两端的电压为

$$U_3 = U_H - U_0 + U_E - U_N - U_S \tag{3-4-3c}$$

若 B 不变，I_S 换向，则测得的霍尔元件上下两端的电压为

$$U_4 = -U_H - U_0 - U_E + U_N + U_S \tag{3-4-3d}$$

由式(3-4-3)的四个等式得到：$U_1 - U_2 + U_3 - U_4 = 4(U_H + U_E)$，即

$$U_H = \frac{1}{4}(U_1 - U_2 + U_3 - U_4) - U_E \tag{3-4-4}$$

考虑到温差电势 U_E 一般比 U_H 小得多，在误差范围内可以忽略不计，因此霍尔电压为

$$U_H = \frac{1}{4}(U_1 - U_2 + U_3 - U_4) \tag{3-4-5}$$

3. 载流长直螺线管内的磁感应强度

螺线管是由绕在圆柱面上的导线构成的，对于密绕的螺线管，可以看成是一列由共同轴线的圆形线圈的并排组合. 因此一个载流长直螺线管轴线上某点的磁感应强度，可以从对各圆形电流在轴线上该点所产生的磁感应强度进行积分求和得到. 根据理论计算，对于一个有限长的螺线管，在距离两端口等远的腔内中心点处磁感应强度为最大，且等于

$$B = \mu_0 n I_M \tag{3-4-6}$$

式中，μ_0 为真空磁导率，n 为螺线管单位长度的线圈匝数，I_M 为线圈的励磁电流. 然而在螺线管的两端口处，磁感应强度为内腔中心点处磁感应强度的 $1/2$.

如图 3-4-6 所示为载流长直螺线管的磁力线分布图. 由图可见，内腔中部的磁力线是平行于轴线的直线系，渐近两端口时，这些直线变为从两端口离散的曲线，说明其内部的磁场是均匀的，仅在靠近两端口处才呈现明显的不均匀性.

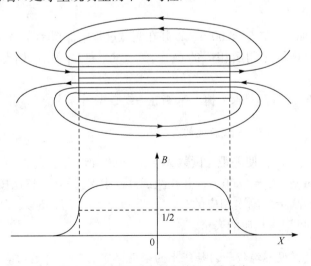

图 3-4-6　载流长直螺线管磁力线分布

【实验内容与步骤】

1. 测量霍尔元件的输出特性

(1) 按图 3-4-7 连接测试仪和实验仪之间相对应的测试连线.

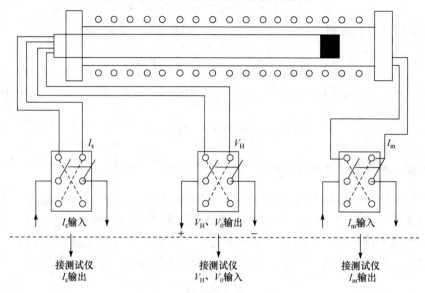

图 3-4-7　测试仪和实验仪连接示意图

(2) 移动霍尔元件探杆支架的旋钮 X_1 及 X_2，缓慢地将霍尔元件移到螺线管的中心位置，即 X_1 =14.0 cm，X_2 =0.0 cm 处.

(3) 测绘 U_H-I_S 曲线. 取 I_M =0.800 A，并在测试过程中保持不变. 依次按表 3-4-2 所列数据调节 I_S，用对称测量法测出相应的 U_1、U_2、U_3 和 U_4 值，并记入相应的表格，绘制 U_H – I_S 曲线.

(4) 测绘 U_H-I_M 曲线. 取 I_S =8.00 mA，并在测试过程中保持不变. 依次按表 3-4-3 所列数据调节 I_M，用对称测量法测出相应的 U_1、U_2、U_3 和 U_4 值，并记入相应的表格. 绘制 U_H-I_M 曲线.

注意：在改变 I_M 值时，要求快捷，每测好一组数据后，应立即切断 I_M.

2. 测量螺线管内轴线上磁感应强度的分布

(1) 调节旋钮 X_1、X_2，使测距尺读数 $X_1 = X_2$ =0.0 cm.

(2) 取 I_S =8.00 mA，I_M =0.800 A，并在测试过程中保持不变. 依次按表 3-4-4 所列数据调节 X_1 及 X_2，用对称测量法测出相应的 U_1、U_2、U_3 和 U_4 值，记入相应的表格，并计算相对应的 U_H 及 B 值，也记入相应的表格.

3. 绘制 B-X 曲线，观察螺线管内轴线上的磁场分布

【注意事项】

(1) 测试仪面板上的"I_S 输出"，"I_M 输出"和"V_H 输入"三对接线柱分别与实验仪上的三对相应的接线柱正确连接，即测试仪的"I_S 输出"接实验仪的"I_S 输入"，"I_M 输出"

接"I_M 输入",并将 I_S 及 I_M 换向开关掷向任一侧,实验仪的"V_H 输出"接测试仪的"V_H 输入",且"V_H 输出"开关应始终保持闭合状态.

注意:绝不允许将"I_M 输出"接到"I_S 输入"或者"V_H 输出"处,否则一旦通电,霍尔样品即遭损坏.

(2) 仪器开机前,应检查并确认 I_S、I_M 调节旋钮是否处于相应值的最小挡位,如不在最小挡位,则应逆时针方向旋转相应旋钮到底,使其输出电流趋于最小状态,然后再开机.

(3) 调节实验仪上 X_1 及 X_2 旋钮,使测距尺 X_1 及 X_2 读数均为零,此时霍尔探头位于螺线管右端. 实验时,如要使探头移至左端,应先调节 X_1 旋钮,使 X_1 为 0.0~14.0 cm,再调节 X_2 旋钮,使 X_2 为 0.0~14.0 cm;反之,如要使探头右移,则应先调节 X_2,再调节 X_1.

(4) 接通电源,预热数分钟. 电流表显示".000"("测量选择"键为按下时)或"0.00"("测量选择"键为放开时),电压表显示"0.00"(若不为零,可通过面板左下方小孔内的电位器来调节).

(5) "I_S 调节"和"I_M 调节"分别用来控制样品工作电流 I_S 和励磁电流 I_M 的大小. I_S、I_M 的读数可通过"测量选择"按键来实现,按键测 I_M,放键测 I_S.

(6) 关机前,应将"I_S 调节"和"I_M 调节"旋钮逆时针方向旋到底,使其输出电流趋于最小状态,然后切断电源.

【实验数据和结果处理】

1. 测绘 U_H-I_S 曲线

将测量数据填入表 3-4-2,并计算霍尔电压 U_H,在坐标纸上画出 U_H-I_S 曲线.

表 3-4-2　U_H-I_S 关系测量数据表　　　　　　　　(I_M =0.800A)

I_S/mA	U_1/mV		U_2/mV		U_3/mV		U_4/mV		$U_H = \dfrac{U_1 - U_2 + U_3 - U_4}{4}$/mV
	$+I_S$	$+B$	$+I_S$	$-B$	$-I_S$	$-B$	$-I_S$	$+B$	
3.00									
4.00									
5.00									
6.00									
7.00									
8.00									
9.00									

2. 测绘 U_H-I_M 曲线

将测量数据填入表 3-4-3,并计算霍尔电压 U_H,在坐标纸上画出 U_H-I_M 曲线.

表 3-4-3　U_H-I_M 关系测量数据表　　　　　　　　(I_S =8.00mA)

I_M/A	U_1/mV		U_2/mV		U_3/mV		U_4/mV		$U_H = \dfrac{U_1 - U_2 + U_3 - U_4}{4}$/mV
	$+I_S$	$+B$	$+I_S$	$-B$	$-I_S$	$-B$	$-I_S$	$+B$	
0.300									
0.400									

I_M/A	U_1/mV		U_2/mV		U_3/mV		U_4/mV		$U_H = \dfrac{U_1 - U_2 + U_3 - U_4}{4}$ /mV
	$+I_S$	$+B$	$+I_S$	$-B$	$-I_S$	$-B$	$-I_S$	$+B$	
0.500									
0.600									
0.700									
0.800									
0.900									

3. 测量螺线管内轴线上的磁感应强度的分布

(1) 将实验测量数据填入表 3-4-4 中，然后根据式(3-4-5)和式(3-4-2)计算出相应的 U_H 和 B 值，填入表中．

表 3-4-4　螺线管轴线上 B 与 X 关系

励磁电流 I_M =0.800 A，工作电流 I_S =8.00 mA，霍尔元件灵敏度 K_H =＿＿＿ mV/(mA·T)，螺线管长度 L=＿＿＿m，线圈有效半径 R=＿＿＿m，线圈总匝数 N=＿＿＿，环境温度 t=＿＿＿℃，温度系数 α =＿＿＿

X_1/cm	X_2/cm	X/cm	U_1/mV		U_2/mV		U_3/mV		U_4/mV		U_H/mV	B/T
			$+I_S$	$+B$	$+I_S$	$-B$	$-I_S$	$-B$	$-I_S$	$+B$		
0.0	0.0											
0.5	0.0											
1.0	0.0											
1.5	0.0											
2.0	0.0											
5.0	0.0											
8.0	0.0											
11.0	0.0											
14.0	0.0											
14.0	3.0											
14.0	6.0											
14.0	9.0											
14.0	12.0											
14.0	12.5											
14.0	13.0											
14.0	13.5											
14.0	14.0											

注：X=14-(X_1+X_2)为霍尔探头距离螺线管内轴线中心位置间的距离．

(2) 在坐标纸上，以霍尔元件位置 X 为横坐标，B 为纵坐标，画出螺线管内轴向磁场分布曲线(B-X 曲线)．观察磁场分布规律，并验证螺线管端口处的磁感应强度为中心位置磁感应强度的一半．

(3) 将螺线管内中心处的测量值 $B = \dfrac{U_H}{K_H I_S}$，与理论值 $B = \mu_0 n I_M$ 进行比较，求出相对误差.

注：霍尔元件灵敏度 K_H 值及螺线管单位长度线圈匝数 n 均标在实验仪上.

【预习思考题】

(1) 若磁感应强度 $\boldsymbol{B}$ 与霍尔片的法线恰好不一致，按 $B = \dfrac{U_H}{K_H I_S}$ 计算出的 $\boldsymbol{B}$ 值比实际值大还是小？要准确测定磁场应怎样进行？

(2) 如何根据 I_S、B 和 U_H 的方向，判断所测样品为 N 型半导体还是 P 型半导体？

(3) 能否用霍尔元件测量交变磁场？若能又该怎样测量？

【讨论问题】

(1) 试分析用霍尔效应仪测量磁场的误差来源.

(2) 如何测量霍尔元件的灵敏度.

【附录】　霍尔元件简介

1. 霍尔元件的材料、结构、符号及命名法

1910 年就有人用铋制成了霍尔元件. 由于这种效应在金属中十分微弱，当时并没有引起重视，直到 1948 年，半导体迅速发展，人们才找到了霍尔效应较为显著的材料锗(Ge)，到 1958 年又对化合物半导体材料锑化铟(InSb)、砷化铟(InAs)进行了研究，制成了较为满意的霍尔元件，现将某些半导体材料在 300 K 时的参数列于表 3-4-5 中.

表 3-4-5　某些材料在 300 K 时的参数

材料(单晶)		禁带宽度 E_g / eV	电阻率 ρ / $(\Omega \cdot cm)$	电子迁移率 μ / $[cm^2 / (V \cdot s)]$	霍尔系数 R_H / (cm^3/C)
N–锗	Ge	0.66	1.0	3500	4250
N–硅	Si	1.107	1.5	1500	2250
锑化铟	InSb	0.17	0.005	60000	350
砷化铟	InAs	0.36	0.0035	25000	100
磷化铟	InAsP	0.63	0.08	10500	850
砷化镓	GaAs	1.47	0.2	8590	1700

通常的霍尔元件，在它的长方向两端面上焊着两根引线(即 M、N)，称为输入电流端引线，如图 3-4-8 所示，通常以红色线标记；在短方向两端面上焊着另外两根引线(即 P、S)，称为输出电压端引线，以绿色导线标记. 在电路图中常用两种符号表示霍尔元件，为适应各种不同的需要，霍尔元件也有多种型号. 霍尔元件的命名法如图 3-4-9 所示. 根据命名法，HS—1 型代表该元件是用半导体材料砷化铟制成的；HZ—1 型代表是用锗制成的.

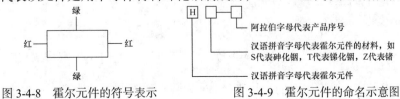

图 3-4-8　霍尔元件的符号表示　　　　　图 3-4-9　霍尔元件的命名示意图

2. 霍尔元件的应用

霍尔元件具有简单、小型、频率响应宽(从直流到微波)、输出电压变化大(可达 1000：1)、寿命长等优点，还具有避免活动部件磨损的特点. 因此，尽管目前霍尔元件还存在转换效率低、温度影响大的缺点，但霍尔元件已在测试技术、自动化技术和信息处理等方面得到了广泛的应用.

根据霍尔电压正比于控制电流和磁感应强度乘积的关系，可将霍尔元件的实际应用分为三大类：

(1) 保持控制电流恒定不变，而使霍尔电压输出正比于磁感应强度. 在这方面的应用有磁场测量($10^{-5} \sim 10^{1}$T)、磁读头(又称放音磁头)、磁罗盘、磁鼓存储器、电流测量(HZQ—200 型直流钳形表)等.

(2) 保持磁感应强度恒定不变，利用霍尔电压输出与控制电流端的非互易性，可以制成回转器(输入与输出之间有 180°的相位差)、隔离器(从 A 端输入时，从 B 端得到输出，而从 B 端输入时，在 A 端却得不到输出，具有单方向传递信号的特点)、环行器(由发射机发射的信号不能进入接收器，只能进入天线，由天线接收到的回波，只能进入接收器，不能进入发射机)等.

(3) 电流与磁感应强度两个量都作为变量时，霍尔电压输出与两者乘积成正比. 利用这一特性可制成各种运算器(如乘法、除法、倒数、平方等)、功率计等.

3.5　亥姆霍兹线圈磁场的测量

【实验目的】

(1) 测量亥姆霍兹线圈中 O_1 线圈的磁感应强度沿轴线的分布 $(B_1 - x)$；

(2) 测量 O_2 线圈磁感应强度沿轴线的分布 $(B_2 - x)$；

(3) 测量亥姆霍兹线圈的磁感应强度沿轴线的分布 $(B_1 + B_2) - x$；

(4) 验证磁场叠加原理.

【实验仪器】

线圈基座、场线圈两个、小型基座、数字万用表、霍尔传感器、数据采集板、双路可调输出电源、电脑.

【实验原理】

1. 单一线圈磁场分布

根据毕奥-萨伐尔定律，载流线圈在轴线(通过圆心并与线圈平面垂直的直线)上任意一点 P(图 3-5-1)的磁感应强度为

$$B = \frac{\mu_0 NIR^2}{2(x^2 + R^2)^{3/2}} \hat{x} \qquad (3\text{-}5\text{-}1)$$

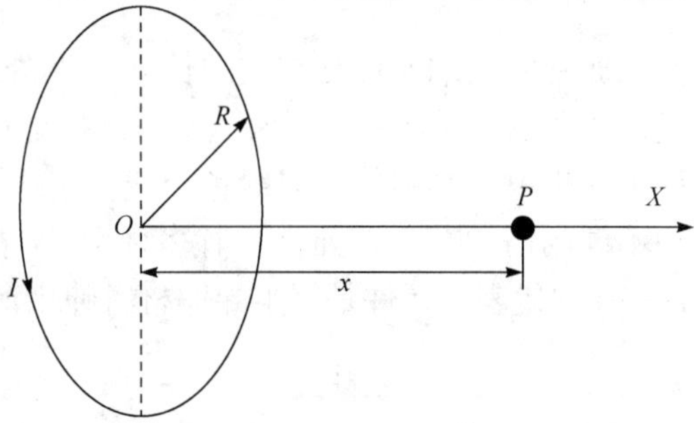

图 3-5-1　单一载流圆线圈

式中，μ_0 为真空磁导率，R 为线圈的平均半径，x 为圆心到该点 P 的距离，N 为线圈匝数，I

为通过线圈的电流强度. 根据式(3-5-1)，因此，圆心处的磁感应强度 B_0 的大小为

$$B_0 = \frac{\mu_0 NI}{2R} \tag{3-5-2}$$

2. 亥姆霍兹线圈磁场分布

亥姆霍兹线圈是一对彼此平行且连通的共轴圆形线圈(图 3-5-2)，两线圈内的电流方向一致，大小相同，线圈之间的距离 d 正好等于圆形线圈的半径 R. 这种线圈的特点是能在其公共轴线中点(O)附近产生较广的均匀磁场区，设 x 为亥姆霍兹线圈中轴线上某点 P 离中心点 O 处的距离，则亥姆霍兹线圈轴线上任意一点 P 的磁感应强度为

$$B = \frac{1}{2}\mu_0 NIR^2 \left\{ \left[R^2 + \left(\frac{R}{2} + x \right)^2 \right]^{-3/2} + \left[R^2 + \left(\frac{R}{2} - x \right)^2 \right]^{-3/2} \right\} \tag{3-5-3}$$

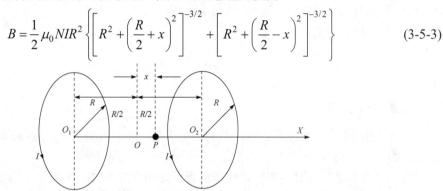

图 3-5-2 亥姆霍兹线圈示意图

根据式(3-5-3)可得在亥姆霍兹线圈上中心 O 处的磁感应强度 B 为

$$B_0 = \frac{8\mu_0 NI}{5^{3/2} R} \tag{3-5-4}$$

3. 霍尔传感器测量磁场的原理

霍尔传感器有两对互相垂直的电极，将它放入磁场 B 中(两对电极均垂直于 B)，当输入电极通以微弱电流 I_0 时，则在输出电极产生霍尔电势，$U_H = KI_0 B$，其中 K 为霍尔常数. 测量 U_H 的电压，再通过霍尔电势公式可计算出磁感应强度. 本实验中采用了 A/D 法测量 U_H，微控制器进行数据处理后传输至电脑显示.

【实验内容与步骤】

(1) 将两个完全相同的场线圈和所需的实验器材按图 3-5-3 所示组装到基座和支撑架上，调节两场线圈之间的距离，约等于线圈的半径，并记下此时准确的距离. 将数据采集板通过 USB 与电脑相连，打开数据采集系统.

图 3-5-3 实验装置示意图

(2) 打开电源开关，调节旋钮使电源的输出电压稳定，分别保持线圈 O_1 和 O_2 的输出电压恒定，用数据采集系统测量场线圈的磁感应强度，记为：B_1 和 B_2 最终取平均值. 将数据的平均值记录在表 3-5-1 中.

(3) 按照上一步骤的方法分别测量亥姆霍兹线圈中 O_1 和 O_2 线圈的磁感应强度，将其相应测量值填入表 3-5-1 中，且分别绘制出两线圈沿轴线的磁感应强度分布曲线 $(B_1{-}x)$、$(B_2{-}x)$.

(4) 测量亥姆霍兹线圈的磁感应强度，将其相应的测量值填入表 3-5-1 中，且绘制出亥姆霍兹线圈沿轴线的磁感应强度分布 $(B_{(1+2)} - x)$，与步骤(3)中的结果对比，验证磁场叠加原理，即 $B_{(1+2)} = B_1 + B_2$.

(5) 利用式(3-5-5)计算亥姆霍兹线圈中心位置 O 处 B 的理论值，并与测量值比较，测量该系统的稳定性且分析误差的主要来源：

$$\frac{\left| B_{理} - B_{测} \right|}{B_{理}} \times 100\% \tag{3-5-5}$$

【注意事项】

(1) 实验探测器采用的霍尔传感器的灵敏度较高，因而地磁场对实验影响不可忽略，移动探头测量时需注意零点变化，可以通过不断调零以消除此影响；

(2) 接线或测量数据时，要特别注意检查移动两个线圈时是否满足亥姆霍兹线圈的条件；

(3) 每测量一个数据，必须先在直流电源输出电路断开($I=0$)调零后，才测量和记录数据.

【数据处理】

表 3-5-1　数据记录表

x	−7.00	...	0.00	...	7.00
B_1/mT					
B_2/mT					
$(B_1{+}B_2)$/mT					
$B_{(1+2)}$mT					

注：测量间隔为 1cm，测量所取原点为两线圈轴线连线的中点.

【思考讨论】

(1) 测量时，应保证电源的输出电压不能超过线圈的承受能力；

(2) 线圈的半径越大是否可得到越宽广的均场空间？磁场的均匀度会如何变化？变好还是变差？

(3) 两个线圈采用串接或并接方式与电源相连时，必须注意磁场的方向. 如果接错线，亥姆霍兹线圈中间轴线上磁场会出现什么情况？

3.6　谐振频率的测量

谐振频率的测量

【实验目的】

(1) 通过实验进一步了解串联谐振与并联谐振发生的条件及其特征.

(2) 观察谐振电路中电压、电流随频率变化的现象，并测定谐振曲线.

(3) 了解谐振现象在生活和工业中的应用.

【实验装置】

(1) 函数信号发生器；

(2) 示波器；

(3) RLC 串联谐振电路板；

(4) 导线若干.

【实验原理】

由电感和电容元件串联组成的二端口网络如图 3-6-1 所示. 记二端网络中的电感为 L，电阻为 R，电容为 C，输入电压为 U，电阻两端的电压为 U_R，电感两端的电压为 U_L，电容两端的电压为 U_C. 则该网络的等效阻抗为

$$Z = R + \mathrm{j}(\omega L - \frac{1}{\omega C}) \tag{3-6-1}$$

该等效阻抗即电源频率的函数. 要使该网络发生谐振时，其端口电压与电流同相位即

$$\omega L - \frac{1}{\omega C} = 0 \tag{3-6-2}$$

根据式(3-6-2)可得谐振频率角频率为

$$\omega_0 = 1/\sqrt{LC} \tag{3-6-3}$$

相应的谐振频率为 $f_0 = 1/2\pi\sqrt{LC}$. 如图 3-6-2 所示，当电源频率为 ω_0 时，其串联谐振电路中的电流达到最大值 I_0，频率距离其振荡电路的谐振频率越远，相应的串联谐振电路中的电流 I 越小.

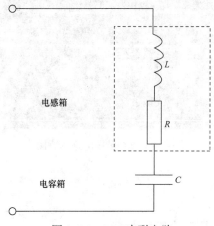

图 3-6-1　RLC 串联电路

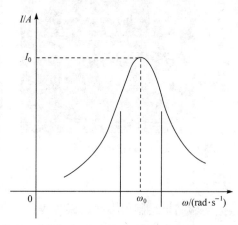

图 3-6-2　串联谐振电路的电流随频率的变化

将电路谐振时的感抗 $\omega_0 L$ 或容抗 $\dfrac{1}{\omega_0 C}$ 设定为特性阻抗 ρ，这里将特性阻抗 ρ 与电阻 R 的比值称为品质因数 Q，即

$$Q = \frac{\rho}{R} = \frac{\omega_0 L}{R} = \frac{\sqrt{L/C}}{R} \tag{3-6-4}$$

当电路谐振时阻抗最小，如果端口电压 U 保持稳定，那么电路中的电流将达到最大值，$I_0 =$

$\dfrac{U}{Z} = \dfrac{U_R}{R}$，仅与电阻的阻值有关，与电感和电容的值无关，电感电压与电容电压数值相等、相位相反，电阻两端电压等于总电压. 电感或电容电压是输入电压的 Q 倍，即

$$U_L = U_C = QU = QU_R \tag{3-6-5}$$

在一般情况下，RLC 串联电路中的电流是电源频率的函数，即

$$I(\omega) = \frac{U}{|Z(\mathrm{j}\omega)|} = \frac{U}{\sqrt{R^2 + (\omega L + 1/\omega C)^2}} = \frac{I_0}{\sqrt{1 + Q^2(\omega/\omega_0 - \omega_0/\omega)^2}} \tag{3-6-6}$$

【实验内容和步骤】

(1) 按图 3-6-3 连接好电路，连接信号发生器的 A 通道，红色连接在 RLC 谐振电路板的正极"VCC"，黑色连接在 RLC 谐振电路板的负极"GND"，RLC 谐振电路板如图 3-6-4 所示.

(2) 示波器的地端连接在 RLC 谐振电路板的负极"GND"，信号端连接在电阻的另一端.

(3) 以中心频率为中心点，左右各记录 5 个以上的点.

(4) 按图 3-6-3 连接好电路，保持信号发生器输出电压为一适当数值(1V)，改变电源频率，测量不同频率时的 U_R.

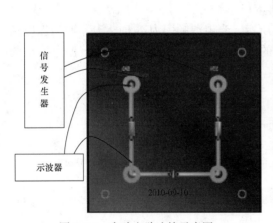

图 3-6-3　实验电路连接示意图

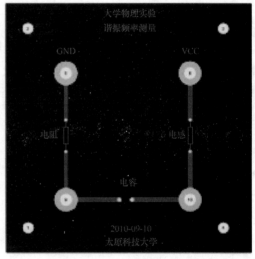

图 3-6-4　RLC 谐振电路示意图

【注意事项】

(1) 根据实验结果绘制出串联谐振曲线 $U_R(f)$.

(2) 根据给定的电容器的参数以及测试的串联谐振频率计算电感量.

【实验数据记录】

将测得的实验数据填入表 3-6-1.

表 3-6-1　实验数据表

f			...			
U_R			...			

注意：测量时需保持电路端电压固定不变，且测量点取 10 个点以上.

【问题讨论】

(1) 如果方波的半周期并不是远大小 RC 电路的时间常数 τ，那么 u_C 以及 u_R 的波形将是一种什么样的情况？

(2) 谐振电路的品质因数 Q 与哪些因数有关？

3.7　半导体 PN 结的物理特性研究

【实验目的】

(1) 在室温下，测量 PN 结电流与电压的关系，证明此关系符合指数规律；

(2) 在不同温度条件下，测量测量玻尔兹曼常量；

(3) 学习运算放大器组成电流-电压变换器测量微电流.

【实验装置】

FD-PN-2 型 PN 结物理特性测定仪.

【实验原理】

1. PN 结物理特性及玻尔兹曼常量测量

由半导体物理学可知，PN 结的正向电流电压关系满足

$$I = I_0 \left[\exp(eU/kT) - 1 \right] \tag{3-7-1}$$

式中，I 是通过 PN 结的正向电流，I_0 是不随电压变化的常数，T 是热力学温度，e 是电子的电荷量，U 是 PN 结正向压降.

由于在常温(300 K)时，$kT/e \approx 0.026\,\text{V}$，而 PN 结正向压降约为十分之几伏，则 $\exp(eU/kT) \gg 1$，式(3-7-1)括号内 -1 项完全可以忽略，于是有

$$I = I_0 \exp(eU/kT) \tag{3-7-2}$$

也即 PN 结正向电流随正向电压按指数规律变化. 若测得 PN 结 $I - U$ 关系值，则利用式(3-7-2)可以求出 e/kT. 在测得温度 T 后，就可以得到 e/k 常数，把电子电量作为已知值代入，即可求得玻尔兹曼常量 k.

在实际测量中，二极管的正向 $I - U$ 关系虽然能较好满足指数关系，但求得的玻尔兹曼常量 k 往往偏小. 这是因为通过二极管的电流不只是扩散电流，还有其他电流，一般包括三个部分：①扩散电流，严格遵循式(3-7-2)；②耗尽层复合电流，正比于 $\exp(eU/2kT)$；③表面电流，是由 Si 和 SiO$_2$ 界面中杂质引起的，其值正比于 $\exp(eU/mkT)$，一般 $m>2$. 因此，为了验证式(3-7-2)及求出准确的 e/k 常数，不宜采用硅二极管，而采用硅三极管接成共基极线路，因为此时集电极与基极短接，集电极电流中仅仅是扩散电流. 复合电流主要在基极出现，测量集电极电流时将不包括它. 本实验中选取性能良好的硅三极管(TIP31 型)，实验中又处于较低的正向偏置，这样表面电流影响也完全可以忽略，所以此时集电极电流与结电压将满足式(3-7-2). 实验线路如图 3-7-1 所示.

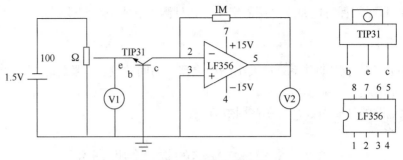

图 3-7-1　实验线路示意图

2. 弱电流测量

过去实验中$10^{-6} \sim 10^{-11}$A 量级弱电流采用光电反射式检流计测量，该仪器灵敏度较高，约10^{-9}A/分度，但有许多不足之处，如十分怕震，挂丝易断；使用时稍有不慎，光标易偏出满度，瞬间过载引起挂丝疲劳变形，产生不回零点及指示差变大现象，使用和维修极不方便. 近年来，集成电路和数字化显示技术越来越普及. 高输入阻抗运算放大器性能优良，价格低廉，用它组成电流-电压变换器测量弱电流信号，具有输入阻抗低、电流灵敏度高、温漂小、线性好、设计制作简单、机构牢靠等优点，因此被广泛应用于物理测量中.

LF356 是一个高输入阻抗集成运算放大器，用它组成电流-电压变换器(弱电流放大器)，如图 3-7-2 所示. 其中虚线框内电阻 Z_r 为电流-电压变换器等效输入阻抗. 由图 3-7-2 可见，运算放大器的输入电压U_0 为

$$U_0 = -K_0 U_i \tag{3-7-3}$$

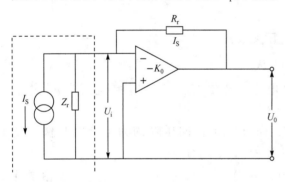

图 3-7-2　电流-电压变换器结构示意图

式中，U_i 为输入电压，K_0 为运算放大器的开环电压增益，即图 3-7-2 中电阻 $R_f \to \infty$时的电压增益，R_f 为反馈电阻. 因为理想运算放大器的输入阻抗 $r_i \to \infty$，所以信号源输入电流只流经反馈网络构成的通路. 因而有

$$I_S = (U_i - U_0)/R_f = U_i(1 + K_0)/R_f \tag{3-7-4}$$

由式(3-7-4)可得电流-电压变换器等效输入阻抗 Z_r 为

$$Z_r = U_i/I_S = R_f/(1 + K_0) \approx R_f/K_0 \tag{3-7-5}$$

由式(3-7-3)和式(3-7-4)可得电流-电压变换器输入电流 I_S 输出电压U_0 之间的关系式，即

$$I_S = -\frac{U_0}{K_0}\frac{(1 + K_0)}{R_f} = -\frac{U_0(1 + 1/K_0)}{R_f} = -\frac{U_0}{R_f} \tag{3-7-6}$$

由上式可知，只要测得输出电压U_0 和已知值R_f，即可求得I_S 值.

下面以高输入阻抗集成运算放大器 LF356 为例来讨论 Z_r 和 I_S 值的大小.

LF356 运放的开环增益$K_0 = 2 \times 10^5$,输入阻抗$r_i \approx 10^{12}$ Ω. 若取R_f 为1.00 MΩ,则由式(3-7-5)可得

$$Z_r = 1.00 \times 10^6 \, \Omega/(1 + 2 \times 10^5) = 5 \, \Omega \tag{3-7-7}$$

若选用四位半量程 200 mV 数字电压表，它最后一位变为 0.01 mV，那么用上述电流-电压变换器能显示的最小电流值为

$$(I_s)_{min} = 0.01 \times 10^{-3} \text{ V}/(1 \times 10^6 \ \Omega) = 1 \times 10^{-11} \text{ A} \tag{3-7-8}$$

由此说明，用集成运算放大器组成电流-电压变换器测量微电流，具有输入阻抗小、灵敏度高的优点.

【实验内容】

(1) 实验线路如图 3-7-1 所示. 图中 V_1 为二位半数字电压表，V_2 为四位半数字电压表，TIP31 型为带散热板的功率三极管，调节电压的分压器为多圈电位器，为保持 PN 结与周围环境一致，把 TIP31 型三极管浸没在盛有变压器油的油管中，油管下端插在保温杯中，保温杯内放有室温水. 变压器油温度用 0～50ºC 的水银温度计测量.

(2) 在室温情况下，测量三极管发射极与基极之间电压 U_1 和相应电压 U_2. 在室温下 U_1 的值在 0.3～0.42V 范围内每隔 0.01V 测一点数据，至少测 10 多数据点，至 U_2 值达到饱和时 (U_2 值变化较小或基本不变)，结束测量. 在记录数据开始和记录数据结束时都要同时记录变压器油的温度 θ，取温度平均值 $\overline{\theta}$.

(3) 改变保温杯内水温，用搅拌器搅拌水温与管内油温一致时，重复测量 U_1 和 U_2 的关系数据，并与室温测得的结果进行比较. (也可以在保温杯内放冰屑做实验)

(4) 曲线拟合求经验公式：运用最小二乘法，将实验数据分别代入线性回归、指数回归、乘幂回归这三种常用的基本函数(它们是物理学中最常用的基本函数)，然后求出衡量各回归方程好坏的标准差 σ. 对已测得的 U_1 和 U_2 各对数据，以 U_1 为自变量，U_2 为因变量，分别代入：①线性函数 $U_2 = aU_1 + b$；②乘幂函数 $U_2 = aU_1^b$；③指数函数 $U_2 = a\exp(bU_1)$. 求出各函数相应的 a 和 b 值，得出三种函数式，究竟哪一种函数符合物理规律必须用标准差来检验. 具体做法为：把实验测得的各个自变量 U_1 分别代入三个基本函数，得到相应因变量的预期值 U_2^*，并由此求出各函数拟合的标准差：

$$\sigma = \sqrt{\left[\sum_{i=1}^{n} (U_i - U_i^*)^2 / n \right]} \tag{3-7-9}$$

式中，n 为测量数据个数，U_i 为实验测得的因变量，U_i^* 为将自变量代入基本函数的因变量预期值. 最后比较哪一种基本函数拟合结果标准差最小，说明该函数拟合得最好.

(5) 计算 e/k 常数，将电子的电量作为标准差代入，求出玻尔兹曼常量.

【实验步骤】

(1) 通过长软导线，将显示部分与操作部分之间的接线端一一对应连接起来.

(2) 通过短对接线，将线路板上的输入与输出端按照所示实验原理图连接起来.

(3) 打开电源，通过调节输入电位器将输入电压从显示输入电压为 0.02 V 开始逐渐增加到 13 V 左右的饱和电压，将测量结果记在实验记录本上，以便进行数据处理.

【注意事项】

(1) 数据处理时，对于扩散电流太小(起始状态)及扩散电流接近或达到饱和时的数据，在处理数据时应删去，因为这些数据可能偏离公式(3-7-2).

(2) 必须观察恒温装置上的温度计读数，待所加热水与 TIP31 三极管温度处于相同温度时(即处于热平衡时)，才能记录 U_1 和 U_2 数据.

(3) 用本装置做实验，TIP31 型三极管温度可采用的范围为 $0\sim50$ ℃. 若要在 $-120\sim0$ ℃温度范围内做实验，必须采用低温恒温装置.

(4) 由于各公司的运算放大器(LF356)性能有些差异，因此在换用 LF356 时，有可能同台仪器达到的饱和电压 U_2 值并不相同.

(5) 本仪器电源具有短路自动保护，运算放大器若把 15 V 接反或地线漏接，本仪器也有保护装置，一般情况下集成电路不易损坏. 请勿将二极管保护装置拆除.

【实验数据记录】

I_c-U_{be} 关系测定，曲线拟合求经验公式，计算玻尔兹曼常量.

室温条件下：初温 $\theta_1=$ _____ ℃，末温 $\theta_2=$ _____ ℃，$\bar{\theta}=$ _____ ℃

表 3-7-1　(U_1的起、终点要以具体的实验情况判断)

序号	1	2	3	4	5	6	7	8
U_1/V	0.310	0.320	0.330	0.340	0.350	0.360	0.370	0.380
U_2/V								
序号	9	10	11	12	13	14	15	…
U_1/V	0.390	0.400	0.410	0.420	0.430	0.440	0.450	…
U_2/V								

以 U_1 为自变量，U_2 为因变量，分别进行线性函数、乘幂函数和指数函数的拟合，将结果填入表 3-7-2 中.

表 3-7-2　回归法函数拟合

三种函数
线性函数：$U_2=aU_1+b$　　　　线性回归：$U_2=aU_1+b$
幂函数：$U_2=aU_1^b$　　　　幂函数回归：$\ln U_2=b\ln U_1+\ln a$
指数函数：$U_2=a\exp(bU_1)$　　指数函数回归：$\ln U_2=bU_1+\ln a$

n	U_1	U_2	线性回归		幂函数回归		指数函数回归	
			U_2^*	$(U_2-U_2^*)^2$	U_2^*	$(U_2-U_2^*)^2$	U_2^*	$(U_2-U_2^*)^2$
1								
2								
3								
4								
5								
6								
7								
8								
9								
10								
11								
12								

续表

n	U_1	U_2	线性回归		幂函数回归		指数函数回归	
			U_2^*	$(U_2 - U_2^*)^2$	U_2^*	$(U_2 - U_2^*)^2$	U_2^*	$(U_2 - U_2^*)^2$
13								
14								
15								

由表 3-7-2 所示数据得出最佳拟合函数为：_____，进而求得 $e/k = bT =$ ___

_____ CK/J，则可得：$k = \dfrac{e}{e/k} =$ _____ J/K，此结果与公认值 $k = 1.381 \times 10^{-23}$ J/K 进行比较.

【思考与讨论】

(1) 得到的数据一部分在线性区，一部分不在线性区，为什么？拟合时应如何注意取舍？

(2) 减小反馈电阻的代价是什么？对实验结果有影响吗？

(3) 本实验把三极管接成共基极电路，测量扩散电流与电压之间的关系，求玻尔兹曼常量，主要是为了消除哪些误差？

3.8　测量非线性原件的伏安特性

【实验目的】

(1) 了解二极管的单向导电特性和稳压二极管的稳压特性.

(2) 学习测量非线性元件的伏安特性.

【实验装置】

直流稳压电源、万用表、电压表、毫安表、微安表、变阻器、电阻箱、二极管、开关和导线等.

【实验原理】

当一个元件两端加上电压，元件内有电流通过时，电压与电流之比称为该元件的电阻. 若一个元件两端的电压与通过它的电流成比例，则伏安特性曲线为一条直线，这类元件称为线性元件. 若一个元件两端的电压与通过它的电流不成比例，则伏安特性曲线不再是一条直线而是一条曲线，这类元件称为非线性元件.

晶体二极管是一种典型的非线性元件，其电阻值不仅与外加电压的大小有关，而且还与方向有关.

晶体二极管简称二极管，由 P 型和 N 型半导体材料结合在一起形成一个 PN 节，在 P 区和 N 区各引出一个电极并封装而成. P 区引出端叫正极，N 区引出端叫负极，其结构与符号如图 3-8-1 所示.

图 3-8-1　二极管的结构与符号

二极管的主要特点是单向导电性，其伏安特性曲线如图 3-8-2 所示.

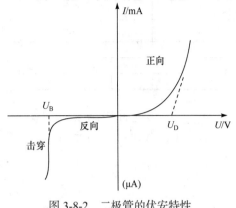

图 3-8-2　二极管的伏安特性

由图 3-8-2 可见，二极管具有下面三个特性.

1. 正向导通特性

当外加电压 U 为零时，电流 I 为零，且外加正向电压较小时，电流也几乎为零. 只有当正向电压超过某一数值时(硅管约 0.7 V，锗管约 0.2 V)，流过二极管的正向电流将随正向电压的升高开始出现明显的增加，二极管导通. 二极管刚开始导通时的电压叫导通电压 U_D，二极管导通后两端的电压叫管压降. 导通电压略小于管压降，但通常都认为二者近似相等，对于硅管约为 0.7 V，锗管约为 0.2 V. 如果二极管两端加上超过以上数值的正向电压，那么二极管将因电流过大而烧坏，所以二极管回路中必须串入电阻以限制其电流.

2. 反向截止特性

二极管加反向电压且反向电压不大于某一数值时，反向电流数值很小且基本保持不变. 所以此反向电流称为反向饱和电流，此值越小越好.

3. 反向击穿特性

当二极管的反向电压大于某一数值时，反向电流将急剧增加，这种现象叫做二极管被反向击穿，此时对应的电压 U_B 称为二极管的反向击穿电压. 在反向击穿区，通过二极管的反向电流在很大范围内变化，反向电压 U_B 却基本不变，这就是稳压二极管的稳压作用.

为了正确地选择和使用二极管，必须知道二极管的某些参数. 二极管的主要参数有以下几个：

(1) 最大正向电流. 指在一定的散热条件下，二极管长期工作时所允许流过的最大正向平均电流. 若超过此值，二极管则可能由于过热而损坏. 实际应用时，二极管的实际工作电流要低于规定的最大正向电流值.

(2) 最大反向工作电压. 指二极管能承受的最大反向工作电压(峰值). 若超过此值，二极管有被反向击穿而损坏的危险(一般取反向击穿电压的一半). 实际应用时，反向电压的峰值不能超过规定的最高反向工作电压.

此外，还有最大反向电流、最高工作频率等参数，都可以在晶体管手册中查到.

稳压二极管是一种特殊的二极管，它的正向特性与一般二极管相似，但它的反向特性曲线却更为陡直. 稳压二极管工作在反向击穿区，与一般二极管不同的是稳压管的反向击穿是可逆的，即去掉反向电压，稳压管又恢复正常，不会因反向击穿而损坏. 当然，如果反向电流超过允许范围，稳压管同样会因热击穿而损坏.

稳压二极管的主要参数有稳定电压、稳定电流、最大稳定电流、最大耗散功率等.

【实验内容与步骤】

1. 测量二极管的正向特性

二极管正向特性测量电路如图 3-8-3 所示，电源电压为 0～3 V，R_1 和 R_2 为保护二极管的两个限流电阻，其中 R_1 阻值较大用作粗调，R_2 阻值较小用作微调.

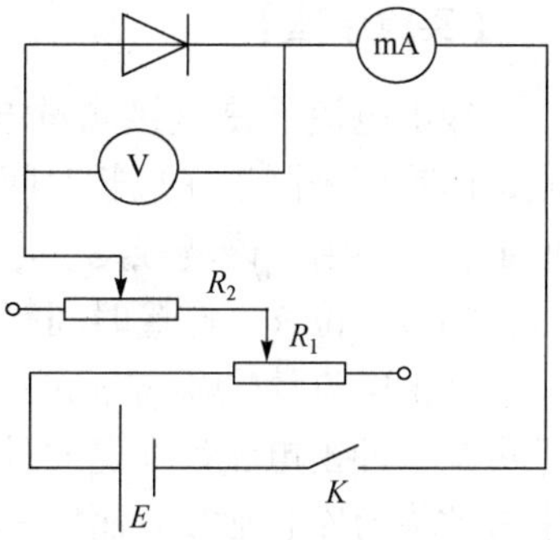

由于二极管的伏安特性是非线性的，所以在测量取点时可不必等间隔取点，在电流变化缓慢区电压间隔可取得大一些，在电流变化迅速区电压间隔可取得小一些. 测量从 0 V 开始，每隔 0.05～0.10 V 读出相应的电流值一次，直到电流达到被测二极管最大允许电流以内(由实验室给出).

2. 测量二极管的反向特性

二极管反向特性测量电路如图 3-8-4 所示，电源电压约为 30 V，控制电路用 R_1 和 R_2 两个变阻器连接成分压电路，其中阻值较大的 R_1 用作粗调，

图 3-8-3　二极管正向特性测量电路

阻值较小的 R_2 用作微调.

测量从 0 V 开始，每隔 2～3 V 读出相应的电流值一次，直到接近 30 V 为止. (注意：加在二极管两端的电压和流过二极管的电流均是反向的，故记录数据时应取为负值).

【数据和结果处理】

(1) 自己设计数据表格，将实验测量数据记入表格，并计算二极管在不同电压时的电阻值.

(2) 根据所记录的数据，以电压为横坐标，电流为纵坐标，在坐标纸上绘出二极管的正向特性和反向特性曲线. 因为正、反向电压、电流值相差较大，故绘图时坐标轴可选取不同的单位，但需标明.

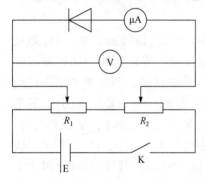

图 3-8-4　二极管反向特性测量电路

【思考与讨论】

(1) 本实验中测量二极管的正、反向伏安特性时，分别采用了两种电表接法，为什么？

(2) 如何用万用表判断二极管的正负极？

(3) 二极管的主要参数在实际电路中有何作用？

3.9　冲击电流计

【实验目的】

(1) 了解冲击电流计的结构、工作原理和使用方法.

(2) 测定冲击电流计常数(库仑常数及磁链常数).

(3) 学习一种测定电容的方法.

【实验装置】

冲击电流计、电流表、电压表、标准互感、电阻箱、滑线式变阻器、直流稳压电源、开关、导线等.

【实验原理】

冲击电流计是直接测量电量的仪器. 它虽名为"电流计"，但实际目的不是用来测量电流，而是用来测量在短暂时间内流过冲击电流计的电量的，也可用来测量涉及电量的其他物理量，如磁通、磁场强度、电容、电感、电阻等以及可以与这些电学量建立某种联系的非电量，如微小位移、碰撞时间等.

冲击电流计(见附录)既可工作在电容充放电状态，也可工作于磁链发生变化的状态. 由理论可知，冲击电流计在这两种状态下的冲击常数是不同的，为区别起见，将前一种状态的冲击常数称为库仑常数，而后一种状态下的冲击常数简称为磁链常数.

1. 测定冲击电流计的磁链常数

测量电路如图 3-9-1 所示，其中 G 为冲击电流计，A 为电流表，K_2 为换向开关，M 为标准互感.

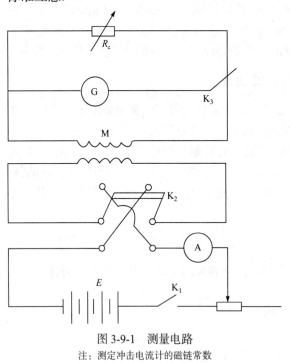

图 3-9-1　测量电路

注：测定冲击电流计的磁链常数

当 K_1 闭合时电源接通，K_2 闭合则互感线圈初级接通，使 K_3 掷向下方则冲击电流计与互感次级接通，当整个电路达到稳定后(即冲击电流计处于静止状态)，突然将换向开关 K_2 由上方掷向下方(或相反)，则互感线圈初级所在电路的电流由 $+I$ 很快地变化为 $-I$，从而在其次级回路(即冲击电流计所在回路)产生一个感生电动势，若标准互感次级回路闭合(K_3 掷向下方)，则会有一瞬时电流 i_2 流过此回路. 由欧姆定律可知

$$\varepsilon_M = -M\frac{\mathrm{d}i_1}{\mathrm{d}t} \tag{3-9-1}$$

$$\varepsilon_M = i_2 R + L\frac{\mathrm{d}i_2}{\mathrm{d}t} \tag{3-9-2}$$

式中，i_2、R、L 分别为冲击电流计所在回路的瞬时电流、总电阻及总自感，瞬时电流通过冲击电流计的迁移电量 Q_0 为

$$Q_0 = \int_0^\tau i_2 \mathrm{d}t \tag{3-9-3}$$

τ 为瞬时电流持续的时间. 将式(3-9-1)，式(3-9-2)代入式(3-9-3)可得(因为 $i_1(0) = I$, $i_1(\tau) = -I$, $i_2(0) = 0$, $i_2(\tau) = 0$)

$$Q_0 = \int_0^\tau -\frac{M}{R}\frac{\mathrm{d}i_1}{\mathrm{d}t}\mathrm{d}t - \int_0^\tau \frac{L}{R}\frac{\mathrm{d}i_2}{\mathrm{d}t}\mathrm{d}t = 2\frac{M}{R}I \tag{3-9-4}$$

又根据冲击电流计常数的定义有

$$Q_0 = K_M d_{\max} \tag{3-9-5}$$

将式(3-9-5)代入式(3-9-4)可得到磁链常数为

$$K_M = 2\frac{M}{R}\frac{I}{d_{\max}} \tag{3-9-6}$$

2. 测定冲击电流计的库仑常数

测量电路如图 3-9-2 所示,将双刀双掷开关接成如图所示的形式.

当 K_2 掷向下方并接通 K_1 时,则电源将通过分压电路对标准电容 C_0 充电,在对 C_0 充电的同时,冲击电流与 R_c(令 R_c 恰好为冲击电流计外回路临界电阻)接通并构成一闭合回路(即使其处于临界阻尼状态). 当把 K_2 掷于上方时,冲击电流计与 R_c 断开,而电容 C_0 只向冲击电流计放电,由此可确定其库仑常数.

设对标准电容 C_0 充电电压为 U,则电容所带之电量 Q_0 为

$$Q_0 = C_0 U \tag{3-9-7}$$

而后使电容 C_0 对冲击电流计放电,显然有

$$Q_0 = K_c d_{\max} \tag{3-9-8}$$

由式(3-9-7),式(3-9-8)不难确定冲击电流计的库仑常数为

$$K_c = C_0 \frac{U}{d_{\max}} \tag{3-9-9}$$

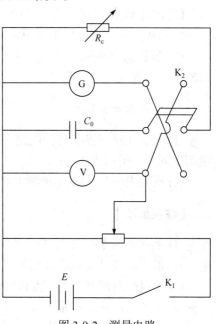

图 3-9-2　测量电路

注: 测定冲击电流计的库仑常数

3. 测定未知电容 C_x

用图 3-9-2 所示电路,首先对标准电容 C_0 充电,维持充电电压恒定,而后使充电后的 C_0 对冲击电流计放电,并记下与其相应的最大偏转值 $d_{\max}$,然后用待测电容 C_x 代替标准电容 C_0,并测得未知电容向冲击电流计放电所产生的第一次最大偏转 $d'_{\max}$,由

$$C_0 U = K_c d_{\max}, \quad C_x U = K_c d'_{\max} \tag{3-9-10}$$

可知未知电容 C_x 为

$$C_x = \frac{d'_{\max}}{d_{\max}} C_0 \tag{3-9-11}$$

【实验内容与步骤】

1. 测定冲击电流计的磁链常数 K_M

(1) 按图 3-9-1 接好线路,接线时一定要使电流开关及控制回路电流开关 K_1 断开,接线完毕后要使冲击电流计处于闭路状态,并暂将 R_c 取作零.

(2) 调整冲击电流计读数系统,使其工作于临界阻尼状态,并取 R_c 等于其外回路临界电阻.

(3) 在临界状态下改变标准互感线圈初级回路的电流 7~10 次,测定冲击电流计相应的

最大偏转值 $d_{\max}$ ，并记下相应的电流值，将相应的测量值填入表 3-9-1.

(4) 利用式(3-9-6)计算出各次测量的 K_{M} 值，取其算术平方值 $\overline{K_{\mathrm{M}}} = \dfrac{\sum K_i}{n}$ 作为最后的测量近真值.

2. 测定冲击电流计的库仑常数 K_{c}

(1) 按图 3-9-2 接好线路，接线完毕可使冲击电流计所在回路闭合，并取 R_{c} 为其外回路临界电阻.

(2) 取定 C_0 值. 改变充电电压 7～10 次(或取定充电电压改变 C_0)，记录冲击电流计相应的最大偏转值 $d_{\max}$ 和充电电压值，将相应的测量值填入表 3-9-2.

(3) 根据式(3-9-9)用最小二乘法或取算术平均值的方法处理测量数据，确定此冲击电流计的库仑常数 K_{c} .

3. 测定未知电容 C_x

(1) 仍使用图 3-9-2 作为电路图，将 C_0 换为 C_x ，根据库仑常数选取合适的充电电压，测量步骤同上，根据表 3-9-1 以及表 3-9-2 自行设计表格，且将相应数据填入表内.

(2) 利用式(3-9-11)求出被测电容值 C_x .

【注意事项】

(1) 测磁链常数时要选取合适的工作电流，测库仑常数时(或未知电容)要选取合适的工作电压. 一般以不使冲击电流计偏转超过其刻度尺读数为宜.

(2) 不得擅自调节冲击电流计的内部结构.

(3) 冲击电流计使用完毕后一定要将其短路.

【实验数据记录及结果处理】

表 3-9-1　测定冲击电流计的磁链常数 K_{M} 数据记录表

测量次数 n	标准互感线圈电流 I	冲击电流计最大偏转值 $d_{\max}$	磁链常数 $K_{\mathrm{M}} = 2\dfrac{M}{R}\dfrac{I}{d_{\max}}$
1			
2			
...			
n			

表 3-9-2　测定冲击电流计的库仑常数 K_c 数据记录表　　　　$C_0 = $ _____

测量次数 n	充电电压 U	冲击电流计最大偏转值 $d_{\max}$	磁链常数 $K_{\mathrm{c}} = C_0 \dfrac{U}{d_{\max}}$
1			
2			
...			
n			

【预习思考题】

(1) 简述冲击电流计的工作原理.

(2) 在图 3-9-1 中，开关 K_1，K_2、K_3 的作用是什么?实验完毕，应使三个开关呈何种状态?

【讨论问题】

(1) 图 3-9-1、图 3-9-2 中 R_c 的作用是什么?为什么要使它与冲击电流计外回路临界电阻相等，使其偏大或偏小有什么不便?

(2) 冲击电流计为什么能够测瞬时电量?灵敏电流计能否测瞬时电量?

【附录】　冲击电流计及其原理

冲击电流计是一种测量短暂时间内有多少电量流过电路的仪器，使用时将它串接到待测电路中. 它的外形随型号的不同稍有差别，而内部结构与灵敏电流计大致相同，所不同的是，冲击电流计的线圈是一个横向尺寸大于纵向尺寸的矩形框，如图 3-9-3 所示，这种线圈有较大的转动惯量，并且有较大的自由转动周期.

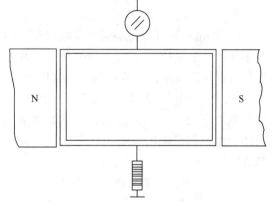

如果线圈中通以电流 I_c，则它所受到的磁力矩 M 为

$$M = F_m a = nI_c BS \qquad (3\text{-}9\text{-}12)$$

式中，B 为线圈所在处的磁感应强度，n、S 分别为线圈的匝数和面积.

若有一个持续时间为 t 的瞬时电流 I_p 流过线圈，线圈将受到冲量矩 M_t 的作用为

$$M_t = nI_p BSt = nBSQ \qquad (3\text{-}9\text{-}13)$$

式中，Q 是在时间 t 内流过冲击电流计的电量.

图 3-9-3　线圈偏转系统

按照角动量原理，线圈受到冲量矩作用后，角动量将发生变化，且有等式

$$M_t = J(\omega - \omega_0) \qquad (3\text{-}9\text{-}14)$$

式中，J 为线圈的转动惯量，ω_0、ω 分别为冲量矩作用前、后线圈的转动角速度. 因为测量前已将线圈调节到平衡状态，故 $\omega_0 = 0$(这是使用冲击电流计的前提条件)，有

$$M_t = J\omega \qquad (3\text{-}9\text{-}15)$$

获得了转动角速度 ω 的线圈具有转动动能($E_k = \dfrac{1}{2}J\omega^2$)，并使线圈转动一个角度 θ (θ 是最大的偏转角). 在线圈转动时其动能逐渐转变为悬丝的扭转势能. 如果忽略空气的阻力和线圈回路在磁极间转动时受到的电磁阻尼作用，则由机械能守恒定律

$$\frac{1}{2}J\omega^2 = \frac{1}{2}D\theta^2 \qquad (3\text{-}9\text{-}16)$$

式中，D 为悬丝的扭转弹性系数.

由式(3-9-13)、式(3-9-15)、式(3-9-16)得到

$$Q = \frac{\sqrt{DJ}}{nBS}\theta \qquad (3\text{-}9\text{-}17)$$

为了确定上式中的偏转角 θ，调节反射镜 M，使望远镜内十字叉丝正对标尺 s 的零线，当反射镜 M 转过小角后，望远镜内叉丝正对标尺上另一刻线 d_m.

按照光的反射定律 $\angle PMO = 2\theta$，设反射镜 M 与标尺 s 的距离为 L(要求 $L \gg d_m$)，则

$$\tan 2\theta \approx 2\theta = \frac{PO}{OM} = \frac{d_m}{L}, \qquad \theta = \frac{d_m}{2L}$$

于是

$$Q = \frac{\sqrt{DJ}}{2LnBS} d_m \tag{3-9-18}$$

令 $K = \dfrac{\sqrt{DJ}}{2LnBS}$，则

$$Q = Kd_m \tag{3-9-19}$$

式中，K 称为冲击电流计在开路状态下的常数，单位是 c/mm. 由式(3-9-19)可知，冲击电流计的第一次最大偏转 d_m 与通过它的总电量 Q 成正比.

使用冲击电流计时应当注意：

(1) 冲击电流计测量瞬时电量的误差，随电量通过的时间 t 的延长而增大，观测值总是稍小于实际的电量数值. 为了减小误差. 要求 t 至少应小于 $T/10$，最好是小于 $T/30$(T 是冲击电流计自由振荡周期，一般在 $10\sim18$ s 以上).

(2) 推导式(3-9-18)时没有考虑跟冲击电流计串联的回路特性. 实际上冲击电流计往往在闭路状态下使用，因而需引入新的常数 K'，K' 称为冲击电流计在闭路状态下的常数，它与闭合电路的总电阻 R 有关，每次使用冲击电流计时都应由实验测定在该测量条件下的常数 K'.

(3) 冲击电流计的悬丝容易损坏. 在调节零位时只能轻轻将悬丝上部的调节端转一个很小的角度. 如果通过的电流过大，可在测量回路中串接电阻或在冲击电流计上并联分流电阻，以便将偏转值控制在标尺的 $1/3\sim1/4$ 范围内.

(4) 为使每次测读后线圈易于回到平衡位置，必须在冲击电流计两端并联一个阻尼开关. 当转动的线圈通过平衡位置时，按下阻尼开关可使线圈停止转动. 使用完毕后应将冲击电流计两端短路.

3.10　测量光栅常数与光波的波长

【实验目的】

测量光栅常数和光波的波长.

【实验装置】

分光计、照明小灯泡、衍射光栅、钠光灯、变压器、三棱镜.

测量光栅常数
和光的波长

【实验原理】

光栅在结构上有平面光栅、阶梯光栅和凹面光栅等几种；同时又分为透射式和反射式两类. 本实验使用透射式平面刻痕光栅或全息光栅.

　　透射式平面刻痕光栅是在光学玻璃片上刻划大量相互平行、宽度和间距相等的刻痕而制成的. 因此, 光栅实际上是一排密集均匀而又平行的狭缝.

　　如以单色平行光垂直照射在光栅面上, 则透过各狭缝的光线因衍射将向各个方向传播, 经透镜合聚后相互干涉, 并在透镜焦平面上形成一系列被一定暗区隔开的间距不同的明条纹 (图 3-10-1).

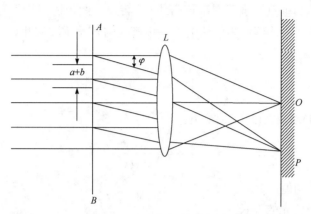

图 3-10-1　光栅衍射示意图

　　按照光栅衍射理论, 衍射光谱中明条纹的位置由下式决定:

$$(a+b)\sin\varphi_k = k\lambda \quad (k = 0, \pm 1, \pm 2, \cdots) \tag{3-10-1}$$

式中, $(a+b)$ 为光栅常数, φ_k 为第 k 级明纹衍射角, k 为明条纹(光谱线)的级数, λ 为单色光的波长.

　　如果入射光不是单色光, 则由上式可知, 光的波长不同, 其衍射角 φ_k 也不相同, 于是复色光将被分解, 而在中央 $k = 0, \varphi_k = 0$ 处, 各色光仍重叠在一起, 组成中央明条纹. 在中央明纹的两侧, 对称地分布着 $k=1, 2, \cdots$ 级光谱, 各级光谱都按波长大小依次排列成一组由紫到红的彩色谱线, 这样就把复色光分为单色光.

　　本实验用已知波长的钠光, 测出光栅常数 $(a+b)$, 再根据已知的光栅常数, 测定某一单色光的波长.

【实验内容与步骤】

1) 调节分光计

分光计的调节方法与要求参看 2.19 中的有关部分.

2) 测光栅常数

(1) 点着钠光灯, 把望远镜 F 移到 W 位置, 对准平行光管 k (图 3-10-2), 使叉丝的垂直线对准狭缝.

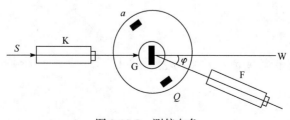

图 3-10-2　测偏向角

(2) 把光栅 G 垂直地放在平台中央，光栅平面与平台下三个螺丝中任意两个的连线垂直(另一螺丝处在光栅平面内)，使入射光垂直地照射到光栅上，这时就可看到各级衍射条纹. 如果发现条纹与叉丝的垂直线不平行，则调节与光栅同平面的螺丝(切不可动狭缝和叉丝)使之平行，要求看到的条纹左右对称，清晰明亮.

(3) 将望远镜沿某一方向移动，对准钠黄光的第 k 级谱线(本实验只测第一级，$k=1$)，用微动螺旋调节使叉丝的垂直线准确对准该谱线. 从转盘上两边窗口记下游标的读数 V_1 和 V_2，继续移动望远镜至另一边，读出另一边的第一级谱线的 V_1' 和 V_2'. 如此重复一次.

(4) 计算偏向角

$$\varphi_1 = \frac{1}{4}\left[\left|V_1 - V_1'\right| + \left|V_2 - V_2'\right|\right] \tag{3-10-2}$$

再由光栅公式(3-10-1)以及式(3-10-2)求出：

$$a+b = \frac{\lambda}{\sin \varphi_1} \tag{3-10-3}$$

计算出光栅常数的平均值.

3) 测钠谱线中绿色光的波长

重复上述步骤(2)，测出对应于绿光的第一级谱线的偏向角，由光栅公式计算出绿光波长：

$$\lambda = (a+b)\sin \varphi_1 \tag{3-10-4}$$

【实验数据及结果处理】

1. 测光栅常数

将光栅常数实验所得数据填入表 3-10-1.

表 3-10-1　测光栅常数数据表

钠黄光的平均波长 $\lambda = 5893\overset{\circ}{A}$

测量次数	右边谱线		左边谱线		φ_k	$a+b = \dfrac{k\lambda}{\sin \varphi_1}$
	左窗读数 V_1	右窗读数 V_2	左窗读数 V_1'	右窗读数 V_2'		
1						
2						

$\overline{a+b} =$ _____ cm;　$(a+b) \pm \Delta(a+b) =$ _____ cm;　$E =$ _____ %

2. 测绿光波长

将绿光波长实验所得数据填入表 3-10-2.

表 3-10-2　测绿光波长数据表

已知光栅常数 $\dfrac{1}{a+b}$ = _____ 条/cm

测量次数	右边谱线		左边谱线		φ_k	$\lambda = \dfrac{(a+b)\sin\varphi_1}{k}$
	左窗读数 V_1	右窗读数 V_2	左窗读数 V_1'	右窗读数 V_2'		
1						
2						
	$\bar{\lambda}$ = _____ cm；$\lambda \pm \Delta\lambda$ = _____ cm；E = _____ %					

【预习思考题】

(1) 怎样调节和使用分光计?如何测量和记录偏向角.

(2) 如何测量光栅常数和光波波长?

【讨论问题】

(1) 光栅光谱和棱镜光谱有哪些不同之处?

(2) 当用钠光(波长 $\lambda = 5890.0 \times 10^{-8}$ cm)垂直射入到 1 mm 内有 500 条刻痕的平面透射光栅上时，试问最多能看到第几级光谱?

3.11　迈克耳孙干涉仪

【实验目的】

(1) 了解迈克耳孙干涉仪的构造原理并掌握仪器的调节方法；

(2) 测定 He-Ne 激光的波长；

(3) 测定 Na 黄光的双线波长差.

【实验装置】

迈克耳孙干涉仪(SG-l 型)、He-Ne 激光器、钠光灯(及其电源)、透镜及其支架、毛玻璃片及支架.

【实验原理】

迈克耳孙干涉仪的光路如图 3-11-1 所示. 图中 S 为光源. L 为透镜，G_1、G_2 为两块同材

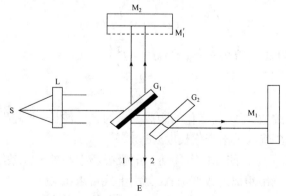

图 3-11-1　迈克耳孙干涉仪光路图

料等厚度的光学平板玻璃. 在 G_1 的一个面上镀上半透明薄银层,照到它上面的光线,一半被反射,一半被透过,因而称为半反射透镜. G_2 仅起光程的补偿作用,以免两光束的光程差太大,故称补偿片.

M_1、M_2 是全反射平面镜,每个后边均有三个调节螺丝,可以调节其方向,M_1 固定在干涉仪上,M_2 可凭螺杆(有粗调与细调)使之前后移动.

当光线自 S 发出,经过透镜 L 到 G_1 后分为两束,一束经 G_1 反射到 M_2 上,而后沿原路(当光线垂直 M_2 时)回到 G_1 并透过 Gl,如图 3-11-1 中光束 2. 另一束透过 G_1,G_2 射到 M_1 上而后沿原路(当光线垂直 M_1 时)透过 G_2 回到 G_1,经 G_1 反射,如图 3-11-1 中光束 1.

设 G_1(镀银面上任一点)到 M_1,M_2 的距离差为 x,则从光源 S 上一点发出的光线(它对眼的入射角为 φ)在经过两条不同路线后进入眼内的光程差为

$$\Delta = 2x\cos\varphi \tag{3-11-1}$$

根据光的干涉条件,如 $\Delta = K\lambda (K = 0,1,2,\cdots)$ 则为明条纹,如 $\Delta = (2K+1)\dfrac{\lambda}{2} (K = 0,1,2,\cdots)$ 则为暗条纹,即

$$\Delta = 2x\cos\varphi = \begin{cases} K\lambda, & \text{明条纹} \\ (2K+1)\dfrac{\lambda}{2}, & \text{暗条纹} \end{cases} \tag{3-11-2}$$

在实验中,当我们调节到 M_2 与 M_1'(M_1 的像)完全平行时,在视场中得到一系列等倾干涉的圆环状条纹. 由上式可以看出:

(1) 当 x、K、λ 不变时,明暗条纹随 φ 值而变,当 φ 值为一常数时,则条纹明暗条件不变,因此条纹是圆形光环.

(2) 当 K、λ 不变时,x 减小,φ 也应变小,因此条纹光环看起来"内缩",当 x 增大时,φ 也应增大,因此条纹光环"外扩".

(3) 对光环中心 $\varphi = 0$. 它的明暗条件由下式决定:

$$2x_1 = \begin{cases} K_1\lambda, & \text{明点} \\ (2K_1+1)\dfrac{\lambda}{2}, & \text{暗点} \end{cases} \tag{3-11-3}$$

如使 x_1 变为 x_2,则

$$2x_2 = \begin{cases} K_2\lambda, & \text{明点} \\ (2K_2+1)\dfrac{\lambda}{2}, & \text{暗点} \end{cases} \tag{3-11-4}$$

由式(3-11-3)以及式(3-11-4)可得 $2(x_2 - x_1) = (K_2 - K_1)\lambda$,即

$$\lambda = \frac{2\Delta x}{\Delta K} \tag{3-11-5}$$

式中,ΔK 为变化的条纹数,Δx 为变化的距离,λ 为光的波长. 故测出 ΔK,Δx 后可求出 λ. 如已知 λ,只要测出 ΔK 就可求出变化长度 Δx.

测量时,转动测微手轮,使 M_2 镜移动,记录视场中心处干涉条纹的消失或涌出的数目 ΔK(数 50 或 100 个),读出距离的改变值 Δx,由上式可求出 λ.

如不用单色光,而是用两种不同波长但相差不大的光做光源,而且两者光强近于相等,

这时两种不同的光将各自产生干涉条纹，当满足条件 $\Delta_1 = K_1 \lambda_1 = (2K_1+1)\dfrac{\lambda_2}{2}$ 时，在一种光的明条纹处，另一种光恰好产生暗条纹，这样，在整个视场中将看不到干涉条纹(称为视见度为 0). 同样，当 $\Delta_2 = K_2 \lambda_1 = (2K_2+1)\dfrac{\lambda_2}{2}$ 时，视见度亦为 0. 两次视见度为 0 时的光程总的变化定为 $\Delta_2 - \Delta_1 = (K_2-K_1)\lambda_1 = (K_2-K_1+1)\lambda_2$. 由此可得

$$\begin{cases} K_2 - K_1 + 1 = \dfrac{\lambda_2}{\lambda_1-\lambda_2} \\ \Delta_2 - \Delta_1 = \dfrac{\lambda_1\lambda_2}{\lambda_1-\lambda_2} \end{cases} \tag{3-11-6}$$

$$\Delta_2 - \Delta_1 = 2\Delta x, \quad \lambda_2 - \lambda_1 = \Delta\lambda, \quad \lambda_1\lambda_2 = \overline{\lambda^2} \tag{3-11-7}$$

由式(3-11-6)以及式(3-11-7)可得

$$\Delta\lambda = \frac{\overline{\lambda^2}}{2\Delta x} \tag{3-11-8}$$

式中，$\Delta\lambda$ 是两光线的波长差，$\overline{\lambda}$ 是两光线的平均波长，Δx 是干涉仪上 M_2 的移动距离. 只要测出 Δx，已知 $\overline{\lambda}$ 就可以求出 $\Delta\lambda$.

【实验内容与步骤】

1. 测量 He-Ne 激光波长

(1) 点燃 He-Ne 激光器，使光束成 45°角照射在 G_1 面，在 E 处放一毛玻璃片，如仪器未调整好，则在玻璃片上看到由 M_1、M_2 反射来的两光点不重合，这时必须调节 M_1、M_2 后边的盘头螺钉，使两光点完全重合，再在 G_1 与 S 之间放上透镜. 如位置合适则在毛玻璃片上能看到圆形条纹.继续调节盘头螺钉及螺套，使条纹清晰并当眼睛移动时条纹稳定为止.

(2) 测量与计算. 当圆形条纹调节好后，再慢慢地转动微调手轮，可以由毛玻璃观察到中心条纹向外一个个涌出或者向中心陷入. 此时可开始计数，计数前先使微调手轮沿某一方向转过一定距离，看到条纹明显涌出或内陷，记下此时 M_2 镜的位置 x_0 (由转动手轮与微调手轮上读出). 继续沿同方向转动微调手轮，每改变 50 条条纹记一次 x 值，记到 250 条为止. 用逐差法($\Delta K = 150$)求出 Δx，用式(3-11-5)计算出 λ，将各次计算所得的 λ 求出平均值，并与标准值 $\lambda = 6328 \times 10^{-10}$ m 比较，求出百分误差.

2. 测钠光的双线波长差 $\Delta\lambda$

(1) 仪器调整.将光源换成钠光灯，重复上述调节步骤.

(2) 圆形干涉条纹调好后，缓慢移动 M_2 镜，使视场中心的视见度趋为 0，记下此时 M_2 镜的位置 x_1，再沿原来方向移动 M_2 镜使视场视见度再次为 0，记下 M_2 的位置 x_2. 连续 4 次记下 M_2 的位置，求出 Δx 的平均值 $\overline{\Delta x}$，以钠黄光的平均波长 $\overline{\lambda} = 5893 \times 10^{-10}$ m 代入式(3-11-8)即可求出 $\Delta\lambda$.

【注意事项】

(1) 本仪器的精密度很高，在调节过程中，要十分细心、耐心.记数、读数必须非常认真.

(2) 本实验仪器对光学面的要求很高，特别对半反射面、反射镜镀膜面等，切不可用手触摸，如有灰尘，要用吹气球吹掉.

(3) 为了防止"空回"，每次测量必须沿同一方向旋转，不得中途倒退.

【实验数据和结果处理】

表 3-11-1　计算 He-Ne 激光的波长数据表　　　　　　　　$\Delta K = 150$

序号	条纹数	M_2 的位置 x	测量序号	条纹数	M_2 的位置 x	$\Delta x = x_{i+3} - x_i$	波长 $\lambda = \dfrac{2\Delta x}{\Delta K}$
K_0	0	x_0	K_3	150	x_3		
K_1	50	x_1	K_4	200	x_4		
K_2	100	x_2	K_5	250	x_5		

$$\bar{\lambda} = \underline{\hspace{2cm}} \text{ m}; \quad E = \frac{|\lambda_0 - \bar{\lambda}|}{\lambda_0} \times 100\% = \underline{\hspace{2cm}} \%$$

表 3-11-2　计算钠黄光的双线波长差数据

已知钠黄光的平均波长 $\bar{\lambda} = 5893 \times 10^{-10}$ m

序号	对应视场视见度为 0 时 M_2 的位置 x	$\Delta x_i = x_{i+1} - x_i$	波长差 $\Delta\lambda = \dfrac{\overline{\lambda^2}}{2\Delta x}$
1	$x_1 =$	$\Delta x_1 =$	
2	$x_2 =$	$\Delta x_2 =$	
3	$x_3 =$	$\Delta x_3 =$	
4	$x_4 =$	$\overline{\Delta x} =$	

【思考与问题讨论】

(1) 在迈克耳孙干涉仪中，各光学元件起什么作用？

(2) 欲测量某单色光的波长，干涉仪应如何调试？读数如何读？

(3) 测双线波长差时，应如何理解视见度的变化规律？

(4) 当 M_1' 与 M_2 之间有一很小的角度时(即不平行时)，干涉仪条纹会有什么变化？

(5) 为什么看到的条纹，有的是"涌出"的，有的是"内陷"的，这对实验结果有何影响？

(6) 当迈克耳孙干涉仪中的"1"光路沿东西方向，"2"光路沿南北方向时，你是否考虑了地球自转对光束的影响？这是相对论中一个重要的问题.

【附录】

图 3-11-2 是迈克耳孙干涉仪装置图. 精密的导轨固定在底座上，底座上有 3 个调节水平的螺钉，在导轨内装有一根 M16×1 的精密丝杆，与丝杆相连的是装在转动合盖内的轮系，转动大手轮即可使轮系带动丝杠，由丝杠传动带动镜拖板前后移动. 仪器有 3 个读数尺，主尺附在导轨侧面，最小分度为 1 mm，从窗口内可以看见一个 100 等分的圆盘，圆盘转动一分格，相当于拖板直线移动 0.01 mm，转动微调手轮，带动一个 1∶100 的涡轮付，通过蝶

形压簧转动圆盘同时带动丝杠，所以微调手轮转一圈，等于圆盘转一小格，微调手轮的刻度轮分为 100 等分，因此刻度轮上一小格对应拖板移动 0.1 μm.

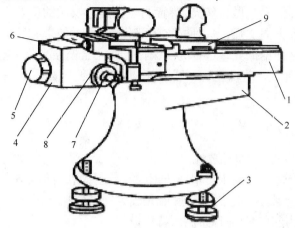

3-11-2　迈克耳孙干涉装置示意图

1. 导轨；2. 底座；3. 水平调节螺钉；4. 传动盒盖；5. 转动手轮；6. 窗口；7. 微调手枪；8. 刻度轮；9. 移动镜拖板

3.12　偏振光的产生与检测

【实验目的】

(1) 通过观察光的偏振现象，加深对光波传播规律的认识；
(2) 掌握偏振光的产生和检验方法；
(3) 观测圆偏振光和椭圆偏振光.

【实验装置】

光具座、激光器、白光源、光功率计、起偏器、检偏器、1/4 波片、1/2 波片、带小孔光屏.

【实验原理】

1. 偏振光的概念

光的波动的形式在空间传播属于电磁波，它的电矢量 E 与磁矢量 H 相互垂直，且 E 和 H 均垂直于光的传播方向，如图 3-12-1 所示，故光波是横波. 实验证明光效应主要由电场引起，所以电矢量 E 的方向定为光的振动方向.

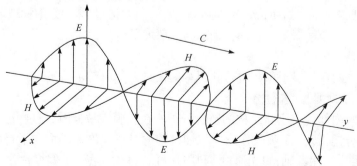

图 3-12-1　光传播与振动示意图

自然光源(如日光, 各种照明灯等)发射的光是由构成这个光源的大量分子或原子发出的光波合成的. 这些分子或原子的热运动和辐射是随机的, 它们所发射的光振动出现在各个方向的概率相等, 这样的光叫做自然光. 然而自然光经过媒质的反射、折射或者吸收后, 在某一方向上振动比另外方向上强, 这种光称为部分偏振光. 如果光振动始终被限制在某一确定的平面内, 则称为平面偏振光, 也称为线偏振光或完全偏振光. 偏振光电矢量 E 的端点在垂直于传播方向的平面内运动轨迹是一圆周的, 称为圆偏振光, 是一椭圆的则称为椭圆偏振光.

2. 获得线偏振光的方法

1) 反射式起偏器(或透射式起偏器)

当自然光在两种介质的界面上反射或折射时, 反射光和折射光都将成为部分偏振光. 逐渐增大入射角, 当达到某一特定值时, 反射光成为完全偏振光, 其振动面垂直于入射面, 如图 3-12-2 所示, 称为起偏角(亦称布儒斯特角).

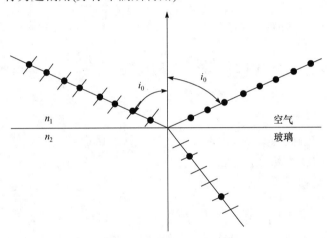

图 3-12-2　反射起偏光路图

由布儒斯特定律可得

$$\tan i_0 = \frac{n_2}{n_1} \tag{3-12-1}$$

例如, 当光由空气射向 n 的玻璃平面时, $i_0 = 57°$.

若入射光以起偏角 i_0 射到玻璃面上, 则反射光为全偏振光, 面折射光不是全偏振光, 但这时它的偏振化程度最高. 如使自然光以起偏角 i_0 入射并透过多层玻璃(称玻璃片堆), 则透射出来的光也将接近于全偏振光, 它的振动面与入射面平行.

2) 晶体起偏器

利用某些晶体的双折射现象, 也可获得全偏振光, 如尼科尔棱镜等.

3) 偏振片(分子型薄膜偏振片)

聚乙烯醇胶膜内部含有刷状结构的链状分子, 在胶膜被拉伸时, 这些链状分子被拉直并平行排列在拉伸方向上. 由于吸收作用, 拉伸过的薄膜只允许振动取向平行于分子排列方向(此方向称为偏振片的偏振轴)的光通过. 利用它可获得线偏振光. 偏振片是一种常用的"起偏"元件，用它可获得截面积较大的偏振光束，而且出射偏振光的偏振化程度可达 98 %.

鉴别光的偏振状态的过程称为检偏，它所用的装置称为检偏器. 实际上，起偏器和检偏器是通用的，用于起偏的偏振片称为起偏器，把它用于检偏，就成为检偏器了.

按照马吕斯定律，强度为 I_0 的线偏振光，通过检偏器后，透射光的强度为

$$I = I_0 \cos^2 \theta \tag{3-12-2}$$

式中，θ 为入射光偏振方向与检偏器偏振轴之间的夹角. 显然，当以光线传播方向为轴转动检偏器时，透射光强度将会发生周期性变化. 当 $\theta = 0°$时，透射光强度最大(图 3-12-3(a))；当 $\theta = 90°$时，透射光强度为极小(消光状态(图 3-12-3(b))，接近于全暗；当 $0° < \theta < 90°$时，透射光强度介于最大和最小之间. 因此，根据透射光强度变化情况，可以区别线偏振光、自然光和部分偏振光. 图 3-12-3 表示自然光通过起偏器和检偏器的变化情况.

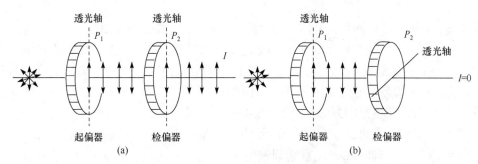

图 3-12-3 自然光经过起偏器和偏振器的情况

本实验是利用偏振片(起偏器和检偏器)观察偏振光的偏振情况.

3. 波片的偏光作用

波片也称相位延迟片，是由晶体制成的厚度均匀的薄片，其光轴与薄片表面平行，它能使晶片内的 o 光和 e 光通过晶片后产生附加相位差. 根据薄片的厚度不同，可以分为 1/2 波长片，1/4 波长片等，所用的 1/2、1/4 波长片皆是对钠光而言的.

当线偏振光垂直射到厚度为 L，表面平行于自身光轴的单轴晶片时，则寻常光(o 光)和非常光(e 光)沿同一方向前进，但传播的速度不同. 这两种偏振光通过晶片后，它们的相位差 φ 为

$$\varphi = \frac{2\pi}{\lambda}(n_o - n_e)L \tag{3-12-3}$$

其中，λ 为入射偏振光在真空中的波长，n_0 和 n_e 分别为晶片对 o 光 e 光的折射率，L 为晶片的厚度.

我们知道，两个互相垂直的，同频率且有固定相位差的简谐振动，可用下列方程表示(通过晶片后 o 光和 e 光的振动)：

$$\begin{cases} X = A_e \sin \omega t \\ Y = A_o \sin(\omega t + \varphi) \end{cases}$$

从两式中消去 t，经三角运算后得到全振动的方程式为

$$\frac{X^2}{A_e^2} + \frac{Y^2}{A_o^2} + \frac{2XY}{A_e A_o}\cos\varphi = \sin^2\varphi \tag{3-12-4}$$

由式(3-12-4)可知：

①当 $\varphi = k\pi$ ($k = 0, 1, 2, \cdots$)时，为线偏振光；

②当 $\varphi = (2k+1)\dfrac{\pi}{2}$ ($k = 0, 1, 2, \cdots$)时，为正椭圆偏振光，在 $A_o = A_e$ 时，为圆偏振光；

③当 φ 为其他值时，为椭圆偏振光.

在某一波长的线偏振光垂直入射于晶片的情况下，能使 o 光和 e 光产生相位差 $\varphi = (2k+1)\pi$ (相当于光程差为 $\lambda/2$ 的奇数倍)的晶片，称为对应于该单色光的 1/2 波片($\lambda/2$ 波片)，与此相似，能使 o 光和 e 光产生相位 $\varphi = (2k+1)\dfrac{\pi}{2}$ (相当于光程差为 $\lambda/4$ 的奇数倍)的晶片，称为 1/4 波片($\lambda/4$ 波片). 本实验中所用波片($\lambda/4$)是对 6328 $\overset{\circ}{\text{A}}$ (He-Ne 激光)而言的.

如图 3-12-4 所示，当振幅为 A 的线偏振光垂直入射到 $\lambda/4$ 波片上，其振动方向与波片光轴成 θ 角时，由于 o 光和 e 光(通过波晶片后)的振幅分别为 $A\sin\theta$ 和 $A\cos\theta$ ，所以通过 $\lambda/4$ 波片后合成的偏振状态也随角度 θ 的变化而不同.

① 当 $\theta = 0°$ 时，获得振动方向平行于光轴的线偏振光；

② 当 $\theta = \pi/2$ 时，获得振动方向垂直于光轴的线偏振光；

③ 当 $\theta = \pi/4$ 时，同时 $A_e = A_o$ 获得圆偏振光；

④ 当 θ 为其他值时，经过 $\lambda/4$ 波片后为椭圆偏振光.

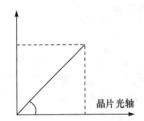
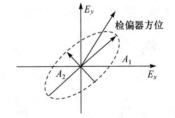

图 3-12-4　$\pi/4$ 波片的起偏作用示意图　　　　图 3-12-5　椭圆偏振光测量示意图

4. 椭圆偏振光的测量

椭圆偏振光的测量包括长、短轴之比及长、短轴方位的测定. 如图 3-12-5 所示，当检偏器方位与椭圆长轴的夹角为 φ 时，则透射光强为

$$I = A_1^2 \cos^2\varphi + A_2^2 \sin^2\varphi \tag{3-12-5}$$

当 $\varphi = k\pi$ 时

$$I = I_{\max} = A_1^2 \tag{3-12-6}$$

当 $\varphi = (2k+1)\dfrac{\pi}{2}$ 时

$$I = I_{\min} = A_2^2 \tag{3-12-7}$$

则椭圆长短轴之比为

$$\frac{A_1}{A_2} = \sqrt{\frac{I_{\max}}{I_{\min}}} \tag{3-12-8}$$

椭圆长轴的方位即为 $I_{\max}$ 的方位.

【实验内容和步骤】

1. 起偏与检偏鉴别自然光与偏振光

(1) 如图 3-12-6 所示，在光源至光屏的光路上插入起偏器 P_1，旋转 P_1，观察光屏上光斑强度的变化情况；

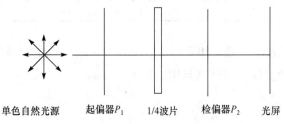

单色自然光源　　起偏器P_1　　1/4波片　　检偏器P_2　　光屏

图 3-12-6　起偏与检偏光路示意图

(2) 在起偏器 P_1 后面再插入检偏器 P_2，固定 P_1 方位，旋转 P_2，旋转 360°，观察光屏上光斑强度的变化情况，并将光屏上最强和最弱时对应的旋转角度记录到表 3-12-1 中；

(3) 以光功率计代替光屏接收 P_2 出射的光束，旋转 P_2，每转过 10°记录一次相应的光功率值，共转 180°，将相应的实验数据记录到表 3-12-2 中，且利用实验数据在坐标纸上作出 $I \sim \cos^2\theta$ 关系曲线，看其是否与马吕斯定律相一致.

2. 观测椭圆偏振光和圆偏振光

(1) 参照图 3-12-3(b)所示，先使起偏器 P_1 和检偏器 P_2 偏振轴垂直(即检偏器 P_2 后的光屏上处于消光状态)，在起偏器 P_1 和检偏器 P_2 之间插入 $\lambda/4$ 波片(图 3-12-6)，转动波片使 P_2 后的光屏上仍处于消光状态(使 $\lambda/4$ 波片光轴与起偏器 P_1 透光轴方向平行). 用光功率计取代光屏.

(2) 将起偏器 P_1 转过 20°，调节光功率计的位置尽可能使得 P_2 透射出的偏振光全部进入光功率计的接受范围. 转动检偏器 P_2 找出功率最大的位置，并记下相应光功率值. 重复测量 3 次，求平均值.

(3) 转动 P_1，使 P_1 的光轴与 $\lambda/4$ 波片的光轴的夹角依次为 30°、45°、60°、75°、90°值，在取上述每一个角度时，都将检偏器 P_2 转动一周，观察从 P_2 透出光的强度变化.

【注意事项】

(1) 实验中各元件不能用手摸，实验完毕后按规定位置放置好.
(2) 不要让激光束直接照射或反射到人眼内.

【实验数据和结果处理】

实验数据的测量和结果的处理，见表 3-12-1 和表 3-12-2.

表 3-12-1　数据表 1

光屏上光斑强度				
检偏器 P_2 旋转角度				

表 3-12-2　数据表 2

检偏器 P_2 旋转角度 θ	$\cos^2\theta$	光功率计读数 P	光强 $I=P\cdot S$
0°			
10°			
20°			
30°			
40°			
...			
180°			

由于在测量位置以及实验条件不变时，光强度与光功率计的测量值为近似线性关系，因此根据表 3-12-2 所得数据便可验证马吕斯定律 $I = I_0 \cos^2\theta$.

【思考与讨论题】

(1) 如何应用光的偏振现象说明光的横波特性？怎样区别自然光和偏振光？

(2) 玻璃平板在布儒斯特角的位置上时，反射光束是什么偏振光？它的振动是在平行于入射面内还是在垂直于入射面内？

(3) $\lambda/4$ 波片与 P_1 的夹角为何值时产生圆偏振光？为什么？

(4) 两片偏振片用支架安置于光具座上，正交后消光，一片不动，另一片的两个表面旋转 180°，会有什么现象？如有出射光，是什么原因？

(5) 2 片正交偏振片中间再插入一偏振片会有什么现象？怎样解释？

(6) 波片的厚度与光源的波长什么关系？

【附录】　光学实验中的常用光源

能够发光的物体统称为光源. 实验室中常用的是将电能转换为光能的光源——电光源，常见的有热辐射光源和气体放电光源及激光光源三类.

1) 热辐射光源

常用的热辐射光源是白炽灯. 普通灯泡就是白炽灯，可作白色光源，应按仪器要求和灯泡上指定的电压使用，如光具座、分光计、读数显微镜等.

2) 气体放电光源

实验室常用的钠灯和汞灯(又称水银灯)可作为单色光源，它们的工作原理都是以金属 Na 或 Hg 蒸气在强电场中发生的游离放电现象为基础的弧光放电灯.

在 220 V 额定电压下，低压钠灯发出波长为 589.0 nm 和 589.6 nm 的两种单色黄光最强，可达 85 %，而其他几种波长为 818.0 nm 和 819.1 nm 等的光仅有 15 %. 所以，在一般应用时取 589.0 nm 和 589.6 nm 的平均值 589.3 nm 作为钠光灯的波长值.

汞灯可按其气压的高低，分为低压汞灯、高压汞灯和超高压汞灯. 低压汞灯最为常用，其电源电压与管端工作电压分别为 220 V 和 20 V，正常点燃时发出青紫色光，其中主要包括 7 种可见的单色光，它们的波长分别是 612.35 nm(红)、579.07 nm 和 576.96 nm(黄)、546.07 nm(绿)、491.60 nm(蓝绿)、435.84 nm(蓝紫)、404.66 nm(紫).

使用钠灯和汞灯时，灯管必须与一定规格的镇流器(限流器)串联后才能接到电源上去，以稳定工作电流. 钠灯和汞灯点燃后一般要预热 3～4 min 才能正常工作，熄灭后也需冷却 3～4 min 后，方可重新开启.

3) 激光光源

激光是 20 世纪 60 年代诞生的新光源. 激光(laser)是"受激辐射光放大"的简称. 它具有发光强度大、方向性好、单色性强和相干性好等优点. 激光器是产生激光的装置，它的种类很多，如氦氖激光器、氩离子激光器、二氧化碳激光器、红宝石激光器等.

实验室中常用的激光器是氦氖(He–Ne)激光器. 它由激光工作的氦氖混合气体、激励装置和光学谐振腔 3 部分组成. 氦氖激光器发出的光波波长为 632.8 nm，输出功率在几毫瓦到十几毫瓦之间，多数氦氖激光管的管长为 200～300 mm，两端所加高压是由倍压整流或开关电源产生，电压高达 1500～8000 V，操作时应严防触摸，以免造成触电事故. 由于激光束输出的能量集中，强度较高，使用时应注意切勿迎着激光束直接用眼睛观看.

目前，气体放电灯的供电电源广泛采用电子整流器，这种整流器内部由开关电源电路组成，具有耗电小、使用方便等优点.

光学实验中，常把光束扩大或产生点光源以满足具体的实验要求，图 3-12-7 和图 3-12-8 表示两种扩束的方法，它们分别提供球面光波和平面光波.

图 3-12-7　　　　　　　　　　　　　　　　　图 3-12-8

3.13　弗兰克-赫兹实验

弗兰克-赫兹实验

【实验目的】

(1) 研究弗兰克-赫兹管中电流变化的规律.
(2) 用实验的方法测定汞或氩原子的第一激发电位，从而证明原子分立态的存在.

【实验装置】

如图 3-13-1 所示为弗兰克-赫兹实验的原理图. 其中弗兰克–赫兹管是一个具有双栅极结构的柱面形充汞四极管，它主要包括同心筒状灯丝电极 H，氧化物阴极 K，两个栅极 G_1 和 G_2 以及阳极 A. 阴极 K 罩在灯丝 H 外，由灯丝 H 加热阴极 K，改变 H 两端的电压 V_H，可以控制 K 发射电子的强度. 靠近阴极 K 的是第一栅极 G_1，在 G_1 和 K 之间存在一个小的正电压 V_{G1K}，其主要作用一是控制管内电子流的大小，二是抵消阴极 K 附近由于电子云形成的负电位的影响. 第二栅极 G_2 远离 G_1 而与阳极 A，G_2 和 A 之间加一小的拒斥负电压 V_{G2A}，使得电子与充氩原子发生足够多次的非弹性碰撞，损失了能量的那些电子不能到达阳极. G_1 和 G_2 之间距离较大，为电子与氩原子提供了较大的碰撞空间，从而保证足够高的碰撞概率. 由 K 发射的电子经过 G_2、K 之间所加电压 V_{G2K} 的加速而获得能量，它们在 G_2 与 K 的空间中不断与氩原子发生碰撞，把部分或者全部能量全部碰撞交换给氩原子，并在 G_2 和 A 间的拒斥电压作用下减速到达阳极 A，通过检流计可以读出阳极电流 I_A 的大小.

实验证明，当实验初始阶段且 V_{G2K} 电压较低时，电子与氩原子的碰撞是弹性碰撞. 简单计算可知，在每次碰撞中，电子几乎没有能量损失. 随着加速电压 V_{G2K} 不断上升，当 $V_{G2K}=11.5\,\text{V}$ 时，电子在栅极 G_2 附近将会获得 11.5 eV 的能量，并与氩原子发生非弹性碰撞，因此，将引起共振吸收，电子把能量全部传递给氩原子，自身速度几乎降为零，而氩原子则实现了从基态向第一激发态的跃迁. 由于拒斥电压的作用，失去能量的电子将不能达到阳极，阳极电流 I_A 陡然下降，形成第一个峰.

当 11.5 V ＜V_{G2K}＜23.0 V 时，随 V_{G2K} 从 11.5 V 逐渐增加，电子重新在电场中加速，不过由于管内 11.5 V 电位位置变化，第一次非弹性碰撞区逐渐向 G_1 移动. 因为到达 G_2 时电子重新获得的能量小于 11.5V，故非弹性碰撞不会发生第二次，电子将保持其动能到达 G_2，从而将克服 V_{G2A} 的阻力到达阳极，表现为 I_A 的又一次上升. 当 $V_{G2K}=23.0\,\text{V}$ 时，电子在 G_2、K 之间与氩原子进行两次非弹性碰撞而失去全部能量，I_A 再一次下降，形成第二个峰.

显然，每当 $V_{G2K}=11.5\,n\text{V}(n=1，2，\cdots)$ 时，都伴随着 I_A 的一次突变，出现一次峰值，峰间距为 11.5 V. 连续改变 V_{G2K}，测出 I_A 与 V_{G2K} 的关系曲线，由于电子在加速过程中积蓄的能量还未达到这些激发态的能量之前，已与氩原子进行了能量交换，实现了氩原子向第一激发态的跃迁，故向高激发态跃迁的概率就很小了.

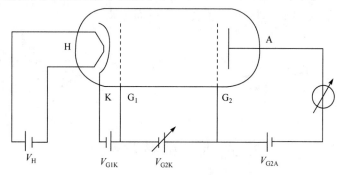

图 3-13-1　弗兰克-赫兹实验原理图

【实验原理】

根据玻尔的原子模型理论，原子是由原子核和以核为中心沿各种不同轨道运动的一些电子构成的. 对于不同的原子，这些轨道上的电子束分布各不相同. 一定轨道上的电子具有一定的能量. 当同一原子的电子从低能量的轨道跃迁到较高能量的轨道时，原子就处于受激状态. 若轨道 1 为正常态，则较高能量的 2 和 3 依次称为第一受激态和第二受激态，等等. 但是原子所处能量状态并不是任意的，而是受到玻尔理论的两个基本假设的制约：

(1) 定态假设. 原子只能处在稳定状态中，其中每一状态相应于一定的能量值 E_i $(i=1，2，3，\cdots)$，这些能量值是彼此分立的，不连续的.

(2) 频率定则. 当原子从一个稳定状态过渡到另一个稳定状态时，就吸收或放出一定频率的电磁辐射. 频率的大小取决于原子所处两定态之间的能量差，并满足如下关系：

$$h\nu = E_n - E_m \tag{3-13-1}$$

其中，$h = 6.63 \times 10^{-34} \text{J} \cdot \text{s}$，称作普朗克常量.

原子状态的改变通常在以下两种情况下发生，一是当原子本身吸收或放出电磁辐射时，二是当原子与其他粒子发生碰撞而交换能量时. 本实验就是利用具有一定能量的电子与汞原子相碰撞而发生能量交换来实现汞原子状态的改变.

由玻尔理论可知,处于基态的原子发生状态改变时,其所需能量不能小于该原子从基态跃迁到第一受激态时所需的能量,这个能量称作临界能量. 当电子与原子碰撞时,如果电子能量小于临界能量,则发生弹性碰撞;若电子能量大于临界能量,则发生非弹性碰撞. 这时,电子给予原子以跃迁到第一受激态时所需要的能量,其余能量仍由电子保留.

一般情况下,原子在受激态所处的时间不会太长,短时间后会回到基态,并以电磁辐射的形式释放出所获得的能量. 其频率 ν 满足下式:

$$h\nu = eU_g \tag{3-13-2}$$

式中,U_g 为汞原子的第一激发电位. 所以当电子的能量等于或大于第一激发能时,原子就开始发光.

【实验内容与步骤】

本实验仪共有三种实验方法可供选择:示波器测量、手动测量和计算机采集测量. 下面分别介绍这三种追踪测量方法. 如图 3-13-2 以及图 3-13-3 所示,为弗兰克-赫兹实验仪前后面板结构示意图.

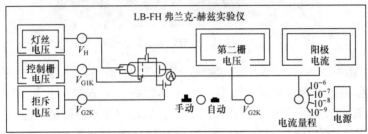

图 3-13-2 弗兰克-赫兹实验仪前面板示意图

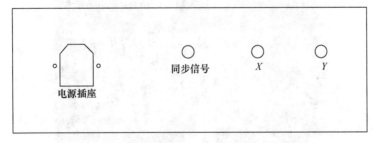

图 3-13-3 弗兰克-赫兹实验仪后面板示意图

1. 示波器测量

(1) 插上电源,打开电源开关,将"手动/自动"挡切换开关放置于"自动"挡("自动"指 V_{G2K} 从 0～120 V 自动扫描,"自动"包含示波器测量和计算机采集两种).

(2) 将灯丝电压 V_H、控制栅(第一栅极)电压 V_{G1K}、拒斥电压 V_{G2A} 缓慢调节到仪器机箱上所贴的"出厂检验参考参数". 预热 10 min,如波形不好,可微调各电压旋钮. 如需改变灯丝电压,改变后请等波形稳定(灯丝达到热平衡状态)后再测量.

(3) 将仪器上"同步信号"与示波器的"同步信号"相连,"Y"与示波器的"Y"通道相连. "Y增益"一般置于"0.1 V"挡;"时基"一般置于"1 ms"挡,此时示波器上显示的即为弗兰克-赫兹曲线.

(4) 调节"时基微调"旋钮，使一个扫描周期正好布满示波器的 10 格，如图 3-13-4 所示，扫描电压最大为 120 V，量出各峰值的水平距离(读出格数)，乘以 12 V/格，即为各峰值对应的 V_{G2K} 的值(峰间距)，可用逐差法求出氩原子第一激发电位的值，可多测几组求出平均值.

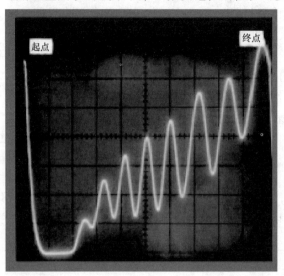

图 3-13-4　弗兰克-赫兹曲线(示波器普通方式显示)

(5) 将示波器切换到 X-Y 显示方式，将仪器的"X"与示波器的"X"通道相连，仪器的"Y"与示波器的"Y"通道相连，调节"X"通道增益，使整个波形在 X 方向上布满 10 格，如图 3-13-5 所示，量出各峰值的水平距离(读出格数)，乘以 12 V/格，即为各峰值对应的 V_{G2K} 的值(峰间距). 可用逐差法求出氩原子第一激发电位的值，可多测几组求出平均值.

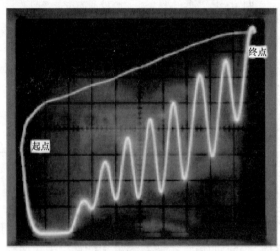

图 3-13-5　弗兰克-赫兹曲线(示波器 X-Y 方式显示)

2. 手动测量

(1) 插上电源，打开电源开关，将"手动/自动"挡切换开关置于"手动"挡，微电流倍增开关置于"10^{-9}"挡.

(2) 先将灯丝电压 V_H、控制栅(第一栅极)电压 V_{G1K}、拒斥电压 V_{G2A} 缓慢调节到仪器机箱上所贴的"出厂检验参考参数". 预热 10 min, 如波形不好, 可微调各电压旋钮. 如需改变灯丝电压, 改变后请等波形稳定(灯丝达到热平衡状态)后再测量.

(3) 旋转第二栅极电压 V_{G2K} 调节旋钮, 测定 I_A-V_{G2K} 曲线. 使栅极电压 V_{G2K} 逐渐缓慢增加(太快电流稳定时间将会变长), 每增加 0.5 V 或者 1 V, 待阳极电流表读数稳定(一般都可立即稳定, 个别测量点需要若干秒后稳定)后, 记录相应的电压 V_{G2K}、阳极电流 I_A 的值(此时显示的数值至少需要在 10 s 以上).

注意: 因有微小电流通过阴极 K 而引起电流热效应, 阴极发射电子数目逐步缓慢增加, 从而使阳极电流 I_A 缓慢增加. 在仪器上表现为: 在某一恒定的 V_{G2K} 下, 随着时间的推移, 阳极电流 I_A 会缓慢增加, 形成"漂"的现象. 虽然这一现象无法消除, 但此效应非常微弱, 只要实验时方法正确, 就不会对数据处理产生太大的影响: 即 V_{G2K} 应该从小到大依次逐渐增加, 每增加 0.5 V 或者 1 V 后读阳极电流表读数, 不回读, 不跨读.

以下两种操作方法是不可取的, 应该尽量避免: ①回调 V_{G2K} 读阳极电流 I_A. 因为电流热效应的存在, 前后两次调至同一 V_{G2K} 下相应的阳极电流 I_A 可能是不同的; ②大跨度调节 V_{G2K}. 这时阳极电流表读数进入稳定状态所需要的时间将大大增加, 影响实验进度. 此时可将微电流倍增开关旋至 "10^{-6}" 挡, 然后再旋回至 "10^{-9}" 挡, 可使电流稳定时间缩短.

(4) 根据所取数据点, 列表作图(弗兰克-赫兹曲线), 并以第二栅极电压 V_{G2K} 为横坐标, 阳极电流 I_A 为纵坐标, 作出谱峰曲线. 读取电流峰值对应的电压值, 用逐差法计算出氩原子的第一激发电位.

(5) 实验完毕后, 请勿长时间将 V_{G2K} 置于最大值, 应将其旋至较小值.

【实验数据和结果处理】

1. 示波器测量法

表 3-13-1　测量氩原子第一激发电位数据表

序号	峰值格数	第二栅极电压 V	序号	第二栅极电压 V	氩原子第一激发电位 $V_0 = \dfrac{V_{i+4} - V_i}{4}$
1			5		
2			6		
3			7		
4			8		

由表 3-13-1 可知, 求得 4 组不同的 V_0, 进一步可得其平均值为 $V_0=$_____.

2. 手动测量法

表 3-13-2　手动测量法测氩原子第一激发电位数据记录表

测量序号 N	1	2	3	4	5	6	7	8	9	10	⋯	50
第二栅极电压 V												
阳极电流 I_A												

【思考讨论题】

(1) 为什么 $I_A - V_{G2K}$ 呈周期性变化?

(2) 拒斥电压 V_{G2A} ↑ 时，I_A 如何变化?

(3) 灯丝电压 V_H 改变时，弗兰克-赫兹管内什么参量发生变化?

3.14　密立根油滴实验

【实验目的】

(1) 验证电荷的不连续性及测量基本电荷电量.

(2) 学习了解 CCD 图像传感器的原理与应用、学习电视显微镜的测量方法.

【实验装置】

油滴盒、CCD 电视显微镜、电视箱、监视器.

油滴盒是密立根油滴实验仪的重要组成部件，加工要求很高，如图 3-14-1 所示，上下电极形状与一般油滴仪不同，取消了容易造成积累误差的"定位台阶"，直接用精加工的平板垫在胶木圆环上，这样，极板间的不平行度、极板间的间距误差都可以控制在 0.01 mm 以内. 在上电极板中心有一个 0.4 mm 的油雾落入孔，在胶木圆环上开有显微镜观察孔和照明孔. 此外，图 3-14-2 给出了密立根油滴仪的电路箱面板结构图.

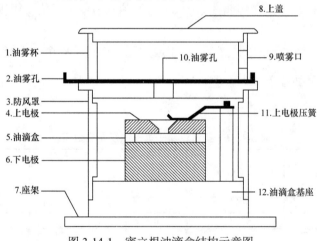

图 3-14-1　密立根油滴盒结构示意图

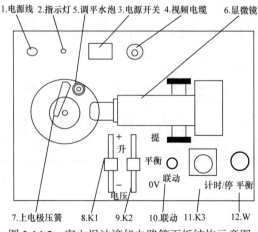

图 3-14-2　密立根油滴仪电路箱面板结构示意图

【实验原理】

一个质量为 m 、带电量为 q 的油滴处在一块平行极板之间，在平行极板未加电压时，油滴受重力作用而加速下降，由于空气阻力作用，油滴下降一段距离后将做匀速运动，速度为 V_g 时重力与阻力平衡(空气浮力忽略不计)，如图 3-14-3 所示，根据斯托克斯定律，黏滞阻力为

$$f_r = 6\pi a\eta V_g \tag{3-14-1}$$

式中，η 是空气的黏滞系数，a 是油滴的半径，这时有

$$6\pi a\eta V_g = mg \tag{3-14-2}$$

然而当在平行极板上加电压 V ，油滴处在场强为 E 的静电场中，设电场力 qE 与重力 mg 相反，如图 3-14-4 所示，油滴受电场力加速上升，由于空气阻力的作用，油滴上升一段距离后，其所受的空气阻力、重力与电场力达到平衡(空气浮力忽略不计)，则油滴将以匀速上升，此时速度为 V_e，则有

$$6\pi a\eta V_e = qE - mg \tag{3-14-3}$$

又因为

$$E = U / d \tag{3-14-4}$$

由上述式(3-14-2)～式(3-14-4)可解出

$$q = mg\frac{d}{U}\frac{V_g + V_e}{V_g} \tag{3-14-5}$$

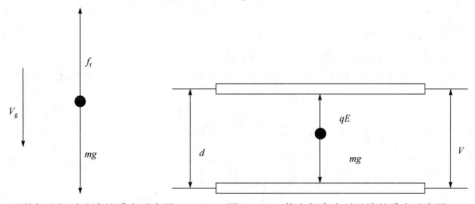

图 3-14-3 无外加电场时油滴的受力示意图   图 3-14-4 静电场存在时油滴的受力示意图

为测定油滴所带电荷 q ，除应测 U 、d 的速度 V_e 、V_g 外，还需知油滴质量 m，由于空气中悬浮和表面张力作用，可将油滴看成圆球，其质量为

$$m = \frac{4\pi a^3 \rho}{3} \tag{3-14-6}$$

式中，ρ 是油滴的密度.

由式(3-14-2)和式(3-14-6)，得油滴的半径

$$a = \left(\frac{9\eta V_g}{2\rho q}\right)^{\frac{1}{2}} \tag{3-14-7}$$

考虑到油滴非常小，空气已不能看成连续介质，空气的黏滞系数 η 应修正为

$$\eta' = \frac{\eta}{1 + \dfrac{b}{pa}} \tag{3-14-8}$$

式中，b 为修正常数，p 为空气压强，a 为未经修正过的油滴半径，由于它在修正项中，不必计算得很精确，由式(3-11-7)计算就够了.

实验时取油滴匀速下降和匀速上升的距离相等，设都为 l，测出油滴匀速下降的时间 t_g，匀速上升的时间 t_e，则

$$V_g = l/t_g, \qquad V_e = l/t_e \tag{3-14-9}$$

将式(3-14-6)～式(3-14-9)代入式(3-14-5)，可得

$$q = \frac{18\pi}{\sqrt{2\rho g}} \left(\frac{\eta l}{1 + \dfrac{b}{pa}} \right)^{3/2} \cdot \frac{d}{U} \left(\frac{1}{t_e} + \frac{1}{t_g} \right) \left(\frac{1}{t_g} \right)^{1/2} \tag{3-14-10}$$

令

$$K = \frac{18\pi}{\sqrt{2\rho g}} \left(\frac{\eta l}{1 + \dfrac{b}{pa}} \right)^{3/2} \cdot d$$

得

$$q = K \left(\frac{1}{t_e} + \frac{1}{t_g} \right) \left(\frac{1}{t_g} \right)^{1/2} \Big/ U \tag{3-14-11}$$

此式是动态(非平衡)法测油滴电荷的公式.

下面导出静态(平衡)法测油滴电荷的公式.

调节平行极板间的电压，使油滴不动，$V_e = 0$，即 $t_e \to \infty$，由式(3-4-11)可得

$$q = K \left(\frac{1}{t_g} \right)^{\frac{3}{2}} \cdot \frac{1}{U}$$

或者

$$q = \frac{18\pi}{\sqrt{2\rho g}} \left[\frac{\eta l}{t_g (1 + \frac{b}{pa})} \right]^{3/2} \cdot \frac{d}{U} \tag{3-14-12}$$

上式即为静态法测油滴电荷的公式.

为了求电子电荷 e，对实验测得的各个电荷 q 求最大公约数，就是基本电荷 q 值，也就是电子电荷 e，也可以测得同一油滴所带电荷的改变量 Δq_1 (可以用紫外线或放射源照射油滴，使它所带电荷改变)，这时 Δq_1 近似为某一最小单位的整数倍，此最小单位即为基本电荷 e.

【实验内容及步骤】

1. 仪器连接

将 ML-2002 面板上最左边带有 Q9 插头的电缆线连接至监视器背后插座上，然后接上电源即可开始工作. 注意，一定要插紧，保证接触良好，否则图像紊乱或只有一些长条纹.

2. 仪器调整

调节仪器底座上的三只调平手轮，将水泡调平，由于底座空间较小，调手轮时应将手心向上，用中指夹住手轮调节较为方便.

照明光路无须调整. CCD 显微镜对焦也无须用调焦针插在平行电极孔中来调节，只须将显微镜筒前端和底座前端对齐，然后喷油后再稍稍前后微调即可. 在使用中，前后调焦范围不要过大，取前后调焦 1 mm 内的油滴较好.

3. 开机使用

打开监视器和 ML-2002 油滴仪的电源，在监视器上出现 "ML-2002 型 CCD 微机密立根油滴仪南京国俊电子仪器设备厂" 5 s 之后自动进入检测状态，显示出标准分划板刻度及 V 值和 S 值. 开机后如想直接进入测试状态，按一下 "计时/停"(K_3)即可.

如开机后屏幕上的字很乱或字重叠，先关掉油滴仪的电源，过一会再开机即可.

面板上 K_1 用来选择平行电极上极板的极性，实验中置于 "+" 位或 "–" 位均可，一般不常变动. 使用最频繁的是 K_2 和 W 及 "计时/停"(K_3).

监视器正面有一小盒，压一下小盒盒盖就可打开，内有 4 个调节旋钮. 对比度一般置于较大(顺时针旋到底后稍退回一些)，亮度不要太亮. 如发现刻度线上下抖动，这是 "帧抖"，微调左边第二只旋钮即可解决.

4. 测量练习

练习是顺利做好实验的重要一环，包括练习控制油滴运动，练习测量油滴运动时间和练习选择合适的油滴.

选择一颗合适的油滴十分重要，大而亮的油滴必然质量大，所带电荷也多，而匀速下降时间则很短，增大了测量误差，给数据处理带来困难. 通常选择平衡电压为 200～300 V，匀速下落 1.5 mm(6 格)的时间在 8～20 s 的油滴较适宜. 喷油后，K_2 置于 "平衡" 挡，调 W 使极板电压为 200～300 V，注意几颗缓慢运动较为清晰明亮的油滴. 试将 K_2 置 "0 V" 挡，观察各油滴下落大概的速度，从中选一颗作为测量对象. 对于 10 in 监触器，目视油滴直径在 0.5～1 mm 的较适宜. 过小的油滴观察困难，布朗运动明显，会引入较大的测量误差.

判断油滴是否平衡要有足够的耐性. 用 K_2 将油滴移至某条刻度线上，仔细调节平衡电压，这样反复操作几次，经一段时间观察油滴确定不再移动才认为是平衡了.

测准油滴上升或下降某段距离所需的时间，一是要统一油滴到达刻度线什么位置才认为油滴已踏线，二是眼睛要平视刻度线，不要有夹角. 反复练习几次，使测出的各次时间的离散性较小，并且对油滴的控制比较熟练.

5. 正式测量

实验方法可选用平衡测量法(静态法)、动态测量法和同一油滴改变电荷法(第三种方法要用到汞灯，选做). ①平衡法(静态法)测量. 可将已调平衡的油滴用 K_2 控制移到 "起跑" 线上(一般取第 2 格上线)，按 K_3("计时/停")，让计时器停止计时(值未必要为 0)，然后将 K_2 拨向 "0 V"，油滴开始匀速下降的同时，计时器开始计时，到 "终点" (一般取第 7 格下线)时迅速将 K_2 拨向 "平衡"，油滴立即静止，计时也立即停止，此时电压和下落时间显示在屏幕上，进行相应的数据处理即可. ②动态法测量. 分别测出加电压时油滴上升的速度和不加电压时油滴下落的速度，代入相应公式，求出 e 值，此时最好将 K_2 与 K_3 的联动断开. 油滴的运动距离一般取 1～1.5 mm. 对某颗油滴重复 5～10 测量，选择 10～20 颗油滴，求得电子电荷的平均值 e. 在每次测量时都要检查和调整平衡电压，以减小偶然误差和因油滴挥发而使平衡电压发生变化. ③同一油滴改变电荷法. 在平衡法或动态法的基础上，用汞灯照射目标油滴(应选择颗粒较大的油滴)，使之改变带电量，表现为原有的平衡电压已不能保持油滴的平衡，然后用平衡法或动态法重新测量.

【注意事项】

(1) 喷雾器内的油不可装得太满，否则会喷出很多"油"而不是"油雾"，堵塞上电极的落油孔. 每次实验完毕应及时擦除极板及油雾室内的积油.

(2) 喷油时喷油器的喷头不要深入喷油孔内，防止大颗粒油滴堵塞落油孔.

(3) ML-2002 油滴仪电源保险丝的规格是 0.75 A. 如需打开机器检查，一定要拔下电源插头再进行.

【数据处理】

自行设计数据表格并根据下列相关公式及方法求得元电荷电量 e：

平衡法依据公式
$$q = \frac{18\pi}{\sqrt{2\rho g}}\left(\frac{\eta l}{t\left(1+\frac{b}{pa}\right)}\right)^{3/2} \cdot \frac{d}{U}$$

式中，$a = \sqrt{\dfrac{9\eta l}{2\rho g t_g}}$，油的密度 $\rho = 981\,\mathrm{kg/m^3}(20℃)$，重力加速度 $g = 9.80\,\mathrm{m/s^2}$(平均)，空气黏滞系数 $\eta = 1.83 \times 10^{-5}\,\mathrm{kg/(m^1 \cdot s^1)}$，油滴匀速下降距离 $l = 1.5 \times 10^{-3}\,\mathrm{m}$，修正常数 $b = 6.17 \times 10^{-6}\,\mathrm{m \cdot cmHg}$，大气压强 $p = 76.0\,\mathrm{cmHg}$，平行极板间距离 $d = 5.00 \times 10^{-3}\,\mathrm{m}$. 其中的时间 t_g 应为测量数次时间的平均值.

实际大气压可由气压表读出. 计算出各油滴的电荷后，求它们的最大公约数，即为基本电荷 e 值，若求最大公约数有困难，可用作图法求 e 值. 设实验得到 m 个油滴的带电量分别为 q_1，q_2，…，q_m，由于电荷的量子化特性，应有 $q_i = n_i e$，此为一直线方程，n 为自变量，q 为因变量，e 为斜率. 因此 m 个油滴对应的数据在 $n \sim q$ 坐标中将在同一条过圆点的直线上，若找到满足这一关系的直线，就可用斜率求得 e 值. 将 e 的实验值与公认值比较，求相对误差(公认值 $e = 1.60 \times 10^{-19}\,\mathrm{C}$).

【思考与讨论题】

(1) 对实验结果造成影响的主要因素有哪些？

(2) 判断油滴盒内平行极板是否水平？不水平对实验结果有何影响？

(3) CCD 成像系统观测油滴不直接从显微镜中观测有何优点？

3.15 光电效应及普朗克常量的测定

【实验目的】

(1) 了解光的量子性.

(2) 利用爱因斯坦方程，测出普朗克常量 h.

【实验装置】

YGP-2 型普朗克常量实验装置.

【实验原理】

如图 3-15-1 所示为普朗克常量实验装置光电原理示意图，由图可知，YGP-2 型普朗克常量实验装置主要包括：卤钨灯、透镜、单色仪、光栅、光电管、放大器等.

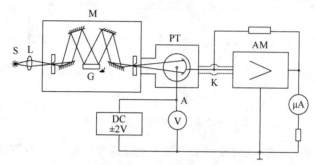

图 3-15-1　普朗克常量实验装置光电原理示意图
S. 卤钨灯；L. 透镜；M. 单色仪；G. 光栅；PT. 光电管；AM. 放大器

在光的照射下，电子从金属表面逸出的现象称为光电效应. 光电效应有如下两个基本规律：

(1) 在照射光频率不变的情况下，光电流大小与入射光强度大小成正比.

(2) 光电子的最大能量随入射光频率的增加而呈线性增加，与入射光的强度无关.

为了解上述现象，爱因斯坦提出：光是由一些能量为 $E = h\nu$ 的粒子组成的粒子流，这些粒子统称为光子. 光的强弱决定于粒子的多少，故光电流与入射光强度成正比，又因每个电子只能吸收一个光子的能量($h\nu$)，所以电子获得的能量与光强无关，而只与频率成正比. 写出方程式：

$$h\nu = \frac{1}{2}mv_{\max}^2 + e_\phi \tag{3-15-1}$$

这就是爱因斯坦方程. 式中，h 称为普朗克常量，$\frac{1}{2}mv_{\max}^2$ 是光电子逸出表面后具有的最大动能，e_ϕ 为逸出功，即一个电子从金属内部克服表面势垒逸出所需的能量，ν 为入射光的频率，它与波长 λ 的关系是

$$\nu = \frac{c}{\lambda} \tag{3-15-2}$$

式中，c 是真空中光速.

从式(3-15-1)可知，$h\nu < e_\phi$ 时将没有光电流，即存在一个截止频率 ν_0，只有入射光的频率 $\nu > \nu_0$ 时才能产生光电流. 不同的金属逸出功 e_ϕ 的数值不同，所以截止频率也不同.

本实验采用"减速电位法"来验证爱因斯坦方程，并由此求出 h，实验原理线路图见图 3-15-2.

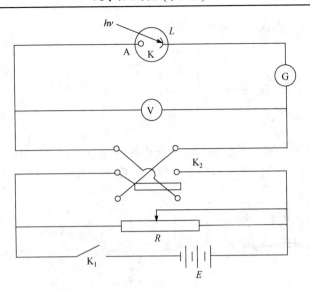

图 3-15-2　光电效应实验原理图

图 3-15-2 中 K 为光电管的阴极，涂有钾钠铯或锑等材料，A 为阳极. 光子 $h\nu$ 射到 K 上打出光电子，当 A 加正电压、K 加负电压时，光电子被加速. 若 K 加正电压、A 加负电压，光电子被减速. 若所加的负电压 $U = U_s$，而 U_s 满足方程：

$$\frac{1}{2}mv^2_{\max} = eU_s \tag{3-15-3}$$

此时，光电流将为零. 式中，U_s 为截止电压. 光电流与电压的关系见图 3-15-3. 由式(3-15-1)和式(3-15-3)可得

$$eU_s = h\nu - e_\varphi \tag{3-15-4}$$

改变入射光的频率 ν，可测得不同的截止电压 U_s，作出 U_s-ν 曲线图(图 3-15-4)，此曲线是一直线，其斜率为

$$k = \tan\phi = \frac{\Delta U_s}{\Delta\nu} = \frac{h}{e} \tag{3-15-5}$$

式中，e 为电子电荷($e = 1.6\times10^{-19}$ C)，由此可求出 h.

实际上测出的光电流和电压的关系曲线较图 3-15-3 所示的复杂(图 3-15-4)，主要是由如下两个因素所致.

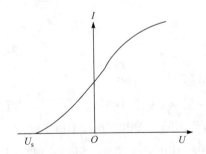

图 3-15-3　理想情况下光电管伏安特性曲线

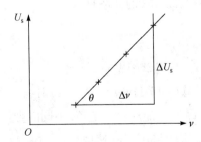

图 3-15-4　截止电压与入射光频率曲线

1) 暗电流和本底电流

光电管没有受到光照时也会产生电流，这种电流称为暗电流. 它是由热电子发射、光电管管壳漏电等造成的. 本底电流是由室内各种漫反射光射入光电管所致，它们均使光电流不可能降为零，且随电压的变化而变化.

2) 反向电流

由于制作过程中阳极 A 也往往溅射有阴极材料，所以当光射到 A 上或由 K 漫反射到 A 上时，A 也有光电子发出，当 A 加负电压，K 加正电压时，对 K 发射的光电子起了减速作用，而对 A 发射的光电子起了加速作用，所以 I-U 的关系就如图 3-15-5 所示. 为了正确地确定截止电压 U_s，就必须去掉暗电流和反向电流的影响，使 I-U 的关系符合图 3-15-3 所示的情况，以便由 $I=0$ 的位置来确定 U_s.

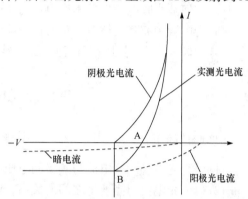

图 3-15-5　实际实验过程中光电管的伏安特性曲线

【实验内容与步骤】

(1) 接通卤钨灯电源，调节聚光镜筒，使光束会聚到单色仪的入射狭缝上.

(2) 调节反向电流使其降到接近于零，方法是使减速电压远大于截止电压，这时光电流几乎为零，如果这时毫伏表仍有指示，则再调整光电管入射的方向，进而使光电流尽可能接近于零(此时表中相应数值应为负)，这样以便于降低反向电流对测量结果的影响.

(3) 单色仪输出的波长示值是利用螺旋测微器读取的. 如图 3-15-6 所示，当鼓轮边缘与小管上的"5"刻线重合时，波长示值为 500 nm.

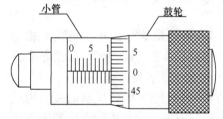

图 3-15-6　单色仪读数装置

(4) 切断"放大测量器"的电源，接好光电管与放大测量器之间的电缆，再通电预热 20~30 min 后，调节该测量放大器的零点位置.

(5) 测量光电管的伏安特性：

①设置适当的倍率按键；

②改变外加直流电压，缓慢调高(间隔 0.1 V)外加直流电压，先注意观察一遍电流变化情况，记住使电流开始明显升高的电压值；

③针对各阶段电流变化情况，分别以不同的间隔施加遏止电压，读取对应的电流值.

④陆续选择适当间隔的另外 4~5 种波长光进行同样测量，作出光电管相应的伏安特性曲线，且从这些曲线中找到和标出相应的截止电压 U_s，且将对应的数据记录到表 3-15-1 中.

【实验数据和结果处理】

表 3-15-1

波长 λ / nm						
频率 ν /($\times 10^{14}$Hz)						
遏止电位 U_s / V						

根据表 3-15-1 数据作 U_s-ν 关系图，由式(3-15-5)可得普朗克常量 $h =$ ＿＿＿；相对误差

$$E = \frac{|h - h_0|}{h} \times 100\% = \underline{\quad} \% .$$

【思考与讨论题】

(1) 如何准确测定截止电压且防止反向电流的发生？

(2) 如何减小暗电流以及本底电流对实验造成的影响？

(3) 光电管中充有气体对实验有何影响？

(4) 阴极 K 能否同时涂有几种金属材料，为什么？

3.16　光电管的特性研究

【实验目的】

(1) 研究光电管的光电流与其极间电压的关系.

(2) 研究光电流与光通量之间的关系，验证光电效应第一定律.

(3) 掌握光电管的一些主要特性，学会正确使用光电管.

【实验装置】

暗箱(装光电管及小灯)、光电效应实验仪(仪器内包括：24 V/12 V 稳压电源、调节光电管电压的电位器、调小灯电流的可变电阻).

以下为光电效应实验仪的简介：

GD-I 型光电效应实验仪是一组成套仪器，包括实验仪和暗箱两大部分. 使用这套仪器可以进行光电效应的研究，测定光电管的伏安特性和光电特性.

暗箱内有光电管和小灯泡. 关闭暗箱后，箱内即成为一个微型暗室，外界光线不能射入，作为点光源的小灯泡装在活动支架上，并可在暗箱外调节其位置，以改变灯泡到光电管的距离. 有了暗箱，实验即可在明亮房间内进行，给实验操作带来了方便.

实验仪包括两路完全独立的稳压电源和一个高灵敏度的检流计. 实验仪控制面板结构示意图如图 3-16-1 所示. 当面向仪器面板时，左侧为 24 V 稳压电源，并且内附电位器调压装置，在接线柱上可获得 0～24 V 连续可变的电压，该电压由数字电压表显示. 右侧为 12 V 稳压电源，并且内附可变电阻电流调节装置，在接线柱上连接灯泡后可连续调节灯泡的发光度，电流值由数字电流表显示. 推荐的灯泡电流值为 400～500 mA.

【实验原理】

金属和金属化合物在光的照射下有电子逸出的现象，称为光电效应，或称为光电发射. 产生光电发射的物体表面通常接电源的负极，所以又称为光电阴极，光电

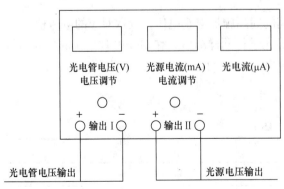

图 3-16-1　实验仪控制面板结构示意图

阴极往往并不由纯金属制成，而常用锑钯或银氧钯的复杂化合物制成，因为这些金属化合物阴极的电子逸出功远较纯金属小，这样就能在较小的光照下得到较大的光电流. 把光电阴极和另一个金属电极-阳极一起封装在抽成真空的玻璃壳里就成了光电管. 光电管在现代科学技术(如自动控制、电影、电视及光信号测量等)中都有重要的应用，我们实验中所用的光电管结构和工作原理线路如图 3-16-2 及图 3-16-3 所示.

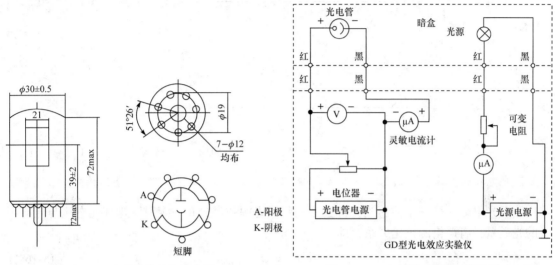

图 3-16-2　光电管的结构示意图　　　　图 3-16-3　光电管工作原理线路图

在图 3-16-3 中，阴极对于阳极有负电势，用适当频率的光照射于阴极时，阴极即发射出电子，这些电子称为光电子. 光电子在阴阳极间电场的作用下达到阳极，于是回路里就有了电流，在电流计上读数为 I，这个电流值与无光照射时的电流(称暗电流)值 I_g 之差 I_ϕ 称为光电流 $\left(I_\phi = I - I_g\right)$. 每只光电管的暗电流在出厂说明书上都已标明，本实验使用的 GD-24 型光电管其暗电流 I_g 不大于 10^{-3} A，因而有 $I \approx I_\phi$，故可用电流 I 代替光电流 I_ϕ，实验过程中不要求测暗电流 I_g.

光电流的大小是由光电管本身的性质(主要是阴极的性质)及外界条件(光的频率、强度和光电管极间电压大小)来决定的. 我们要使用光电管就必须了解光电流与上述这些条件的关系，以下就是光电管的一些主要特性.

1. 伏安特性

当光照一定时(即阴极上所承受的各频率的光通量一定时)，起初光电流是随着极间电压的增大而增大的(如图 3-16-4 中 ab 段)，但是当电压增加到某一值之后，即使继续增加极间电压，光电流也不再增加或增加很少，这时几乎所有光电子都参加了导电，这就是所谓的饱和现象(如图 3-16-4 中 bc 段). 能使光电流饱和的最小极间电压称为饱和电压，此时的光电流称为饱和光电流 $I_{\phi 0}$. 当光通量增大时所需的饱和电压就高些，饱和光电流也大些，值得注意的是当极间电压等于零时，光电流并不等于零，这是因为电子从阴极逸出时还具有初动能，只有加上适当的反向电压时，光电流才等于零，这一电压称为反向截止电压 U_a.

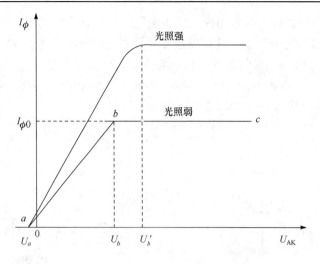

图 3-16-4　光电管伏安特性曲线

2. 光电特性

按照光电效应第一定律：当光源频率一定或光源频谱分布一定时，饱和光电流与光电阴极的光通量具有严格的正比关系，即

$$I_{\phi 0} \propto \phi \tag{3-16-1}$$

其中，ϕ 为光通量，$I_{\phi 0}$ 为饱和光电流.

我们实验中验证这一定律的方法如下：

强度为 E_0 的电光源，它在距离为 r、面积为 S 的阴极上的光通量(当 r 远远大于阴极线度时)为

$$\phi = \frac{E_0 S}{r^2} \tag{3-16-2}$$

可见，如果保持小灯电流不变，即 E_0 不变，而阴极面积 S 是固定的，那么 ϕ 就正比于 $\frac{1}{r^2}$，也就是饱和光电流 $I_{\phi 0}$ 正比于 $\frac{1}{r^2}$. 我们由实验求出 $I_{\phi 0}$ 与 $\frac{1}{r^2}$ 的一一对应关系，如果画出的关系曲线是一条直线，就验证了光电效应第一定律.

【实验内容与步骤】

1. 测光电管的伏安特性

(1) 按图 3-16-3(或图 3-16-5)连接线路，调节可变电阻 R，使小灯电流为规定值(推荐的小灯电流值为 400～500 mA)，并且在实验过程中小灯电流要始终保持不变.

(2) 使光源与光电管阴极间的距离为 r_1，极间电压由零开始逐渐升高，测出若干个电压下的光电流，并将测量数据填入表 3-16-1.

(3) 将光电管接线的极性对调，即在光电管两极加上反向电压，测定反向截止电压 U_a.

(4) 使光源与光电管阴极间的距离变为 r_2，重复以上步骤(1)～(3)，并将测量数据填入表 3-16-2. 然后，绘制两条伏安特性曲线.

2.测光电管的光电特性

使极间电压 U_m 保持一定值，改变光源与阴极间的距离 r ，测出若干个距离下的饱和光电流 $I_{\phi 0}$ ，并将测量数据填入表 3-16-3. 最后以 $\dfrac{1}{r^2}$ 为横坐标， $I_{\phi 0}$ 为纵坐标，画出光电特性曲线.

【注意事项】

(1) 如图 3-16-5 所示，用导线将实验仪和暗箱连接起来. 实验仪上的红色接线柱为输出电压的正端，黑色为负端. 暗箱上光电管的红色接线柱为光电管的阳极，黑色接线柱为光电管的阴极. 暗箱下端有一抽板，上有标尺，作为光源用的小灯固定在抽板上，抽板可抽出或推进，以改变光源与光电管之间的距离. 实验仪上还有光电管的电压和光源电流调节旋钮，其电压和电流值由相应的数字表读出.

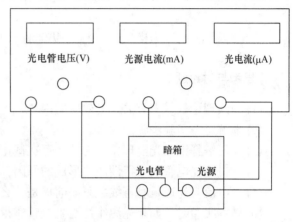

图 3-16-5　实验仪与暗箱连接示意图

(2) 灯泡电流的稳压与否对实验结果影响很大，必须做到接触良好. 当发现光电流不稳定时，应首先检查灯泡插座及接线是否接触良好.

(3) 当输出 I 与光电管反向连接时(阳极接负电压，阴极接正电压)，电流表指示的是光电管阴极至阳极的电流，因而实际的电流与指示的电流极性正好相反. 测量时一定要注意.

【数据和结果处理】

(1) 光电管伏安特性曲线的测量数据(表 3-16-1、表 3-16-2).

表 3-16-1　光电管伏安特性曲线数据表 1

光源电流 I = ＿＿＿mA ，光源与阴极间距离 r_1 = ＿＿＿cm ，反向截止电压 U_a = ＿＿＿V

U/V										
$I_\phi/\mu A$										

表 3-16-2　光电管伏安特性曲线数据表 2

光源电流 I = ＿＿＿mA ，光源与阴极间距离 r_2 = ＿＿＿cm ，反向截止电压 U_a = ＿＿＿V

U/V										
$I_\phi/\mu A$										

根据表 3-16-1 以及表 3-16-2 的数据，在同一坐标纸上以 I_ϕ 为纵坐标，U 为横坐标，分别绘制出光源与阴极间距离为 r_1、r_2 时对应的光电管伏安特性曲线图.

(2) 光电特性曲线的测量数据(表 3-16-3).

表 3-16-3　光电特性曲线数据表

光源电流 $I =$ _____ mA，极间电压 $U_m =$ _____ V									
r/cm									
$I_{\phi 0}$/μA									

在坐标纸上以 $\dfrac{1}{r^2}$ 为横坐标，$I_{\phi 0}$ 为纵坐标，画出光电管的光电特性曲线.

【思考与讨论题】

(1) 阅读理论教材中有关光电效应的内容，了解光电效应的有关定律.

(2) 理解每一实验步骤的意义.

(3) 如何解释饱和光电现象？为什么存在截止电压？

(4) 试讨论光电管伏安特性曲线形成的原因，了解这种特性有何意义？

(5) 光电流与光通量有直线关系的前提是什么？掌握光电特性有什么意义？

(6) 做本实验时，如果光源小灯与光电管靠得太近，误差就比较大，为什么？

第4章 设计性实验

大学物理设计性实验是大学物理实验的重要组成部分. 设计性实验是对传统的实验教学模式的突破, 是一种以学生为主体、教师为主导的教学模式. 它对学生独立解决问题的能力进行了全面训练, 既提高了学生的实验热情, 又巩固了所学的知识和技术, 还培养了学生的科研能力.

大学物理设计性实验是学生经过基础性和综合性物理实验训练之后, 为进一步培养和锻炼学生的科学素质而开设的具有创造性的实验. 它要求学生能根据给定的实验任务, 自行查阅相关资料、设计实验方案、组织实验系统和独立进行操作, 最终对实验结果进行科学分析并撰写实验论文. 其旨在培养学生的创新意识和创新精神, 提高学生分析问题和解决问题的能力. 这类实验涉及力、热、光、电等学科, 同时具有综合性, 要求学生充分应用前期初级实验所学的理论知识和实验技能来完成实验, 有利于培养学生综合应用所学知识解决实际问题的能力.

大学物理实验中的基础物理实验和基本物理实验是学生在教师的指导下完成的, 教师一般先讲解与实验有关的知识和一些注意的事项, 然后学生按照固定的实验目的、实验内容和实验步骤进行实验. 而物理设计性实验只设定需要学生完成的任务, 不提供完成任务所需要的资料和实验方法, 这就要求学生根据自己的实验选题, 自行查阅和收集资料, 并综合分析资料设计实验方案, 最后按方案开展实验. 在整个实验过程中, 学生是主体, 教师的任务是对学生在查阅资料方案设计等各环节上给予方法上的指导, 引导学生如何提出问题、分析问题和解决问题.

1. 综合设计性实验的学习过程

完成一个综合设计性实验要经过以下三个过程.

1) 选题及拟定实验方案

实验题目一般是由实验室提供, 学生也可以自带题目. 选定实验题目之后, 学生首先要了解实验目的、任务及要求, 查阅有关文献资料. 学生根据相关的文献资料, 写出该题目的研究综述, 拟定实验方案. 在这个阶段, 学生应在实验原理、测量方法、测量手段等方面有所创新; 检查实验方案中物理思想是否正确, 方案是否合理、可行, 同时要考虑实验室能否提供实验所需的仪器用具, 还要考虑实验的安全性等, 并与指导教师反复讨论, 使其完善. 实验方案应包括: 实验原理、实验示意图、实验所用的仪器材料、实验操作步骤等.

2) 实施实验方案、完成实验

学生根据拟定的实验方案, 选择测量仪器、确定测量步骤、选择最佳的测量条件, 并在实验过程中不断地完善. 在这个阶段, 学生要认真分析实验过程中出现的问题, 积极解决, 要和教师、同学进行交流与讨论. 在这种学习过程中, 学生首先要学习用实验解决问题的方法, 并且学会合作与交流, 对实验或科研的一般过程有一个新的认识; 其次要充分调动学生学习的积极性, 善于思考问题, 培养勤于创新的学习习惯, 提高综合运用知识的能力.

3) 分析实验结果、总结实验报告

实验结束需要分析总结的内容有：①对实验结果进行讨论，进行误差分析；②讨论总结实验过程中遇到的问题及解决的方法；③写出完整的实验报告；④总结实验成功与失败的原因、经验教训、心得体会. 实验结束后的总结非常重要，是对整个实验的一个重新认识的过程，在这个过程中可以锻炼学生分析问题、归纳和总结问题的能力，同时也提高了文字表达能力.

2. 实验报告书写要求

实验报告应包括：①实验目的；②实验仪器及用具；③实验原理；④实验步骤；⑤测量原始数据；⑥数据处理过程及实验结果；⑦分析、总结实验结果，讨论总结实验过程中遇到的问题及解决的方法，总结实验成功与失败的原因、经验教训、心得体会.

3. 综合设计性实验上课要求

(1) 每个实验前要做开题报告，开题报告应包括：
① 实验的目的、意义、内容；
② 对实验原理的认识、拟定的测量方案等；
③ 对实验装置工作原理、使用方法等方面的了解；
④ 实验的原理、测量方法、仪器使用等方面存在的问题、需进一步研究的内容等.
(2) 实验结束要求做实验总结报告，总结报告应包括：
① 阐述实验原理、测量方法；
② 介绍实验内容，分析测量数据、实验现象，总结测量结果；
③ 实验的收获、实验的改进意见.

4.1　电表的改装和校验

【实验目的】

(1) 掌握将电流计改装成安培表和伏特表的基本原理和方法.
(2) 了解校验电表的基本方法.

电表改装与校验

【实验装置】

稳压电源、微安表、毫安表、伏特表、滑线变阻器、电阻箱、开关等.

【实验原理】

1. 将电流表(电流计或微安表)改装成毫安表(或安培表)

电流表(如微安表)的量程比较小，如要测量较大的电流，则应将其改装，方法是并联上一个分路电阻(阻值较小)，使大部分电流从分路电阻上通过. 这样就可由原电流表(表头)与分路电阻组成一个新的量程较大的电流表(安培表或毫安表). 并联不同分路电阻 R_s，就组成不同量程的电流表. R_s 的值可从理论上计算出来，如图 4-1-1 所示，已知电流计的量程为 I_g，内阻为 R_g，改装表的量程为 I_{max}，则通过 R_s 的电流为

$$I_s = I_{max} - I_g$$

由欧姆定律可以得出

$$\left(I_{max} - I_g\right) R_s = I_g R_g$$

所以

$$R_s = \frac{I_g R_g}{I_{max} - I_g} = \frac{1}{\dfrac{I_{max}}{I_g} - 1} R_g = \frac{1}{n-1} R_g \tag{4-1-1}$$

式中，$\dfrac{I_{max}}{I_g} = n$，为量程扩大的倍数.

2. 将电流表改装成伏特表

电流表满刻度时两端的电压($U_g = I_g R_g$)一般都比较小，不能直接用来测量较大的电压，为了测量较大的电压，必须串联一个阻值较大的电阻 R_P，使大部分电压降落在 R_P 上. 这种由电流表(表头)与串联高电阻 R_P 组成的整体，就称为改装的伏特表. 欲使能测量的最大电压为 U_{max} (即量程)，电流表的量程为 I_g，内阻为 R_g，则所需串联的高电阻 R_P 可由理论计算出来，如图 4-1-2 所示. 根据一段电路的欧姆定律

$$I_g = \frac{U_{max}}{R_P + R_g}$$

即

$$U_{max} = I_g \left(R_P + R_g\right) = U_P + U_g$$

所以

$$R_P = \frac{U_{max}}{I_g} - R_g = \frac{U_{max}}{U_g} \cdot R_g - R_g = (n-1) R_g \tag{4-1-2}$$

式中，$n = \dfrac{U_{max}}{U_g}$，是量程扩大倍数.

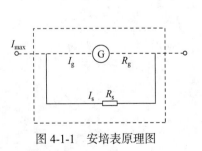

图 4-1-1　安培表原理图

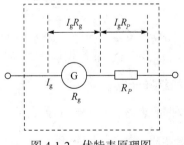

图 4-1-2　伏特表原理图

3. 电表校验

将改装表与标准表进行校对，画出校正曲线，以便在使用改装表时进行读数修正，减少

测量误差，校验的方法是用级别较高的标准表与改装表的示值进行比较，定出改装表的测量误差，然后以改装表的示值为横坐标，以其误差为纵坐标，作出校正折线(图 3-7-3). 常用电表亦应定期校验.

【实验内容】

1. 将量程为 1000 μA (即 I_g)的电流表改装成 50 mA(即 I_{max})的电流表

(1) 按图 4-1-3 连接好电路，使滑线变阻器 R 处于最大值，R_s 由电阻箱充当，处于最小值处，经检查后，接通电源；

(2) 调节 R 使毫安表指针在 50 mA 处，调节 R_s 使微安表的指针在 1000 μA 处，即改装表为 50 mA，记下 R_s 的值；

(3) 将 R 调回最大，R_s 调回最小后，重复上述步骤(2)，按此调整法，记下 3 次 R_s 的值.

(4) 校验改装表，将电阻箱取 R_s 的平均值，改变 R 使改装表(微安表与电阻箱并联部分)由 50 mA 开始每隔 5 mA 或 10 mA 逐步减小，记下每次改装表与标准表的相应读数.

2. 将量程为 1000 μA 的微安表改装成 5 V 的电压表

(1) 按图 4-1-4 接好电路，滑线变阻器 R 的滑动头处于分压最小处，电阻箱(充当 R_P)的阻值调在最大处，经检查后，接通电源；

(2) 调 R 使标准伏特表的电压为 5 V，调电阻箱使微安表达到满量程(即 1000 μA)即表示改装表为 5 V，记下 R_P 的值；

(3) 将分压调回最小，电阻箱调回最大处，重复上述步骤(2)，按此调整法，测出 3 次 R_P 的值；

(4) 校验改装表，将电阻箱取 R_P 的平均值，改变 R 使改装表(微安表和电阻箱串联部分)由 5 V 开始按 1 V 的间隔逐步减小，记下每次改装表与标准表相对应的读数.

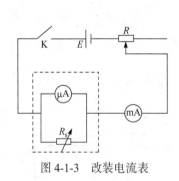

图 4-1-3　改装电流表

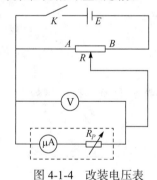

图 4-1-4　改装电压表

【数据和结果处理】

记录数据的表格自行设计.

1. 改装成电流表

(1) 根据公式(4-1-1)计算出分路电阻的理论值 $R_{s理}$ (微安表的 R_g 由实验室给出)，并与实验的测量平均值 $\overline{R_s}$ 进行百分误差的计算：

$$E = \frac{\left| R_{s\text{理}} - \overline{R_{s}} \right|}{R_{s\text{理}}} \times 100\%$$

(2) 以改装表的读数 $I_{改}$ 为横坐标，以相应的 $\Delta I = I_{标} - I_{改}$ 为纵坐标，画出校正曲线(应为折线).

2. 改装成电压表

按电流表的相似方法来处理.

【注意事项】

(1) 改装成毫安表时，并联分路的电阻必须自小到大进行调整，并保证接触良好.
(2) 改装成电压表时，串联的阻值应由大到小进行调整，防止短路.
(3) 校正曲线是一折线，并应作在坐标纸上.

【预习思考题】

(1) 图 4-1-3 接通电源前，R 应调在最大值处，R_s 应调在接近 0(不等于 0)处，为什么?
(2) 图 4-1-4 接通电源前，R 应调在输出电压最小处，R_P 应调在最大处，为什么?
(3) 当图 4-1-3 中 R 调到最大值时，电流表读数仍大于 50 mA，此时应如何处理?

【讨论问题】

(1) 在校正曲线上横坐标为 20.0 mA 处，相应的 ΔI 为-0.2 mA 准确的读数应是多少?
(2) 图 4-1-3 改用分压电路，图 4-1-4 改用变阻电路，情况如何?

4.2 激光全息照相

普通的照相技术，是反映从物体表面反射(或漫射)来的光或物体本身发出的光，经过物镜成像，将光强度记录在感光底片上，再在照相纸上显示出物体的平面像. 而全息照相技术不仅要在感光底片上记录下物光的光强分布，而且还要把物光的相位也记录下来，也就是把物体的全部信息(振幅与相位)记录下来，然后经过一定的程序"再现"出物体的立体图像. 我们把这种既记录振幅又记录相位的照相称为全息照相.

光学全息照相是 20 世纪 60 年代发展起来的一门新技术，它在精密测量、无损检验、信息存储和处理等方面有着广泛的应用. 全息照相的基本原理是以波的干涉和衍射为基础，它对其他波动过程，如红外、微波、X 射线及声波等也适用. 因此，有相应的红外全息、微波全息、超声全息等，全息技术已发展成为科学技术上的一个新领域.

本实验将通过对静态光学全息照片的拍摄和再现观察，了解光学全息照相的基本原理、主要特点和操作要领.

【实验目的】

(1) 了解全息照相的基本原理和实验装置.
(2) 初步掌握全息照相的有关技术和再现观察方法.
(3) 了解全息技术的主要特点.

【实验原理和仪器描述 】

1. 光波的信息

任何物体表面上所发出的光波，可以看成是其表面上各物点所发出元光波的总和，其表达式为

$$y = \sum_{i=1}^{n} A_i \cos(\omega t + \varphi_i - \frac{2\pi x_i}{\lambda}) = A\cos(\omega t + \varphi - \frac{2\pi x}{\lambda})$$

其中振幅 A 与相位 $(\omega t + \varphi - \frac{2\pi x}{\lambda})$ 是此光波的两个主要特征，又称为波的信息. 当实验中用单色光作光源时，相位信息中反映光的颜色特征的 "(或λ)" 可不予讨论. 在一般的非全息照相中，因感光乳胶的频率响应跟不上光波的频率(10^{14}Hz 以上)，其感光的程度只与总曝光量有关，即只与光强有关，因而感光乳胶上所记录的信息只反映光波的振幅分布，也就是被摄物表面上各点光波振幅的信息分布，而不反映相位的信息. 因此，也不能反映被摄物表面凸凹及远近的情况，故无立体感. 而全息照相在记录物光波的振幅信息的同时，也记录了相位的信息，因而它具有立体感.

2. 全息照相的记录原理

全息照相是根据光的干涉原理进行的，它首先由伦敦大学的丹尼斯·伽柏(D.Gabor)在1948 年提出，由于当时没有理想的强相干光源，因此没有实现. 直到 1960 年激光问世以后，这种不用透镜成像的三维照相技术才能成为现实.

根据光的干涉理论分析，干涉图像明暗条纹之间的亮度差异(反差)，主要取决于参与干涉的两束光波的强度(振幅的平方)，而干涉条纹的疏密程度则取决于这两束光的相位差(或光程差). 全息照相就是根据干涉原理，以干涉条纹的形式记录物光波的全部信息. 拍摄全息照片的光路如图 4-2-1 所示. 激光束经过分光板后分成两束光，一束光经 M_1 反射后，再经透镜 L_1 扩束后均匀地照射在被摄物 D 的表面上，并使被摄物表面漫射的光波(物波)能射到感光板 H 上. 另一束光(参考光)经反射镜 M_2 和扩束镜 L_2 后，直接照射到感光板 H 上. 当参考光和物光在感光板 H 上相遇时,叠加形成的干涉条纹被 H 记录下来.

由光路图可知，到达全息感光板 H 上的参考光波的振幅和相位是由光路决定的，与被摄物无关，漫射至 H 上的物光波的振幅和相位却与物体表面各点的分布和漫射状况有关. 从不同物点来的物光的光程(相位)不同，因而参考光和物光干涉的结果与被摄物的形象有对应关系. 一个物点的物光形成一组干涉条纹，它与其他物点对应的干涉条纹的疏密、走向和反差等分布均不相同. 这些干涉图像叠加在一起，就形成了通常所称谓的全息图.

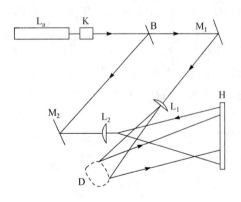

图 4-2-1　拍摄全息照片的光路

3. 全息照相的再现

全息底片上记录的并不是被摄物体的直观形象，而是无数组复杂的干涉条纹的组合. 因此，要看到被摄物的景象，必须采取一定的手段对全息图进行再现. 所谓再现，就是用同原来记录时的参考光完全相同的光束去照射全息底片，这束光称为再现光. 对于这束再现光，全息照片相当于一个反差不同、间距不等、弯弯曲曲、透过率不均匀的复杂"光栅"，再现光经过全息照片时被照片上的干涉图样所衍射，在照片后面出现一系列的衍射光波，如图 4-2-2 所示.

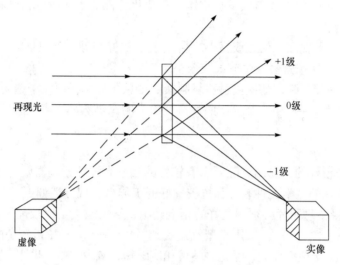

图 4-2-2　全息照片的再现观察

底片后面的一系列衍射光波中，其中保持原来再现光照射方向的是 0 级衍射光波，在 0 级衍射光波的两侧还有±1 级以及更高级的衍射光波(当然高级衍射光会很快衰减). 0 级衍射光波是强度衰减的再现光的透射光，形成亮的背景光，故这一部分我们不做讨论. +1 级衍射光是沿着原来物光波传播方向衍射的发散光，它与物体在原来位置发出的光波完全一样，将形成一个虚像. 人们在底片后面迎着衍射光波观察时，可以看到在原来物体的位置上有一个与原物一样的虚像，称为原始虚像. –1 级衍射光是会聚光，在 0 级衍射光的另一侧进行衍射，在底片的后面(原物再现像的异侧)形成一个实像，称为共轭实像. 由于人眼受孔径的限制，共轭实像一般来说用眼睛是不易直接观察到的，故需采取一些办法. 这就是激光全息技术的记录和再现的基本原理.

4. 全息照片的特点

全息照相与普通照相不同，其主要特点如下：

(1) 由于全息照相记录了物体光波的全部信息，所以再现出来的物体形象和原来的物体一模一样，它是一个十分逼真的立体图像. 这种立体像还具有一些普通立体照片所没有的极为有趣的特点，即它和观察实物时完全一样，具有相同的视觉效应. 例如，从某一方面观察时，一物被另一物遮住，但只需把头偏移一下，就可绕过原来的障碍物，看到原来被遮住的部分. 当观察者把视线从景物中的近景移到远景时，眼睛必须重新调焦，这和直接观察景物时完全一样.

(2) 全息照片的每一部分不论有多大，总能再现出原来物体的完整图像，也就是说，可以把全息照片分成若干小块，每一块都可以再现原物的像，只是当全息缩小后，像的分辨率减小了. 全息照相的这一特点，是由于照片上的每一部分都受到被摄物上各点的反射光的作用，所以全息照片即使有缺损，也不会使再现像失真.

(3) 同一张全息干板可进行多次曝光记录，一般在每次拍摄前稍微改变全息干板的方位，或改变参考光束的方向，或改变物体在空间的位置，就可在同一张感光板上重叠记录，并能互不干扰地再现各个不同的图像. 若物体在外力作用下产生微小的位移或形变，并在变化前后重复曝光，则再现时物光波形成反映物体形态变化特征的干涉条纹，这就是全息干涉计量的理论基础.

(4) 全息照片的再现像可放大或缩小. 用不同波长的激光照射全息照片，由于与拍摄所用激光的波长不同，再现像就会发生放大或缩小.

(5) 全息照片易于复制，如用接触法复制新的全息照片，将使原来透明部分变成不透明，原来不透明部分变为透明. 用这张复制照片再现出来的像仍然和原来全息照片的像完全一样.

5. 仪器

要想获得一张较好的全息图，除要求有较好的相干光源外，还需要有分辨率高的感光材料、机械稳定性良好的光学元件装置和抗震性好的工作台，现分述如下：

(1) 光源. 拍摄全息照片必须用良好的相干光源，氦氖激光是比较理想的相干光源. 它的相干长度较大，单色性也好. 一般用小型氦氖激光器(1～3 mW)来拍摄较小的漫射物，就可获得较好的全息图. 激光功率越大，曝光时间可相应缩短，减少干扰. 此外，氩离子激光器、红宝石激光器等也常用作全息照相的光源.

(2) 感光器. 记录介质应当采用性能良好的感光材料(主要指分辨率、灵敏度和其他感光特性). 理论指出，全息干涉条纹的间距取决于物光和参考光的夹角 θ(图 4-2-3). 其关系为

$$\overline{\Delta} = \frac{\lambda}{2\sin\frac{\theta}{2}}, \ \overline{\Delta} \text{ 为干涉条纹的平均间距，一般用它的倒数表示，即 } \eta = \frac{1}{\overline{\Delta}} = \frac{2\sin\frac{\theta}{2}}{\lambda}, \eta \text{ 称为条纹}$$

的空间频率或感光材料的分辨率，它表示 1 mm 中的干涉条纹. 一般全息干板要求 $\eta > 1000$ 条/mm(普通照相的感光胶片 η 约为 100 条/mm). 曝光后的干板，其显影和定影等化学处理过程与普通感光胶片的处理相同，显影液和定影液由实验室制备. 我们所用的全息干板对红光敏感，处理时要在暗绿色安全灯下操作.

除以上乳胶感光材料外，还有铌酸锂、铌酸锶钡晶体、光导热塑薄膜等也可作为全息照相的记录介质.

(3) 光路系统. 选择合理的光路是获得优质全息图的关键之一，在安排光路时应考虑：

① 尽量减少物光和参考光的光程差，一般使光程差控制在几厘米之内.

② 参考光与物光的光强比 I_R/I_O 一般取 $1:1～10:1$，为此要选配反射率合适的分光板和衰减片以满足此要求.

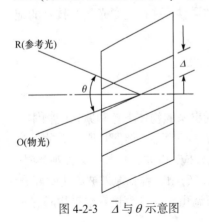

图 4-2-3 $\overline{\Delta}$ 与 θ 示意图

③ 投射到感光板上的参考光和物光的夹角 θ，一般选取范围为 45°～90°.

④ 为减少光能的损失和干扰，选用的光学元件数应越少越好.

⑤ 需特别注意将光学元件(包括感光干板)装夹牢固，因为光路中各光学元件之间的任何微小移动或振动，对产生干涉的影响很大，甚至会破坏全息图，使拍摄失败.

(4) 全息实验台. 拍摄全息照片除了要保证光学系统中各元件有良好的机构稳定性外，用一个防振系统来保证所需要的光学稳定性是绝对必要的. 全息实验台一般都是在它的厚重的台面下垫以各种减振装置，如泡沫塑料、沙箱、气囊、减振器等，以隔绝地面的振动.

为了获得较好的防振效果，实验室一般设在底层并离振源较远处. 为了检验实验台的防振效果，可在它的台面上布置迈克耳孙干涉光路，如果在所需的曝光时间内干涉条纹稳定不动，则表明防振效果良好.

【实验内容】

1. 拍摄静物的全息照片

按图 4-2-1 所示的光路布置好光学元件，拍摄不透明静物的全息照片. 拍摄时应按下列程序检查实验的准备工作：

(1) 被摄物及全息感光板是否被均匀照明；

(2) 物光和参考光的光程差是否控制在几厘米以内；

(3) 物光和参考光能否均匀地照射在感光板上；

(4) 各光学元件装夹得是否牢固；

(5) 有无杂散光干扰；

(6) 曝光时间选择是否合适.

拍摄的具体参数由实验室提供. 放置感光板时需用遮光板遮掉激光，并注意感光乳胶面是否对向激光束. 曝光后的感光板经显影、定影、漂白等处理后漂洗晾干，即成全息照片. 用图 4-2-2 所示的光路，可观察到再现虚像.

如果冲洗出来的全息片看不到再现像，最大的可能是曝光过程中有振动或位移. 如再现像中能看到载物台，但看不到被摄物，表明被摄物未固定好. 若曝光过度或显影过度，可将感光板漂白补救.

2. 观察全息照片的再现物像

首先判别处理后的全息片的哪一面为乳胶面，仔细观察其上所记录的干涉图样，然后按照图 4-2-2 所示的光路，将全息片 H 放到光束截面被放大的激光束中，注意乳胶面应面向再现光束，再现光束的扩镜 L 的位置最好与拍摄时一致. 观察的角度由全息片的大小与被摄物的距离决定，观察再现虚像的位置和亮度，然后改变观察位置，从不同角度观察再现虚像，注意所观察的景物有何变化，是否有立体感. 最后总结观察的结果，比较全息照相与普通照相的异同.

【数据记录与处理】

(1) 进行实验并观察实验结果.

(2) 制作漫反射物体的全息片.

【注意事项】

(1) 严禁用手触摸各光学元件的表面，要保持各光学元件的清洁，否则将损坏仪器或使拍摄质量受影响. 各光学表面被玷污或有灰尘，应按实验室规定的办法处理，不可用手、手帕或纸片擦拭.

(2) 曝光过程中切勿触及实验台，人员也不宜随意走动，不要对着光路呼吸，也不要大声谈话，以免引起空气的振动，影响全息图质量.

(3) 绝对不可用眼睛直视未经扩束的激光束，以免造成视网膜的永久损伤(经透镜扩束后的激光除外).

【预习思考题】

(1) 全息照相和普通照相有何不同？全息照相的主要特点是什么？

(2) 拍好全息照相必须具备哪些条件？

(3) 为什么不能用普通照相的底片拍摄全息照片？

【讨论问题】

(1) 为什么要求物光和参考光的光程尽量相等？

(2) 为什么个别光学元件安置不牢靠将导致拍摄失败？

(3) 在观察全息照片的虚像时，能否尝试用手去触及再现景物？而你手的移近或远离再现景物时，能否据此来判断像的位置、大小及深度？

4.3　旋光法测定蔗糖溶液浓度

【实验目的】

(1) 理解偏振光的产生和检验方法，观察旋光效应.

(2) 验证旋光角度与溶液浓度的关系，并以此测定溶液浓度.

【实验装置】

氦氖激光器，光功率计，光具座，偏振片及调节架、液体槽及支架、透镜架及光阑、凸透镜 $f' = 150\ \text{mm}$ ，另备无水葡萄糖和蒸馏水适量及量杯等(图 4-3-1).

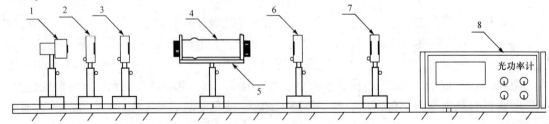

图 4-3-1　偏振光旋光实验装置

1. 氦氖激光器；2.透镜及光阑；3.起偏器；4.液体槽调节架；5.液体槽(样品槽)；6.检偏器；7.光强探测器；8.光功率计

【实验原理】

旋光效应是指某些固体和液体物质能使偏振光的偏振面发生旋转的现象. 旋光效应包括

自然旋光效应、磁致旋光效应和光致旋光效应，本实验所涉及旋光效应是指自然旋光效应.

在自然环境下能使线偏振光振动面发生偏转的介质称为旋光物质. 研究物质自然旋光性的实验如图 4-3-2 所示，P_1 和 P_2 为透振方向相互正交的两偏振片，自然光经偏振片 P_1 后变为一束线偏振光，然后通过另一偏振片 P_2 被接收屏接收，此时屏是黑暗的；将旋光物质放在 P_1 和 P_2 之间，接收屏由暗变亮，再将偏振片 P_2 旋转一定角度 ψ 后，接收屏又变为黑暗，该旋转角度 ψ 即为线偏振光通过旋光物质后振动面偏转的角度.

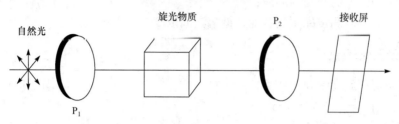

图 4-3-2   自然旋光效应实验装置

利用上述实验方法，分别用同一长度不同的旋光物质和不同长度的同一旋光物质进行多次实验，研究影响旋光现象的不同因素. 实验结果表明：

(1) 旋光物质的旋光率影响偏振光经过此物质后振动面偏转的角度. 实验的其他条件不变，换同一长度不同旋光率的物质. 偏振光经旋光物质后振动面偏转的角度 ψ 与该旋光物质的旋光率成正比.

(2) 实验的其他条件不变，旋光角度 ψ 与旋光物质的长度成正比. 综上所述，旋光角度 ψ 的大小可以表示为

$$\psi = \alpha d$$

式中，α 为旋光物质的旋光率，d 为旋光物质的长度.

具有旋光效应的物质叫作旋光物质. 旋光物质具有左右旋之别，能使偏振光的振动面顺时针方向旋转的物质称为右旋物质，反之为左旋物质. 例如，葡萄糖为右旋物质，果糖为左旋物质. 偏振面旋转的角度可以用检偏器予以检查.

进一步的实验研究表明，葡萄糖水溶液使偏振面发生的转角 φ 与溶液的厚度(玻璃槽长度)l 和溶液的浓度 ρ 成正比：

$$\varphi = \alpha \cdot \rho \cdot l \tag{4-3-1}$$

式中的比例系数 α 表示该物质的旋光本领，常称为比旋光率，ρ 是溶液的质量浓度，以 g/cm^3 为单位，l 的单位是 dm.

实验时，将氦氖激光器置于光具座的一端，在光具座上置一带光阑的凸透镜($f'=150$ mm) 以获得近似的平行光束，并使其入射到与透振轴正交的两个偏振片上，用眼睛检查投射光波消除的现象，即线偏振光的起偏与检偏. 然后在两个偏振片之间加入盛有事先用蒸馏水配制的葡萄糖溶液的玻璃槽，见暗视场透光后，将检偏器旋转一个角度 φ，使视场恢复变暗. 据此，由已知浓度的葡萄糖溶液可对葡萄糖的比旋光率 α 进行定标，由定标的比旋光率 α 进而可测得任意未知葡萄糖溶液的浓度. 根据公式(4-3-1)，比旋光率 α 的单位应是(°$cm^3/dm \cdot g$)，标准值是用钠光灯在 20 ℃的温度下测得的，室温每升高 1 ℃，α 的修正值为 –0.02.

【实验内容和步骤 】

(1) 产生线偏振光；

(2) 检测线偏振光；

(3) 定标；用已知浓度 ρ 的葡萄糖溶液做旋光实验，由偏振面的转角 φ 与溶液的厚度(玻璃槽长度)l，确定室温条件下葡萄糖的比旋光率 α；

(4) 配制不同浓度的葡萄糖溶液；

(5) 利用旋光效应测定配制的各葡萄糖溶液的浓度.

【数据记录及处理(例) 】

(1) 确定室温比旋光率 α、温度 $T = 25\ ℃$，$l=\underline{\quad}$dm，$\varphi=\underline{\quad}$°，由已知 $\rho=\underline{\quad}$g/cm^3 可得：室温条件下 $\alpha=\underline{\quad}$°cm^3/dm·g.

(2) 测定葡萄糖溶液的浓度.

表 4-3-1　旋光角度、光功率与浓度的对应关系表

样品编号	0(定标样品)	1	2	3	4
浓度					
旋光角度					
光功率					

作出旋光角度与浓度的关系图，作出光功率与浓度的关系图.

【实验思考 】

(1) 平行光管的作用是什么.

(2) 对于比旋光率 α 有无更准确的测量方法.

(3) 该实验误差的主要来源是什么.

【注意事项 】

(1) 实验后应及时将玻璃槽洗净.

(2) 需微量调节氦氖激光器固定支架，以使输出光为近似平行光.

(3) 应尽量保持温度恒定.

4.4　望远镜与显微镜的组装

【实验目的 】

(1) 熟悉望远镜和显微镜的构造及其放大原理.

(2) 掌握光学系统的共轴调节方法.

(3) 学会对望远镜、显微镜的放大率测定.

【实验仪器】

光具座(或光学平台)，凸透镜若干，光源、箭孔屏，平面镜、光屏、米尺及透明标尺等.

【实验原理】

望远镜和显微镜都是用途极为广泛的助视光学仪器，显微镜主要用来帮助人们观察近处的微小物体，而望远镜则主要是帮助人们观察远处的目标，它们常被组合在其他光学仪器中. 为适应不同用途和性能的要求，望远镜和显微镜的种类很多，构造也各有差异，但是它们的基本光学系统都由一个物镜和一个目镜组成. 望远镜和显微镜在天文学、电子学、生物学和医学等领域中都起着十分重要的作用.

望远镜通常是由两个共轴光学系统组成，我们把它简化为两个凸透镜，其中长焦距的凸透镜作为物镜，短焦距的凸透镜作为目镜. 物镜的作用是将远处物体发出的光经会聚后在目镜物方焦平面上生成一倒立的实像，而目镜起一放大镜作用，把其物方焦平面上的倒立实像再放大成一虚像，供人眼观察. 图 4-4-1 所示为开普勒式望远镜的光路示意图，图中 L_o 为物镜，L_e 为目镜. 用望远镜观察不同位置的物体时，只须调节物镜和目镜的相对位置，使物镜成的实像落在目镜物方焦平面上，这就是望远镜的"调焦".

显微镜和望远镜的光学系统十分相似，都是由两个凸透镜共轴组成，其中，物镜的焦距很短，目镜的焦距较长. 如图 4-4-2 所示，实物 PQ 经物镜 L_o 成倒立实像 $P'Q'$ 于目镜 L_e 的物方焦点 F_e 的内侧，再经目镜 L_e 成放大的虚像 $P''Q''$ 于人眼的明视距离处.

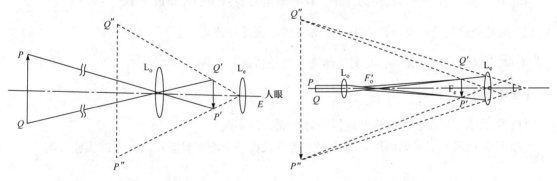

图 4-4-1　开普勒式望远镜示意图　　　　图 4-4-2　显微镜光路示意图

用望远镜或显微镜观察物体时，一般视角均甚小，因此视角之比可用其正切之比代替，于是光学仪器的放大率 M 可近似地写成

$$M = \frac{\tan\alpha_0}{\tan\alpha_e} = \frac{l}{l_0}$$

式中，l_0 是被测物的大小 PQ，l 是在物体所处平面上被测物的虚像的大小 $P''Q''$.

在实验中，为了把放大的虚像 l 与 l_0 直接比较，常用目测法来进行测量. 以望远镜为例，其方法是：选一个标尺作为被测物，并将它安放在距物镜大于 1.5 m 处，用一只眼睛直接观察标尺，另一只眼睛通过望远镜观看标尺的像. 调节望远镜的目镜，使标尺和标尺的像重合且没有视差，读出标尺和标尺像重合区段内相对应的长度，即可得到望远镜的放大率.

【实验内容】

1. 望远镜的组装

(1) 测出所给透镜的焦距，并确定一个作为物镜，另一个作为目镜(根据什么来选择？).

(2) 将一个已知焦距的凸透镜与光源、透明标尺组成一近似平行光，当作无穷远发光物体.

(3) 装上物镜，记下其位置，观察无穷远发光物体通过物镜后在像方空间上所成的实像，调节观察屏，测出成像位置、大小和倒正.

(4) 取走像观察屏，在附近装上目镜，调节共轴，再前后略微移动目镜，直到用眼睛贴近目镜可清晰地看到标尺像，记下此时目镜的位置.

(5) 按实测的物镜、目镜位置及中间实像位置，按一定比例画出所组装望远镜成像光路图，算出系统视角放大率 M.

2. 显微镜的组装

(1) 将所选出的物镜和目镜置于光具座上，并限定镜筒长度. 调整两透镜使其同光轴.

(2) 以透明标尺为物，放置在物镜前. 前后移动该物，眼睛在目镜后观察，直到能看到清晰的放大的虚像为止. 记下标尺、物镜和目镜的位置.

(3) 用像屏在目镜和物镜之间找到所成的实像，并记下实像的位置.

(4) 根据记录的数据画出所组装显微镜的成像光路图.

(5) 由所测得的物镜和目镜的焦距，计算所组装显微镜的视角放大率.

3. 测定望远镜的放大率，将测得结果与理论值进行比较

4. 测定显微镜的放大率，将测得结果与理论值进行比较

【思考题】

(1) 望远镜和显微镜在结构和成像原理方面有何不同？

(2) 显微镜放大率是如何推导出来的？尝试设计一个测定显微镜放大率的实验方案.

4.5　用迈克耳孙干涉仪测透明介质的折射率

【实验目的】

(1) 掌握迈克耳孙干涉仪的工作原理和结构，学会对它的调整方法和技巧.

(2) 学会用迈克耳孙干涉仪测透明介质的折射率.

【实验原理及设计方案(例)】

如图 4-5-1 所示，平面反射镜 M_1 和 M_2 相互垂直放置于两臂顶端，M_2 固定，M_1 由精密丝杆控制，可沿臂轴前后移动. 在两臂轴相交处，有一与两臂轴各成 45° 的平行平面玻璃板 G_1(分光板). 另一平行平面玻璃板 G_2(补偿板)与 G_1 平行放置，厚度和折射率均与 G_1 相同.

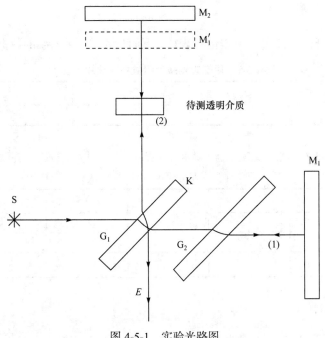

图 4-5-1 实验光路图

当 M_1' 和 M_2 严格平行时,所得的干涉为等倾干涉,所有倾角为 θ 的入射光束,由 M_1' 和 M_2 反射光线的光程差 Δ 均为

$$\Delta = 2d\cos\theta \tag{4-5-1}$$

式中,θ 为光线在 M_1 镜面的入射角,d 为空气膜的厚度,它们将处于同一级干涉条纹,并定位于无限远. 此时在 E 处正对 G_1 观察,便可观察到一组明暗相间的同心圆环,这些条纹的特点为干涉条纹的级次以中心为最高,在干涉条纹中心,$\cos\theta=1$. 若不计反射光线之间的相位突变,那么圆环中心出现亮点的条件是

$$\Delta = 2d = k\lambda \tag{4-5-2}$$

圆环中心处干涉条纹的级次为

$$k = 2d/\lambda$$

当 M_1' 和 M_2 间距 d 逐渐增大时,对于任一级干涉条纹,如第 k 级,必定以减少其 $\cos\theta_k$ 的值来满足

$$2d\cos\theta = k\lambda$$

故该干涉条纹向 θ_k 变大的方向移动,也就是向外扩展. 这时,我们将会看到条纹好像从中心向外"涌出",而且每当空气膜厚度 d 增加半个波长时,就有一个条纹涌出. 反之"陷入",间距的改变也为半波长. 据此,对迈克耳孙干涉仪进行调节,找到干涉条纹最佳、最清晰的位置,再开始进行实验. 在调节出干涉条纹后,如果在 M_2 和 G_1 之间插入透明玻璃板,会引起光程的变化,调节 M_1 镜,使得因 M_1 移动而引起的光程变化可以补偿玻璃板所引起的光程变化,即

$$2\Delta d = 2(n_x - 1)D \tag{4-5-3}$$

式(4-5-3)中 Δd 为移动 M_1 引起的空气膜厚度变化,n_x 为待测透明介质的折射率,D 为待测透明介质的厚度,可得

$$n_x = \Delta d / D + 1$$

【实验数据】

根据实验方案自行设计实验数据记录表格. 下面是实验设计(例)的数据记录表.

表 4-5-1　用螺旋测微器测量平行玻片厚度 D

序号	1	2	3	4	5
D/mm					

表 4-5-2　M_2 的读数(未插入玻璃片光程差等于零时 M_2 位置 d_1 的读数,
插入玻璃片光程差等于零时 M_2 位置 d_2 的读数)

序号	1	2	3	4	5
d_1/mm					
d_2/mm					
$\Delta d = d_1 - d_2$ /mm					

【实验注意事项】

(1) 迈克耳孙干涉仪是一精密的光学仪器, 在使用之前, 请阅读 3.11 节迈克耳孙干涉仪的内容, 学会使用迈克耳孙干涉仪的各项操作之后, 再进行本实验.

(2) 本节实验设计方案(例)中, 对于待测透明介质, 要求和 M_2 完全平行.

(3) 本节实验设计方案(例)中, 插入透明介质片时, 干涉条纹会有突变, 注意分辨干涉条纹级数.

【思考题】

(1) 请分析例子中所提供的实验设计方案的利弊.

(2) 你设计的实验方案有什么优缺点.

4.6　测量食盐密度

密度的测量为间接测量, 其原理是 $\rho = \dfrac{m}{V}$. 固体"食盐"的质量便于测量, 但常见的食盐多为粉末状, 这给食盐的体积测量带来一些困难.

【实验目的】

(1) 探索在实验室条件下测量易溶的粉末状固体的体积.

(2) 培养学生自行设计方案并独立完成实验的能力.

【可选用的实验仪器和药品】

物理天平, 砝码, 游标卡尺, 量筒, 烧杯, 烧瓶, 水(油)浴锅, 食盐颗粒/块, 无水乙醇等.

【实验内容和要求】

根据实验题目的要求和实验室设备条件, 自行设计一种测量方法, 测量固体食盐的密度.

要求实验过程安全，可操作性和测量精度高.

【实验方案(例)】

1. 方案一

(1) 器材：固体盐块(一般是工业用盐，呈固体块状，无空腔和气泡，体积较大)、天平、砝码、游标卡尺、切割装置(可用刀具和磨石代替).

(2) 实验过程：①先选取一大块食盐用刀具切成方块，并用磨石把六个表面打磨平整，使之呈较为标准的长方体；②用游标卡尺测出盐块长度，记为 a，测出盐块宽度，记为 b，测出盐块高度，记为 c；③用天平测出盐块质量，记为 m. 这样，固体食盐的密度为 $\rho = \dfrac{m}{abc}$.

2. 方案二

(1) 器材：食盐(颗粒状、粉末状皆可)、天平、砝码、量筒、烧杯、无水乙醇.

(2) 原理：因为食盐虽易溶于水，却难溶于乙醇，所以可以用"排酒精法"来测量固体食盐的体积.

(3) 实验过程：①取适量的食盐，用天平测出其质量，记为 m；②在量筒内加入适量的无水乙醇，测出体积，记为 V_1；③将上述质量为 m 的食盐轻轻地倒入量筒，液面上升，测出无水乙醇和食盐的总体积，记为 V_2. 这样，固体食盐的密度为 $\rho = \dfrac{m}{V_2 - V_1}$.

3. 方案三

(1) 器材：食盐(颗粒状、粉末状皆可)、天平、砝码、量筒、烧杯、浓度较高的盐酸.

(2) 原理：食盐能溶解、微溶于多种液体，由于盐酸中含有大量的氯离子，所以食盐不溶于盐酸，特别是不溶于浓度较高的盐酸.

(3) 实验过程：①取适量的食盐，用天平测出其质量 m；②量筒内加入适量的浓盐酸，测出体积，记为 V_1；③将上述质量为 m 的食盐轻轻倒入量筒液面上升，测出盐酸和食盐的总体积，记为 V_2. 这样，固体食盐的密度为 $\rho = \dfrac{m}{V_2 - V_1}$.

4. 方案四

(1) 器材：食盐(颗粒状、粉末状皆可)、天平、砝码、量筒、烧杯、玻璃棒和水.

(2) 原理：食盐能溶解、微溶于绝大多数的液体，食盐不溶的既理想又环保的液体难以找到. 食盐易溶解于水，但不能无限制地溶解于水. 它不能溶解于饱和的食盐水，饱和的食盐水即是我们所需要的理想液体.

(3) 实验过程：①取食盐和水配置饱和食盐水，放在烧杯中待用；②再取适量的食盐，用天平测出其质量 m；③量筒内加入适量的饱和食盐水，测出体积，记为 V_1；④将上述质量为 m 的食盐轻轻倒入量筒，液面上升，测出饱和食盐水和食盐的总体积，记为 V_2. 这样，固体食盐的密度为 $\rho = \dfrac{m}{V_2 - V_1}$.

5. 方案五

(1) 器材：食盐(颗粒状、粉末状皆可)、天平、砝码、量筒、烧杯、烧瓶、水浴锅、温度计等.

(2) 实验过程：如图 4-6-1 所示的装置中，事先用天平测好适量的固体食盐的质量，将这些固体食盐全部装入一圆底烧瓶，将插有温度计、直角玻璃管(内封有一段有色小水柱)的橡皮塞塞上.

用水浴加热，当瓶内气体受热膨胀时，水柱就向右移动，在移动的过程中瓶内气体始终保持等压变化，体积的变化 ΔV 即为水柱移动的距离 ΔL 与玻璃管横截面积 S 的乘积. 因此，烧瓶内固体食盐的体积为

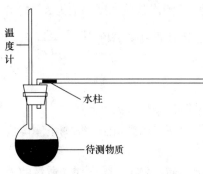

图 4-6-1　方案五实验装置示意图

$$V = V_0 - \frac{T_1}{T_2 - T_1} \cdot S \cdot \Delta L$$

根据盖·吕萨克定律推导得出，其中 V_0 为烧瓶容积，T_1 为初始状态的温度，T_2 为后来容器内气体的温度，T_1 和 T_2 为开尔文温度. 根据这个公式计算出待测固体食盐的体积 V，然后由密度公式 $\rho = \dfrac{m}{V}$ 计算出待测物质的密度.

【思考题】

(1) 分析例子中的实验方案各有什么利弊.

(2) 你的实验方案在例子的基础上有哪些改进？

4.7　开尔文滴水起电实验

【实验目的】

(1) 观察开尔文滴水起电的现象，了解开尔文滴水器的原理；

(2) 进一步加强对机械能与电能转化的理解；

(3) 锻炼学生完成实验设计的能力.

【实验装置】

滴水起电机的简易装置如图 4-7-1 所示. 上方水桶 A 有两个孔用来滴水(或其他液体)，其中右侧孔流出水滴通过一个感应圈 B 流到相应的金属桶 C 中,同样地,左侧孔流出水滴通过另一个感应圈 B' 流到相应的金属桶 C' 中. 图中 C 和 C' 相互绝缘，同时也与周围其他物体电气相互隔离. 左侧的桶 C' 通过导线与右侧的感应圈 B 相连，同样右侧的桶 C 也通过导线与左侧的感应圈 B' 相连接导通. 整个装置是对称的. 这里要着重说明的是，环应放置于第一滴水滴过的位置附近.

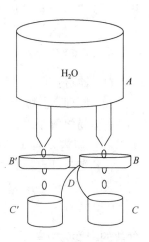

图 4-7-1　装置结构示意图

【实验原理】

1. 开始阶段

装置的每一部分开始时都几乎不带电,由于水中有正负离子(正负电荷)的存在,下落的水流(或水滴)可能偶然地把极微量的电荷带给下方的金属水桶(盆),造成水桶带有微量电荷,任何一个桶获得少量的不平衡电荷,就可以开始正反馈的充电过程.

2. 累积阶段

假设 C 桶获得正电荷,则与之相连的感应圈 B' 也有一定的正电荷. 由于静电感应作用,感应圈 B' 上的正电荷会吸引负电荷到左边的水流中. 左边的水滴会携带负电荷下落滴到左边的桶 C' 内,使左桶 C' 所带的负电荷增加积累,从而又会使右边的感应圈 B 也带负电,它将会吸引正电荷到右边的水流中. 当水滴落到桶内,它们各自携带的正负电荷就会转移到桶上并积累起来,这个正反馈过程将使每个桶和感应圈获得更多的电荷,形成更强的静电感应,如此这般,积少成多,电荷分离速度逐步加快,电荷积累量随时间呈指数增长($V = V_0 \cdot e^{kt}$),短时间内便能在两金属桶之间建立起很高的电势差.

3. 放电阶段

最后,随着两个金属水桶之间的电势差逐渐升高,就会看到水流由于感应圈的吸引作用而散开,同时用静电计测出的电压数值不断上升. 随着电荷的继续累积,两个金属筒之间的电势差不断增大,但这样的积累并不能在内部进行消耗. 当两金属筒间的电压达到某一数值时,还会击穿空气产生放电现象.

【实验内容】

1. 组装装置

根据图 4-7-2,使用水桶、铜质感应圈(桶、线圈)、金属小桶、带调节阀门的水管、导线、静电计等设计和组装实验装置.

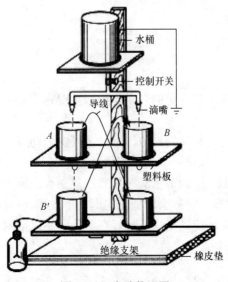

图 4-7-2 实验装置图

2. 进行实验

把水加到顶部储水装置中，然后打开开关，控制合适的水流速度，调整感应圈位置，让水流从电环中心流下，观察现象，记录数据.

3. 数据处理

对数据进行处理，分析起电规律.

【实验步骤】

(1) 关闭开关，往储水装置中加水(盐水更好).
(2) 调整阀门控制水流流速，调整感应圈的位置，使水从感应圈中心流下.
(3) 仔细观察水流的形状并记录静电计中电压的数值.

【数据记录及处理】

由于此实验装置产生正反馈后迅速积累电荷，故电压数据每 10 s 记录一次，数据记录到表 4-7-1 中.

表 4-7-1　数据记录表

时间/s	0	10	20	30	40	50	60	70	80
电压/V(第 1 次)									
电压/V(第 2 次)									
电压/V(第 3 次)									

求解出每次 k 的近似值，并进行拟合以观察出在一定范围内，k 值随水流流速的变化规律.

【实验思考】

(1) 在加水阶段，为什么说加盐水效果更好?
(2) 水的流速越快越好吗?
(3) 产生的电压能持续增大吗?

【注意事项】

(1) 绝缘问题. 开尔文滴水起电机的效果与绝缘情况密切相关，应着重注意装置内部以及装置和地的绝缘工作.
(2) 尖端放电问题. 为了防止尖端放电，需尽量减少毛刺与尖端，可将感应圈引线一端直接插入水中，避免因击穿空气放电而引起电能损耗.
(3) 水滴流速度的调节技巧. 调节水滴时需要注意，水滴流不应太快而成为线流，防止电荷沿水流而中和; 也不应太慢，这样会降低感应起电的效率.
(4) 其他问题. 保证实验环境的干燥，最好在实验演示之前对室内空气进行干燥.

【附录】

开尔文滴水起电机，是英国科学家开尔文于 1867 年所发明的一种静电高压产生器. 该实验可以用来演示静电感应的产生，以加深学生对电磁感应现象的理解，同时也可利用由该装置所产生的高压，做一些强电场的极化、击穿效应方面的拓展性实验.

4.8 玻尔兹曼常数测量

【实验目的】

(1) 在室温下，测量 PN 结电流与电压的关系，证明此关系符合指数规律；

(2) 在不同温度条件下，测量玻尔兹曼常数.

【实验装置】

FD-PN-C 型 PN 结物理特性测定仪.

【实验原理】

由半导体物理学可知，PN 结的正向电流电压关系满足如下关系：

$$I = I_0 \left[\exp(eU/kT) - 1 \right] \tag{4-8-1}$$

式中，I 是通过 PN 结的正向电流，I_0 是不随电压变化的常数，T 是热力学温度，e 是电子的电荷量，U 是 PN 结正向压降.

由于在常温(300K)下，$kT/e \approx 0.026\,\mathrm{V}$，而 PN 结正向压降约为十分之几伏，则 $\exp(eU/kT)$ $\gg 1$，式(4-8-1)括号内 "-1" 项完全可以忽略，于是有

$$I = I_0 \exp(eU/kT) \tag{4-8-2}$$

也即 PN 结正向电流随正向电压按指数规律变化. 若测得 PN 结的 I-U 关系值，则利用上式可以求出 e/kT. 在测得温度 T 后，就可以得到 e/k 常数，把电子电量作为已知值代入，即可求得玻尔兹曼常数 k.

在实际测量中，二极管的正向 I-U 关系虽然能较好满足指数关系，但求得的常数 k 往往偏小. 这是因为通过二极管电流的不只是扩散电流，还有其他电流. 一般包括三个部分：①扩散电流，它严格遵循式(4-8-2)；②耗尽层复合电流，它正比于 $\exp(eU/2kT)$；③表面电流，它是由 Si 和 SiO$_2$ 界面中的杂质引起的，其值正比于 $\exp(eU/2mkT)$，一般 $m > 2$. 因此，为了验证式(4-8-2)及求出准确的 e/k 常数，不宜采用硅二极管，而采用硅三极管接成共基极线路，因为此时集电极与基极短接，集电极电流中仅仅是扩散电流. 复合电流主要在基极出现，测量集电极电流时，将不包括它. 本实验中选取性能良好的硅三极管(TIP31 型)，实验中又处于较低的正向偏置，这样表面电流影响也完全可以忽略，所以此时集电极电流与结电压将满足式(4-8-2). 实验线路如图 4-8-1 所示.

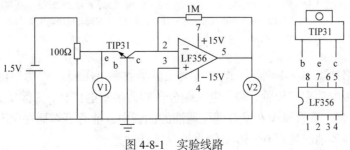

图 4-8-1 实验线路

本仪器型号为 FD-PN-C(图 4-8-2)，该仪器中 LF356 运算放大器与接线柱不通，运算放大器的各引线脚，通过专用棒针接线由学生自己接，教师只要用万用表检查接线是否正确即可.

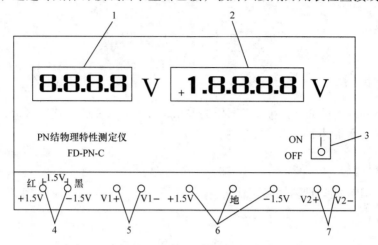

图 4-8-2　仪器电源和数字电压表

1.输入电压显示；2.输出电压显示；3.电源开关；4.三极管输入电压(1.5V)；
5.三极管输入电压显示输入端；6.运算放大器(LF356)工作电压输入端；7.运算放大器(LF356)输出电压显示输入端

实验接线板如图 4-8-3 所示.

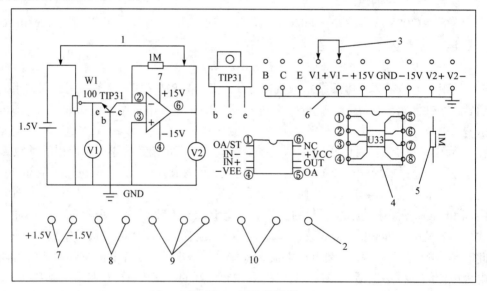

图 4-8-3　实验接线板

1. 实验原理与接线图；2. 三极管 e 脚和 b 脚间调节旋钮；3. 电压表输入与输出端；4.LF356 运算放大器；
5. 运算放大器反馈电阻；6. 接地端；7. 三极管(e-b)间电压输入端；8. 三极管(e-b)间电压输出端；
9. 运算放大器(LF356)工作电压输入端；10. 运算放大器⑥脚与地间电压输出端.

【实验内容】

(1) 实验线路如图 4-8-1 所示. 图中 V_1 为三位半数字电压表，V_2 为四位半数字电压表，TIP31 为带散热板的功率三极管，调节电压的分压器为多圈电位器，为保持 PN 结与周围环境一致，把 TIP31 型三极管浸没在盛有变压器油的油管中，油管下端插在保温杯中，保温杯内放有室温水. 变压器油温度用 0～50 ℃的水银温度计测量.

(2) 在室温情况下，测量三极管发射极与基极之间电压 U_1 和相应电压 U_2. 在室温下 U_1 的值从 0.3～0.42 V 范围内每隔 0.01 V 测一点数据，测 10 多个数据点，至 U_2 值达到饱和时(U_2 值变化较小或基本不变)，结束测量. 在记录数据开始和记录数据结束时都要同时记录变压器油的温度 θ，取温度平均值 $\bar{\theta}$.

(3) 改变保温杯内水温，用搅拌器搅拌水温与管内油温一致，重复测量 U_1 和 U_2 的关系数据，并与室温测得的结果进行比较(也可以在保温杯内放冰屑做实验).

(4) 曲线拟合求经验公式：运用最小二乘法，将实验数据分别代入线性回归、指数回归、乘幂回归这三种常用的基本函数(它们是物理学中最常用的基本函数)，然后求出衡量各回归方程好坏的标准差 σ. 对已测的 U_1 和 U_2 各对数据，以 U_1 为自变量，U_2 为因变量，分别代入：①线性函数 $U_2 = aU_1 + b$；②乘幂函数 $U_2 = aU_1^b$；③指数函数 $U_2 = a\exp(bU_1)$. 求出各函数相应的 a 和 b 值，得出三种函数式，究竟哪一种函数符合物理规律必须用标准差来检验. 方法是：把实验测得的各个自变量 U_1 分别代入三个基本函数，得到相应因变量的预期值 U_2^*，并由此求出各函数拟合的标准差：

$$\sigma = \sqrt{\sum_{i=1}^{n}(U_i - U_i^*)^2/n}$$

式中，n 为测量数据个数，U_i 为实验测得的因变量，U_i^* 为将自变量代入基本函数的因变量预期值. 最后比较哪一种基本函数拟合结果标准差最小，说明该函数拟合得最好.

(5) 计算 e/k 常数，将电子的电量作为标准差代入，求出玻尔兹曼常数.

【实验步骤】

(1) 通过长软导线，将显示部分与操作部分之间的接线端一一对应连接起来.
(2) 通过短对接线，将线路板上的输入与输出端按照所示实验原理图连接起来.
(3) 打开电源，通过调节输入电位器将输入电压从显示输入电压为 0.02 V 开始逐渐增加到 13 V 左右的饱和电压，将测量结果记在实验记录本上，以便进行数据处理.

【数据记录及处理(例)】

(1) 室温条件下：$\theta_1 = 25.90\,℃$，$\theta_2 = 26.10\,℃$，$\bar{\theta} = 26.00\,℃$，测量数据见表 4-8-1. 以 U_1 为自变量，U_2 为因变量，分别进行线性函数、乘幂函数和指数函数的拟合，结果见表 4-8-2.

表 4-8-1　U_1 和 U_2 数据表

$U_1/$V	0.310	0.320	0.330	0.340	0.350	0.360	0.370	0.380	0.390	0.400	0.410	0.420	0.430	0.440
$U_2/$V	0.073	0.104	0.160	0.230	0.337	0.499	0.733	1.094	1.575	2.348	3.495	5.151	7.528	11.325

表 4-8-2　实验数据处理结果表

n	$U_1/$V	$U_2/$V	线性回归 $U_2 = aU_1 + b$		乘幂回归 $U_2 = aU_1^b$		指数回归 $U_2 = \exp(bU_1)$	
			$U_2^*/$V	$(U_2 - U_2^*)^2/$V^2	$U_2^*/$V	$(U_2 - U_2^*)^2/$V^2	$U_2^*/$V	$(U_2 - U_2^*)^2/$V^2
1	0.310	0.073	−1.944	4.07	0.082	8.1×10^{-5}	0.072	1.0×10^{-6}
2	0.320	0.104	−1.264	1.87	0.114	1.0×10^{-4}	0.106	4.0×10^{-6}

续表

n	U_1/V	U_2/V	线性回归 $U_2 = aU_1 + b$		乘幂回归 $U_2 = aU_1^b$		指数回归 $U_2 = \exp(bU_1)$	
			U_2^*/V	$(U_2 - U_2^*)^2/V^2$	U_2^*/V	$(U_2 - U_2^*)^2/V^2$	U_2^*/V	$(U_2 - U_2^*)^2/V^2$
3	0.330	0.160	−0.584	0.55	0.160	0	0.156	16×10^{-6}
4	0.340	0.230	0.096	0.02	0.227	9.0×10^{-6}	0.230	0
5	0.350	0.337	0.775	0.19	0.325	1.4×10^{-4}	0.390	4.0×10^{-6}
6	0.360	0.449	1.455	0.91	0.468	9.6×10^{-3}	0.500	1.0×10^{-6}
7	0.370	0.773	2.135	1.97	0.680	2.8×10^{-3}	0.738	25×10^{-6}
8	0.380	1.094	2.815	2.96	0.999	9.0×10^{-3}	1.087	49×10^{-6}
9	0.390	1.575	3.495	3.69	1.483	8.4×10^{-3}	1.603	7.8×10^{-4}
10	0.400	2.348	4.175	3.34	2.225	1.5×10^{-2}	2.362	1.9×10^{-4}
11	0.410	3.495	4.855	1.85	3.379	1.3×10^{-2}	3.482	1.6×10^{-4}
12	0.420	5.151	5.535	0.15	5.196	2.0×10^{-2}	5.133	3.2×10^{-4}
13	0.430	7.528	6.215	1.72	8.097	0.32	7.566	1.4×10^{-3}
14	0.440	11.325	6.894	19.63	12.795	2.16	11.152	0.029
δ			1.8		0.42		0.048	
r			0.8427		0.9986		0.9999	
a, b			$a = 67.99$, $b = -23.02$		$a = 1.56 \times 10$, $b = 10.37$		$a = 4.47 \times 10$, $b = 38.79$	

由表 4-8-2 可知，指数回归拟合得最好，也就说明 PN 结扩散电流-电压关系遵循指数规律.

(2) 计算玻尔兹曼常数. 由表 4-8-2 数据得

$$e/k = bT = 38.79 \times (273.15 + 26.00) = 1.160 \times 10^4 \text{(CK/J)}$$

则

$$k = 1.38 \times 10^{-23} \text{J/K} \text{(公认值 } k = 1.381 \times 10^{-23} \text{J/K)}$$

【实验思考】

(1) 为什么要对三极管进行控温?

(2) 本实验为什么一定要用最小二乘法来处理数据?

(3) 本实验的实验误差主要来源是什么?

(4) 运算放大器(LF356)在本实验中的作用是什么?

【注意事项】

(1) 必须观察恒温装置上的温度计读数，待所加热水与 TIP31 三极管温度相同时(即处于热平衡时)，才能记录 U_1 和 U_2 数据.

(2) 用本装置做实验，TIP31 型三极管温度可采用的范围为 0～50 ℃. 若要在−120～0 ℃温度范围内做实验，必须采用低温恒温装置.

(3) 由于各公司的运算放大器(LF356)性能有些差异，因此在换用 LF356 时，有可能同台仪器达到的饱和电压 U_2 值并不相同.

(4) 本仪器电源具有短路自动保护功能，运算放大器若把 15 V 接反或地线漏接，一般情况集成电路也不易损坏. 请勿将二极管保护装置拆除.

第 5 章　研究性实验

5.1　傅里叶变换红外光谱分析

【实验目的】

(1) 了解傅里叶红外光谱仪的实验原理;

(2) 学习测量未知物的红外光谱;

(3) 学习对未知物的光谱进行分析.

【实验原理】

1. 红外光谱的原理

当一束具有连续波长的红外线通过物质, 物质分子中某个基团发生振动跃迁所需的能量和红外光的能量一样时, 分子就吸收红外线能量由原来的基态振(转)动能级跃迁到能量较高的振(转)动能级, 分子吸收红外辐射后发生振动和转动能级的跃迁, 该处波长的光就被物质吸收. 所以, 红外光谱法实质上是一种根据分子内部原子间的相对振动和分子转动等信息来确定物质分子结构和鉴别化合物的分析方法. 将分子吸收红外线的情况用仪器记录下来, 就得到红外光谱图. 红外光谱图通常用波长(λ)或波数(σ)为横坐标, 表示吸收峰的位置, 用透光率($T\%$)或者吸光度(A)为纵坐标, 表示吸收强度.

当外界电磁波照射分子时, 如照射的电磁波的能量与分子的两能级差相等, 该频率的电磁波就被该分子吸收, 从而引起分子对应能级的跃迁, 宏观表现为透射光强度变小. 电磁波能量与分子两能级差相等为物质产生红外吸收光谱必须满足条件之一, 这决定了吸收峰出现的位置.

红外吸收光谱产生的第二个条件是红外线与分子之间有耦合作用, 为了满足这个条件, 分子振动时其偶极矩必须发生变化. 这实际上保证了红外线的能量能传递给分子, 这种能量的传递是通过分子振动偶极矩的变化来实现的. 并非所有的振动都会产生红外吸收, 只有偶极矩发生变化的振动才能引起可观测的红外吸收, 这种振动称为红外活性振动; 偶极矩等于零的分子振动不能产生红外吸收, 称为红外非活性振动.

分子的振动形式可以分为两大类: 伸缩振动和弯曲振动. 前者是指原子沿键轴方向的往复运动, 振动过程中键长发生变化. 后者是指原子垂直于化学键方向的振动. 通常用不同的符号表示不同的振动形式, 例如, 伸缩振动可分为对称伸缩振动和反对称伸缩振动, 分别用 V_s 和 V_{as} 表示. 弯曲振动可分为面内弯曲振动(δ)和面外弯曲振动(γ). 从理论上来说, 每一个基本振动都能吸收与其频率相同的红外线, 在红外光谱图对应的位置上出现一个吸收峰. 实际上有一些振动分子没有偶极矩变化是红外非活性的; 另外有一些振动的频率相同, 发生简并; 还有一些振动频率超出了仪器可以检测的范围, 这些都使得实际红外谱图中的吸收峰数目大大低于理论值.

组成分子的各种基团都有自己特定的红外特征吸收峰. 不同化合物中, 同一种官能团的吸收振动总是出现在一个窄的波数范围内, 但它不是出现在一个固定波数上, 具体出现在哪一波数, 与基团在分子中所处的环境有关. 引起基团频率位移的因素是多方面的, 其中外部因素主要是分子所处的物理状态和化学环境, 如温度效应和溶剂效应等. 对于导致基团频率位移的内部因素, 迄今已知的有分子中取代基的电性效应, 如诱导效应、共轭效应、中介效应、偶极场效应等; 机械效应, 如质量效应、张力起的键角效应、振动之间的耦合效应等. 这些问题虽然已有不少研究报道, 并有较为系统的论述, 但是, 若想按照某种效应的结果来定量地预测有关基团频率位移的方向和大小, 却往往难以做到, 因为这些效应大都不是单一出现的. 这样, 在进行不同分子间的比较时就很困难.

另外, 氢键效应和配位效应也会导致基团频率位移, 如果发生在分子间, 则属于外部因素, 若发生在分子内, 则属于内部因素.

红外谱带的强度是一个振动跃迁概率的量度, 而跃迁概率与分子振动时偶极矩的变化大小有关, 偶极矩变化越大, 谱带强度越大. 偶极矩的变化与基团本身固有的偶极矩有关, 故基团极性越强, 振动时偶极矩变化越大, 吸收谱带越强; 分子的对称性越高, 振动时偶极矩变化越小, 吸收谱带越弱.

1) 分区

(1) 红外光谱的分区.

通常将红外光谱分为三个区域: 近红外区($13330 \sim 4000 \ cm^{-1}$)、中红外区($4000 \sim 400 \ cm^{-1}$)和远红外区($400 \sim 10 \ cm^{-1}$). 一般说来, 近红外光谱是由分子的倍频、合频产生的; 中红外光谱属于分子的基频振动光谱; 远红外光谱则属于分子的转动光谱和某些基团的振动光谱.

由于绝大多数有机物和无机物的基频吸收带都出现在中红外区, 因此中红外区是研究和应用最多的区域, 积累的资料也最多, 仪器技术最为成熟. 通常所说的红外光谱即指中红外光谱.

(2) 红外谱图的分区.

按吸收峰的来源, 可以将 $4000 \sim 400 \ cm^{-1}$ 的红外光谱图大体上分为特征频率区($4000 \sim 1300 \ cm^{-1}$)以及指纹区($1300 \sim 400 \ cm^{-1}$)两个区域.

其中, 特征频率区中的吸收峰基本是由基团的伸缩振动产生, 数目不是很多, 但具有很强的特征性, 因此在基团鉴定工作上很有价值, 主要用于鉴定官能团, 如羰基, 不论是在酮、酸、酯或酰胺等类化合物中, 其伸缩振动总是在 $1700 \ cm^{-1}$ 左右出现一个强吸收峰, 如谱图中 $1700 \ cm^{-1}$ 左右有一个强吸收峰, 则大致可以断定分子中有羰基.

指纹区的情况不同, 该区峰多而复杂, 没有强的特征性, 主要是由一些单键 C—O、C—N 和 C—X(卤素原子)等的伸缩振动及 C—H、O—H 等含氢基团的弯曲振动以及 C—C 骨架振动产生. 当分子结构稍有不同时, 该区的吸收就有细微的差异. 这种情况就像每个人都有不同的指纹一样, 因而称为指纹区. 指纹区对于区分结构类似的化合物很有帮助.

2) 光谱分类

红外光谱可分为发射光谱和吸收光谱两类.

物体的红外发射光谱主要取决于物体的温度和化学组成, 由于测试比较困难, 红外发射光谱只是一种正在发展的新的实验技术, 如激光诱导荧光. 将一束不同波长的红外射线照射到物质的分子上, 某些特定波长的红外射线被吸收, 形成这一分子的红外吸收光谱. 每种分子都有由其组成和结构决定的独有的红外吸收光谱, 它是一种分子光谱.

例如，水分子有较宽的吸收峰，所以分子的红外吸收光谱属于带状光谱. 原子也有红外发射和吸收光谱，但都是线状光谱.

红外吸收光谱是由分子不停地作振动和转动运动而产生的，分子振动是指分子中各原子在平衡位置附近作相对运动，多原子分子可组成多种振动图形. 当分子中各原子以同一频率、同一相位在平衡位置附近作简谐振动时，这种振动方式称简正振动.

含 n 个原子的分子应有 $3n-6$ 个简正振动方式；如果是线性分子，只有 $3n-5$ 个简正振动方式. 以非线性三原子分子为例，它的简正振动方式只有三种. 在 $v1$ 和 $v3$ 振动中，只是化学键的伸长和缩短，称为伸缩振动，而 $v2$ 的振动方式改变了分子中化学键间的夹角，称为变角振动，它们是分子振动的主要方式. 分子振动的能量与红外射线的光量子能量正好对应，因此，当分子的振动状态改变时，就可以发射红外光谱，也可以因红外辐射激发分子的振动，而产生红外吸收光谱.

2. 傅里叶变换红外光谱学的基本原理

1) 干涉图和基本方程

红外光谱仪中所使用的红外光源发出的红外线是连续的，从远红外到中红外到近红外区，是由无数个无限窄的单色光组成的. 当红外光源发出的红外线通过迈克耳孙干涉仪时，每一种单色光都发生干涉，产生干涉光，红外光源的干涉图就是由无数个无限窄的单色干涉光组成的.

(1) 单色光干涉图和基本方程.

单色光，即一个单色光源在理想状态下发出的一束无限窄的理想的准直光. 假设单色光的波长是 λ，则波数

$$v = \frac{1}{\lambda}$$

假定分束器是一个不吸光的薄膜，反射率和透过率各为 50%，如图 5-1-1 所示，

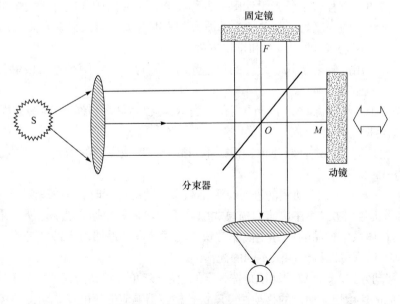

图 5-1-1　迈克耳孙干涉仪示意图

由图可知，光程差

$$\delta = 2(OM - OF)$$

当δ=0 时，从固定镜和动镜反射回分束器上的两束光，它们的相位完全相同，并没有发生干涉，相加后光的强度等于这两束光的强度之和. 如果从固定镜反射回来的光全部透射过分束器，从动镜反射回来的光全部在分束器上反射，那么检测器检测到的光强就等于单色光源发出的光强.

当δ=λ/2 时，从固定镜和动镜反射回到分束器上的两束光，它们的相位差正好等于半波长，发生干涉，相加后相互抵消，光强为零，检测器检测到的信号为零.

如果动镜以匀速移动，检测器检测到的信号强度呈正弦波变化，即单色光的干涉图是一个正弦波，则由检测器检测到的干涉光的光强

$$I(\delta) = 0.5I(\nu)\left[1 + \cos\left(2\pi\frac{\delta}{\lambda}\right)\right] \tag{5-1-1}$$

在光谱测量中，只有余弦调制项 $0.5I(\nu)\cos(2\pi\nu\delta)$的贡献是主要的. 干涉图就是由余弦调制项产生的. 单色光通过理想的干涉仪得到的干涉图 $I(\delta)$由下面的方程给出：

$$I(\delta) = 0.5I(\nu)\cos(2\pi\nu\delta) \tag{5-1-2}$$

由于检测器检测到的干涉图强度不仅正比于光源的强度，还正比于分束器的效率、检测器的响应和放大器的特性，所以

$$I(\delta) = 0.5H(\nu)I(\nu)\cos(2\pi\nu\delta) \tag{5-1-3}$$

设 $0.5H(\nu)I(\nu)$等于 $B(\nu)$，则

$$I(\delta) = B(\nu)\cos(2\pi\nu\delta) \tag{5-1-4}$$

这就是干涉图最简单的方程. 也就是波数为ν的单色光的干涉图方程.

(2) 二色光干涉图和基本方程.

二色光是由两个单色光的干涉图叠加的结果，也就是由两个不同波长的余弦波叠加而成，所以二色光干涉图的方程和单色光干涉图的方程相同，干涉图的强度等于两个单色光干涉图强度的叠加，干涉图的强度与两个单色光的波数和强度有关，与光程差有关.

(3) 多色光和连续光源的干涉图和基本方程.

当一个光源发出的辐射是几条线性的单色光时，测得的干涉图是这几条单色光干涉图的加和.

当光源是一个连续光源时，干涉图用积分表示，就是对单色光的干涉图方程进行积分.

2) 干涉图数据的采集

干涉图数据采集的方式有好几种，根据不同的分辨率或不同的需要，仪器会自动地选用不同的采集方式.

(1) 单向采集数据方法. 动镜前进时，采集数据；动镜返回时，不采集数据.

(2) 双向采集数据方法. 在快速扫描模式中采用双向采集数据方法，之所以采用快速扫描模式，是因为在体系中样品的成分变换非常快，动镜前进和返回时干涉图是不一样的，采用双向采集数据方法，可以得到四张不同的光谱.

(3) 动镜移动方式. 干涉仪的动镜是按一定的速度移动的，移动的速度取决于所使用的检测器. 检测器响应的速度快，动镜的移动速度就快，检测器响应的速度慢，动镜的移动速度就慢.

3) 傅里叶变换红外光谱仪

傅里叶变换红外光谱(FTIR)仪的主要设备为红外光学台(光学设备)以及辅助设备计算机和打印机. 其中, 红外光学台又由红外光源、光阑、干涉仪、样品室、检测器以及各种红外反射镜、氦氖激光器、控制电路板和电源组成.

随着傅里叶变换红外光谱技术的不断发展, 红外附件也在不断地发展, 不断地更新换代. 现阶段, 红外附件有: 红外显微镜附件、拉曼光谱附件、漫反射附件、衰减全反射附件(水平ATR、可变角 ATR、圆形池 ATR)、镜面反射附件、偏振红外附件、变温光谱附件、红外光纤附件、光声光谱附件、高压红外光谱附件、色红联用附件、热重红外联用附件、发射光谱附件、时间分辨光谱附件、聚合物制膜附件、聚合物拉伸附件、聚光器附件、样品穿梭器附件、红外气体池附件等.

【实验内容】

1. 红外光谱样品制备

1) 液体样品

分析液体样品的最常用方法就是将一滴液体夹在两片盐片中间, 过程如下: 将一滴样品滴于合适的盐片上, 几秒钟后, 将另外一块盐片合上, 这样液体被夹在两块盐片之间, 变成薄膜状选用的盐片要与分析的液体样品相匹配. 不含水的样品可采用 KBr(32×5 mm)盐片, 含水样品则采用 KRS-5 盐片. 每次一个样品做好后, 用带合适的溶剂的棉花清洗, 然后在倒有甲醇的鹿皮上抛光. KBr 盐片需要经常进行抛光, 以维持其表面的光洁. 由于 KRS-5 晶体有毒, 所有只有当其表面被划伤或污染时才需要抛光, 而且要求专业人员来完成.

2) 固体样品

溶剂将样品溶解, 成膜于 KBr 窗片上是最先考虑的. 如果因为基线不好或是溶解性差而不成功, 可以考虑在两片 KBr 窗片内熔化成膜. 如果这也不行, 样品可进行 KBr 压片.

对于熔点高于 72 ℃的样品, 首选的技术是 KBr 压片. 对于聚合物样品, 成膜法是首选, 接着是热熔法和压片法.

对于熔点未知的样品,结晶度的检测将会指明哪种技术将会成功. 高结晶度的样品用 KBr 压片法较好, 对于低结晶度的样品, 成膜和热熔会得到更好的谱图.

3) 涂膜技术

涂膜技术是用在熔点低于 72 ℃的样品和低结晶度的样品, 比如高聚物, 涂膜法也可在其他方法失败后试用.

涂膜的一般过程: 先将样品溶于适当的溶剂中, 然后将数滴溶液滴于惰性的基质上, 溶液挥发后在基质上留下一层薄膜. 如果惰性基质是红外透明的, 可直接检测或将薄膜剥下检测.

选择合适的溶液: 选择溶液最主要的标准是容易挥发(除了最明显的一点, 可溶解样品). 这意味着必须采用低沸点溶剂. 蒸发溶剂所需的热量越少, 样品所受的影响就越小. 另外, 溶剂越容易去除, 残留的溶剂越少.

以下列出的溶剂将首先考虑: 氯仿(BP.61.2 ℃), 丙酮(BP.56.2 ℃), 三氯乙醇(BP.151 ℃), 邻二氯苯(BP.180.5 ℃)和水(BP.100 ℃). 在选择成膜技术时这五种溶剂适用于 85%的样品.

纯溶液的光谱也应准备以作为参照. 将溶剂的谱图与成膜样品的谱图作比较是判断是否

有溶剂残留的一个好方法. 每取用一次溶剂便将其参比谱图更新一下也是一个好习惯.

选择基质: 一般不将薄膜从基质上取下, 基质和薄膜是一起放入光谱仪的. 所以基质要对红外透明. 除了溶剂是水采用 KRS-5 晶体外, 一般最常用的基质是 KBr 晶体. 当决定将薄膜取下, 玻璃是不错的选择.

成膜: 最好使用少量的稀溶液(3～5 滴), 多次在基质上形成薄膜, 这将比用浓溶液形成的厚膜和大量的溶液一次成膜要好得多, 这将使薄膜中的溶剂残留最少.

潜在问题: 在成膜技术中最严重的两个问题是薄膜厚度不均匀和溶剂残留.

另一个可能产生的问题是, 某些样品在加热和有氧气的情况下易发生氧化. 这将导致在 1740 cm^{-1} 上有一个 C═O 的小峰.

有几种方法可以防止或减小这种氧化. 在惰性气氛中蒸发溶剂, 如在氮气中, 这样可以减少氧气的存在, 或是减少加热量来化小这个问题. 可能的话, 可以使用更低沸点的溶剂, 或用真空泵来抽取溶剂.

2. 测试方法: FTIR 扫描剖析

现在让我们学习一下实际的扫描过程, 以了解样品测试的基本方法. 采用一个聚苯乙烯薄膜样品, 我们要做两种不同的扫描, 一是聚苯乙烯自身的扫描, 二是"本底"扫描. 记住, 红外光束在到达探测器之前穿过了一"空气"介质, 空气中所包含的吸收物质必须从样品中"减去", 如 CO_2 和水蒸气, 这种相减是通过采集一个本底扫描, 然后将样品扫描与它相比来完成的. 扫描的基本过程如图 5-1-2 所示. 它包括数据采集、切趾、快速傅里叶变换(FFT)和相位校正. 通常, 应先完成本底扫描. 所谓本底扫描就是一个无样品下的扫描. 当仪器接收到开始扫描的命令时, 读取预置间隔中的探测器信号, 并将数字化后的数据送入计算机. 重复这一步骤直至所有的干涉图都采集完毕并完成累加平均. 被平均后的干涉图再进行切趾, 快速傅里叶变换和相位校正, 这样就获得了最终的本底光谱. 样品扫描也基本相同: 读取探测器的信号并

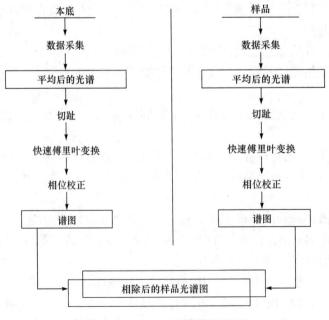

图 5-1-2　FTIR 扫描剖析流程图

将组成干涉图的一组数据点送入计算机. 在采集过程中就已经平均的光谱再经过切趾(所用的切趾函数与本底光谱相同), 快速傅里叶变换和相位校正(也采用与本底扫描相同的校正方法), 所得的光谱与本底光谱相比之后, 就生成了最终的样品透过率光谱. 如果需要, 还可通过简单的计算将透过率光谱转换为吸光度光谱.

3. WQF-510 型 FTIR 的总体结构

WQF-510 型 FTIR 从功能上可以划分为以下几个部分：干涉仪、样品室、探测器以及电气系统和数据系统，如图 5-1-3 和图 5-1-4 所示.

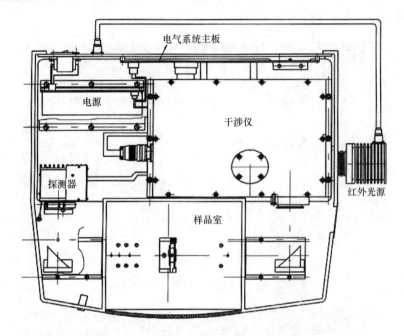

图 5-1-3　WQF-510 型 FTIR 的总体结构

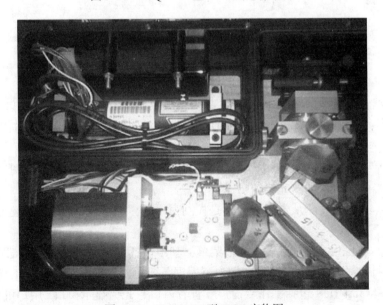

图 5-1-4　WQF-510 型 FTIR 实物图

【实验步骤】

FTIR 光谱仪是复杂的光谱仪器与计算机技术的完美结合. 干涉仪可以获得透过某种介质后的红外能量, 但这种形式的数据不能直接为光谱学家所用, 因此干涉仪还需要一个强有力的"大脑"将干涉图的原始数据转换为可识别的光谱图, 这个"大脑"就是计算机.

1. 开机

依次打开 WQF-510 主机、计算机主机、显示器, 屏幕进入 WIN 界面. 双击桌面图标 , 程序进入主界面, 如图 5-1-5 所示.

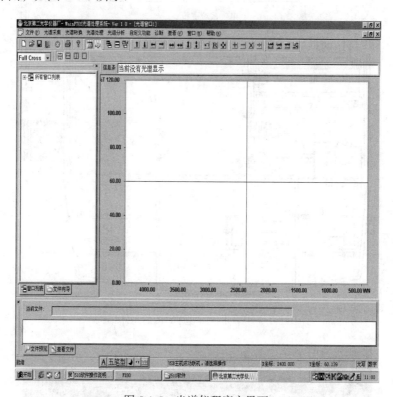

图 5-1-5　光谱仪程序主界面

主界面包括如下信息, 从上至下分别是: 标题栏、菜单栏、工具栏、窗口及状态栏.

(1) 标题栏: MainFTOS 标题栏位于窗口的最上方, 它主要由以下 4 部分组成.

控制菜单框: 通过下拉菜单可以控制窗口的大小以及移动和关闭窗口.

软件拥有者及应用程序名及版本号: 北京第二光学仪器厂-MainFTOS 光谱处理系统-Ver1.0.

窗口名: 当前窗口, 如"光谱窗口 1".

控制按钮: 标题栏右侧从左到右分别是控制窗口的"最小化""最大化/还原"和"关闭"按钮.

(2) 菜单栏: MainFTOS 提供了 10 个菜单, 其中包括了对光谱操作的全部功能.

(3) 工具栏: 提供了多个工具栏, 用户可根据需要在屏幕上显示或关闭工具栏.

(4) 窗口: MainFTOS 包括工作台窗口、查看窗口、光谱显示窗口. 用户可根据需要显示或关闭工作台窗口、查看窗口. 工作台窗口可选择窗口列表窗口和文件向导窗口, 查看窗口可选择文件预览窗口和查看文件窗口.

(5) 状态栏: 在窗口的最下面, 显示光谱的操作状态光标叉丝的坐标.

下面分别介绍菜单栏中各项功能的应用.

2. 功能介绍

文件: 用鼠标点功能栏中的"文件"出现下拉菜单, 如图 5-1-6 所示.

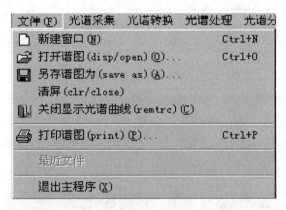

图 5-1-6　"文件"选项下拉菜单

(1) 新建窗口: 打开主界面, 在标题栏显示"光谱窗口 1". 用鼠标点击"新建窗口", 在谱图显示区域又打开一个新窗口, 此时在标题栏显示"光谱窗口 2". 这时在工作台窗口打开"所有窗口列表", 显示"光谱窗口 1""光谱窗口 2". 以下依次类推. 这两个窗口可以层叠, 可以平铺(使用见"窗口"的功能).

(2) 打开谱图: 用鼠标点"打开谱图", 屏幕出现如图 5-1-7 所示画面. 用鼠标点"搜寻"框后面的 ▼, 可以选取谱图存放的位置, 点文件名, 点"打开", 想要的谱图即可显示出来.

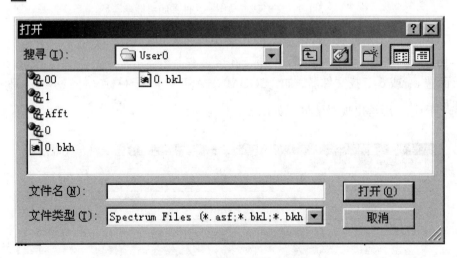

图 5-1-7　"谱图"存放文件夹

(3) 另存谱图为: 用鼠标点"另存谱图为"屏幕出现如图 5-1-8 所示画面. 点"浏览", 选取将文件另存在的位置，然后点"执行"即可保存.

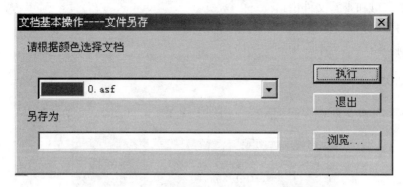

图 5-1-8　文档基本操作—文件另存对话框

(4) 清屏：用鼠标点"清屏"，即把谱图显示区域里所有的谱图去掉.

(5) 关闭显示光谱曲线：用鼠标点击"关闭显示光谱曲线"屏幕出现如图 5-1-9 所示画面.点"执行"即可.当屏幕有多种颜色的谱图，则要关闭哪种颜色的谱图，就点那种颜色，然后点"执行"即可.

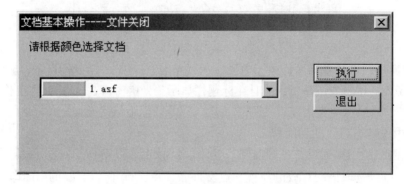

图 5-1-9　文档基本操作—文件关闭对话框

(6) 打印谱图：用鼠标点"打印谱图"，屏幕出现"傅里叶红外光谱仪—打印处理"画面，如图 5-1-10 所示.点击工具栏中的 ![icon] 图标，在屏幕右上角显示文件路径图表，如图 5-1-11 所示，在上面选 a: 或 c:，找文件名，如"COCAINE.ASF"，所选/目标文件显示在屏幕上.点击工具栏 ![icon] 图标，屏幕出现对话框，如图 5-1-12 所示.

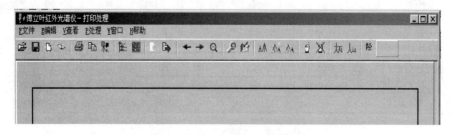

图 5-1-10　"打印处理"界面

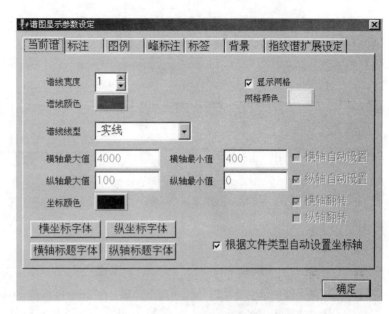

图 5-1-11　搜索对话框　　　　　　　图 5-1-12　谱图参数设定对话框

在此，可以设定谱线宽度、谱线线型，可以更改谱线颜色、网格颜色及坐标颜色，还可以设定横、纵坐标字体及标题字体. 点击工具栏 图标，屏幕出现对话框，如图 5-1-13 所示.

图 5-1-13　标题设定对话框

在此，可添加、更改谱图标题、副标题、X 轴、Y 轴标题，及脚注、副脚注等项目.

点击工具栏 "打印预览" 图标，屏幕出现 "打印预览" 对话框. 如图 5-1-14 所示，点 "设定打印机"，出现 "打印机对话框"，选择要使用的打印机型号，如 HP1000、6 L 等，点 "确定". 再选择纸张方向，即"横向"或"纵向"打印. 最后点击"打印"按钮即可.

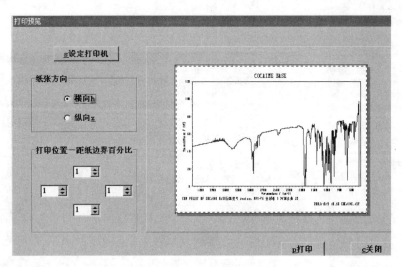

图 5-1-14　打印预览对话框

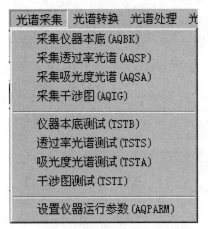

图 5-1-15　光谱采集下拉菜单

(7) 退出主程序：点"退出主程序"即退出主界面.

光谱采集：用鼠标点功能栏中的"光谱采集"出现下拉菜单如图 5-1-15 所示.

(1) 采集仪器本底(AQBK)：采集仪器本底光谱，以便与样品光谱相比. 用鼠标点"采集仪器本底(AQBK)"屏幕如图 5-1-16 所示. 此时可以更改扫描次数，若不更改，则仪器默认为 32 次. 若要保存文件，则将文件名写在"保存文件："后面的框中. 点"更改扫描参数"则出现"光谱仪参数设置"对话框(图 5-1-22).

点"开始采集"后 1 min 左右，屏幕即出现本底光谱图，此时在信息条中，显示文件名(默认的文件名为 O 文件)、分辨率、扫描次数等内容，扫描直到 32 次结束. 这时在屏幕最下面显示"扫描动作完成，您可以进行其他动作了".

图 5-1-16　采集背景图对话框

(2) 采集透过率光谱(AQSP): 采集和累加指定扫描次数的透过率光谱, 并与本底相除. 用鼠标点 "采集透过率光谱(AQSP)" 屏幕如图 5-1-17 所示.

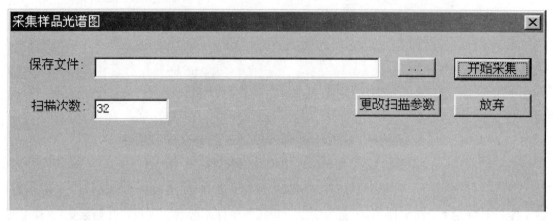

图 5-1-17　采集样品光谱图对话框

在 "保存文件" 后面输入文件名, 用鼠标点 "开始采集" 后, 半分钟左右屏幕即出现透过率光谱图, 扫描直到 32 次结束. 新的透过率光谱将以指定的颜色显示在指定的窗口中. 同时在信息条中显示当前已完成的扫描次数和目标文件. 在数据采集的过程中, 可以对已显示的光谱进行检查或处理.

(3) 采集吸光度光谱(AQSA): 采集并累加指定扫描次数的吸光度光谱. 用鼠标点 "采集吸光度光谱(AQSA)". 如不改变测试条件, 则点 "开始采集", 吸光度光谱显示在屏幕上.

(4) 采集干涉图(AQIG): 用鼠标点 "采集干涉图(AQIG)" 屏幕如图 5-1-18 所示.

图 5-1-18　采集干涉图对话框

将文件名书写在 "保存文件" 后面, 可以更改 "扫描次数", 如现在显示为 6 次, 点 "开始采集" 后干涉图即显示在谱图显示区域.

(5) 仪器本底测试(TSTB): 用鼠标点 "仪器本底测试(TSTB)" 屏幕如图 5-1-19 所示, 此图显示为大气谱图.

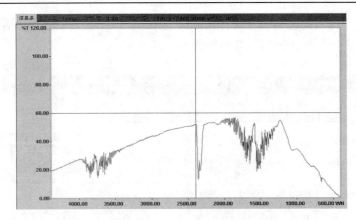

图 5-1-19　仪器本底测试图

(6) 透过率光谱测试(TSTS)：用鼠标点"透过率光谱测试(TSTS)"屏幕如图 5-1-20 所示. 将文件名书写在"保存文件:"后面的框中，若其他条件不改变，则点"开始采集"，样品光谱图显示在屏幕上.

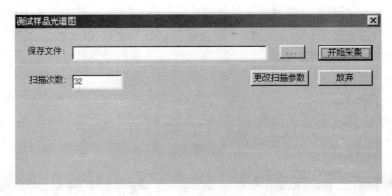

图 5-1-20　测试样品光谱图对话框

(7) 吸光度光谱测试(TSTA)：用鼠标点"吸光度光谱测试(TSTA)"屏幕同图 5-1-20 所示，测试方法同上.

(8) 干涉图测试(TSTI)：用鼠标点"干涉图测试(TSTI)"，采集干涉图屏幕如图 5-1-21 所示.

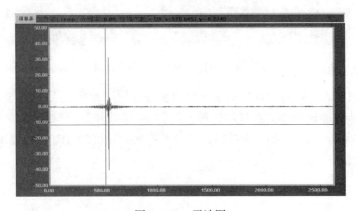

图 5-1-21　干涉图

(9) 设置仪器运行参数(AQPARM)：用鼠标点"设置仪器运行参数(AQPARM)"屏幕出现图 5-1-22 所示"光谱仪参数设置"页面.

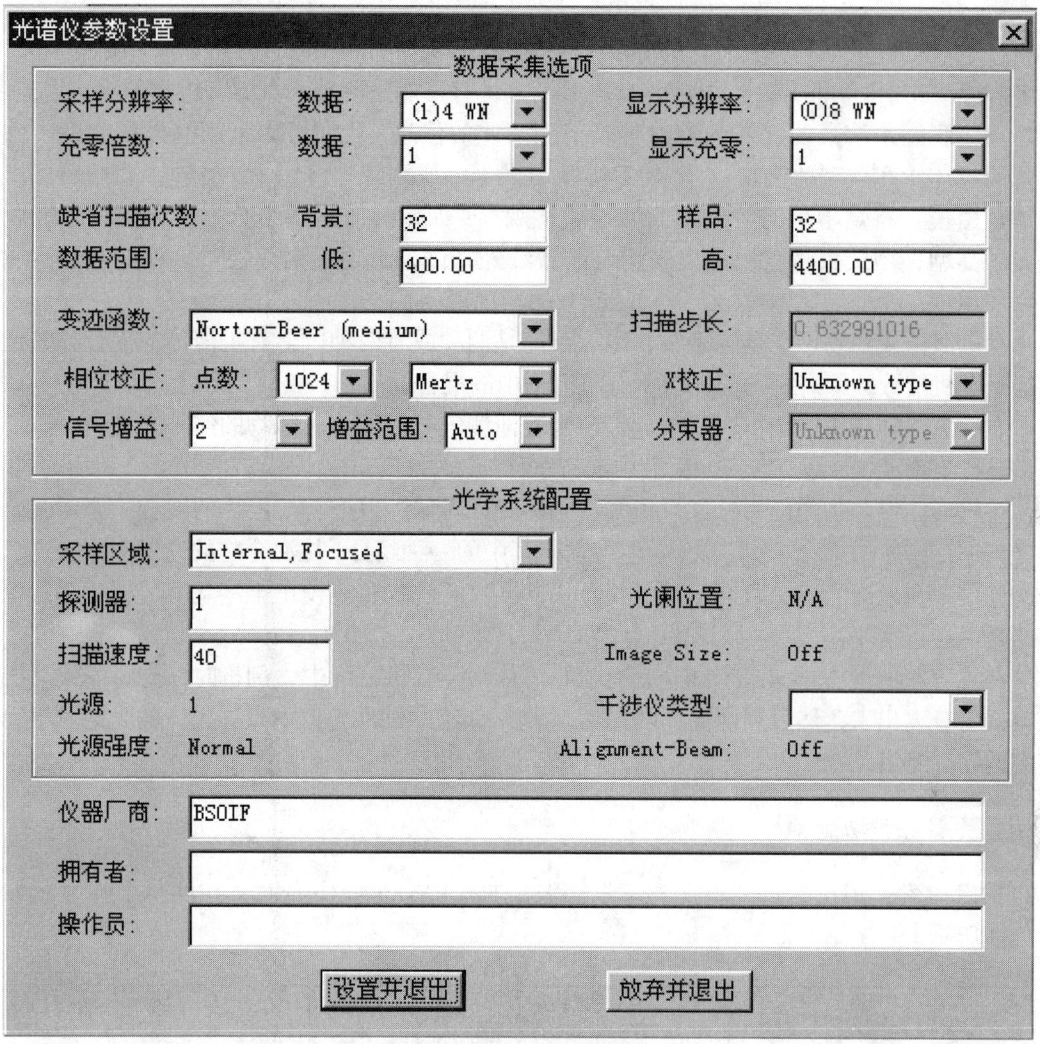

图 5-1-22 光谱仪参数设置对话框

在这里可以改变采样分辨率、充零倍数、缺省扫描次数、数据范围、变迹函数、扫描速度等项内容，在仪器出厂前，厂家已经把各项参数设置为最佳状态，用户除非有特殊情况无需改动. 不改变各项参数，点"放弃并退出"；若改变了参数，则点"设置并退出".

【数据记录及处理】

1. 固体未知物样品的剖析

固体未知物可能是纯净物，也可能是混合物. 不管是纯净物还是混合物，首先采用溴化钾压片法测定固体未知物的光谱. 从光谱谱带的多少、谱带的位置、谱带的形状，以及谱带的强度，判断未知物属于哪类化合物，或者哪一种化合物. 然后根据计算机中的谱库，对光谱进行检索. 如果未知物是纯净物，计算机谱库中又有这种纯净物的光谱，就能马上检索出来. 如果未知物是混合物，通过谱库检索，也有可能检索出混合物中的一种组分.

2. 液体未知物样品的剖析

液体未知物分为水溶液和有机溶液. 将一滴液体未知物滴在载玻片上，如果滴成球状，则是水溶液. 如果液滴散开，则可能是有机溶液，也有可能是能溶于水的有机物的水溶液.

直接测定水溶液的红外光谱，很难得到溶质的信息. 我们可以采用红外显微镜附件，将几滴液体滴在载玻片上，置于 40℃烘箱中烘干，或用红外灯烤干. 另外，我们还可以用立体显微镜，将烘干后的溶质用立体显微镜观察. 如果溶质是多组分，在显微镜下能观察到多种晶型，用针头将它们挑出来测定显微红外光谱，再通过谱库检索，就能知道溶质混合物的组成.

有机液体未知物可能是纯净物，也有可能是两种或者两种以上有机液体的混合物，还有可能是有机溶液，即有机物固体溶于有机溶剂中的混合物.

有机液体纯净物的剖析：用溴化钾窗片液池测定有机液体未知物的红外光谱，对测得的光谱进行检索. 如果是纯净物，谱库中又有这种纯净物的光谱，马上就能知道未知物的成分.

有机液体混合物的剖析：如果未知物是两种或者两种以上有机液体的混合物，对混合物的光谱进行谱库检索，一般情况下，能检索出其中的一种组分. 从混合物的光谱中减去这个组分的光谱，在差减光谱中可能出现负峰，用基线校正法将负峰校正至零基线，再对基线校正后的光谱进行谱库检索.

有机溶液的剖析：如果未知物是有机物固体溶于有机溶剂中，剖析时，先将固体有机物从溶剂中分离出来，然后测定固体的光谱. 从未知物的红外光谱中减去固体的光谱可以得到溶剂的红外光谱.

3. 光谱分析功能

谱库检索：用鼠标点"谱库检索"，程序进入 FX-80 操作界面，在屏幕下端显示如图5-1-23 所示.

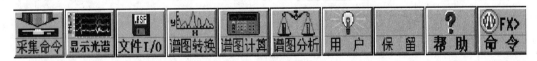

图 5-1-23　谱库检索菜单栏

点"谱图分析"进入谱库，本机自带谱库如下：
(1) ARTM——艺术品鉴别谱库
(2) EPAV——气象谱库
(3) FIBR——纤维谱库
(4) GSCL——毒品谱库
(5) IORG——无机物谱库
(6) MINS——矿物质谱库
(7) PLCZ——聚合物化学谱库
(8) POLY——聚合物谱库

(9) REAG——有机物谱库

(10) SREA——有机物固体谱库

(11) SURF——表面活性剂谱库

选中谱库里的库名，再点 "Calculate"，这时，屏幕出现检索结果画面：在画面中，黄色条显示的是未知的物品，绿色条显示的是检测出的与未知物品最接近的物质，以下依次类推.

【实验思考】

(1) 傅里叶变换红外光谱分析的优势是什么，有哪些特点？

(2) 红外光谱分析的基本原理是什么？

(3) 傅里叶变化的基本原理是什么？

(4) 怎么利用傅里叶变换红外光谱仪分析未知样品物的吸光度？

【注意事项】

(1) 严禁用手触摸各光学元件的光学面，要保持各光学元件的整洁，否则，将可能造成仪器的损坏或影响测量结果.

(2) 不可用眼睛直视未经扩束的激光束，以免造成视网膜的永久损伤.

(3) 液体池为 KBr 盐片，易碎，使用时应小心，轻拿轻放，以免打碎损坏.

(4) 在整个实验操作过程中，未经允许，学生不得随意触碰其他仪器，以免造成仪器损害.

【附录】

实 验 背 景

1891 年，美国物理学家艾伯特(Albert)发明了一种名为双光束干涉仪的装置，在这种干涉仪中，一束光被分为两束，而后再会合起来生成一个和波长相关的干涉图.1950 年左右，两项新的发明大大推动了红外光谱仪的推广和应用. 一项为，英国天文物理学家彼得(Peter)发明的一种能同时产生和传输同一红外光束的所有波长信息的干涉仪，这种干涉仪中，红外光束的所有波长同时被检测. 这种入射能量的同步测量称为多路优势. 另一项重要的发现是，Jacquinot 认为由干涉仪采集样品时探测器接收到的能量大于由传统的色散型光谱仪所采集的能量，这种总流通能量的提高就称为 Jacquinot 优势.Peter 和 Jacquinot 的发现表明，从能量的角度来看，红外光源及红外探测器与干涉仪的结合要比色散型仪器优越得多. Peter 将干涉仪运用到天文光谱学之中，并采用一种傅里叶变换的数学方法将干涉图转换为光谱图，这就是 FTIR 分析方法的形成过程. 但当时还存在的一个问题是：做原始干涉图的傅里叶变换相当费时，即使借助于 60 年代初的计算机，做一次傅里叶变换也需要几个小时，而且如果将干涉图传送到一个计算中心，变换时间就将更长. 1964 年，Cooley 和 Tukey 发现了快速傅里叶变换方法，从此，一次变换就只需几分钟而不是几小时. 到了 70 年代中期，FTIR 又有了新的进展，微型计算机的出现使干涉图采集之后马上就可以在实验室中转换为光谱图. 到目前为止，FTIR 一直被公认为测量高质量的红外光谱的最佳方法.

红外光谱仪的发展经历了以下三个阶段：

(1) 棱镜式红外分光光度计，它是基于棱镜对红外辐射的色散而实现分光的，其缺点是光学材料制造麻烦，分辨本领较低，而且仪器要求严格的恒温降湿；

(2) 光栅式红外分光光度计，它是基于光栅的衍射而实现分光的，与第一代相比，分辨能力大大提高，且能量较高，价格便宜，对恒温、恒湿要求不高，是红外分光光度计发展的方向；

(3) 基于干涉调频分光的傅里叶变换红外光谱仪，它具有光通量高、噪声低、测量速度快、分辨率高、波数准确度高、光谱范围宽等优点，它的出现为红外光谱的应用开辟了新的领域.

5.2　激光拉曼光谱实验

【背景介绍】

1928 年，印度物理学家拉曼(C. V. Raman)和克利希南(K. S. Krisman)通过实验发现，当光穿过液体苯时被分子散射的光发生频率变化，这种现象称为拉曼散射. 几乎与此同时，苏联物理学家兰斯别而格(G. Landsberg)和曼杰尔斯达姆(L. Mandelstamm)也在晶体石英样品中发现了类似现象. 在散射光谱中，频率与入射光频率 ν_0 相同的成分称为瑞利散射，频率对称分布在 ν_0 两侧的谱线或谱带 $\nu_0 \pm \nu_1$ 即为拉曼光谱，其中频率较小的成分 $\nu_0 - \nu_1$ 又称为斯托克斯线，频率较大的成分 $\nu_0 + \nu_1$ 又称为反斯托克斯线. 这种新的散射谱线与散射体中分子的振动和转动，或晶格的振动等有关.

拉曼效应是单色光与分子或晶体物质作用时产生的一种非弹性散射现象. 拉曼谱线的数目、位移的大小、谱线的长度直接与试样分子的振动或转动能级有关. 因此，与红外吸收光谱类似，对拉曼光谱的研究，也可以得到有关分子振动或转动的信息. 目前拉曼光谱分析技术已广泛应用于物质的鉴定，分子结构谱线特征的研究.

20 世纪 60 年代激光的问世促进了拉曼光谱学的发展. 由于激光极高的单色亮度，它很快被用到拉曼光谱中作为激发光源；而且基于新激光技术在拉曼光谱学中的使用，发展了共振拉曼、受激拉曼散射和反斯托克斯拉曼散射等新的实验技术和手段.

拉曼光谱分析技术是以拉曼效应为基础建立起来的分子结构表征技术，其信号来源于分子的振动和转动. 它提供快速、简单、可重复，且更重要的是无损伤的定性定量分析，无须样品准备，样品可直接通过光纤探头或者玻璃、石英和光纤测量. 拉曼光谱的分析方向有定性分析、结构分析和定量分析.

【实验目的】

(1) 了解激光拉曼的基本原理和基本知识以及用激光拉曼的方法鉴别物质成分和分子结构的原理；

(2) 掌握 LRS-III 激光拉曼/荧光光谱仪的系统结构和操作方法；

(3) 研究四氯化碳(CCl_4)、乙醇等物质典型的振动-转动光谱谱线特征.

【实验原理】

1. 仪器结构

LRS-II 激光拉曼光谱仪的实物及总体结构如图 5-2-1 所示.

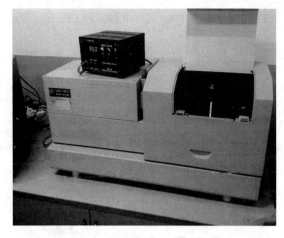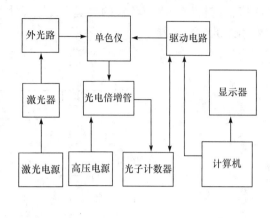

图 5-2-1　激光拉曼光谱仪的实物图及结构示意图

(1) 单色仪.

单色仪的光学结构如图 5-2-2 所示. S_1 为入射狭缝，M_1 为准直镜，G 为平面衍射光栅，衍射光束经成像物镜 M_2 会聚，经平面镜 M_3 反射直接照射到出射狭缝 S_2 上，在 S_2 外侧有一光电倍增管 PMT，当光谱仪的光栅转动时，光谱信号通过光电倍增管转换成相应的电脉冲，并由光子计数器放大、计数，进入计算机处理，在显示器的荧光屏上得到光谱的分布曲线.

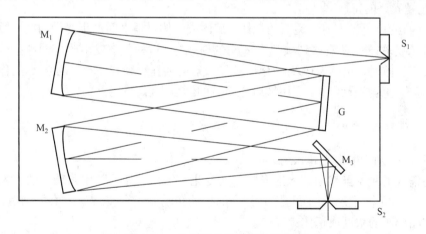

图 5-2-2　单色仪的光学结构示意图

(2) 激光器. 本实验采用 40 mW 半导体激光器，该激光器输出的激光为偏振光. 其操作步骤参照半导体激光器说明书.

(3) 外光路系统.

光路系统主要由激发光源(半导体激光器)、五维可调样品支架 S、偏振组件 P_1 和 P_2 以及聚光透镜 C_1 和 C_2 等组成(图 5-2-3). 激光器射出的激光束被反射镜 R 反向后，照射到样品上. 为了得到较强的激发光，采用一聚光镜 C_1 使激光聚焦，使在样品容器的中央部位形成激光的束腰. 为了增强效果，在容器的另一侧放一凹面反射镜 M_2. 凹面镜 M_2 可使样品在该侧的散射光返回，最后由聚光镜 C_2 把散射光会聚到单色仪的入射狭缝上.

调节好外光路是获得拉曼光谱的关键，首先应使外光路与单色仪的内光路共轴. 一般情况下，它们都已调好并被固定在一个刚性台架上. 可调的主要是激光照射在样品上的束腰，束腰应恰好被成像在单色仪的狭缝上. 是否处于最佳成像位置, 可通过单色仪扫描出的某条拉曼谱线的强弱来判断.

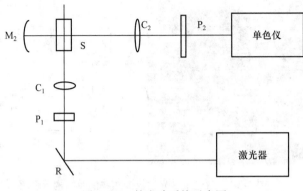

图 5-2-3　外光路系统示意图

(4) 信号处理部分. 光电倍增管将光信号变成电信号并进行信号放大, 最后送入计算机显示系统, 在计算机上显示出拉曼光谱.

2. 拉曼光谱的特性和原理

1) 拉曼光谱的特性

频率为 ν 的单色光入射到透明的气体、液体或固体材料上而产生光散射时, 散射光中除了存在入射光频率 ν 外, 还观察到频率为 $\nu \pm \Delta \nu$ 的新成分, 这种频率发生改变的现象被称为拉曼效应. ν 即为瑞利散射, 频率为 $\nu + \Delta \nu$ 的称为拉曼散射的斯托克斯线, 频率为 $\nu - \Delta \nu$ 的称为反斯托克斯线. $\Delta \nu$ 通常称为拉曼频移, 多用散射光波长的倒数表示, 计算公式为

$$\Delta \nu = \frac{1}{\lambda} - \frac{1}{\lambda_0} \tag{5-2-1}$$

式中, λ 和 λ_0 分别为散射光和入射光的波长. $\Delta \nu$ 的单位为 cm^{-1}.

拉曼谱线的频率虽然随着入射光频率而变化, 但拉曼光的频率和瑞利散射光的频率之差却不随入射光频率而变化, 而与样品分子的振动转动能级有关. 拉曼谱线的强度与入射光的强度和样品分子的浓度成正比:

$$\varphi_k = \varphi_0 S_k NHL 4\pi \sin^2(\alpha / 2) \tag{5-2-2}$$

式中, φ_k 为在垂直入射光束方向上通过聚焦镜所收集的拉曼散射光的通量(W); φ_0 为入射光照射到样品上的光通量(W); S_k 为拉曼散射系数, 等于 $10^{-28} \sim 10^{-29} \, mol/sr$; N 为单位体积内的分子数; H 为样品的有效体积; L 为考虑折射率和样品内场效应等因素影响的系数; α 为拉曼光束在聚焦透镜方向上的半角度.

利用拉曼效应及拉曼散射光与样品分子的上述关系, 可对物质分子的结构和浓度进行分析和研究.

2) 拉曼散射原理

样品分子被入射光照射时, 光电场使分子中的电荷分布产生周期性变化, 即产生一个交变的分子偶极矩. 偶极矩随时间变化二次辐射电磁波即形成光散射现象. 单位体积内分子偶

极矩的矢量和称为分子的极化强度，用 P 表示. 极化强度正比于入射电场

$$P = \alpha E \tag{5-2-3}$$

α 被称为分子极化率. 在一级近似中 α 被认为是一个常数，则 P 和 E 的方向相同. 设入射光为频率 ν 的单色光，其电场强度 $E=E_0\cos 2\pi \nu t$，则

$$P = \alpha E_0 \cos 2\pi \nu t \tag{5-2-4}$$

如果认为分子极化率 α 由于各原子间的振动而与振动有关，则它应由两部分组成：一部分是一个常数 α_0,另一部分是以各种简正频率为代表的分子振动对 α 贡献的总和,这些简正频率的贡献应随时间做周期性变化，所以

$$\alpha = \alpha_0 + \sum \alpha_n \cos 2\pi \nu_n t \tag{5-2-5}$$

式中，α_n 表示第 n 个简正振动的频率，可以是分子的振动频率或转动频率，也可以是晶体中晶格的振动频率或固体中声子的散射频率. 因此

$$
\begin{aligned}
P &= E_0 \alpha_0 \cos 2\pi \nu t + E_0 \sum \alpha_n \cos 2\pi \nu t \cdot \cos 2\pi \nu_n t \\
&= E_0 \alpha_0 \cos 2\pi \nu t + \frac{1}{2} E_0 \sum \alpha_n [\cos 2\pi (\nu - \nu_n)t + \cos 2\pi (\nu + \nu_n)t]
\end{aligned}
\tag{5-2-6}
$$

式中第一项产生的辐射与入射光具有相同的频率 ν，因而是瑞利散射；第二项为包含有分子各振动频率信息 ν_n 在内的散射，其散射频率分别为 $(\nu-\nu_n)$ 和 $(\nu+\nu_n)$，前者为斯托克斯拉曼线，后者为反斯托克斯拉曼线. 式(5-2-6)是用一般的电磁学方法解释拉曼散射频率的产生的，但并不能给出拉曼谱线的强度.

　　能给出拉曼强度的分子被称为具有拉曼活性，但并不是任何分子都具有拉曼活性，例如，具有中心对称的分子就不是拉曼活性的，但却是红外活性的. 因此，对拉曼散射的精确解释应该用量子力学. 依据量子力学，分子的状态用波函数表示，分子的能量为一些不连续的能级. 入射光与分子相互作用，使分子的一个或多个振动模式激发而产生振动能级间的跃迁，这一过程实际上是一个能量的吸收和再辐射过程，只不过在散射中这两个过程几乎是同时发生的. 再辐射(散射光)如图 5-2-4 所示，可能有三种结果，分别对应斯托克斯线、反斯托克斯线和瑞利线.

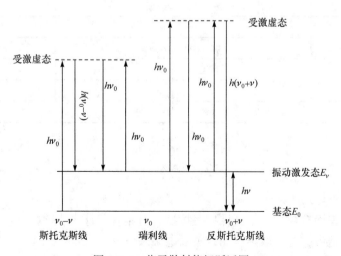

图 5-2-4　分子散射能级跃迁图

【实验内容】

采集无水乙醇的拉曼光谱并测算其拉曼信号对应的波数，对照已有相关研究，分析其分子振动特性.

【实验步骤】

(1) 将无水乙醇倒入液体池内，调整好外光路，注意将杂散光的成像对准单色仪的入射狭缝，并将狭缝开至 0.1 mm 左右；

(2) 启动 LRS-II/III 应用软件；

(3) 输入激光的波长；

(4) 扫描数据；

(5) 采集信息；

(6) 测量数据；

(7) 读取数据；

(8) 寻峰；

(9) 修正波长；

(10) 计算拉曼频移.

【数据记录及处理】

表 5-2-1 实验数据

序号	波长/nm	强度	频率/cm^{-1}	标准频率/cm^{-1}	振动模式	误差/%
1						
2						
3						
4						
5						
6						
7						
8						
9						
10						

【注意事项】

(1) 确保环境干燥.

(2) 光学零件表面有灰尘，不允许接触擦拭，可用吹气球小心吹掉.

(3) 每次测试结束，首先取出样品，关断电源.

(4) 激光对人眼有害，请不要直视.

【附录】 无水乙醇的分子结构及对称性介绍

无水乙醇，别名：无水酒精、绝对乙醇、绝对酒精；分子式：
C_2H_6O(图 5-2-5)；相对分子质量：46.06844；无色澄清液体，有灼烧
味，易流动，极易从空气中吸收水分，能与水和氯仿、乙醚等多种有
机溶剂以任意比例互溶；能与水形成共沸混合物(含水 4.43 %)，共沸
点 78.15℃，相对密度(d204)0.789，熔点–114.1℃，沸点 78.5℃，折
光率(n20D)1.361.闭环时闪点(在规定结构的容器中加热挥发出可燃气体与液面附近的空气混
合，达到一定浓度时可被火星点燃时的温度)13℃，易燃，蒸气与空气能形成爆炸性混合物，
爆炸极限 3.5%～18.0%(体积).

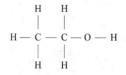

图 5-2-5 乙醇的分子式

由于分子结构不同，分子的振动特性必然不同，相应的拉曼光谱也不同.图 5-2-6 显
示了乙醇的拉曼光谱图，可以看出共有 9 个比较明显的峰出现.其对应的分子振动模式见
表 5-2-2.

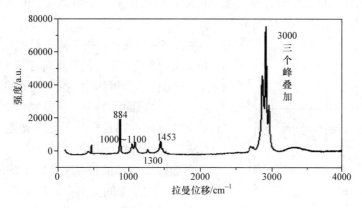

图 5-2-6 乙醇的拉曼光谱

表 5-2-2 乙醇分子的拉曼活性振动模式分配

峰的序号 n	频移 k/cm^{-1}	$(k-33.2)$/cm^{-1}	特征频率对应的振动模式
1	901.5	868.3	CCO 骨架伸缩振动
2	1075.9	1042.7	CO 伸缩振动
3	1116.7	1083.5	CCO 骨架变形振动
4	1296.1	1262.9	CH$_2$ 变形振动
5	1478.0	1444.8	CH$_3$ 变形振动
6	2740.5	2707.3	CH$_2$ 对称伸缩振动
7	2901.3	2868.1	CH$_3$ 对称伸缩振动
8	2949.1	2915.9	CH$_2$ 反对称伸缩振动
9	2991.7	2958.5	CH$_3$ 反对称伸缩振动

5.3　阿贝成像原理和空间滤波

【实验目的】

(1) 了解透镜孔径对成像的影响和两种简单的空间滤波.

(2) 掌握在相干光条件下调节多透镜系统的共轴.

(3) 验证和演示阿贝成像原理,加深对傅里叶光学中空间频谱和空间滤波概念的理解.

(4) 初步了解简单的空间滤波在光信息处理中的实际应用.

【实验原理】

1. 阿贝成像原理

1873 年,阿贝(Abbe)在研究显微镜成像原理时提出了一个相干成像的新原理,这个原理为当今正在兴起的光学信息处理奠定了基础.

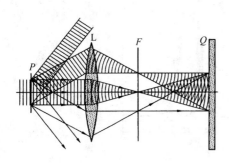

图 5-3-1　阿贝成像原理

如图 5-3-1 所示,用一束平行光照明物体,按照传统的成像原理,物体上任一点都成了一次波源,辐射球面波,经透镜的会聚作用,各个发散的球面波转变为会聚的球面波,球面波的中心就是物体上某一点的像. 一个复杂的物体可以看成是无数个亮度不同的点构成的,所有这些点经透镜的作用在像平面上形成像点,像点重新叠加构成物体的像. 这种传统的成像原理着眼于点的对应,物像之间是点点对应关系.

阿贝成像原理认为,透镜的成像过程可以分成两步:第一步是通过物的衍射光在透镜后焦面(即频谱面)上形成空间频谱,这是衍射所引起的"分频"作用;第二步是代表不同空间频率的各光束在像平面上相干叠加而形成物体的像,这是干涉所引起的"合成"作用. 成像过程的这两步本质上就是两次傅里叶变换. 如果这两次傅里叶变换是完全理想的,即信息没有任何损失,则像和物应完全相似. 如果在频谱面上设置各种空间滤波器,挡去频谱某一些空间频率成分,则将会使像发生变化. 空间滤波就是在光学系统的频谱面上放置各空间滤波器,去掉(或选择通过)某些空间频率或者改变它们的振幅和相位,使二维物体像按照要求得到改善. 这也是相干光学处理的实质所在.

以图 5-3-1 为例,平面物体的图像可由一个二维函数 $g(x, y)$ 描述,则其空间频谱 $G(f_x, f_y)$ 即为 $g(x, y)$ 的傅里叶变换:

$$G(f_x, f_y) = \iint_{-\infty}^{\infty} g(x, y) e^{-i2\pi(f_x x, f_y y)} dxdy \tag{5-3-1}$$

设 x', y' 为透镜后焦面上任一点的位置坐标,则式中

$$f_x = \frac{x'}{\lambda F}, \qquad f_y = \frac{y'}{\lambda F} \tag{5-3-2}$$

为 x, y 方向的空间频率,量纲为 L^{-1}, F 为透镜焦距,λ 为入射平行光波的波长. 再进行一次

傅里叶变换，将 $G(f_x, f_y)$ 从频谱分布又还原到空间分布 $g'(x'', y'')$.

　　为了简便直观地说明，假设物是一个一维光栅，光栅常数为 d，其空间频率为 $f_0(f_0=1/d)$. 平行光照在光栅上，透射光经衍射分解为沿不同方向传播的很多束平行光，再经过物镜分别聚焦在后焦面上形成点阵. 我们知道这一点阵就是光栅的夫琅禾费衍射图，光轴上一点是 0 级衍射，其他依次为 ±1，±2，… 级衍射. 从傅里叶光学来看，这些光点正好相应于光栅的各傅里叶分量. 0 级为"直流"分量，此分量在像平面上产生一个均匀的照度. ±1 级称为基频分量，这两分量产生一个相当于空间频率为 f_0 的余弦光栅像. ±2 级称为倍频分量，在像平面上产生一个空间频率为 $2f_0$ 的余弦光栅像，其他依次类推. 更高级的傅里叶分量将在像平面上产生更精细的余弦光栅条纹. 因此物镜后焦面的振幅分布就反映了光栅(物)的空间频谱，这一后焦面也称为频谱面. 在成像的第二步骤中，这些代表不同空间频率的光束在像平面上又重新叠加而形成了像. 只要物的所有衍射分量都无阻碍地到达像平面，则像就和物完全一样.

　　但一般说来，像和物不可能完全一样，这是由于透镜的孔径是有限的，总有一部分衍射角度较大的高频信息不能进入物镜而被丢弃，所以像的信息总是比物的信息要少一些. 高频信息主要反映物的细节. 如果高频信息受到了孔径的阻挡而不能到达像平面，则无论显微镜有多大的放大倍数，也不可能在像平面上分辨这些细节. 这是显微镜分辨率受到限制的根本原因. 特别当物的结构是非常精细(如很密的光栅)，或物镜孔径非常小时，有可能只有 0 级衍射(空间频率为 0)能通过，则在像平面上虽有光照，但完全不能形成图像.

　　波特在 1906 年把一个细网格作物(相当于正交光栅)，并在透镜的焦平面上设置一些孔式屏对焦平面上的衍射亮点(即夫琅禾费衍射花样)进行阻挡或允许通过时，得到了许多不同的图像. 设焦平面上坐标为 ξ，那么 ξ 与空间频率 $\dfrac{\sin\theta}{\lambda}$ 的相应关系为

$$\frac{\sin\theta}{\lambda} = \frac{\xi}{\lambda f} \tag{5-3-3}$$

(角度较小时，$\sin\theta \approx \tan\theta = \xi/f$，$f$ 为焦距). 焦平面中央亮点对应的是物平面上总的亮度(称为直流分量)，焦平面上离中央亮点较近(远)的光强反映物平面上频率较低(高)的光栅调制度(或可见度). 1934 年译尼克在焦平面中央设置一块面积很小的相移板，使直流分量产生 $\dfrac{\pi}{2}$ 相位变化，从而使生物标本中的透明物质无须染色变成明暗图像，因而可研究活的细胞，这种显微镜称为相衬显微镜. 为此他在 1993 年获得诺贝尔学奖. 在 20 世纪 50 年代，通信理论中常用的傅里叶变换被引入光学，60 年代激光出现后又提供了相干光源，一种新观点(傅里叶光学)与新技术(光学信息处理)就此发展起来.

　　2. 光学空间滤波

　　上面我们看到在显微镜中物镜的有限孔径实际上起了一个高频滤波的作用. 它挡住了高频信息，而只使低频信息通过. 这就启示我们：如果在焦平面上人为地插上一些滤波器(吸收板或移相板)以改变焦平面上的光振幅和相位，就可以根据需要改变频谱以至像的结构，这就叫做空间滤波. 最简单的滤波器就是把一些特殊形状的光阑插到焦平面上，使一个或几个频率分量能通过，而挡住其他的频率分量，从而使像平面上的图像只包括一种或几种频率分量. 对这些现象的观察能使我们对空间傅里叶变换和空间滤波有更明晰的概念.

　　阿贝成像原理和空间滤波预示了在频谱平面上设置滤波器可以改变图像的结构，这是无

法用几何光学来解释的. 前述相衬显微镜即是空间滤波的一个成功例子. 除了下面实验中的低通滤波、方向滤波及θ调制等较简单的滤波特例外，还可以进行特征识别、图像合成、模糊图像复原等较复杂的光学信息处理. 因此透镜的傅里叶变换功能的含义比其成像功能更深刻、更广泛.

【实验仪器】

光学平台，He-Ne 激光器，安全灯，薄透镜若干，溴钨灯(12V，50W)及直流电源，滤波器(方向，低通各一)，光栅(正交及 θ 调制各一)，网格字，白屏，平面镜，毛玻璃，直尺.

【实验步骤与内容】

1. 共轴光路调节练习

在光具座上将小圆孔光阑靠近激光管的输出端，上下左右调节激光管，使激光束能穿过小孔；然后移远小孔，如光束偏离光阑，调节激光管的仰俯，再使激光束能穿过小孔，重新将光阑移近，反复调节，直至小孔光阑在光具座上平移时，激光束均能通过小孔光阑. 记录下激光束在光屏上的照射点位置.

在做以后的实验时，都要用透镜，调平激光管后，激光束直接打在屏 Q 上的位置为 O，在加入透镜 L 后，如激光束正好射在 L 的光心上，则在屏 Q 上的光斑以 O 为中心，如果光斑不以 O 为中心，则需调节 L 的高低及左右，直到经过 L 的光束不改变方向(即仍打在 O 上)为止；此时在激光束处再设带有圆孔 P 的光屏，从 L 前后两个表面反射回去的光束回到此光屏上，如两个光斑套准并正好以 P 为中心，则说明 L 的光轴正好就在 P、O 连线上，不然就要调整 L 的取向. 如光路中有若干个透镜，则先调离激光器最远的透镜，再逐个由远及近加入其他透镜，每次都保持两个反射光斑套准在 P 上，透射光斑以 O 为中心，则光路就一直保持共轴.

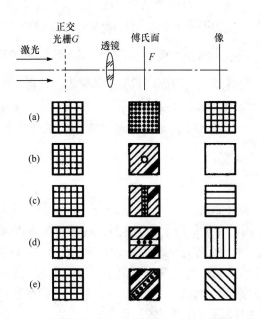

图 5-3-2　解释阿贝成像原理的实验光路及实验图像

2. 解释阿贝成像的原理实验(波特实验)

实验光路及图像：

(1) 按图 5-3-1 布置光路. 用 He-Ne 激光器发出的一束平行光垂直照射光栅，G 是空间频率为每毫米几十条的二维正交光栅，在实验中作为物. L 是焦距为 110 mm 的透镜，移动白屏使正交光栅在白屏上成放大的像.

(2) 调节光栅，使像上条纹分别处于垂直和水平的位置. 这时在透镜后焦面上观察到二维的分立光点阵，这就是正交光栅的夫琅禾费衍射(即正交光栅的傅里叶频谱)，而在像平面上则看到正交光栅的放大像(图 5-3-2(a)).

(3) 如在 F 面上设小孔光阑，只让一个光点通过，则输出面上仅有一片光亮而无条纹(图 5-3-2(b)). 换句话说，零级相应于直流分量，也可理解为δ函数的傅里叶变换为 1.

(4) 换用方向滤波器作空间滤波器放在 F 面上，狭缝处于竖直方位时，屏上竖条纹全被滤去，只剩横条纹；当然横条纹也可看作几个竖直方向上点源发出光波的干涉条纹(图 5-3-2(c),(d)). 把狭缝转到水平方向观察屏上的条纹取向，并加以解释.

(5) 再将方向滤波器转 45°角(图 5-3-2(e)). 此时观察到像平面上条纹是怎样的?条纹的宽度有什么变化?

改变频谱结构，就改变了像的结构. 试从二维傅里叶变换说明透镜后焦面上二维点阵的物理意义，并解释以上改变光阑所得出的实验结果.

3. 空间滤波实验

由无线电传真所得到的照片是由许多有规律地排列的像元所组成，如果用放大镜仔细观察，就可看到这些像元的结构，那么能否去掉这些分立的像元而获得原来的图像呢? 由于像元比像要小得多，它具有更高的空间频率，因而这就成为一个高频滤波的问题. 下面的实验可以显示这样一种空间滤波的可能性.

前述实验中狭缝起的是方向滤波器的作用，可以滤去图像中某个方向的结构，而圆孔可作低通滤波器，滤去图像中的高频成分，只让低频成分通过.

(1) 按图 5-3-3 所示布置好光路. 用显微物镜和准直透镜 L_1 组成平行光系统. 以扩展后的平行激光束照明物体，以透镜 L_2 将此物成像于较远处的屏上，物使用带有网格的网格字(中央透光的"光"字和细网格的叠加)，则在屏 Q 上出现清晰的放大像，能看清字及其网格结构(图 5-3-4). 由于网格为周期性的空间函数，它们的频谱是规律排列的分立的点阵，而字迹是一个非周期性的低频信号，它的频谱就是连续的.

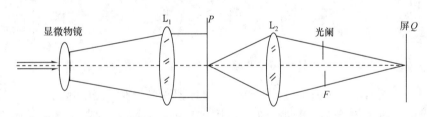

图 5-3-3　空间滤波实验光路图

(2) 将一个可变圆孔光阑放在 L 的第二焦平面上，逐步缩小光阑，直到除了光轴上一个光点以外，其他分立光点均被挡住，此时像上不再有网格，但字迹仍然保留下来.

试从空间滤波的概念上解释上述现象.

(3) 把小圆孔移到中央以外的亮点上，在 Q 屏上仍

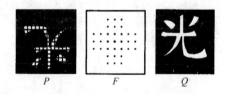

图 5-3-4　网格字成像放大图

能看到不带网格的"光"字，只是较暗淡一些，这说明当物为"光"与网格的乘积时，其傅里叶谱是"光"的谱与网格的谱的卷积，因此每个亮点周围都是"光"的谱，再作傅里叶变换就还原成"光"字，演示了傅里叶变换的乘积定理.

4. θ 调制产生假彩色

(1) 类似于通信技术中把信号与载波相乘以调制振幅与相位，便于发送，光学信息处理中

把图像(信号)与空间载频(光栅)相乘，也起到调制作用，便于进行处理.

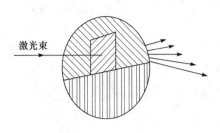

图 5-3-5　θ调制光栅

本实验中所用物是由方向不同的一维光栅组合而成的(图 5-3-5). 用激光束照射不同部位，就可在其后看到不同取向的衍射光线. 光栅空间频率约为 100 条/mm，三组光栅取向各相差 60°.

(2) 按图 5-3-6 布置光路，S 为溴钨灯，L_1 起聚光作用，在 L_1 后聚光亮点处设滤波器 F，注意使 S、L_1 距离大于 L_1、F 距离，以获得较小的亮点. 物 P 紧靠在 L_1 后，F 前设 L_2，L_2 把 P 的像成在 Q 屏上，为了得到较亮的像，最好 P、L_2 距离大于或等于 L_2、Q 距离.

(3) 观察 F 面频谱的特点：第一，由于输入图像由三个取向不同的光栅构成，每组光栅对应一个衍射方向，衍射光线所在平面垂直于光栅的取向. 如把该方向频谱全部挡去，则输出面上相应区域光强就转为零，例如，把水平方向的频谱挡去，可以看到像上天空呈黑暗. 其余类推. 第二，由于照明光是白光，根据光栅方程，每组频谱零频的各色光衍射角均为 0，各色光的零级叠加在一起就呈白色；而在其余 ±1，±2，… 级上，波长长的色光衍射角大，因此各级均呈现从紫(在内)到红(在外)的连续的光谱色.

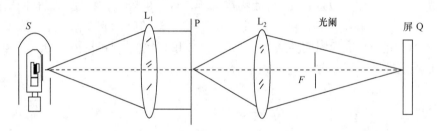

图 5-3-6　用θ调制产生假彩色光路图

(4) 如图 5-3-7 所示，用白纸做滤波器，再次仔细调整共轴，使白光亮点恰好射在滤波器中央 F 透光处，而六条光谱带呈现在白纸片上，在图像对应的光谱带上选取相应的颜色，用小针扎孔，使得该色光得以通过. 使孔 1 与孔 1′ 通过绿光，输出平面上草地部分就呈绿色，同理让孔 2 与孔 2′ 通过红光，孔 3 与孔 3′ 通过蓝光，相应就在输出像中出现红色的房子与蓝色的天空.

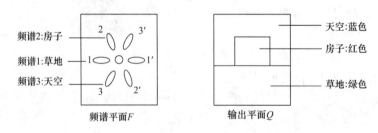

图 5-3-7　用θ调制产生假彩色滤波屏

(5) 用白纸在 F 屏后由近到远移动，观察各衍射级光点的颜色及光斑形状的变化情况，再次思考输入以上光栅取向、频谱面上变色光分布及所携带信息及输出谱形之间的关系.

(6) 重新调整滤波孔位置，改变输出图像的色彩，这说明色彩是人为指定的而非天然色.

在实验过程中还应注意光源 S 的开孔较大，射出的灯光经过光具座的反射，易在输出面 Q 处增添杂散光，干扰对彩色像的观察，可在 P、F 各屏的下方铺设黑纸挡去杂光.

【思考题】

(1) 阿贝关于"二次衍射成像"的物理思想是什么?

(2) 何谓空间频谱? 通过怎样的实验方法来观察频谱分布对成像所产生的影响?

(3) 何谓空间滤波，空间滤波器应放在何处，如何确定频谱面的位置?

(4) 如何从阿贝成像原理来理解显微镜或望远镜的分辨率受限制的原因，能不能用增加放大率的方法来提高其分辨率?

(5) 在 θ 调制实验中，物面上没有光栅处原是透明的，像面上相应的部位却是暗的，为什么? 如果要让这些部位也是亮的，该怎么办? 此时还能进行假彩色编码吗?

5.4　超级电容器充电效率的测量

【实验目的】

(1) 了解测量电池充电效率的意义.

(2) 学会使用 LAND-CT2001A 快速采样型测试仪测量电池容量.

(3) 测量超级电容器的充电效率，分析影响充电效率的因素.

【实验仪器】

LAND-CT2001A 快速采样型测试仪，韩国 GREENCAP 2.7V 100F 电化学电容器.

【实验原理】

超级电容器从储能机理上分为双层电容器和赝电容器. 它是一种新型储能装置，具有充电时间短、使用寿命长、温度特性好、功率密度大等特点.

电池在一定的放电条件下放电至某一截止电压时放出的能量与输入电池的能量之比，叫做电池的充电效率. 输入的能量部分用来将活性物质转化为充电态，部分消耗在副反应中. 充电时电流必须在一定的范围内，电流太大或者太小，效率都很低. 一般厂家建议的充电量是额定电量的 1.5 倍.

超级电容器对充电的电流适应性要比一般的充电电池强大.

【实验内容】

(1) 选择不同的充电电流为超级电容器充电，充电至工作电压，记录此时的充电容量.

(2) 再进行恒流放电至工作电位，记录此时的放电容量.

(3) 根据充电效率的定义计算出不同工作条件下电容器的充电效率.

【实验步骤】

(1) 将 CT2001A 的夹具夹在超级电容器电极上，其中，红色大鳄鱼夹夹在正极，黑色大鳄鱼夹夹在负极；红色小鳄鱼夹夹在正极，黑色小鳄鱼夹夹在负极.

(2) 打开 CT2001A 电源，以及桌面上的 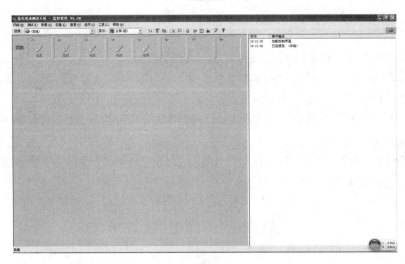，进入如图 5-4-1 所示的界面.

图 5-4-1　电池测试系统主界面

(3) 在对应的电池通道中，右键选择启动选项卡按钮，如图 5-4-2 所示.

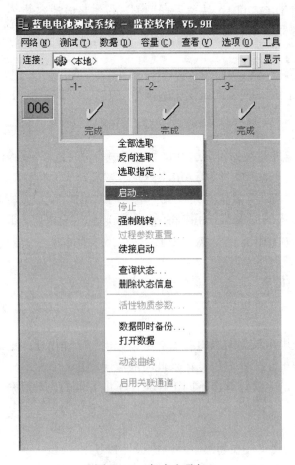

图 5-4-2　启动选项卡

(4) 在启动选项卡中分别选择"充电 200""充电 400""充电 600""充电 800""充电 1000"
等,选择不同的充电电流为超级电容器充电. 具体程序步骤参见图 5-4-3(以恒流 800 mA 为例).

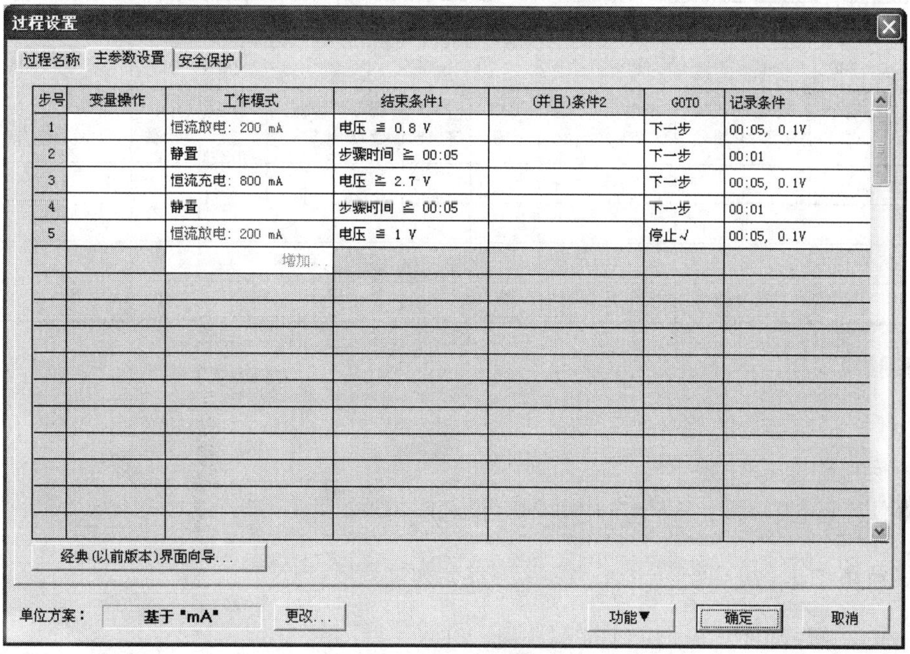

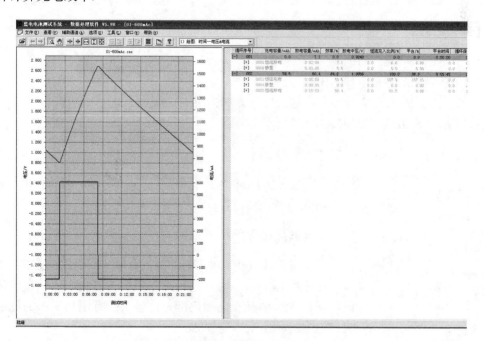

图 5-4-3　充放电过程设置界面

(5) 启动程序运行, 启动后页面如图 5-4-4 所示, 实验运行结束后记录充电容量、放电容
量,并计算充电效率.

图 5-4-4　数据处理界面

【数据记录及处理】

表 5-4-1　实验数据

编号	充电电流/mA														
	200			400			600			800			1000		
	充电容量	放电容量	充电效率	充电容量	放电容量	充电效率	充电容量	放电容量	充电效率	充电容量	放电容量	充电效率	充电容量	放电容量	充电效率

【实验思考】

(1) 什么是电容器的充电效率?

(2) 影响充电效率的因素有哪些?

(3) 不同充电电流对电容器充电效率有什么影响?

【注意事项】

(1) 注意电极的连接,正负不能接错.

(2) 使用软件进行工作过程设定时,电容器的工作电压、工作电流要设定在额定数值之下.

5.5　充电电池内阻的测量

【实验目的】

(1) 了解测量电池内阻的意义.

(2) 了解常用的测量电池内阻的方法.

(3) 学会使用电化学工作站测量超级电容器的内阻.

(4) 了解交流阻抗的原理(选作).

【实验仪器】

上海辰华 CHI660E 电化学工作站,韩国 GREENCAP EDLC 型 2.7V 100F 超级电容器.

【实验原理】

在蓄电池工业中,对内阻的测量有着非常重要的意义.当电池处于正常工作的状态时,越小的内阻意味着我们存储在电池内部的能量越少地消耗在电源内部,而输出的有用功所占的比例就越大,电池的品质就越高.

举例来说,生活中我们会发现,在电动玩具车中使用至不能工作的电池,仍然可以长久地在钟表中使用.在这一例子中,我们可以简

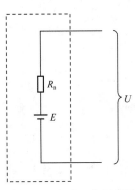

图 5-5-1　电池工作原理图

单地将电池看成一个理想电源和一个电阻的串联，如图 5-5-1 所示.

简单的分析可知，当电流较小时，电源在内阻上的消耗并不大，而在电流较大时，电源在内阻上的功率消耗就变得可观起来(可能转化为热能，或者一些复杂的不可逆的电化学反应). 有很多电池在使用过程中，由于各种各样的原因，内阻逐渐增大，以至于电池内部的能量无法正常释放出来，而不得不废弃，着实令人可惜. 因此，我们在选择电池的时候，要尽可选择内阻较小的电池. 在进行电池组的组合中，也要尽可能选用内阻一致的电池.

1. 电池的内部结构

常见的可充电的电池有铅酸电池、镍氢电池、锂离子电池、超级电容器等. 其中，铅酸电池的结构已为大家所熟知，其他几种则有着类似的结构，均由电极、电解液、隔膜、外壳等所组成，可以简单地看成图 5-5-2 所示的结构.

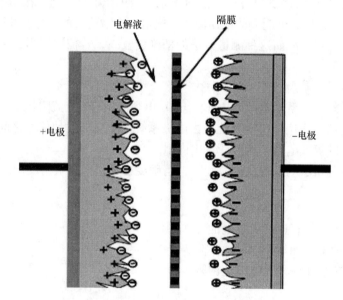

图 5-5-2　电池内部结构图

2. 内阻的分类和电池的特异性

电池的内阻是指电池在工作时，电流通过电池内部所受到的阻力，包括欧姆内阻、电化学极化内阻和离子迁移内阻等的组合. 电池处于不同的电量状态时，它的内阻阻值不一样；电池处于不同的寿命状态时，它的内阻阻值也不一样. 其中，电池完全充满时所测量到的内阻叫做充电态内阻；电池充分放电后(放电到标准截止电压)所测量到的电池内阻叫放电态内阻. 充电态内阻较为稳定，放电态内阻则变化较大.

作为一种工业化生产的产品，任意两个相同型号的电池，其内阻也不大可能有相同的数值，可以认为每个电池在内阻方面都有其特异性.

3. 测量电池内阻的方法

(1) 电压表和电流表测量.

我们在高中时学过，利用电压表和电流表测量电池内阻，有如下的两种连接式：电流表内接法和电流表外接法，分别如图 5-5-3 和图 5-5-4 所示.

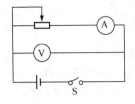

图 5-5-3　内接法

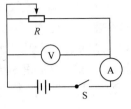

图 5-5-4　外接法

这样的测量方法虽然简便易行，但是精确度较差，不能适应工业生产对于内阻的测量精度的要求.

(2) 恒流放电内阻测量法.

根据物理公式 $R=V/I$，测试设备让电池恒流充电至工作电压附近，在 10^{-4} s 内转为恒流放电，电池的端电压会出现一个明显的电压降落，这是由内阻造成的. 由于过程时间极短，不会影响到极化和离子迁移，故而这种测量方法的精确度较高，若控制得当，测量精度误差可以控制在 0.1% 以内.

(3) 交流阻抗内阻测量法.

电池实际上等效于一系列电源、电阻、电感、电容的组合，交流阻抗法就是以不同频率的小幅值正弦波扰动信号作用于电极系统，由电极系统的响应与扰动信号之间的关系得到的电极阻抗，推测电极的等效电路，然后计算出内阻.

交流阻抗内阻测量法的电池测量时间短，精确度也不错，测量精度误差一般在 1%～2%.

【实验内容】

(1) 正确连接各电极，正确设置电池工作参数；
(2) 利用恒流放电法测量充电电池内阻；
(3) 利用交流阻抗法测量充电电池内阻.

【实验步骤】

(1) 打开 CHI660E 电化学工作站电源，将电极夹在电容器上，其中绿色夹正极，红色夹负极，白色夹负极，黑色不用.

(2) 双击打开 CHI660E 软件，[图标].

(3) 选择 "Setup" 下的 "Technique" (实验技术)，如图 5-5-5 所示.

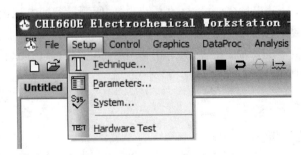

图 5-5-5　测试系统主界面及实验技术选项卡

(4) 选择"Chronopotentiometry"(计时电位法)，点击"OK"，如图 5-5-6 所示.

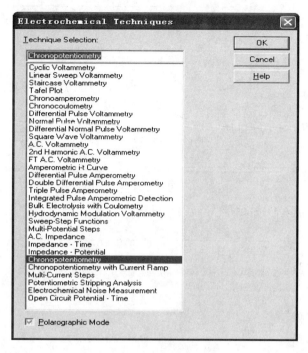

图 5-5-6　测试类型选项卡

(5) 设置数据，如图 5-5-7 所示.

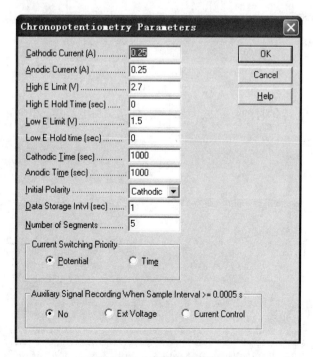

图 5-5-7　参数设置界面

(6) 点击"运行"，即黑色三角，实验开始，如图 5-5-8 所示.

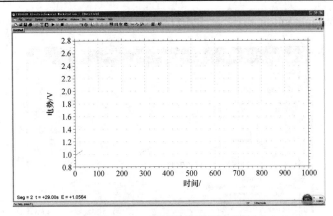

图 5-5-8　设置完成后的界面

实验完成后，显示类似如图 5-5-9 所示的结果.

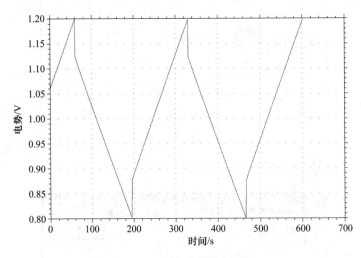

图 5-5-9　充放电转化图

图 5-5-10 为充放电转化时的局部放大图，分别记录高电势、低电势.

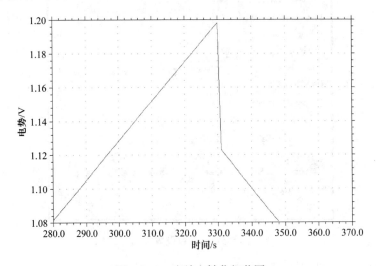

图 5-5-10　充放电转化细节图

选作部分：利用交流阻抗来测量电池内阻.

(1) 选择 "Setup" 下的 "Technique"，如图 5-5-5 所示.

(2) 选择 "Open Circuit Potential-Time"（开路电压）如图 5-5-6 所示，参数设置如图 5-5-11 所示.

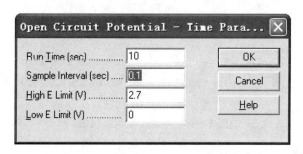

图 5-5-11　开路电压参数设置图

(3) 记录开路电压 U_{open} 备用.

(4) 在实验技术中选择 "A.C. Impedance"（交流阻抗），如图 5-5-12 所示.

参数设置如图 5-5-13 所示. 图 5-5-13 中 "？" 处填入刚才测得的 U_{open}；点击 "运行" 黑色三角，实验开始，等实验结束时，生成类似图 5-5-14 所示的交流阻抗谱. 将低频部分拟合成一条直线，这条直线与横轴的截距就是所测电池的内阻.

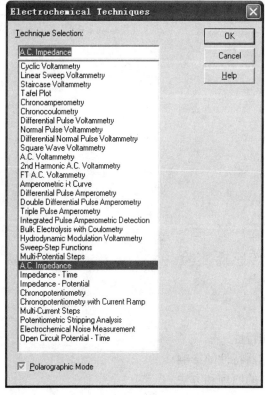

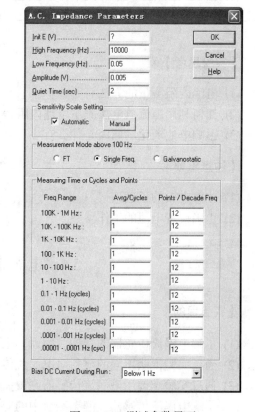

图 5-5-12　测试技术中交流阻抗选项　　　　　　图 5-5-13　测试参数界面

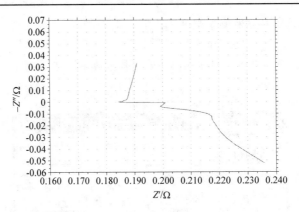

图 5-5-14　电池的交流阻抗谱

【数据记录及处理】

表 5-5-1　实验数据

高电势/V	低电势/V	充放电电流/A	电势差/V	内阻/Ω	交流内阻/Ω

【实验思考】

(1) 电池内阻测量的方法有哪些?

(2) 如何利用恒流放电法测量电池内阻?

(3) 影响电池老化的原因是什么?

【注意事项】

(1) 注意电极的正确连接.

(2) 正确设置电池的工作参数.

5.6　电涡流传感器实验

【实验目的】

(1) 了解电涡流传感器的结构、原理、工作特性.

(2) 通过实验说明不同的材料对电涡流传感器特性的影响.

(3) 通过实验掌握用电涡流传感器测量振幅的原理和方法.

(4) 了解电涡流传感器在静态测量中的应用.

(5) 了解电涡流传感器的实际应用.

【背景知识】

在科学技术高度发达的现代社会中，人类已进入了瞬息万变的信息时代，人们在从事工业生产和科学实验的活动中，极大地依赖于对信息资源的开发、获取、传输和处理. 传感器处于研究对象与测控系统的接口位置，是感知、获取和检测信息的窗口，一切科学实验和生产过程，特别是在自动检测和自动控制系统中，都要通过传感器转换为容易传输与处理的电信号. 在工业生产和科学实验中提出的检测任务是正确及时地掌握各种信息，大多数情况下是要获取被测信息的大小，即被测量量的数值大小. 这样，信息采集的主要含义就是取得测量数据. 在工程中，需要有传感器与多台仪表组合在一起才能完成信号的检测，这样便形成了测量系统. 尤其是随着计算机技术及信息处理技术的发展，测量系统所涉及的内容也不断得以充实.

根据电涡流效应制成的传感器称为电涡流式传感器，电涡流式传感器的最大特点是能对位移、厚度、表面温度、速度、应力、材料损伤等进行非接触式连续测量，另外还具有体积小、灵敏度高等特点，应用极其广泛.

【实验原理】

电涡流式传感器由传感器线圈和金属涡流片组成，如图 5-6-1 所示. 根据法拉第定律，当传感器线圈通以正弦交变电流 I_1 时，线圈周围空间会产生正弦交变磁场 B_1，可使置于此磁场中的金属涡流片产生感应涡电流 I_2，I_2 又产生新的交变磁场 B_2. 根据楞次定律，B_2 的作用将反抗原磁场 B_1，从而导致传感器线圈的阻抗 Z 发生变化. 由上可知，传感器线圈的阻抗发生变化的原因是金属涡流片的电涡流效应. 而电涡流效应又与金属涡流片的电阻率 ρ、磁导率 μ、厚度、温度以及线圈和导体的距离 x 有关. 当电涡流线圈、金属涡流片以及激励源确定后，并保持环境温度不变，则阻抗 Z 只与距离 x 有关. 将阻抗变化经涡流变换器变换成电压 U

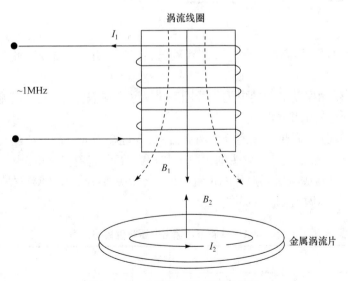

图 5-6-1 电涡流式传感器原理图

输出，则输出电压 U 是距离 x 的单值函数，确定 U 和 x 的关系称为标定. 当电涡流线圈与金属被测体的相对位置发生周期性变化时，涡流量及线圈阻抗的变化经涡流变换器转换为周期性的电压信号.

【实验仪器】

CSY$_{10}$型传感器系统实验仪：它是一个综合性的实验仪器，综合了多种传感器，可以做几十个传感器实验，包括电涡流传感器、电感传感器、电容传感器、压力传感器、光纤传感器等，其整体是由若干个功能独立的部件组成的. 本次实验所需的部件有：电涡流线圈，电涡流变换器，电压/频率表，直流稳压电源，电桥，差动放大器，激振器Ⅰ，低频振荡器，测速电机及转盘，测微头，铁、铜、铝涡流片，砝码.

【实验内容】

1. 电涡流传感器的静态标定及被测材料对电涡流传感器特性的影响

(1) 安装好电涡流线圈和铁质金属涡流片，注意两者必须保持平行. 安装好测微头，按图 5-6-2 所示接线，将电涡流线圈接入涡流变换器输入端，涡流变换器输出端接电压表 20 V 挡.

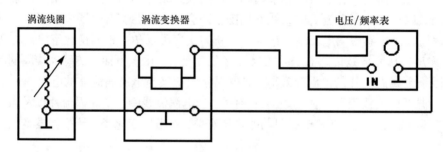

图 5-6-2　电涡流传感器连线图

(2) 开启仪器电源，用测微头将电涡流线圈与涡流片分开一定距离，此时输出端有一电压值输出.

(3) 用测微头带动振动平台使电涡流线圈完全贴紧金属涡流片，此时涡流变换器中的振荡电路停止，涡流变换器输出电压为零.

(4) 旋动测微头使电涡流线圈离开金属涡流片，并逐渐增大电涡流线圈与金属涡流片之间的距离，每移动 0.25 mm 记录测微头的读数 x 和相应的涡流变换器输出电压 U(注意：x 是测微头的直接读数，可看成金属涡流片的位置坐标，不必从零开始)，将数据填入表 5-6-1. 以 U 为纵坐标、x 为横坐标做出 $U_1 \sim x$ 曲线.

表 5-6-1　铁涡流片输出电压与位置记录表

位置 x/mm											
铁 U_1/V											

(5) 分别换上铜和铝两种金属涡流片进行测量,从电涡流线圈完全贴紧金属涡流片开始逐渐增大它们之间的距离(由于材料不同,对于铜和铝两种金属涡流片,涡流变换器初始输出电压不为零),每移动 0.25 mm 记录测微头的读数 x 和相应的涡流变换器输出电压 U,将数据填入表 5-6-2 中,在 $U_1 \sim x$ 曲线的坐标系内再作出 $U_2 \sim x$ 曲线和 $U_3 \sim x$ 曲线.

表 5-6-2　铜和铝涡流片输出电压与位置记录表

位置 x/mm									
铜 U_2/V									
位置 x/mm									
铝 U_3/V									

(6) 分析三种不同材料被测体的线性范围、最佳工作点,并进行比较. 从实验得出结论:被测材料不同时线性范围也不同,必须分别进行标定.

2. 电涡流传感器电机测速实验

(1) 将电涡流线圈支架转一角度,安装于电机转盘上方,尽量靠外,但不得超出转盘,使线圈与转盘面平行,在不碰擦的情况下相距越近越好.

(2) 在图 5-6-2 所示电路的基础上,涡流变换器的输出端改接示波器,开启转盘的开关,调节转速,调整电涡流线圈在转盘上方的位置,用示波器观察,使涡流变换器输出的波形较为对称,从示波器读出波形的周期 T,算出频率 ν,则转盘的转速 $n = \nu/2$.

3. 电涡流传感器的振幅测量

(1) 卸下测微头,换上铁质涡流片,使电涡流线圈与涡流片离开一定距离(约 1 mm).

(2) 按图 5-6-3 接线,直流稳压电源置 ±10 V 挡,差动放大器在这里仅作为一个电平移动

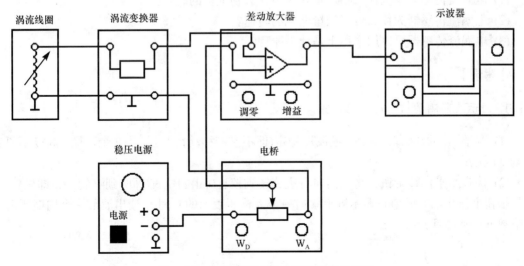

图 5-6-3　电涡流传感器的振幅测量连线图

电路, 增益置最小处(1 倍). 调节电桥 W_A, 使系统输出为零. 用导线接通低频振荡器和激振器 I, 此时可以看到振动圆台振动了起来, 调节低频振荡器的频率, 使其在 15～30 Hz 范围内变化, 用示波器观察涡流变换器输出的波形, 再用示波器读出波形电压的峰峰值 U_{p-p}.

(3) 变化低频振荡器的频率和幅值, 提高振动圆盘的振幅, 用示波器可以看到涡流变换器输出的波形有失真现象, 这说明电涡流传感器的振幅测量范围是很小的.

　　4. 电涡流传感器的称重实验

(1) 在图 5-6-3 电路的基础上, 差动放大器的输出端改接电压表 20 V 挡.

(2) 调整电桥 W_A, 使系统输出为零.

(3) 把测物平台放置于振动平台上, 在平台中间逐步加上砝码, 记录砝码的质量 W 和相应的差动放大器输出电压 U, 数据填入表 5-6-3. 以 U 为纵坐标、W 为横坐标做出 $U\sim W$ 曲线.

(4) 取下砝码, 分别放上两个待测质量的物体, 记录其对应的电压, 根据 $U\sim W$ 曲线大致求出待测物体的质量.

表 5-6-3　电涡流传感器的称重数据记录表

砝码质量 W/g	10	20	30	40	50	60	70	80
对应电压 U/V								

【注意事项】

(1) 直流稳压电源的–10V 和接地端接电桥直流调平衡电位器 W_A 两端.

(2) 连接线端头插入连接孔时应稍加旋转, 以保证接触良好, 拔线时要捏住端头拔出, 不要生拉硬拽.

【思考题】

(1) 电涡流传感器是把什么物理量转换为什么物理量的装置?

(2) 电涡流传感器为什么可以测量电机的转速?

(3) 电涡流传感器可以用来称重是什么原理?

【附录】

1. 用示波器测量信号周期的步骤

(1) 调整示波器的有关旋钮, 使波形稳定(即不左右移动), 显示 1～2 个周期, 高度不要超出刻度区域;

(2) 检查水平偏转旋钮, 将端钮向右边旋转到校正(cal)的位置(即听到喀的一声即可), 此时从根钮上读出的时间值是显示屏上横向一个大格所表示的时间 t, 读出波形一个周期所占的大格数 n, 则周期 $T = n \times t$.

2. 用示波器测量信号的峰峰值 $U_{p\text{-}p}$

(1) 调整示波器的有关旋钮，使波形稳定(即不左右移动)，显示 1～2 个周期，高度不要超出刻度区域；

(2) 将水平偏转旋钮旋转到 X-Y 的位置，此时显示屏上显示一条短斜线，将 SOURSE 拨动到另一挡位，短斜线将变为短竖线.

(3) 检查竖直偏转旋钮，将端钮向右边旋转到校正(cal)的位置(即听到喀的一声即可)，此时从根钮上读出的电压值是显示屏上竖向一个大格所表示的电压 V，读出显示屏上短竖线所占的大格数 n，则峰峰值 $U_{p\text{-}p} = n \times V$.

5.7　光的力学效应及光阱力的测量

光具有能量和动量，光的动量是光的基本属性. 携带动量的光与物质相互作用伴随着动量的交换，从而表现为光对物体施加了力. 作用在物体上的力等于光引起的单位时间内物体动量的改变，并由此引起的物体的位移和速度的变化，我们称之为光的力学效应.

【实验目的】

(1) 理解光具有能量和动量及单光束梯度力光阱产生的原理；
(2) 利用光镊观测光的力学效应；
(3) 用流体力学法测量光镊光阱力.

【实验仪器】

光镊系统如图 5-7-1 所示.

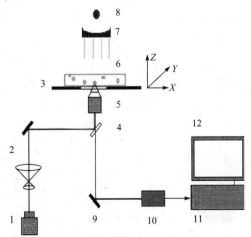

图 5-7-1　光镊系统

1. 光镊光源；2. 光学耦合器；3. 自动样品台；4. 双色分束镜；5. 聚焦物镜(NA1.25)；6. 样品池；7. 聚光镜；
8. 照明光源；9. 反射镜；10. 数码摄像头；11. 计算机主机；12. 显示器

【实验样品】

实验样品要求：透明的，对所用的激光吸收小，折射率大于介质的折射率，尺度在微米量级. 本实验用的是悬浮于液体中的 1～3 μm 的聚苯乙烯小球或 4～5 μm 的酵母细胞.

【实验原理】

1. 光镊——单光束梯度力光阱

光作用于物体时，将施加一个力到物体上. 由于光辐射对物体产生的力常常表现为压力，因而通常称之为辐射压力或简称光压. 然而，在特定的光场分布下，光对物体也能产生一拉力，即形成束缚粒子的势阱.

以透明电介质小球作模型来讨论光与物体的相互作用. 若小球直径远大于光波长，可以采用几何光学近似. 设小球的折射率 n_1 大于周围介质的折射率 n_2.

一束平行光与小球的相互作用，如图 5-7-2 所示，当一束光穿过小球时，光在进入和离开球表面时会产生折射，图中画出了光束中代表性的两条光线 a 和 b. 在图 5-7-2 所示的情形，入射光沿 Z 方向传播，即光的动量是沿 Z 方向的. 然而，离开球的光，传播方向有了改变，也即光的动量有了改变. 由于动量守恒，这些光传递给小球一个与此动量改变等值、但方向相反的一个动量. 与之相应的有力 F_a 和 F_b 施加在小球上(图 5-7-2 中的空心箭头). 小球受到的光对它的总作用力就是光束中所有光线作用于小球的力之合力. 若入射光束截面上光强是均匀的，则各小光束(光线)给予小球的力在横向(XY 方向)将完全抵消. 但有一沿 Z 方向的推力，如图 5-7-2(a)所示.

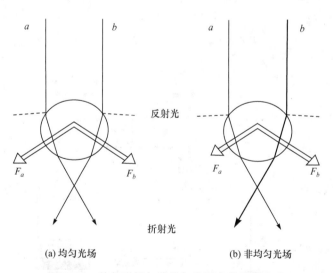

(a) 均匀光场　　　　　　　　　　　　　(b) 非均匀光场

图 5-7-2　均匀光场与非均匀光场中的透明小球

如图 5-7-2(b)所示，小球处在一个非均匀光场中，光沿 Z 方向传播，光场自左向右增强. 与左边的光线 a 相比，右边较强的光线 b 作用于小球，使小球获得较大的动量，从而产生较大的力 F_b. 结果总的合力在横向不再平衡，而是把小球推向右边光强处. 小球在这样一个非均匀(即强度分布存在梯度)的光场中所得到的指向光强较强的地方的力称之为梯度力(F_g). 如果光束轴线处光强大, 粒子将被推向光轴, 也即在横向粒子被捕获.

上面的情形, 都存在一个 Z 方向(轴向或纵向)的推力. 要用一束光同时实现横向和轴向的捕获, 还需要有拉力. 实际上, 上述光场力(梯度力)指向光场强度大的地方这一结论, 可以推广到强会聚光束的情形. 在一强会聚的光场中, 粒子将受到一指向光最强点(焦点)的梯度力. 图 5-7-3 用几何光学模型定性地说明了这一点. 在图 5-7-3 中光锥中两条典型的光线 a 和 b 穿过小球, 由于折射改变了动量, 从而施加力 F_a 和 F_b 于小球. 它们的矢量和指向焦点 f. 计算表明, 光锥中所有光线施加在小球上的合力 F 也是指向焦点 f 的. 也就是说粒子是处在一个势阱中, 阱底就在焦点处. 光对粒子不仅有推力还产生拉力, 粒子就被约束在光焦点附近. 这种强会聚的单光束形成的梯度力光阱就是所谓的光镊.

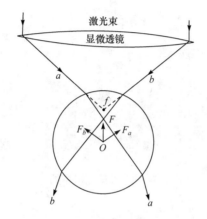

图 5-7-3 单光束梯度力光阱原理

实际上, 当光穿过小球时, 在小球表面会产生一定的反射, 小球对光也有一定的吸收, 这都将施加一推力于小球, 此力常称之为散射力(F_s). 散射力总是沿光线方向推跑微粒, 而梯度力则是把微粒拉向光束的聚焦点处. 光阱主要是依靠光梯度力形成的. 稳定的捕获是梯度力和散射力平衡的结果. 只有焦点附近的梯度力大于散射力时, 才能形成一个三维光学势阱而稳定地捕获微粒. 也就是说, 这样的光束可以像镊子一样夹持微粒, 移动并操控微粒, 所以叫光镊, 在研究光镊自身的物理性质时往往采用"光捕获阱""光梯度力阱"或"光学势阱"等物理术语.

2. 光阱力测量的流体力学法

光镊可以捕获和操控微粒, 也可以作为力的探针, 用于测量作用在微粒上的力, 本实验采用流体力学法. 光阱操纵微粒相对流体运动时, 微粒将受到液体的黏滞阻力 f, f 随着粒子的速度的增加而增大. 当速度超过一定的临界值, 黏滞阻力 f 大于光阱的最大束缚力 F 时, 粒子就会从光阱中逃逸出来. 所以最大阱力 F_{max} 的测量是基于找出光阱操纵微粒所能达到的最大速度 V_{max}, 即所谓的逃逸速度. 光阱最大阱力 F_{max} 的大小就等于这一速度下的黏滞阻力 f_{max}, 但方向相反. f_{max} 由流体力学中的 Stokes 公式给出:

$$f_{max} = 6\pi \eta r V_{max}$$

其中, η 为黏滞系数, r 为微粒的半径, V_{max} 为逃逸速度.

【实验内容】

1. 光陷阱效应

光陷阱效应表现为当粒子趋近光阱中心，达到一定距离时，会受到阱力的作用，被吸引到光阱的中心，也就是说粒子被光阱捕获. 实验中光阱在空间中是固定的，通过移动样品台，使视场中某个微粒接近光阱，观察光阱对粒子的捕获过程. 记录粒子被光阱捕获前后的位置，可计算出阱域的大小，即光阱的作用力范围. 图 5-7-4 中"+"字叉丝的中心为光阱的中心，粒子为直径为 2 μm 的聚苯乙烯小球(下同).

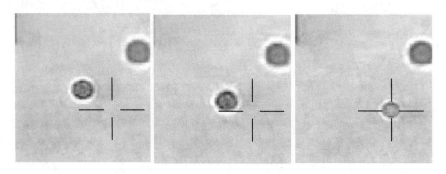

图 5-7-4　微粒陷入阱中的过程

2. 光镊在横向(XY 平面)操控微粒

如图 5-7-5 所示，光镊已捕获了样品池中的一个粒子. 实验中固定光束(即光镊不动)，沿 XY 平面移动样品台. 这时可以观察到背景的粒子也跟随平台移动，而被光捕获的粒子则不动，即实现了光镊操控小球的横向(相对)运动.

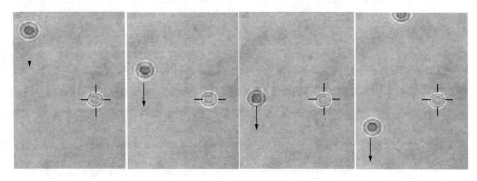

图 5-7-5　光阱横向操控微粒(图中箭头表示背景相对于光镊的运动方向)

3. 光镊在纵向(Z 轴方向)操控微粒

在纵向操控微粒需要改变光阱在纵向的位置，即调节物镜与样品台的距离，本实验所用的装置是通过微调物镜来实现的. 如图 5-7-6 所示，左侧一粒子已被光阱捕获，微调物镜改变光阱在纵向的位置，粒子也随物镜移动，因而它的像依然清晰，而右侧的粒子并不移动，因偏离了成像的平面, 它们的图像逐渐变得模糊(图 5-7-6(b)). 这一现象表明光镊实现了对粒子的纵向操控.

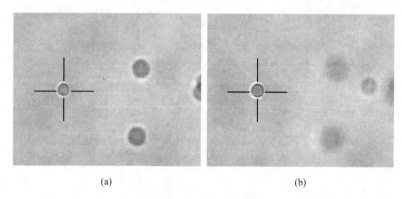

(a)   (b)

图 5-7-6 光阱纵向操控微粒(图(b)中背景清晰度与左图的不同)

4. 光镊最大横向阱力的测量

在相对静止的液体环境中, 用光镊捕获一个微粒, 并提升到离样品池底一固定高度处(参考图 5-7-6), 然后用计算机控制样品台在水平面上产生定向运动(参考图 5-7-5), 运动速度由计算机控制. 刚开始控制平台以较小速度运动, 微粒在光镊中处于被捕获状态, 然后逐步加大平台运动速度, 直到微粒从光镊中逃逸出去, 此时平台速度所达到的某临界值即为粒子逃逸速度. 利用 Stokes 公式, 即可算得光镊的最大捕获力.

【实验步骤】

(1) 准备样品, 配合适浓度的酵母菌溶液, 摇匀, 用吸管吸入样品池.

(2) 打开光镊电源, 调节合适亮度的照明灯.

(3) 选择合适放大倍数的物镜, 在物镜上滴一滴匹配油, 通过调焦使样品池中的酵母菌清晰可见.

(4) 将激光器光电流增大到合适值, 将样品池中的酵母菌捕获.

(5) 缓慢地前后左右移动样品池, 操控被捕获的酵母菌, 观察被捕获的酵母菌与其他酵母菌的相对运动, 直到酵母菌脱离光阱.

(6) 捕获和操控的图像经物镜后, 透过双色分束镜, 被反射镜反射到 CCD 数码摄像头, CCD 采集的图像由显示器显示. 数码摄像头获取的信息可以由计算机采集和处理.

(7) 打开录像, 分析显微摄像. 选出粒子逃逸出光阱前后的两帧图像, 记录酵母菌逃逸前后的位置坐标和逃逸时间(已知两帧间的时间间隔为 1/25 s), 即可算出逃逸速度.

(8) 根据流体力学中的 Stokes 公式 $f_{max} = 6\pi\eta r V_{max}$, 计算光镊的最大捕获力.

【数据记录及处理】

(1) 记录从捕获酵母菌到逃逸后的录像, 并截图一张.

(2) 记录数据于表 5-7-1.

表 5-7-1　数据表

序号	逃逸前			逃逸后			Δx	Δy	Δt
	坐标 x_1	坐标 y_1	帧数 t_1	坐标 x_2	坐标 y_2	帧数 t_2			
1									
2									
3									

(3) 计算光镊的最大捕获力

$$f_{max} = 6\pi \eta r V_{max}$$

【实验思考】

(1) 光捕获粒子基于什么原理，如何从实验上实现？

(2) 说明影响光捕获效果的因素.

(3) 试定性说明强会聚的光束对于实现 Z 方向捕获的作用.

(4) 若光阱同时捕获了两个球形微粒，最可能以什么形式排列，为什么？

(5) 试说明光阱技术的特点，光阱技术能应用在哪些领域？

(6) 用环形光束的光源能否产生光阱？

【注意事项】

激光工作电流不可过高以防止击穿激光器.

5.8　黑体辐射实验

【实验目的】

(1) 了解黑体辐射的实验现象，掌握辐射研究的方法；

(2) 学会仪器调整与参数选择，提高物理数量关系与建模能力；

(3) 通过验证定律，充实物理假说与思想实验能力.

【实验原理】

早在 1859 年，德国物理学家基尔霍夫就在总结当时实验发现的基础上，用理论方法得出一切物体热辐射所遵从的普遍规律：在相同的温度下，各辐射源的单色辐出度 $M_i(\lambda, T)$ 与单色吸收率 $\alpha_i(\lambda, T)$ 成正比，其比值对所有辐射源(i=1,2,…)都一样，是一个只取决于波长 λ 和温度 T 的普适函数. 而黑色物体对可见光能强烈吸收，则当获取能量时也应有在可见光区的强烈辐射，因而从黑体辐射的角度研究确定普适函数的具体形式具有极大的吸引力. 显然，如果单色吸收率 $\alpha_i(\lambda, T)$=1，则该辐射源的单色辐出度 $M_i(\lambda, T)$ 就是要研究的普适函数. 而 $\alpha_i(\lambda, T)$=1 的辐射体就是绝对黑体，简称黑体. 黑体的辐射亮度在各个方向都相同，即黑体是一个完全的余弦辐射体；辐射能力小于黑体，但辐射的光谱分布与黑体相同的温度辐射体称为灰体.

任何物体，只要其温度在绝对零度以上，就向周围发出辐射，这称为温度辐射；只要其温度在绝对零度以上，也要从外界吸收辐射的能量．处在不同温度和环境下的物体，都以电磁辐射形式发出能量，而黑体是一种完全的温度辐射体，即任何非黑体所发射的辐射通量都小于同温度下的黑体发射的辐射通量；并且，非黑体的辐射能力不仅与温度有关，而且与表面的材料的性质有关，而黑体的辐射能力则仅与温度有关．在黑体辐射中，存在各种波长的电磁波，其能量按波长的分布与黑体的温度有关．

但现实世界不存在这种理想的黑体，那么用什么来刻画这种差异呢？对任一波长，定义发射率为该波长的一个微小波长间隔内，真实物体的辐射能量与同温下的黑体的辐射能量之比．显然发射率为介于 0 与 1 之间的正数，一般发射率依赖于物质特性、环境因素及观测条件．

【实验内容】

(1) 验证普朗克辐射定律；
(2) 验证维恩位移定律．

【实验步骤】

HFY-205A 型标准黑体，如图 5-8-1 所示，室温+5～550 ℃，用于红外测温仪、热像仪的标定．

图 5-8-1 HFY-205A 型标准黑体及显示窗图

黑体温度的设置：

(1) 正确连接电源，打开电源开关，上排显示窗显示黑体温度的实际值，下排副显示窗显示前一次温度的设置值，此时只要按住功能键 $\bigcap$ 约 3 s，上排主显示窗即变为 "SU" 符号，下排副显示窗的某一位数字开始闪烁，此时轻按数据移位键 $\boxed{<}$、数据增加键 $\boxed{\wedge}$ 和数据减少键 $\boxed{\vee}$，即可进行仪表规定量程范围内任意温度的设定．当下排显示窗的数值变成你所需要的值后，再按一下功能键 $\bigcap$，重新设置的值即可输入仪表，仪表开始按照新输入的温度设定值进行自动调节．

(2) 加热功率参数的设置．由于黑体使用温度范围宽，为了防止黑体温度超调过大，我们对黑体的加热功率采用分段设定的方法．

首先同时按下功能键 $\bigcap$ 和 $\boxed{\wedge}$ 约 3 s，此时上排窗口将首先出现 "ALL"，继续按功能键 $\bigcap$，上排窗口将分别出现 "AL2" "P" "I" "D" "LIN"，选定 "LIN" 通过数据移位键和数据减少键、数据增加键，选择合适的功率值，设置的温度对应的加热功率值，见表5-8-1.

表 5-8-1　加热功率值

温度/℃	100	200	300	400	500	550
功率(LIN)	30	35	40	45	50	55

【数据记录及处理】

数据记录及处理，见表5-8-2.

表 5-8-2　数据表

n	色温 T/K	波长 λ/nm	实际辐射度 E_r	理论辐射度 E_{th}	测量差值 Δ	相对测量差值 Δ/%
1						
2						
3						
4						
5						

【实验思考】

(1) 温度辐射的含义是什么?

(2) 为什么要选择不同的加热功率?

【注意事项】

使用结束后关机前请将温度设定为 0 ℃, LIN 也改为 0. 黑体升温不宜一次设定很高温度，建议整百度上升至所需温度以免缩短黑体寿命甚至烧坏黑体.

5.9　EMC 测量实验

【实验目的】

(1) 了解频谱分析仪的工作原理，熟悉它的使用方法;

(2) 掌握采用频谱仪测量电路板的电磁兼容.

【实验原理】

现代的电子产品，功能越来越强大，电子线路也越来越复杂，电磁干扰(EMI)和电磁兼容(EMC)问题变成了主要问题，电路设计对设计师的技术水准要求也越来越高. 先进的计算机辅助设计(CAD)在电子线路设计方面大大地方便了电路设计人员，但对于在电磁兼容或电磁干扰上的设计帮助却很有限.

电磁兼容设计实际上就是针对电子产品中产生的电磁干扰进行优化设计，使之能成为符合各国或地区电磁兼容性标准的产品.

每位设计工程师可能都有类似的经验,在尝试控制某段的电磁频谱时,另一段的电磁辐射频谱往往会增强. 其结果可能为,当工程人员努力满足其法规所设定的发射限度时,却可能超出了辐射发射限度;更重要的是,如果达不到规定的电磁干扰限度要求,产品就无法上市销售.

1) 有关电磁兼容

电磁兼容是指一种器件、设备或系统的性能,它可以使其在自身环境下正常工作同时不会对此环境中任何其他设备产生强烈电磁干扰. 其意指电子机器有两面性,一个为噪声源对其他电子仪器造成的影响,一个为受到周围电子仪器发出的噪声影响. 而要顾及两者的平衡,才有了电磁兼容课题的出现.

电磁兼容的产品认证,目前主要的依据有 FCC,CISPR,ANSI,VCCI 等国际规范,而这些电磁兼容标准对于产品的测试要求,可分为两大测试题,一为电磁干扰测试,另一为电磁耐受性(EMS)测试.

2) 电磁干扰量测项目

一般各国关于 EMI 法规要求的量测项目如下.

传导量测(CE):测试方式为借由待测产品的电源线连接至仿真机.

电源阻抗网络器(LISN):将待测产品的电波噪声位准传至量测接收机,取得噪声位准.

3) 电磁干扰测定相关规范

电磁干扰所测量的项目,30 MHz 以下所测量的为电源传导,30 MHz~1 GHz 所测量的为辐射传导.

测定仪器设定必须在 RBW=9 kHz(电源传导用)和 120 kHz(辐射传导用)下达成目标. 此环境必须在背景噪声极低的条件场所或隔离外界干扰源的环境里才能得到量测标准值.

4) 测定设备

测定仪器、线路阻抗稳定网络(LISN)、天线、前置放大器、脉冲限幅器(pulse limiter)、EMI 测试软件.

测定仪器:大部分为频谱分析仪或 ESMI 接收器(EMI 测试接收器)等,需要有 RBW(解析带宽)9 kHz、120 kHz 等两种频率,且能测量范围为 150 kHz~1000 MHz 的频段.

线路阻抗稳定网络:主要测量 30 MHz 以下的电源传导(如有连接电源传输线).

前置放大器:因为有些噪声在直接量测之下会不容易找到,所以需要放大器放大,即可找出原本不容易找出的噪声.

天线:在大空间下(屋外试验场或隔离室)会使用偶极天线,在前置测试下一般会使用近场探测棒(near field probe).

EMI 测试软件:一般来说,电磁干扰会有一连串的测试,通过 GPIB 接口与专属设计的测试软件来操控,会很容易在计算机中接收到来自测定仪器的数据,以便做后续处理. LabView 为最常用的软件之一.

5) 相关测定场所:屋外试验场(open site)、隔离室(chambers, shielding room)、隔离箱(shielding box).

依效果来说,屋外试验场最佳,隔离室次之,隔离箱居后. 依价格来说,隔离箱最便宜,屋外试验场次之,隔离室最为昂贵. 但是目前很少有能够符合屋外试验场的环境,所以真正能架设屋外试验场的场所不多.

【实验内容】

EMI 测试接收机是全自动的测试接收机,是进行 EMI 测试的主要工具. 频率范围为 9 kHz～30 MHz,完全满足电源线干扰功率测试,而配置上人工电源网络后就可以进行电源端子干扰电压测试,具有测试速度快、可操纵性强、性能稳定、测试数据处理方便等优点.

测试方法为待测产品于正常使用状态下,由空中传送待测产品所产生的电波至 3 米或 10 米远的天线接收,再转送至量测接收机,取得噪声位准.

其主要特点如下:

(1) 进行扫描粗测,同时测出峰值和平均值两条曲线;也可单测平均值或峰值曲线.

(2) 对超标的频率点进行自动准峰值测量,还可以观察单个频率点准峰值的动态变化,直观的图形化能量条显示终端测试电压值,并具有最大值保持功能.

(3) 可任意设置、修改不同标准的限值,方法简单且功能完善(机器内置 EN55022A,EN55022B,FCC-part15,EN55015 等标准).

(4) 仪器可进行最终测试,每个频段测出一个最大点的准峰值和平均值;也可人为选点进行准峰值和平均值的终测.

(5) 仪器可以给出结果的测试报告,报告可以加入测试人员的信息;可以直接打印书面报告,也可保存电子版报告;报告可以通过 USB 口输出,报告格式为通用格式,可在网络上传送.

(6) 软件设计更加人性化,可在测试过程中调整上下限值,达到最佳的显示效果. 还可对任意范围进行放大,更准确地观察测试数据. 丰富的帮助信息,帮助使用者对设备的各项功能有更深层的了解.

【实验步骤】

步骤 1:准备相关设备. N(P) TO BNC(P)连接线 1 条,如图 5-9-1 所示;ATA-002 型近场环形天线一根,如图 5-9-2 所示.

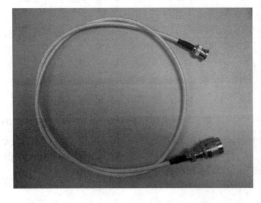

图 5-9-1　N(P) TO BNC(P) 连接线实物图　　　图 5-9-2　ATA-002 型近场环形天线实物图

步骤 2:连接相关设备. 将 ATA-002 型近场环形天线与 GAP-801 型前置放大器射频(RF)

输入端连接，并将前置放大器连接至 GSP-830 频谱仪上，然后将待测物放至 ATA-002 下方，如图 5-9-3 所示.

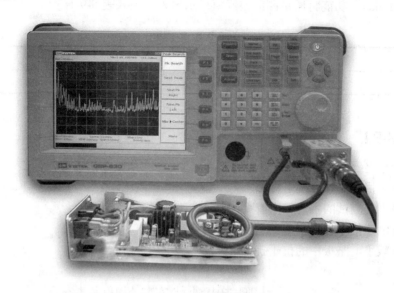

图 5-9-3 线路连接实物图

步骤 3：频谱仪参数设定.

(1) 将频率测量范围分成两段来量测.

第一段设定"Start"频率为 30 MHz，设定"Stop"频率为 300 MHz；第二段设定"Start"频率为 300 MHz，设定"Stop"频率为 1000 MHz. 若是量测 Power Supply，则须将"Start"频率设为 150 kHz，"Stop"频率设成 30 MHz.

(2) 将 RBW 设成 9 kHz 或 120 kHz.

(3) 移动 ATA-002，观察频谱仪画面的波形变化，如图 5-9-4 所示，凸出的波峰就是待测物所发出来的噪声信号.

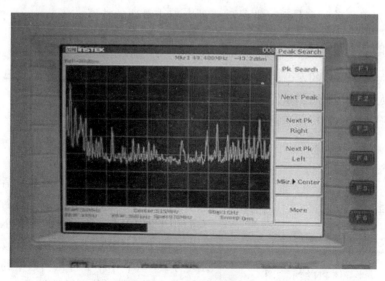

图 5-9-4 频谱仪波形图

【数据记录及处理】

利用"Marker"功能将所量测的波峰值标示出来，填入表 5-9-1.

表 5-9-1　数据表

频率								
电平								

【实验思考】

(1) 什么是电磁干扰?

(2) 电磁干扰的测试原理是什么?

(3) 电磁干扰测试的主要特点有哪些?

(4) 待测电路板中的抗干扰的主要来源有哪些?

(5) 如何减小电路板中的抗干扰?

5.10　太阳能电池伏安特性的测量

能源短缺和地球生态环境污染已经成为人类面临的最大问题，新能源利用迫在眉睫. 太阳能是一种取之不尽、用之不竭的新能源. 太阳电池可以将太阳能转换为电能，随着研究工作的深入与生产规模的扩大，太阳能发电的成本下降很快，而资源枯竭与环境保护导致传统电源成本上升. 在不久的将来太阳能发电有望在价格上与传统电源竞争，太阳能应用具有光明的前景.

根据所用材料的不同，太阳能电池可分为硅太阳能电池、化合物太阳能电池、聚合物太阳能电池、有机太阳能电池等. 其中，硅太阳能电池是目前发展最成熟的，在应用中居主导地位.

本实验研究单晶硅、多晶硅、非晶硅三种太阳能电池的特性.

【实验目的】

(1) 学习太阳能电池的发电的原理;

(2) 了解太阳能电池的测量原理;

(3) 对太阳能电池的特性进行测量.

【实验原理】

太阳能电池利用半导体 PN 结受光照射时的光伏效应发电，太阳能电池的基本结构就是一个大面积平面 PN 结，图 5-10-1 为 PN 结示意图.

P 型半导体中有相当数量的空穴，几乎没有自由电子. N 型半导体中有相当数量的自由电子，几乎没有空穴. 当两种半导体结合在一起形成 PN 结

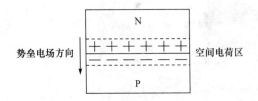

图 5-10-1　半导体 PN 结示意图

时，N 区的电子(带负电)向 P 区扩散，P 区的空穴(带正电)向 N 区扩散，在 PN 结附近形成空间电荷区与势垒电场. 势垒电场会使载流子向扩散的反方向作漂移运动，最终扩散与漂移达到平衡，使流过 PN 结的净电流为零. 在空间电荷区内，P 区的空穴被来自 N 区的电子复合，N 区的电子被来自 P 区的空穴复合，使该区内几乎没有能导电的载流子，因此又称为结区或耗尽区.

当光电池受光照射时，部分电子被激发而产生电子-空穴对，在结区激发的电子和空穴分别被势垒电场推向 N 区和 P 区，使 N 区有过量的电子而带负电，P 区有过量的空穴而带正电，PN 结两端形成电压，这就是光伏效应. 若将 PN 结两端接入外电路，就可向负载输出电能.

在一定的光照条件下，改变太阳能电池负载电阻的大小，测量其输出电压与输出电流，得到输出伏安特性，如图 5-10-2 实线所示.

负载电阻为零时测得的最大电流 I_{SC} 称为短路电流.

负载断开时测得的最大电压 V_{OC} 称为开路电压.

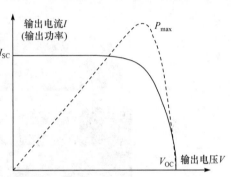

图 5-10-2 太阳能电池的输出特性

太阳能电池的输出功率为输出电压与输出电流的乘积. 同样的电池及光照条件，负载电阻大小不一样时，输出的功率是不一样的. 若以输出电压为横坐标，输出功率为纵坐标，绘出的 P-V 曲线如图 5-10-2 虚线所示.

输出电压与输出电流的最大乘积称为最大输出功率 P_{max}.

填充因子 FF 定义为

$$FF = \frac{P_{max}}{V_{OC} \times I_{SC}} \tag{5-10-1}$$

填充因子是表征太阳电池性能优劣的重要参数，其值越大，电池的光电转换效率越高，一般的硅光电池 FF 值在 0.75~0.8.

转换效率 η_s 定义为

$$\eta_s(\%) = \frac{P_{max}}{P_{in}} \times 100\% \tag{5-10-2}$$

P_{in} 为入射到太阳能电池表面的光功率.

理论分析及实验表明，在不同的光照条件下，短路电流随入射光功率线性增长，而开路电压在入射功率增加时只略微增加，如图 5-10-3 所示.

硅太阳能电池分为单晶硅太阳能电池、多晶硅薄膜太阳能电池和非晶硅薄膜太阳能电池三种.

单晶硅太阳能电池转换效率最高，技术也最为成熟. 在实验室里最高的转换效率为 24.7%，规模生产时的效率可达到 15%. 在大规模应用和工业生产中仍占据主导地位. 但由于单晶硅价格高，大幅度降低其成本很困难，为了节省硅材料，发展了多晶硅薄膜和非晶硅薄膜作为单晶硅太阳能电池的替代产品.

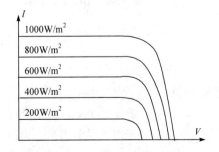

图 5-10-3 不同光照条件下的 I-V 曲线

　　多晶硅薄膜太阳能电池与单晶硅比较，成本低廉，而效率高于非晶硅薄膜电池，其实验室最高转换效率为 18%，工业规模生产的转换效率可达到 10%. 因此，多晶硅薄膜电池可能在未来的太阳能电池市场上占据主导地位.

　　非晶硅薄膜太阳能电池成本低，重量轻，便于大规模生产，有极大的潜力. 进一步解决稳定性及提高转换率，无疑是太阳能电池的主要发展方向之一.

【实验仪器】

太阳能电池实验装置如图 5-10-4 所示.

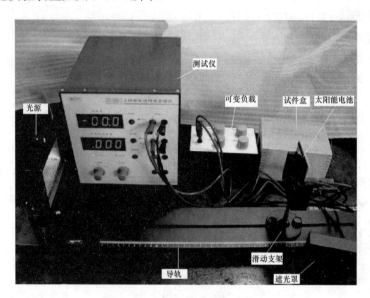

图 5-10-4　太阳能电池实验装置

　　光源采用碘钨灯，它的输出光谱接近太阳光谱. 调节光源与太阳能电池之间的距离可以改变照射到太阳能电池上的光强，具体数值由光强探头测量. 测试仪为实验提供电源，同时可以测量并显示电流、电压，以及光强的数值.

　　电压源：可以输出 0～8 V 连续可调的直流电压，为太阳能电池伏安特性测量提供电压.

　　电压/光强表：通过"测量转换"按键，可以测量输入"电压输入"接口的电压，或接入"光强输入"接口的光强. 表头下方的指示灯确定当前的显示状态. 通过"电压量程"或"光强量程"，可以选择适当的显示范围.

　　电流表：可以测量并显示 0～200 mA 的电流，通过"电流量程"选择适当的显示范围.

【实验内容与步骤】

1. 硅太阳能电池的暗伏安特性测量

暗伏安特性是指无光照射时，流经太阳能电池的电流与外加电压之间的关系.

　　太阳能电池的基本结构是一个大面积平面 PN 结，单个太阳能电池单元的 PN 结面积已远大于普通的二极管. 在实际应用中，为得到所需的输出电流，通常将若干电池单元并联. 为得到所需输出电压，通常将若干已并联的电池组串联. 因此，它的伏安特性虽类似于普通二极管，但取决于太阳能电池的材料、结构及组成组件时的串并联关系.

　　本实验提供的组件是将若干单元并联. 要求测试并画出单晶硅、多晶硅、非晶硅太阳能电池组件在无光照时的暗伏安特性曲线(用遮光罩罩住太阳能电池).

　　测试原理图如图 5-10-5 所示. 将待测的太阳能电池接到测试仪上的"电压输出"接口, 电阻箱调至 50Ω 后串联进电路起保护作用, 用电压表测量太阳能电池两端电压, 电流表测量回路中的电流.

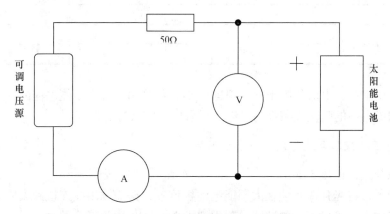

图 5-10-5　伏安特性测量接线原理图

　　将电压源调到 0 V, 然后逐渐增大输出电压, 每间隔 0.3 V 记一次电流值, 记录到表 5-10-1 中.

　　将电压输入调到 0 V, 然后将"电压输出"接口的两根连线互换, 即给太阳能电池加上反向的电压. 逐渐增大反向电压, 记录电流随电压变换的数据于表 5-10-1 中.

表 5-10-1　三种太阳能电池的暗伏安特性测量

电压/V	电流/mA		
	单晶硅	多晶硅	非晶硅
−7			
−6			
−5			
−4			
−3			
−2			
−1			
0			
0.3			
0.6			
0.9			
1.2			
1.5			
1.8			
2.1			
2.4			

续表

电压/V	电流/mA		
	单晶硅	多晶硅	非晶硅
2.7			
3			
3.3			
3.6			
3.9			

以电压作横坐标，电流作纵坐标，根据表 5-10-1 画出三种太阳能电池的伏安特性曲线．讨论太阳能电池的暗伏安特性与一般二极管的伏安特性有何异同．

2. 开路电压、短路电流与光强关系的测量

打开光源开关，预热 5 min．

打开遮光罩，将光强探头装在太阳能电池板位置，探头输出线连接到太阳能电池特性测试仪的"光强输入"接口上，测试仪设置为"光强测量"．由近及远移动滑动支架，测量距光源一定距离的光强 I，将测量到的光强记入表 5-10-2．

表 5-10-2　三种太阳能电池开路电压与短路电流随光强的变化关系

距离/cm		10	15	20	25	30	35	40	45	50
光强 I/(W/m²)										
单晶硅	开路电压 V_{OC}/V									
	短路电流 I_{SC}/mA									
多晶硅	开路电压 V_{OC}/V									
	短路电流 I_{SC}/mA									
非晶硅	开路电压 V_{OC}/V									
	短路电流 I_{SC}/mA									

将光强探头换成单晶硅太阳能电池，测试仪设置为"电压表"状态．按图 5-10-6(a)接线，按测量光强时的距离值(光强已知)，记录开路电压值于表 5-10-2 中．

按图 5-10-6(b)接线，记录短路电流值于表 5-10-2 中．

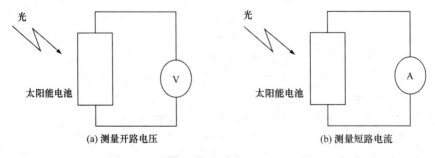

图 5-10-6　开路电压、短路电流与光强关系的测量示意图

将单晶硅太阳能电池更换为多晶硅太阳能电池，重复测量步骤，并记录数据.

将多晶硅太阳能电池更换为非晶硅太阳能电池，重复测量步骤，并记录数据.

根据表 5-10-2 中数据，画出三种太阳能电池的开路电压随光强变化的关系曲线.

根据表 5-10-2 中数据，画出三种太阳能电池的短路电流随光强变化的关系曲线.

3. 太阳能电池的输出特性实验

按图 5-10-7 所示接线，以电阻箱作为太阳能电池负载. 在一定光照强度下(将滑动支架固定在导轨上某一个位置)，分别将二种太阳能电池板安装到支架上，通过改变电阻箱的电阻值，记录太阳能电池的输出电压 V 和电流 I，并计算输出功率 $P_O = V \times I$，填于表 5-10-3 中.

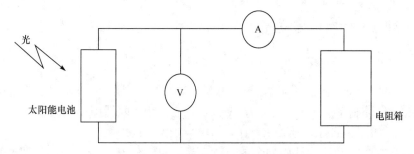

图 5-10-7　测量太阳能电池的输出特性

表 5-10-3　三种太阳能电池的输出特性实验(光强 $I = $W/m^2)

电池类型	输出类型	数值									
单晶硅	输出电压 V/V	0	0.2	0.4	0.6	0.8	1	1.2	1.4	1.6	…
	输出电流 I/A										
	输出功率 P_O/W										
多晶硅	输出电压 V/V	0	0.2	0.4	0.6	0.8	1	1.2	1.4	1.6	…
	输出电流 I/A										
	输出功率 P_O/W										
非晶硅	输出电压 V/V	0	0.2	0.4	0.6	0.8	1	1.2	1.4	1.6	…
	输出电流 I/A										
	输出功率 P_O/W										

根据表 5-10-3 中数据作三种太阳能电池的输出伏安特性曲线及功率曲线，并与图 5-10-2 比较. 找出最大功率点，对应的电阻值即为最佳匹配负载.

由式(5-10-1)计算填充因子.

由式(5-10-2)计算转换效率. 入射到太阳能电池板上的光功率 $P_{in} = I \times S_1$，I 为入射到太阳能电池板表面的光强，S_1 为太阳能电池板面积(约为 50 mm × 50 mm). 若时间允许，可改变光照强度(改变滑动支架的位置)，重复前面的实验.

【注意事项】

(1) 在预热光源的时候，须用遮光罩罩住太阳能电池，以降低太阳能电池的温度，减小实验误差；

(2) 光源工作及关闭后的约 1 h 期间，灯罩表面的温度都很高，请不要触摸；

(3) 可变负载只能适用于本实验，否则可能烧坏；

(4) 220 V 电源须可靠接地.

5.11　LED 物理特性的测量

【实验目的】

(1) 学会使用光谱仪和测量软件.

(2) 了解 LED 物理特性的测量原理.

(3) 学会画光谱分布图和求半波宽.

【实验原理】

LED 是英文 light emitting diode(发光二极管)的缩写，它属于固态光源，其基本结构是一块电致发光的半导体材料，置于一个有引线的架子上，然后四周用环氧树脂密封(起到保护内部芯线的作用)，如图 5-11-1 所示.

常规的发光二极管芯片的结构如图 5-11-2 所示，主要分为衬底、外延层(图 5-11-2 中的 N 型氮化镓、铝铟镓氮有源区和 P 型氮化镓)、透明接触层、P 型与 N 型电极、钝化层几部分.

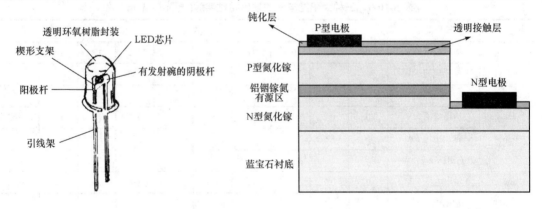

图 5-11-1　LED 构造图　　　　　图 5-11-2　常规 InGaN/蓝宝石 LED 芯片剖面图

发光二极管的核心部分是由 P 型半导体和 N 型半导体组成的晶片，在 P 型半导体和 N 型半导体之间有一个过渡层，称为 PN 结. 跨过此 PN 结，电子从 N 型材料扩散到 P 区，而空穴则从 P 型材料扩散到 N 区，如图 5-11-3(a)所示. 作为这一相互扩散的结果，在 PN 结处形成了一个高度为 $e\Delta V$ 的势垒，阻止电子和空穴的进一步扩散，达到平衡状态(图 5-11-3(b)).

当外加一足够高的直流电压 V，且 P 型材料接正极，N 型材料接负极时，电子和空穴将克服在 PN 结处的势垒，分别流向 P 区和 N 区. 在 PN 结处，电子与空穴相遇、复合，电子由高能级跃迁到低能级，电子多余的能量将以发射光子的形式释放出来，产生电致发光现象. 这就是发光二极管的发光原理. 选择可以改变半导体的能带隙，从而就可以发出从紫外到红外不同波长的光线，且发光的强弱与注入电流有关.

发光二极管的特点和优点：

其内在特征决定了它是代替传统光源的最理想光源，它有着广泛的用途，主要包括①体积小；②耗电量低；③使用寿命长；④高亮度、低热量；⑤环保；⑥坚固耐用.

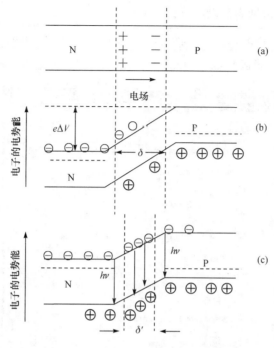

图 5-11-3　发光二极管的工作原理

【实验内容】

下面分别测量红绿黄三种颜色的 LED 灯的光谱分布、峰值波长和光谱辐射带宽.

【实验步骤】

(1) 检查光谱仪和 CCD 的 USB 接口是否和计算机连接起来，再启动光谱仪.

(2) 打开光谱仪软件 Andor SOLIS，等待其和光谱仪连接上，出现图 5-11-4 所示界面时，再进行操作.

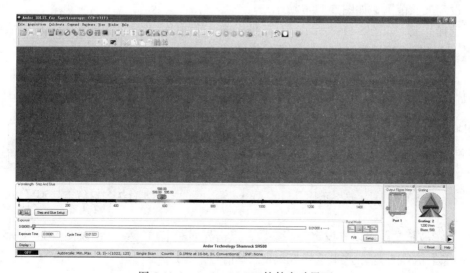

图 5-11-4　Andor SOLIS 软件启动界面

(3) 点击界面左下角的图标 ，左边表示测量所有能测量的波长范围，右边表示局部测量的波长范围(可以根据需要设定波长范围).

(4) 点击 出现 Step and Glue Setup ，再点击 Step and Glue Setup 出现如图 5-11-5 所示界面，可以设定特定的测量波长范围和光栅.

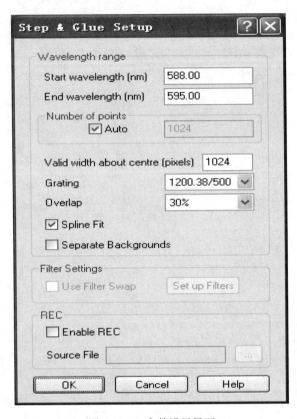

图 5-11-5　参数设置界面

① 设定波长范围，如图 5-11-6 所示.

② 选择光栅，如图 5-11-7 所示，有三种光栅，前面的数据表示光栅刻线，后面数据表示中心波长(注意转换光栅的时候，大概要等待 5 min).

图 5-11-6　设定波长范围

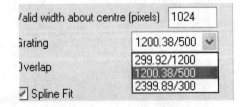

图 5-11-7　选择光栅类型

(5) 测量波长之前可以先设定一些参数，点击界面左上角 ，出现图 5-11-8 所示界面. 设定它的采集信号的类型(这里选择 Single，单信号采集).

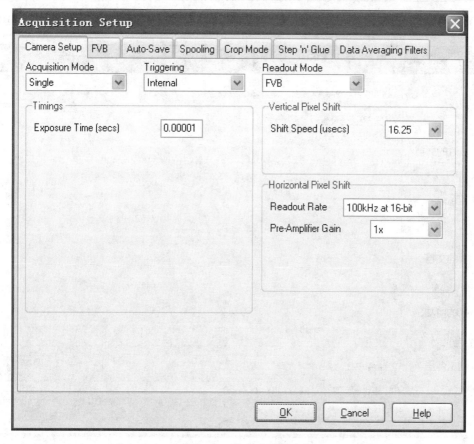

图 5-11-8　采集参数设定

(6) 点击 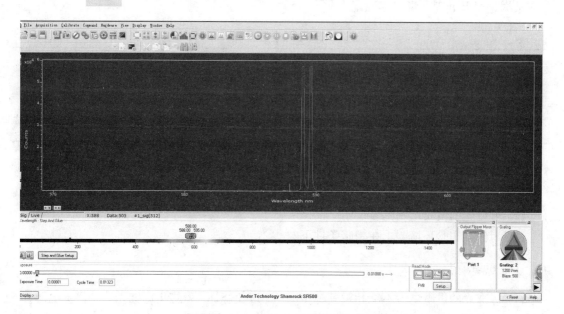，开始测量波长，得到光谱分布，如图 5-11-9 所示.

图 5-11-9　绿光 LED 的光谱分布

(7) 保存数据. 点击 "File" —"Export As", 保存的文件格式为 "asc", 如图 5-11-10 所示.

图 5-11-10　保存光谱图像界面

【数据记录及处理】

数据记录及处理, 见表 5-11-1.

表 5-11-1　数据表

LED 灯颜色	中心波长 λ/Å	半波宽/Å
红		
绿		
黄		

【实验思考】

(1) 可见光的波长范围是多少?

(2) 为什么实验环境要求在黑暗条件下?

【注意事项】

(1) 标准光的供电电流不能超过其标定电压, 以免烧坏. 为防止标准光源的供电电源开路电压过大, 在装灯、卸灯时须将电源的输出调至最小或关闭.

(2) 标准光源发光时，灯丝脆弱，受到震动容易断裂. 因此，要求标准光源工作时不能受到震动，且熄灭后需要等 5 min，待标准光源冷却后再行拆卸.

(3) 标准光源一般采用恒流式点燃，参数以电流为准.

(4) LED 安装时切记清正、负极，严禁反装，以免烧坏.

(5) 在进行 LED *V-I* 特性和 LED *P-I* 特性测量时，工作电压严禁超过 4 V，避免烧坏.

5.12　称重法测量颗粒物(实验室内的 PM2.5)

【实验目的】

(1) 了解称重法测量颗粒物的原理.

(2) 了解 CPA 型电子天平基本原理和结构，并学会使用 CPA 型电子天平.

(3) 学会使用大气与颗粒物组合采样器.

(4) 测量出实验室内空气中 PM2.5 的浓度.

【实验原理】

(1) 背景知识：近年来，我国大中城市大气环境污染问题日趋突出，特别是雾霾天气的持续大范围出现，已对民众身心健康造成了极大的影响，因此大气环境污染的治理已被纳入了国家计划，以消除人民群众的"心肺之患". 2014 年 5 月，《关于做好 2014 年物联网发展专项资金项目申报工作的通知》(工信厅联科〔2014〕74 号)中将关于"多点支持能够实现对烟尘、总悬浮颗粒物、PM10、PM2.5 等综合数据监测的物联网系统研制，形成数据实时发布、便捷查询的综合信息服务平台，在国内一二线城市开展示范应用，监测点不少于 500 个"的战略研究课题提上日程. PM2.5 是空气中直径不大于 2.5 μm 的细小颗粒物的总称，它会引发人体呼吸道疾病，严重时会导致癌症，对人的健康有着重要的影响. 目前，PM2.5 已经成为环保部门监测的对象.

(2) 颗粒物采集与浓度测量：当一定体积的空气通过已知质量的滤膜，空气中的颗粒物(PM2.5)会随着气流经切割器的出口被阻留在已称重的滤膜上，根据采样前后滤膜的(利用电子分析天平)质量差及采样体积，可确定颗粒物的浓度.

其优点是：原理简单，测定数据可靠，测量不受颗粒物形状、大小、颜色等的影响.

【实验仪器】

电子天平 1 台，滤膜若干，大气与颗粒物组合采样器 1 台.

【实验内容】

(1) 仪器实物图如图 5-12-1 和图 5-12-2 所示.

(2) CPA 型电子天平操作步骤(带上一次性手套后方可操作).

第一步：按下开关键.

第二步：按下 F 键并保持 2 s 以上.

第三步：待显示稳定后用镊子放上滤膜(镊子不得触碰天平)，待显示稳定后记下读数 m_1.

第四步：取下滤膜，按下 CF 键，结束应用程序，关闭电源.

(3) 大气与颗粒物组合采样器操作步骤.

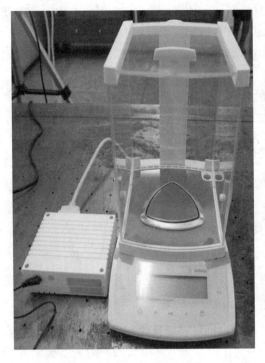
图 5-12-1　电子天平实物图

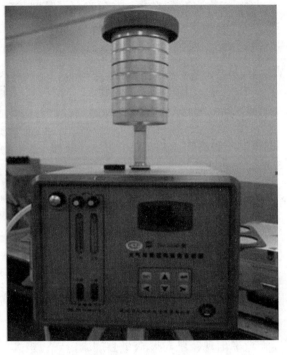
图 5-12-2　大气与颗粒物组合采样器实物图

第一步：安装 TSP 采样头.

第二步：采样参数设置，仪器通电开机后首先进入运行界面 1，通过按上键键入界面 2、3、4.

第三步：按 ESC 键进入界面设置后，选定模式(建议选常规模式 1)，恒流(60～150L/min)，定时(建议 1 h).

第四步：启动仪器. 定时结束后，取出滤膜，关闭仪器.

【实验步骤】

(1) 将滤膜进行恒温恒湿处理.

(2) 用感量为 0.1 mg 或者 0.01 mg 的分析天平称量滤膜，记录下滤膜质量 m_1；采样结束后，进行相同条件处理，再用同一台分析天平称量滤膜，记录下采样后滤膜质量 m_2.

(3) 最后根据采样气体体积，结合采样时记录的气体抽取速度和时间，计算出采样气体在标准状态下的体积 V. 由此得到的颗粒物质量浓度由公式 $C =(m_2-m_1)/V$ 计算得出.

【实验数据记录】

表 5-12-1　数据表

采样前滤膜质量 m_1	采样后滤膜质量 m_2	气体采样速度 v	采样时间 T

【注意事项】

(1) 天平室要保持高度清洁，清扫天平室时，只能用带潮气的布擦拭，决不能用湿透的拖把拖地. 潮湿物品切勿带入室内, 以免增加湿度.

(2) 应随时清洁天平外部, 至少一周清洁一次. 一般用软毛刷、绒布或麂皮拂去天平上的灰尘, 清洁时注意不得用手直接接触天平零件, 以免水分遗留在零件上引起金属氧化和量变. 因此应戴细纱手套或极薄的胶皮手套, 并顺其金属光面条纹进行, 以免零件光洁度受损. 为避免有害物质的存留, 在每次称量完毕后, 应立即清洁底座. 横梁上之玛瑙刀口的工作棱边应保持高度清洁, 常使用麂皮顺其棱边前后滑动, 慢速清洁, 中刀承和边刀垫之玛瑙平面及各部之玛瑙轴承也用麂皮清洁. 阻尼器的壁上用软毛刷和麂皮清洁后, 再用 20~30 倍放大镜观察是否仍有细小的物质.

(3) 在电子分析天平和砝码附近应放有该天平和砝码实差的检定合格证书, 以便衡量时获得准确的必要数据.

(4) 天平玻璃框内须放防潮剂, 最好用变色硅胶, 并注意更换.

(5) 搬动电子分析天平时一定要卸下横梁、吊耳和秤盘. 远距离搬动还要包装好, 箱外应标志方向和易损符号, 并注有精密仪器、切勿倒置等字样.

5.13 方波信号的分解与合成

【实验目的】

(1) 利用 Lab Windows/CVI 设计的信号的分解与合成实验, 从周期信号的傅里叶级数入手, 通过周期信号的分解与合成, 可以使学生较为直观地了解傅里叶级数的含义, 观察到级数中各种频率分量对波形的影响, 从而更好地理解傅里叶变换的相关知识.

(2) 通过实验方案设计, 提高分析问题和解决问题的能力.

【实验原理】

对某一个非正弦周期信号 $X(t)$, 若其周期为 T、频率为 f, 则可以分解为无穷项谐波之和, 即傅里叶级数展开

$$x(t) = a_0 + \sum_{n=1}^{\infty} A_n \sin\left(\frac{2\pi n}{T}t + \phi_n\right) = a_0 + \sum_{n=1}^{\infty} A_n \sin(2\pi n f_0 t + \phi_n) \tag{5-13-1}$$

上式表明, 各次谐波的频率分别是基波频率 f_0 的整数倍. 例如, 对于典型的方波, 其时域表达式为

$$x(t) = \begin{cases} -A, & -T/2 < t < 0 \\ A, & 0 < t < T/2 \end{cases} \tag{5-13-2}$$

根据傅里叶变换, 其三角函数展开式为

$$x(t) = \frac{4A}{\pi}\left(\sin \omega_0 t + \frac{1}{3}\sin 3\omega_0 t + \frac{1}{5}\sin 5\omega_0 t + \cdots\right)$$

$$= \frac{4A}{\pi}\sum_{n=1}^{\infty}\frac{1}{n}\sin n\omega_0 t, \qquad n = 1,3,5,7,9,\cdots \tag{5-13-3}$$

由此可见, 方波是由一组频率成分成谐波关系, 幅值成一定比例, 相位角为 0 的正弦波叠加

合成的. 图 5-13-1 所示为方波信号的前 3 次谐波合成.

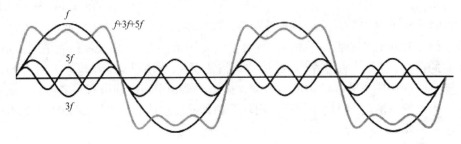

图 5-13-1 方波信号的前 3 次谐波合成

【实验仪器】

计算机 1 台，DA 采集电路板 1 块，USB 数据线 1 根，示波器 1 台.
仪器实物图及原理图如图 5-13-2 所示；软件操作界面，如图 5-13-3 所示.

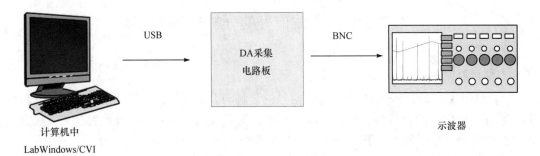

图 5-13-2 原理图

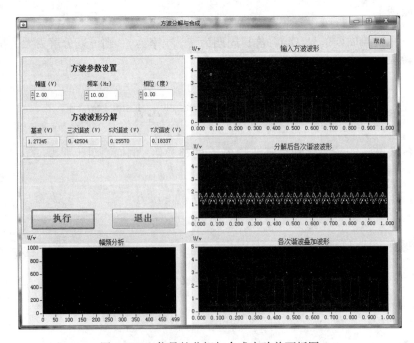

图 5-13-3 信号的分解与合成实验前面板图

【实验内容】

本实验采用 LabWindows/CVI 设计的信号的分解与合成实验,以对称方波为原始信号,先将其分解为若干次奇次谐波,并直观地给出各次谐波的波形,方便比较其频率、幅度、相位等信息. 再将各次谐波叠加,给出叠加后波形,可与原波形比较,了解各次谐波对原波形的影响. 最后把各次谐波叠加信号(合成)通过 DA 采集电路送到示波器上,观察实际电路信号与虚拟信号的差别.

【实验步骤】

(1) 安装好驱动软件,通过 USB 连接计算机与 DA 输出电路板;DA 输出电路板的输出端子与示波器的通道 1 相连,并打开 DA 采集电路板的电源.

(2) 在信号的分解与合成实验前面板上设置方波的参数(频率、幅度、相位),点击执行. 观察到分解的若干次奇次谐波波形信号、各谐波叠加信号以及幅频分析信号.

(3) 设置好示波器的参数,即可看见虚拟仪器仿真的各次谐波叠加信号. 记录此时合成信号的频率和幅度值.

(4) 重复步骤(2)、(3),仿真方波的幅值分别为 1 V、2 V 时,在频率为 10 Hz、20 Hz、30 Hz、40 Hz、60 Hz、80 Hz 记录示波器每次的值.

【数据记录及处理】

仿真值	幅值/V	1	1	1	1	1	1
	频率/Hz	10	20	30	40	60	80
测量值	幅值/V						
	频率/Hz						
仿真值	幅值/V	2	2	2	2	2	2
	频率/Hz	10	20	30	40	60	80
测量值	幅值/V						
	频率/Hz						

【实验思考】

(1) 怎样才能得到一个精确的方波波形?

(2) 相位对波形的叠加合成有何影响?

(3) 设计一个三角波和拍波合成实验,并写出其实验步骤.

(4) 简述实验目的及原理.

(5) 按实验步骤绘出 5 次谐波叠加合成的方波波形图.

5.14　频谱分析仪的使用

【实验目的】

(1) 了解频谱分析仪的工作原理，熟悉它的使用方法；

(2) 了解微波信号发生器的使用方法.

【实验原理】

频谱分析仪(图 5-14-1)是研究电信号频谱结构的仪器，主要的功能是在频域里显示输入信号的频谱特性. 输入信号经衰减器直接外加到混波器，可调变的本地振荡器经与阴极射线显像管(CRT)同步的扫描产生器产生随时间作线性变化的振荡频率，经混波器与输入信号混波降频后的中频信号(IF)再放大，滤波与检波传送到 CRT 的垂直方向板，因此在 CRT 的纵轴显示信号振幅与频率的对应关系. 分辨率带宽(RBW)也是频谱分析仪的重要参数. 较低的 RBW 固然有助于不同频率信号的分辨与量测，但低的 RBW 将滤除较高频率的信号成分，导致信号显示时产生失真，失真值与设定的 RBW 密切相关；较高的 RBW 固然有助于宽频带信号的侦测，但将增加杂讯底层值(noise floor)，降低量测灵敏度，对于侦测低强度的信号易产生阻碍，因此适当的 RBW 宽度是正确使用频谱分析仪重要的概念.

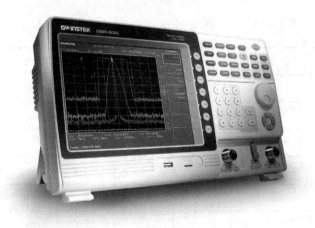

图 5-14-1　频谱分析仪实物图

【实验内容】

(1) 单载波信号的频谱测量；

(2) 带载波信号的杂散测量；

(3) 相位噪声测量；

(4) 幅频特性测量.

【实验步骤】

1. 单载波信号的频谱测量

(1) 按照图 5-14-2 所示连接测试.

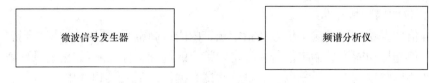

图 5-14-2

(2) 设置微波信号发生器输出指定频率和功率的单载波信号(900 MHz、–10 dBm).

(3) 设置频谱分析仪的中心频率为微波信号发生器的输出频率, 设置合适的扫描带宽, 适当调整参考电平使频谱图显示在合适的位置.

(4) 用峰值搜索功能测量信号的频率和电平, 测试数据记录到表 5-14-1 中.

(5) 用差值光标功能测量信号和噪声的相对电平(信噪比), 同时记录频谱分析仪的分辨率和带宽设置.

2. 带载波信号的杂散测量

(1) 设置微波信号发生器输出指定频率和功率的正弦波(850 MHz、–20 dBm).

(2) 设置频谱分析仪的中心频率为微波信号发生器的输出频率, 设置合适的扫描带宽, 适当调整参考电平使频谱图显示在合适的位置.

(3) 用频谱分析仪测量输出信号的频率和电平, 测试数据记录到表 5-14-2 中.

(4) 增加频谱分析仪的扫描带宽, 如 100 MHz, 用手动设置功能适当减小频谱分析仪的分辨率带宽, 观察频谱图的变化, 直到观测到杂散信号为止.

(5) 在频谱图中确定最大杂散信号, 用差值光标功能测量信号和最大杂散信号的相对电平(杂散抑制度).

3. 相位噪声测量

(1) 设置微波信号发生器输出指定频率和功率的单载波信号(850 MHz、–10 dBm).

(2) 设置频谱分析仪的中心频率为微波信号发生器的输出频率, 设置扫描带宽为 50 kHz, 设置合适的分辨率带宽和视频带宽, 适当调整参考电平使频谱图显示在合适的位置.

(3) 用峰值搜索功能测量信号的频率和电平, 测试数据记录到表 5-14-3 中.

(4) 用差值光标和噪声光标功能测量偏离信号 10 kHz 的相位噪声, 将测试数据记录到表 5-14-3 中.

(5) 将扫描带宽设置为 500 kHz, 设置合适的分辨率带宽和扫描带宽, 利用同样的方法测量偏离信号 100 kHz 的相位噪声, 测试数据记录到表 5-14-3 中.

(6) 改变输出频率, 重复以上测量, 测试数据记录到表 5-14-3 中.

4. 幅频特性测量

(1) 设置微波信号发生器输出指定频率和功率的单载波信号.

(2) 设置频谱分析仪的中心频率为微波信号发生器的输出频率, 设置合适的扫描带宽, 适当调整参考电平, 使频谱图显示在合适的位置.

(3) 设置频谱分析仪的轨迹为最大值保持功能.

(4) 按照一定的步进, 用手动旋钮在指定的频率范围内调整微波信号发生器的输出频率,观测频谱分析仪的幅频特性曲线.

(5) 用峰值搜索功能测量输出信号在指定频带内的最高电平,测试数据记录到表 5-14-4 中.

(6) 用差值光标功能测量输出信号在指定频带内的幅频特性,测试数据记录到表 5-14-4 中.

(7) 改变测试频率范围,重复以上测量,测试数据记录到表 5-14-4 中.

【数据记录及处理】

(1) 单载波信号的频谱测量.

表 5-14-1

频率设置/MHz	850	900	950
电平设置/dBm	−10	−15	−20
实测频率/MHz			
实测电平/dBm			
信噪比/(dB/RBW)			

(2) 带载波信号的杂散测量.

表 5-14-2

信号频率/MHz	信号电平/dBm	杂散抑制度/dB
850		
900		
950		

(3) 相位噪声测量.

表 5-14-3

信号频率/MHz	信号电平/dBm	相位噪声/(dB/Hz)	
		偏离 10 kHz	偏离 100 kHz
850			
900			
950			

(4) 幅频特性测量.

表 5-14-4

频率范围/MHz	最高电平/dBm	幅频特性(dBp-p/带宽)
850+20		
900+20		
950+20		

【实验思考】

(1) 频谱分析仪的工作原理.

(2) 幅频特性中的 AM 和 FM 的区别.

5.15 数字存储示波器的操作

【实验目的】

(1) 熟悉数字存储示波器的工作原理；

(2) 掌握数字存储示波器的使用方法；

(3) 掌握用数字存储示波器测量交、直流电压的方法；

(4) 掌握数字存储示波器的数据存储和调用.

【实验原理】

数字示波器将输入信号数字化(时域取样和幅度量化)后, 经由 D/A 转换器再重建波形. 数字示波器具有记忆、存储被观察信号的功能, 又称为数字存储示波器.

当数字示波器处于存储工作模式时, 其工作过程一般分为存储和显示两个阶段. 在存储工作阶段将模拟信号转换成数字化信号, 在逻辑控制电路的控制下依次写入随机存储器(RAM)中, 如图 5-15-1 所示.

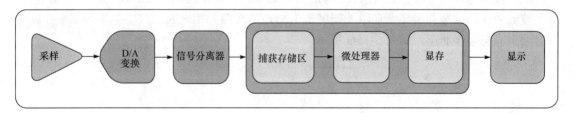

图 5-15-1 数字存储示波器的组成原理图

【实验内容】

1. 数字存储示波器的工作方式

(1) 数字存储示波器的功能.

随机存储器包括信号数据存储器、参考波形存储器、测量数据存储器和显示缓冲存储器四种.

(2) 触发工作方式.

① 常态触发, 同模拟示波器基本一样.

② 预置触发, 可观测触发点前后不同段落上的波形.

(3) 测量与计算工作方式.

数字存储示波器对波形参数的测量分为自动测量和手动测量两种. 一般参数的测量为自动测量, 特殊值的则使用手动光标进行测量.

(4) 面板按键操作方式.

数字存储示波器的面板按键分为立即执行键和菜单键两种.

2. 数字存储示波器的显示方式

(1) 存储显示，适于一般信号的观测.
(2) 抹迹显示，适于观测一长串波形中在一定条件下才会发生的瞬态信号.
(3) 卷动显示，适于观测缓变信号中随机出现的突发信号，如图 5-15-2(a)所示.
(4) 放大显示，适于观测信号波形的细节，如图 5-15-2(b)所示.
(5) XY 显示.

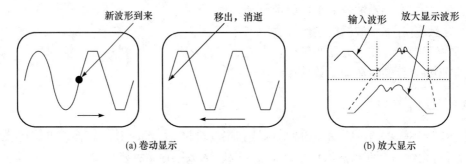

图 5-15-2　数字存储示波器的显示方式

3. 实时采样和等效时间采样

波形数字化方法也称为实时采样，这时所有的采样点都是按照一个固定的次序来采集的，这个波形采样的次序和采样点在示波器屏幕上出现的次序是相同的，只要一个触发事件就可以启动全部的采样动作，如图 5-15-3 所示.

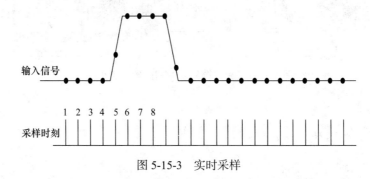

图 5-15-3　实时采样

在很多应用场合，实时采样方式所提供的时间分辨率仍然不能满足工作的要求，在这些应用场合中，要观察的信号常常是重复性的，即相同的信号图形按有规则的时间间隔重复地出现.

对于这些信号来说，示波器可以从若干个连续信号周期中采集到多组采样点来构成波形，一组新的采样点都是由一个新的触发事件来启动采集的，称为等效时间采样(图 5-15-4). 在这种模式下，一个触发事件到来以后，示波器就采集信号波形的一部分，例如，采集五个采样点并将它们存入存储器，另一个触发事件则用来采集另外五个采样点并将其存储在同一存储器的不同位置，如此进行下去经过若干次触发事件以后，存储器内存储足够的采样点，就可以在屏幕上重建一个完整的波形. 等效时间采样使得示波器在高时基设置值之下给出很高的时间分离率，这样一来就好像示波器具有了比实际采样速率要高很多的一个虚拟采样速率或称等效时间采样速率.

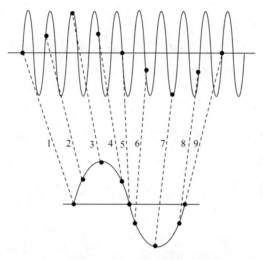

图 5-15-4　顺序等效时间采样

等效时间采样的方法采用从重复性信号的不同的周期取得采样点来重建这个重复性信号的波形，这样就提高了示波器的时间分辨率.

4. 峰值检测和平均值检测

我们知道，数据存储示波器在特定时刻对输入信号进行采样，如开头所述，采样点之间的时间间隔取决于时基设置. 如果毛刺的宽度比示波器的分辨率还要小，那么能否捕捉到毛刺就看运气如何了. 为了能够捕捉到毛刺，我们采用的方法就是峰值检测或毛刺捕捉.

采用峰值检测的方法时，示波器将对信号波形的幅度连续地进行监测，并由正负峰值检测器将信号的峰值幅度暂时存储起来. 当示波器要显示采样点的时候，示波器就将正或负峰值检测器保存的峰值进行数字化，并将该峰值检测器清零. 这样在示波器上就用检测到的信号的正负峰值代替了原来的采样点数值. 因此，峰值检测的方法能够帮助我们发现由于使用的采样速率过低而丢失的信号或者由假象而引起失真的信号. 为了显示这类信号，必须将示波器的时基设置得和调制信号在频率相配合. 而在这种信号中，调制信号的频率通常在音频范围，但载波频率通常在 455 kHz 或者更高. 若不使用毛刺捕捉功能，就不能正确地采集信号，而用毛刺捕捉功能就可以看到类似模式示波器所显示的波形.

示波器上的峰值检测功能是通过硬件(模拟)峰值检测器的方法或者快速采样的方法来实现的，模拟峰值检测器是一个专门的硬件电路，它以电容上电压的形式存储信号的峰值，缺点是速度比较慢，通常只能存储宽度大于几微秒且具有相当幅度的毛刺.

数字式峰值检测器围绕模数变换器而构成，这时模数变换器将以可能的最高采样速率连续对信号进行采样，然后将峰值存储在一个专门的存储器中，当要显示采样点的值时，存储的峰值就作为该时刻的采样值来使用. 数字式峰值检测器的优点是其速度和数字化过程的速度一样快，能够在很低的时基速率设置下，如 1 s/格，以正确的幅度采集到窄至 5 ns 的毛刺.

平均值检测则是示波器采集几个波形, 将它们平均, 然后显示最终波形. 此模式可减少所显示信号中的随机或无关噪声.

5. 示波器测量直流电压

荧光屏上水平亮线与零电压线之间的垂直距离 Y 乘以示波器的 CH1 或 CH2 通道垂直灵敏度, 即可得到被测电压 U_x 的大小, 即 $U_x = U_{CH} \times Y$.

6. 示波器测量交流电压

利用波形可测量交流信号的峰峰值、幅值、平均值、均方根值.

7. 示波器测量数据的保存

利用存储功能将测量的数据保存在内部的存储器以及外部的 SD 卡中.

【实验步骤】

1. 数字存储示波器 GDS1042 的操作

参考示波器的使用说明书.

2. 用示波器测量直流电压

(1) 定零电压线: 将示波器的输入耦合开关置于"GND"挡, 调节垂直位移旋钮, 将荧光屏上的水平线(时基线)向与其极性相反的方向移动, 置于荧光屏的最顶端或最底端的坐标线上, 即被测电压为正极性, 就将时基线移至最底端的坐标线上, 反之则将时基线移至最顶端的坐标线上. 此时基线所在位置即为零电压所在位置, 在此后的测量中不能再移动零电压线, 即不能再调节垂直位移旋钮.

(2) 将待测信号送至示波器的垂直输入端(CH1 或 CH2).

(3) 将示波器的输入耦合开关置于"DC"挡, 调整垂直灵敏度开关于适当挡位, 读出此时荧光屏上水平亮线与零电压线之间的垂直距离 Y, 将 Y 乘以示波器的垂直灵敏度即得到被测电压 U_X 的大小.

(4) 用示波器和万用表分别测量表 5-15-1 所列稳压电源的输出电压值, 测量结果填入表中; 比较测量结果, 分析影响示波器测量直流电压误差的主要因素是什么.

3. 用示波器测量交流电压

(1) 通道选择开关置 AC 位置, 用 Y 轴位移把时基线调到屏幕中央.

(2) X 轴量程开关置 0.5 ms/Div 挡.

(3) 函数信号发生器产生 1 kHz 的正弦信号.

(4) 信号发生器输出线接示波器 CH1 或 CH2 输入端, 调节触发电平旋钮(trigger)或按 AUTO, 使示波器显示波形稳定.

(5) 用示波器和晶体管毫伏表分别测量表 5-15-2 所列函数信号发生器的输出电压幅度, 并比较测量结果.

(6) 注意示波器 Y 轴量程开关必须和输入信号幅度相当, 尽量让波形占 4～6 格.

(7) 调节信号源频率分别为 8 Hz、50 Hz、200 Hz、1000 Hz 的正弦波(有效值均调至 2 V). 用示波器自动测量，并将测量数据填入表 5-15-3 中.

(8) 实现数据的保存以及数据调用和显示.

【数据记录及处理】

(1) 用示波器测量直流电压(表 5-15-1).

表 5-15-1　直流电压测量表　　　　　　　(单位：V)

直流稳压电源输出电压	0.5	1	2.5	5	10	15
用万用表测量的电压值						
用示波器测量的电压值						
两者的差值						

(2) 用示波器测量交流电压(表 5-15-2、表 5-15-3).

表 5-15-2　交流电压测量表 1　　　　　　(单位：mV)

信号发生器输出的电压有效值	50	100	500	1000
晶体管毫伏表测量的电压有效值				
换算晶体管毫伏表测量的峰峰值				
用示波器测量的电压峰峰值	78	150	760	1490
两者的差值				

表 5-15-3　交流电压测量表 2

频率/Hz	8	50	200	1000
测量峰峰值/V				
幅值/V				
均方根值/V				
平均值/V				

【实验思考】

(1) 数字存储示波器的工作原理.

(2) 讨论各种测量方法的优缺点.

(3) 分析各种测量方法的误差来源.

(4) 总结利用示波器进行测量的体会.

(5) 说明影响示波器测量结果误差的主要因素是什么.

5.16　电光调 Q 技术

【实验目的】

(1) 掌握固体激光器中电光调 Q 技术的基本原理；

(2) 掌握调 Q 激光器输出能量、脉冲宽度等主要指标的测量方法；

(3) 了解影响电光调 Q 效果的因素，并掌握调试技术.

【实验原理】

一般不加调 Q 技术的固体激光器输出的激光脉冲是由一系列强度不等的尖峰脉冲序列组成的. 这种输出特性称为激光的弛豫振荡，脉冲的峰值功率约为几十千瓦量级，总的脉冲宽度为毫秒量级. 为了提高固体激光器输出激光脉冲的峰值功率，需要采用调 Q 技术. 采用此技术脉冲输出峰值功率可达几十兆瓦. 目前电光调 Q 技术是较常用的调 Q 技术.

由晶体光学可知，KD^*P 晶体在 z 轴方向的电场作用下三个感应主折射率为

$$\begin{cases} n_{x'} = n_o - \dfrac{1}{2} n_0^3 \gamma_{63} E_z \\[2mm] n_{y'} = n_o + \dfrac{1}{2} n_0^3 \gamma_{63} E_z \\[2mm] n_{z'} = n_e \end{cases} \tag{5-16-1}$$

式中，n_o 为 o 光折射率，n_e 为 e 光折射率，γ_{63} 为光电系数，E 为 z 方向的电场强度. 沿 z 方向入射的线偏光进入长度为 l 晶体后，沿新主轴 x′、y′ 方向分解为相互垂直的偏振分量，并产生相位差：

$$\Delta \varphi = \frac{2\pi}{\lambda}(n_{x'} - n_{y'}) \cdot l = \frac{2\pi}{\lambda} n_0^3 \gamma_{63} E_x \cdot l = \frac{2\pi}{\lambda} n_0^3 \gamma_{63} V_z \tag{5-16-2}$$

式中，V_z 是沿 z 方向加在晶体上的电压，当通过晶体的光波波长确定后，相位差 $\Delta\varphi$ 只取决于外加电压 V_z. 当相位差为 π 时所需要的电压称为"半波电压"，用 $V_{\lambda/2}$ 表示；当相位差为 π/2 时所需要的电压称为"四分之一波电压"，用 $V_{\lambda/4}$ 表示，即

$$V_{\lambda/4} = \frac{\lambda}{4 n_0^3 \gamma_{63}} \tag{5-16-3}$$

对于 KD^*P 晶体，$n_0 = 1.51$，$\gamma_{63} = 23.6 \times 10^{-12} \mathrm{m/V}$.

光电调 Q 开关红宝石激光器如图 5-16-1 所示，由反射镜 M_1 和 M_2 构成激光谐振腔，其中 M_2 为部分反射镜；R 为 60°生长红宝石激光晶体(即晶轴与光轴成 60°角)；KD^*P 为磷酸二氘钾电光晶体，由于 KD^*P 晶体易潮解，因此密封在晶体盒内. 盒的两端用布儒特斯窗密封，其作用是减少反射损耗，提高激光的线偏振度.He-Ne 激光器和小孔光阑用于调整光路，T_1、T_2 为转向反射镜.

红宝石激光工作物质在脉冲氙灯照射(泵浦)下产生荧光，沿谐振腔轴方向传播的荧光在红宝石激光工作物质中不断得到放大，形成偏振方向与晶轴平面垂直的线偏振光(因为红宝石激光工作介质对不同偏振方向的光有不同的放大率，通常 o 光放大率与 e 光放大率之比

为 10∶1). 线偏振光到达加有四分之一波电压的电光晶体时，被分解成沿 x' 折射率主轴方向振动的光和沿 y' 折射率主轴方向振动的光. 通过晶体后产生 π/2 的相位延迟，此光通过全反射镜的反射后再次通过电光晶体后产生 π 相位延迟，合成为偏振方向与入射时垂直的线偏振光. 该线偏振光通过激光工作物质时获得的放大率很小，不能形成激光振荡，这时激光腔的 Q 值很低. 红宝石激光工作物质在脉冲氙灯的继续泵浦下，在上激光能级不断积累粒子数，形成集居数反转，当集居数反转达到最大值(或称达到饱和反转粒子数)时，将光电晶体上的四分之一波电压突然去掉，电光效应消失，这时通过晶体的线偏振光的偏振方向不变，能在激光腔内形成自由振荡，在极短时间内将存储在上激光能态中的反转粒子数消耗掉，形成峰值功率很高、脉冲宽度很窄的激光巨脉冲.

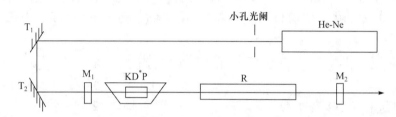

图 5-16-1　电光调 Q 开关红宝石激光器示意图

【实验仪器】

电光调 Q 红宝石激光器 1 台，红宝石棒 $\phi9.5 \times 150$ mm，脉冲氙灯 $\phi7 \times 150$ mm、TDS210 示波器 1 台，频率：60 MHz，存储：1 GS/s. 光电接收装置 2 套，适于测量仿真线波形、非调 Q 激光脉冲和调 Q 微光脉冲宽度波形. 145A 型激光能量计 1 台，测量范围：0～20J，分 3 挡；适用波长：694.3 nm.

【实验内容与实验步骤】

(1) 电光晶体 KD*P 在未加电压时，调整好激光器并能正常出光，连接光电接收装置，接收散射出来的激光和氙灯的光. 通过示波器观察脉冲氙灯放电波形和弛豫振荡激光的波形，并记录激光尖峰振荡的包络线，确定脉冲宽度等，同时用能量计接收输出能量.

(2) Q 开关晶体加电压，仔细调整晶体的方位(晶体在谐振腔中应使光的偏振方向与晶体的 x 轴与 y 轴一致).

(3) 调整 Q 开关方位的同时寻找 $V_{\lambda/4}$.

① 晶体方位固定，改变晶体上的电压，并使激光器运转出光(此时按下"消光"按钮使晶体上的电压不退)，用黑相纸或能量计接收激光，找出使激光器输出最小所对应的电压.

② 固定上述电压，调整晶体方位，使 x 轴或 y 轴与入射偏振光方向一致，反复调整，直到激光器输出最小为止.

③ 重复①、②，直到激光器没有激光输出为止.

④ 将"消光"按钮抬起，恢复调 Q 电路的功能，观察激光器的输出能量.

(4) 确定延迟时间，使激光器调 Q 工作，每次改变退压时间，用示波器和能量计观测输出波形和能量，找出最佳延迟时间.

(5) 测量静态和动态的激光能量，然后计算出动静比.

【实验报告】

(1) 记录实验和测试条件.

(2) 与计算出的 $V_{\lambda/4}$ 进行比较,分析二者是否不同,为什么?

(3) 画出并简述电光调 Q 激光器的时序关系.

【思考题】

(1) 为什么电光晶体的 x 轴或 y 轴与入射偏振光振动方向必须一致? 如果调整有误差,对激光器工作有什么影响?

(2) 从原理上分析,延迟时间太早或太晚,对调 Q 激光器的输出特性会有什么影响?

(3) 若在一次泵浦中,使调 Q 激光器输出多个脉冲(序列脉冲),可采用什么方法实现?

5.17　光束质量分析

【实验目的】

(1) 分析光束质量的评价方法.

(2) 通过测量 10 个点来确定光束质量因子 M^2 的值.

【实验仪器】

光束质量分析仪(德国 CINOGY 公司研制)1 套; 计算机 1 台; 透镜 1 套; 实验仪器连接示意, 如图 5-17-1 所示.

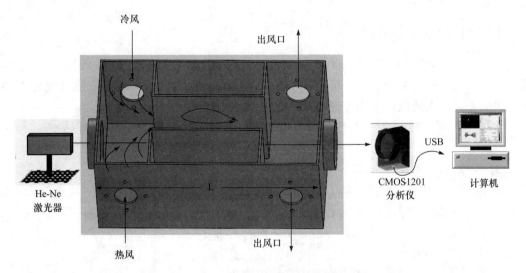

图 5-17-1　实验仪器连接示意图

光束分析软件具有界面形象化的视图模式, 且计算的精度和准确度高、分析功能完善、操作简便等. 原则上用 3 个不同位置的束宽就可以计算出 M^2 因子, 更多位置的测量是用来相互校核以减小误差. 沿传播轴 z 测量光束在不同位置处的束宽半宽度 w, 用双曲线拟合确定光束的传输轮廓, 最后确定光束质量因子. 根据 ISO 标准, 为了保证测量精度, 至少测 10 次,

必须有至少 5 次处于光束瑞利长度之内. 束宽的双曲线拟合公式为

$$w^2 = Az^2 + Bz + C \tag{5-17-1}$$

其中，A、B、C 为拟合系数，通过 RayCi 光束分析软件便可以计算得出拟合系数，代入式 (5-17-2)中即可求得光束质量因子 M^2 的值

$$M^2 = \frac{\pi}{\lambda}\sqrt{AC - \frac{B^2}{4}} \tag{5-17-2}$$

K 参数的大小反映了光强剖面的陡峭程度，等于 M^2 因子的倒数，即光束传输因子

$$K = \frac{1}{M^2} \tag{5-17-3}$$

【实验内容】

光束质量是全固态激光应用中的一个极其关键的参数，通常认为它是从质的方面来评价激光束的传输特性，对理论分析和激光器的设计、制造、检测、实际应用等方面具有重要意义. 针对不同的应用目的，人们对激光的光束质量有许多种定义，提出了不同的评价参数，主要有聚焦光斑尺寸、远场发散角、斯特列尔比、衍射极限倍数 β 因子、光束参数乘积、桶中功率(能量)和 M^2 因子等，也形成了多种检测方法.

【实验步骤】

本实验"室内大气湍流模拟装置"在德国 CINOGY 公司研制的"光束质量分析仪"上进行，具体实验内容如下：

(1) 连接好光束质量分析仪与计算机，并打开计算机；

(2) 打开激光器和室内大气湍流模拟装置；

(3) 当测试平台温度表的温度显示 25 ℃时，以步长为 10 cm 或 5 cm 移动光束质量分析仪，其采用 ISO11146 的测量标准，通过测量 10 个点来对光束质量因子 M^2 的值进行拟合，其中的 5 个点必须在瑞利长度之内；

(4) 当测试平台温度表的温度显示 30 ℃、35 ℃、40 ℃、45 ℃时，重复步骤(3)，记入相应的实验数据.

【数据记录及处理】

(1) 记录表 5-17-1.

表 5-17-1 记录表

温差	25 ℃	30 ℃	35 ℃	40 ℃	45 ℃
M^2					
K					
瑞利长度(mm)					
发散角(m nad)					

(2) 画出 M^2 因子与温差的曲线图.

【实验思考】

(1) 光束质量评价方式有哪些? 主要常见的测量方法有什么?
(2) 如何进行光束质量分析?

【注意事项】

(1) 激光危险, 请勿对准人眼.
(2) 实验前, 必须预习实验指导书中相关的内容, 了解本次实验的目的、原理、方法、步骤及注意事项, 并把实验的目的和原理写在实验报告中.

【附录】

　　大气湍流是一种随机空气运动, 在大气光学中大气湍流是指大气中局部温度、压强等参数的随机变化而引起的折射率的随机变化, 它主要发生在以不同速度移动着的若干气流层的交界处. 实验观察表明, 随机湍流是由有规律的层流在流速很大的情况下失稳所形成的. 大气湍流所产生的密度和温度具有微小差异, 并且折射率不同的涡旋元会随风快速地运动, 且会不断地产生和消亡. 由于上述变化, 处于流动状态的大气中存在许多流速、密度、压强、温度不同的气流涡旋. 这些气流涡旋一直不停地运动变化, 大的涡旋随着流动不断变小直到逐渐消失, 涡旋产生、变小、逐渐消失的运动周而复始进行, 运动之间相互交联、叠加, 形成随机的大气湍流运动, 这就是大气湍流.

　　将现有的光束质量评价参数归纳为三类, 即近场光束质量、远场光束质量和光束传输质量. 实际激光光束质量的好坏应针对具体的应用情况选用合适的参数作出评价. 当关注激光的传输特性时, 可选用远场发散角、束宽积或空间束宽积或解因子; M^2 因子可用于评价不同波长的低功率高斯型激光束的传输特性.

　　由于 M^2 因子同时考虑光束的近场和远场分布特性, 且是一个传输不变量, 被国际标准化组织(ISO)推荐为评价光束质量的重要标准. 在以基模高斯光束为理想光束的应用中, M^2 因子可作为 "光束质量因子" 来衡量光束质量. 实验证明, 光束通过无像差光学系统时, 光束的 M^2 因子是一个传输不变量, $M^2 \geqslant 1$, 偏离 1 越远, 激光光束质量越差.

5.18　光纤光栅传感器实验

【实验目的】

(1) 了解和掌握光纤光栅的基本特性;
(2) 了解和掌握光纤光栅传感器的基本结构、基本原理;
(3) 了解光纤光栅传感器测量的基本方法和原理.

【实验原理】

　　光纤光栅是近年来问世的一种特殊形式的光纤芯内波导型光栅, 它具有极为丰富的频谱特性，在光纤传感、光纤通信等高新技术领域已经展示出极为重要的应用. 特别是在用于光纤传感时，由于其传感机构(光栅)在光纤内部，且它属于波长编码类型，不同于普通光纤传感的强度型，因而具有其他技术无法与之相比的一系列优异特性，如防爆、抗电干扰、抗辐射、抗腐蚀、耐高温、寿命长、可防光强变化对测量结果的影响、体积小、重量轻、灵活方便，能在恶劣环境下使用. 光纤光栅传感器可集信息的传感与信息的传输于一体，它极易促成光纤系统的全光纤化、微型化、集成化以及网络化等，因此光纤光栅传感技术一经提出，便很快受到青睐，并作为一门新兴传感技术迅猛崛起.

1. 光纤光栅结构及其传感应用

光纤光栅是利用光纤材料的光折变效应，用紫外激光向光纤纤芯内由侧面写入，形成折射率周期变化的光栅结构(图 5-18-1).

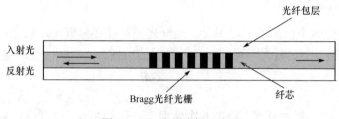

图 5-18-1　光纤光栅示意图

当一束入射光照入光纤时，这种折射率周期变化的光纤光栅，将反射满足式(5-18-1)相位匹配条件的入射光波

$$\lambda_B = 2n_{\text{eff}}\Lambda \tag{5-18-1}$$

式中，λ_B 称为 Bragg 波长，Λ 为光栅周期，n_{eff} 为光纤材料的有效折射率. 如果光纤光栅的长度为 L，由耦合波方程可以计算出反射率 R 为

$$R = \left|\frac{A_r(0)}{A_i(0)}\right|^2 = \frac{\kappa^*\kappa\sinh^2 sL}{s^2\cosh^2 sL + (\Delta\beta/2)^2\sinh^2 sL}$$

图 5-18-2 所示为一个 Bragg 光纤光栅的反射谱和透射谱. 其峰值反射率 R_m 为

$$R_m = \tanh^2\left[\frac{\pi\Delta nL}{2n_{\text{eff}}\Lambda}\right] \tag{5-18-2}$$

反射的半值全宽度(FWHM)，即反射谱的线宽值为

$$\Delta\lambda_B = \lambda_B\sqrt{\left(\frac{\Lambda}{L}\right)^2 + \left(\frac{\Delta n}{n_{\text{eff}}}\right)^2} \tag{5-18-3}$$

当光栅周围的应变 ε 或者温度 T 发生变化时，光栅周期 Λ 或纤芯折射率 n_{eff} 将发生变化，从而产生光栅 Bragg 信号的波长位移 $\Delta\lambda$，通过监测 Bragg 波长偏移的情况，即可获得光栅周围的应变或者温度的变化情况. 因而光纤光栅可用如压力、形变、位移、电流、电压、振动、速度、加速度、流量、温度等多种物理量传感和测量.

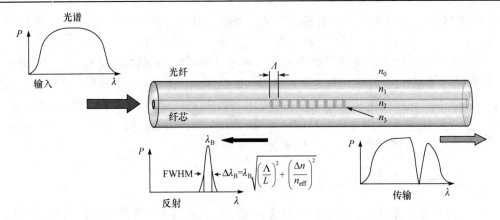

图 5-18-2　Bragg 光纤光栅的透射谱和反射谱

2. 光纤光栅应变传感原理

光纤光栅应变传感头如图 5-18-3 所示. 光纤光栅粘接在悬臂梁距固定端根部 x 的位置，螺旋测微器调节挠度. 由材料力学可知，光纤光栅的应变为

$$\varepsilon = \frac{3(l-x)dh}{l^3} \qquad\qquad (5-18-4)$$

其中，l、h、d 分别表示梁的长度、挠度和中性面至表面的距离. 挠度变化 Δh 时，应变的变化量 $\Delta\varepsilon$ 及峰值波长的变化量为

$$\Delta\varepsilon = \frac{3(l-x)d}{l^3}\Delta h \qquad\qquad (5-18-5)$$

$$\Delta\lambda = (1-P_e)\lambda_B\Delta\varepsilon \qquad\qquad (5-18-6)$$

P_e 是光纤的有效光弹系数.

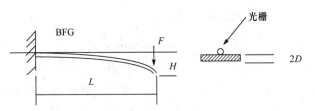

图 5-18-3　光纤光栅应变传感头

由式(5-18-5)、(5-18-6)可知，光纤光栅应变变化量 $\Delta\varepsilon$，可由波长的变化量 $\Delta\lambda$ 转换计算出来，因此，光纤光栅应变传感的表达式为

$$\Delta E = f(\lambda) \qquad\qquad (5-18-7)$$

式(5-18-7)反映了波长与应变的函数关系，可由实验方法测出该关系. 只要将波长调谐灵敏度 β_λ 测出，式(5-18-7)就可以用来测量应变了.

【实验内容与步骤】

光纤光栅应变传感实验，通过实验测量出式(5-18-7)所表示的应变传感的关系，绘出传感特征曲线，计算出波长调谐灵敏度.

按图 5-18-4 和图 5-18-5 连接光路，打开测试单元(大)电源.

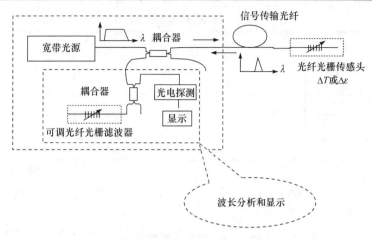

图 5-18-4　实验线路图

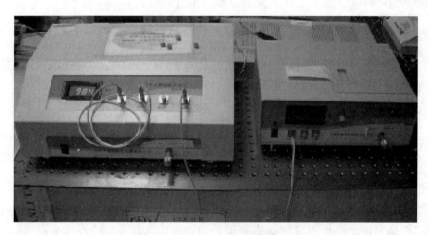

图 5-18-5　实物连线图

(1) 将传感单元(小)螺旋测微器旋至靠里边某一位置，读下此时刻度 K_ε(此操作为让传感光栅产生一个应变量，将会有一个与应变相关的波长反射至测试单元).

(2) 将测量单元的螺旋测微器从内向外慢慢旋转，同时观察数显表中电压值的变化. 随着螺旋测微器慢慢外旋，电压值会按"小—大—小"变化，如果把这些数值与对应的刻度绘图，会得到一个波形图(图5-18-6). 仔细调节螺旋测微器将电压调至最大的波形峰值点，记录此时螺旋测微器的刻度 K_λ(此操作为用波长扫描的方法寻找反射光的峰值波长).

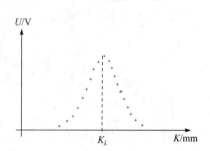

图 5-18-6　电压对应与刻度的波形图

(3) 将传感单元(小)螺旋测微器向外旋 0.250 mm，读下此时刻度 K_ε.

【数据记录及处理】

(1) 重复 6 次，测量数据填入表 5-18-1.

表 5-18-1　测量数据表

次数 测量量	1	2	3	4	5	6
K_ε						
ΔE						
K_λ						
λ						

(2) 将 K_λ 代入式 $\lambda=\lambda_0+\beta K_\lambda$ 计算波长 λ,再将 λ 和 K_ε 代入公式 $\Delta E=\beta_\varepsilon K_\varepsilon/(0.78\lambda)$,计算应变改变量 E(其中 $\beta=-0.3767$,$\lambda_0=1554.4$,$\beta_\varepsilon=-0.4$).

(3) 完成上表 6 次的测量和计算,绘图表示应变变化量 ΔE 与波长 λ 的关系,并求出该函数.(提示:不是线性关系,请思考是什么关系,如何拟合曲线?)

【实验思考】

测量应变 ε 与传感器处的实际应变值 E 的关系曲线,理想情况下,应是成 45°夹角的直线,但由于各种误差,并非如此,试分析原因.

【注意事项】

(1) 光纤跳线不要强拉硬拽,不要使弯曲半径过小.

(2) 光纤跳线接头安装时,要对准插入,轻轻旋紧,防止磨损光学表面.

(3) 光纤跳线尽量保持在插入原位,不要频繁拔下插入.

(4) 实验结束后,螺旋测微器尽量保持在旋出位置,使悬臂梁处于无应力状态.

(5) 测不到信号时,先检查跳线接头是否处于对准插入状态,检查接头表面是否过脏,检查传感波长位置是否处于可测量范围之内.

(6) 光纤光栅非常脆弱,容易损坏,操作螺旋测微器时动作要轻、慢,防止损坏.

5.19　光纤熔接及光时域反射仪的使用

【实验目的】

(1) 了解光纤的均匀性、缺陷、断裂、接头耦合等若干性能.

(2) 掌握光纤熔接及光时域反射仪的使用方法.

(3) 学会测量光功率.

【实验原理】

光纤传输具有损耗小、传输距离远、工作频带宽、抗干扰能力强等优点,是理想的传输载体. 光纤由极纯净的石英制成,在有线电视中只使用单模光纤. 光纤接续是光纤传输系统中工程量最大、技术要求最复杂的重要工序,其质量直接影响光纤线路的传输质量和可靠性. 光纤测试是信号开通和故障查找的必要手段,为了方便管理和维护,做好光纤测试记录非常重要. 在光纤测试记录中,最常用到的两种仪器就是光时域反射仪与光纤熔接机.

(1) 光时域反射仪(optical time-domain reflectometer，OTDR)是一种通过对测量曲线的分析，了解光纤的均匀性、缺陷、断裂、接头耦合等若干性能的仪器. 其原理如图 5-19-1 所示，OTDR 在电路的控制之下，按照设定的参数向被测光纤中发射光脉冲信号(被测光纤应为无其他光信号的黑光纤). OTDR 不断地按照一定的时间间隔从光口接收从光纤中反射回的光信号，分别按照瑞利背向散射和菲涅耳反射的光功率的大小判断光纤不同位置的损耗大小和光纤的末端位置.

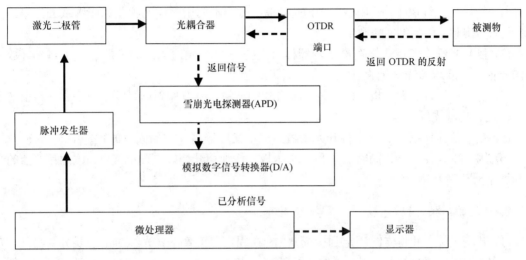

图 5-19-1 光时域反射仪原理图

由从发射信号到返回信号所用的时间，再确定光在玻璃物质中的速度，就可以计算出距离，OTDR 测量距离的公式为

$$\text{Distance} = \frac{c}{n} \times \frac{t}{2}$$

其中，c 是光在真空中的速度，而 t 是信号发射后到接收到信号(双程)的总时间(除以 2 后就是单程的距离)，n 是被测光纤的折射率.

(2) 光纤熔接机主要用于光通信中光缆的施工和保护. 它主要是靠放出电弧将两头光纤熔化，同时运用准直原理平缓推进，以实现光纤模场的耦合. 一般光纤熔接机由熔接部分和监控部分组成，两者用多芯软线连接. 熔接部分为执行机构，主要有光纤调芯平台、放电电极、计数器、张力测试装置以及监控系统、传感系统和光学系统等，由于光纤径向折射率各点分布不同，镜反射进入摄像管的光亦不同，这样即可分辨出代接光纤而在监视器荧光屏上成像，从而监测和显示光纤耦合和熔接的情况，并将信息反馈给中央处理机，后者再回控微调架进行调接，直至耦合最佳.

【实验内容】

光纤熔接的方法一般有熔接、活动连接、机械连接三种. 在实际工程中基本采用熔接法，因为熔接方法的节点损耗小，反射损耗大，可靠性高.

(1) 通过切割刀切好光纤；

(2) 使用光纤熔接机实现光纤的熔接；

(3) 通过光时域反射仪测量每个事件的距离、损耗、反射，每段光纤的段长、段损耗.

【实验步骤】

1. 切割刀的操作方法

(1) 确认装置有刀片的滑动板在面前一端，打开大小压板；

(2) 用剥纤钳剥除光纤涂覆层，预留裸纤长度为 30～40 mm，用蘸酒精的脱脂棉或绵纸包住光纤，然后把光纤擦干净. 用脱脂棉或绵纸擦一次，不要用同样的脱脂棉或绵纸去擦第二次(注意：请用纯度大于99%的酒精).

(3) 目测光纤涂覆层边缘对准切割器标尺上(12～20 cm)适当的刻度后，左手将光纤放入导向压槽内，要求裸光纤笔直地放在左、右橡胶垫上.

(4) 合上小压板、大压板，推动装置有刀片的滑块，使刀片划切光纤下表面，并自由滑动至另一侧，切断光纤.

(5) 左手扶住切割器，右手打开大压板并取走光纤碎屑，放到固定的容器中.

(6) 用左手捏住光纤，同时右手打开小压板，仔细移开切好端面的光纤. 注意：整洁的光纤断面不要碰及它物.

2. 光缆的熔接过程

(1) 开剥光缆，并将光缆固定到接续盒内. 在固定多束管层式光缆时由于要分层盘纤，各束管应依序放置，以免缠绞. 将光缆穿入接续盒，固定钢丝时一定要压紧，不能有松动，否则，有可能造成光缆打滚纤芯. 注意不要伤到管束，开剥长度取 1 m 左右，用卫生纸将油膏擦拭干净.

(2) 将光纤穿过热缩管. 将不同管束、不同颜色的光纤分开，穿过热缩套管. 剥去涂抹层的光缆很脆弱，使用热缩套管可以保护光纤接头.

(3) 打开熔接机电源，选择合适的熔接方式. 熔接机的供电电源有直流和交流两种，要根据供电电流的种类来合理开关. 每次使用熔接机前，应使熔接机在熔接环境中放置至少 15 min. 根据光纤类型设置熔接参数、预放电时间、时间及主放电时间、主放电时间等. 如没有特殊情况，一般选择用自动熔接程序. 在使用中和使用后要及时去除熔接机中的粉尘和光纤碎末.

(4) 制作光纤端面. 光纤端面制作的好坏将直接影响接续质量，所以在熔接前一定要做合格的端面.

(5) 裸纤的清洁. 将棉花撕成面平整的小块，蘸少许酒精，夹住已经剥覆的光纤，顺光纤轴向擦拭，用力要适度，每次要使用棉花的不同部位和层面，这样可以提高棉花利用率.

(6) 裸纤的切割. 首先清洁切刀和调整切刀位置，切刀的摆放要平稳，切割时，动作要自然、平稳，勿重，勿轻. 避免断纤、斜角、毛刺及裂痕等不良端面产生.

(7) 放置光纤. 将光纤放在熔接机的 V 形槽中，小心压上光纤压板和光纤夹具，要根据光纤切割长度设置光纤在压板中的位置；关上防风罩，按熔接键就可以自动完成熔接，在熔接机显示屏上会显示估算的损耗值.

(8) 移出光纤用熔接机加热炉加热.

(9) 盘纤并固定. 科学的盘纤方法可以使光纤布局合理、附加损耗小，经得住时间和恶劣环境的考验，避免因积压而造成断纤. 在盘纤时，盘纤得半径越大，弧度越大，整个线路的损耗就越小. 所以, 一定要保持一定半径, 使激光在纤芯中传输时, 避免产生一些不必要的损耗.

【数据记录及处理】

(1) 1310 nm 激光下测量起始位置、末端位置、整个过程的损耗、反射率衰减以及积累量等参数.

(2) 同样记录 1550 nm 的测量结果.

(3) 比较两个波长测量距离的误差.

(4) 画出 1310 nm 和 1550 nm 中的一种波长的曲线图.

【实验思考】

(1) 光纤分为哪几类, 其中单模光纤的组成部分有哪些?

(2) 光纤熔接时两电极能产生多大电压, 如何做到 0 dB 的损耗?

【注意事项】

(1) 使用中严防光纤碎屑进入皮肤、眼睛, 光纤碎屑请用专用容器收集;

(2) 请勿直接用手接触刀刃, 维修时也不要碰及刀刃;

(3) 切割刀不用时, 请放入羊皮套内, 妥善保管在干燥、无尘的地方.

5.20 光纤数值孔径测量

【实验目的】

(1) 理解光纤数值孔径的物理意义并掌握其测量方法;

(2) 熟练掌握光学调节技术;

(3) 掌握用远场光斑法测量光纤的数值孔径.

【实验原理】

He-Ne 激光器 1 套, 光纤耦合架 1 套, 光纤 1 m, 光纤支架 1 套, 光功率计 1 台, 光纤调整架, 遮光屏.

1. 光纤数值孔径

数值孔径(NA)是衡量一根光纤, 当光线从其端面入射时, 它接收光能大小的一个重要参数, 也就是说它是反映光纤捕捉光线(或聚光)能力大小的一个参数.

通常我们考虑的是光纤中子午光线的数值孔径. 设 θ_c 为光纤内产生全反射时的临界角, 则可知 $\sin\theta_c = n_2 / n_1$. 因为光是从空气($n_0=1$)入射到光纤端面的, 所以根据图 5-20-1, 可得 $\sin\theta_a / \sin\left(\dfrac{\pi}{2} - \theta_c\right) = n_0 / n_1$, 由此又可得

$$n_0 \sin\theta_a = n_1 \cos\theta_c = n_1 \sqrt{1 - \sin^2\theta_c} = n_1 \sqrt{1 - (n_2 / n_1)^2} \tag{5-20-1}$$

通常，通信中用的光纤为弱导光纤，其纤芯和包层的折射率差很小，可近似认为 $n_1+n_2\approx2n_1$，若定义相对折射率差为 $\Delta=(n_1-n_2)/n_1$，则

$$NA = n_0\sin\theta_a = n_1\sqrt{2\Delta} \tag{5-20-2}$$

这就是光纤的数值孔径的定义式，NA 称为光纤的最大理论数值孔径，由光纤的最大入射角的正弦值决定．

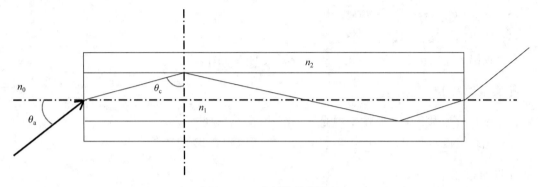

图 5-20-1　光纤的数值孔径

2. 光纤数值孔径的测量

光纤的数值孔径的测试通常采用的方法有近场法和远场法．

(1) 近场法是根据数值孔径的定义，测出折射率 n_1 和 n_2，从而求得数值孔径为 $NA = n_0\sin\theta_a = n_1\sqrt{2\Delta}$．由这种方法测出的数值孔径称为"理论数值孔径"或"标称数值孔径"．

(2) 远场法如图 5-20-2 所示，即阶梯多模光纤可接收的光锥范围．光纤数值孔径就代表光纤传输光能的大小，光纤的数值孔径大，传输能量的本领就大．

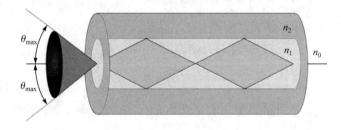

图 5-20-2　光纤最大接收角和接收光锥示意图

NA 的定义式仍为

$$NA = n_0\sin\theta_{max} = \sqrt{n_1^2 - n_2^2} \tag{5-20-3}$$

式中，n_0 为光纤周围介质的折射率，θ_{max} 为最大接收角，n_1 和 n_2 分别为光纤纤芯和包层的折射率．此时测得的 NA 称为有效数值孔径．

【实验内容】

(1) 校正调试训练，判断耦合效率．

(2) 测量输出孔径角．

【实验步骤】

打开 He-Ne 激光器和光功率计的电源，调整实验系统。

(1) 调整激光管，使激光束平行于实验平台面；

(2) 调整平面镜，取待测光纤，一端经旋转台上的光纤架与激光束耦合，另一端与光功率计相连；

(3) 仔细调节光纤架及配合调节激光管支撑螺钉，使光纤输出功率最大(该项须在老师指导下进行)；

(4) 置观察屏于距光纤端面 L 处，则在观察屏上可见光纤输出圆光斑，其直径为 D；

(5) 调整微调架，准确测量 L 和 D 的值，得输出孔径角为

$$\theta_0 = \arctan[D/(2L)] \tag{5-20-4}$$

【数据记录及处理】

表 5-20-1 方法二测量所得的实验数据和结果

测量参数	第一次测量	第二次测量
光斑直径 W/mm		
屏与光纤端头的距离 L/mm		
数值孔径角 $\theta_0=\arctan[D/(2L)]$		
光纤数值孔径 NA=$\sin\theta_0$		
平均数值孔径		

【实验思考】

(1) 光纤数值孔径的物理意义是什么？

(2) 本实验的测量精度取决于哪些因素？

【注意事项】

(1) 仔细调整光纤耦合架，确保耦合效率最佳.

(2) 在耦合效果最佳的前提下，观察接收屏上的光斑是否为一轮廓清晰的圆斑，如果带有许多毛刺，则表明光纤出射端面不是平整镜面，需要进行重新处理；若接收屏上光斑的轮廓清楚但为椭圆，则表明光纤出射端与接收屏不垂直，需调节光纤出射端面一侧的调节架，使得接收屏上出现轮廓清晰的圆斑为止.

5.21 空间光调制实验

【实验目的】

(1) 学会利用基本光学器件搭建空间光调制实验光路；

(2) 掌握空间光调制器的基本工作原理，能够利用空间光调制器调制出给定的目标图形.

【实验原理】

(1) 实验仪器：He-Ne 激光器(632.8nm)，透镜，平面镜，偏振分光棱镜(PBS)，半波($\lambda/2$)片，液晶空间光调制器(LC-SLM)，电荷耦合器(CCD)，计算机.

(2) 用空间光调制器观测目标图像的实验装置原理图如图 5-21-1 所示. 图中 Laser 为 He-Ne 激光器, 波长为 632.8nm；L_1 和 L_2 为凸透镜；PBS_1 和 PBS_2 为偏振分光棱镜, 它可以把入射的非偏振光分成两束偏振相互垂直的线偏光. 其中 P 偏光(水平偏振光)完全透射, 而 S 偏光(垂直偏振光)以 45°角被反射, 出射方向与 P 光成 90°角；HWP_1 和 HWP_2 为半波片；LC-SLM 为液晶空间光调制器, 由于液晶分子的细长结构, 从而在形状、介电常数、折射率及电导率等方面具有各向异性的特点. 当对这样的物质施加电场后, 随着液晶分子轴的排列变化, 其光电特性发生改变. 因此可以通过电场改变液晶分子的旋光偏振性和双折射性来实现入射光束的波面振幅和相位的调制, 即通过计算机把目标图像的调制信息加载到 SLM, 它就能将入射光调制输出为目标图像的强度图.

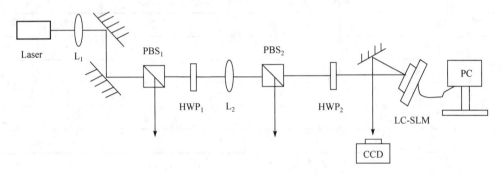

图 5-21-1　空间光调制器实验装置原理图

Laser. 632.8mm 激光器；L_1，L_2. 透镜；PBS_1，PBS_2. 偏振分光棱镜；
HWP_1，HWP_2. 半波片；LC-SLM. 液晶空间光调制器；CCD. 电荷耦合器

【实验内容】

(1) 搭建实验光路, 实验光路图如图 5-21-1 所示.

① 对激光器的输出光进行准直. 要求：光的传输路径相对于平台的高度和左右位置一致.

② 利用望远镜系统对激光器输出光进行扩束. 利用透镜 L_1 和 L_2 形成望远镜系统, 把激光器的输出光变换为一束光束束宽为 5 mm 左右的准平行光. 要求：光束通过望远镜系统后不能偏离原来的传播方向, 这就要求在光通过望远镜系统时, 必须使光通过 L_1 和 L_2 的中心位置.

③ 依次在光路中加入 PBS、HWP. 调节镜架的高度和左右位置使得光束通过 PBS、HWP 的镜面中心且垂直于镜面, PBS_1 的作用主要是将入射光分成传播方向互相垂直的两束光, 并将全偏振光变成线偏振光, 其中透射光为水平偏振光, 反射光为垂直偏振光；HWP_1 对偏振光进行旋转, 通过改变入射光和晶体主截面的角度来对透射光的强度进行调节.

(2) 利用画图软件绘制目标图像(学生的姓名)的 256 色位图, 要求背景为黑色, 字迹为白色, 图片格式为 ".bmp".

(3) 输入目标图像, 观察目标图像.

打开对应的 SLM 软件, 输入对应的目标强度图像(如"太""原""科""大", 学生做实验的时候输入自己的姓名), 然后通过空间光调制器将目标图像调制出来, 通过平面镜调节光路使得图像易于被接收, 最后利用 CCD 观察目标图像强度图.

【实验步骤】

(1) 按照实验原理图搭建光路.

(2) 利用计算机自带画图软件绘制以自己姓名为目标图像的强度图.

(3) 打开 SLM 软件输入目标图像, 通过 SLM 软件计算后, 利用 CCD 在屏幕上观测实验图像.

【数据记录及处理】

目标图像强度图的观测, 如表 5-21-1 所示.

表 5-21-1　观测结果

输入图像	太原科技大学
实验观测图像	学大妊择鹍太

【实验思考】

(1) 通过什么方法可以判断光束通过了望远镜系统中两个透镜的中心位置.

(2) 通过什么方法可以判断光束通过光学元件时, 光的传播路径与镜面相互垂直.

【注意事项】

(1) 所有光学镜面严禁用手直接触碰.

(2) 激光器的出射光不要直接照射空间光调制器的液晶面板, 以免光强过大损坏设备.

【附录】

空间光调制器是一类能将信息加载于一维或两维的光学数据场上, 以便有效地利用光的固有速度、并行性和互连能力的器件. 这类器件可在随时间变化的电驱动信号或其他信号的控制下, 改变空间上光分布的振幅或强度、相位、偏振态以及波长, 或者把非相干光转化成相干光. 由于这种性质, 它可作为实时光学信息处理、光计算和光学神经网络等系统中的构造单元或关键器件.

空间光调制器一般按照读出光的方式不同, 可以分为反射式和透射式; 而按照输入控制信号的方式不同, 又可分为光寻址和电寻址. 本实验选用的是反射式.

空间光调制器是实时光学信息处理、自适应光学和光计算等现代光学领域的关键器件. 在很大程度上, 空间光调制器的性能决定了这些领域的实用价值和发展前景. 它主要应用于成像、投影、光束分束、激光束整形、相干波前调制、相位调制、光学镊子、全息投影、激光脉冲整形等方面.

5.22　声光调 Q 连续 YAG 倍频激光器实验

【实验目的】

(1) 掌握声光调 Q 连续激光器及其倍频的工作原理；

(2) 学习声光调 Q 倍频激光器的调整方法；

(3) 了解声光调 Q 固体激光器的静态和动态特性，并掌握测试方法；

(4) 学习倍频激光器的调整方法.

【实验原理】

1. 声光调 Q 的基本原理

声光调制器是由石英晶体、铌酸锂或重火石玻璃作为声光介质，通过电声换能器(压电晶体)将超声波耦合进去，在声光介质中产生超声波光栅，超声波光栅将介质的折射率进行周期性调制，从而进一步形成折射率体光栅，如图 5-22-1 所示. 光栅公式如下

$$2\lambda_s \sin\theta_B = \frac{\lambda}{n} \tag{5-22-1}$$

式中，λ_s 为声光介质中的超声波波长，θ_B 为布拉格衍射角，λ 为入射光波波长，n 为声光介质的折射率. 当入射光以布拉格角入射时，出射光将被介质中的体光栅衍射到一级衍射最大方向上. 利用声光介质的这种性质，可以对激光谐振腔内的光束方向进行调制. 当加入声光调制信号时，光束偏转出腔外，不能在腔内形成振荡，即此时为高损耗腔. 在此期间泵浦灯注入给激活介质(激光晶体)的能量储存在激光上能级，形成高反转粒子数. 当去掉声光调制信号时，光束不被偏转，在腔内往返，形成激光振荡. 由于前面积累的高反转粒子数远远超过激光阈值，所以瞬时形成脉冲激光输出，从而形成窄脉宽、高能量的激光脉冲. 声光调 Q 激光器工作在几千周到几万周的调制频率下，所以可以获得高重复率、高平均功率的激光输出.

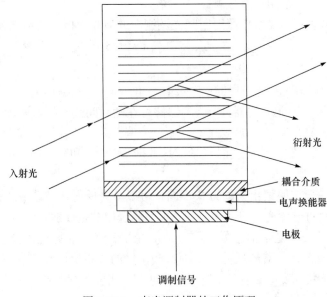

图 5-22-1　声光调制器的工作原理

2. 倍频器件的工作原理

倍频晶体折射率椭球及通光方向，如图 5-22-2 所示. 由于晶体中存在色散现象，所以在倍频晶体中的通光方向上，基频光与倍频光所经历的折射率 n_ω 与 $n_{2\omega}$ 是不同的. 图 5-22-3 给出了一个单轴晶体的色散及 1064 nm 倍频匹配点的折射率关系曲线.

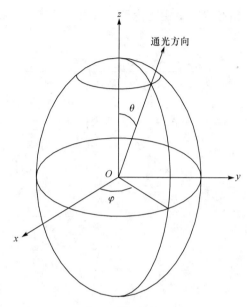

图 5-22-2　倍频晶体折射率椭球及通光方向示意图

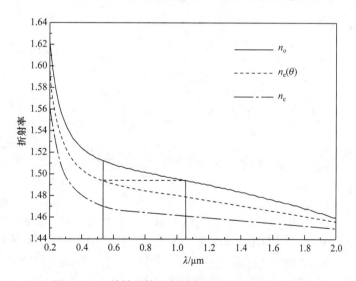

图 5-22-3　单轴晶体的色散曲线及倍频原理示意图

图 5-22-3 中的实线代表了寻常光的折射率，点划线代表了非常光的折射率，中间的点线则代表了非常光在改变入射光角度时得到的折射率. 由图中可以看出，当改变晶体中入射光的角度时，中间的非常光折射率曲线随之变化，在如图的位置上，可以实现 1064 nm 的倍频. 即在特定的通光方向上，532 nm 的倍频光与 1064 nm 的基频光折射率可以实现相等，实现倍

频的相位匹配.

对于双轴晶体，其相位匹配的计算较为复杂，这里不详细论述. 其相位匹配原理都是相同的.

3. 倍频效率

设 ω 为基频光，2ω 为倍频光，则由理论计算可以得到倍频的效率为

$$\eta_{\text{SHG}} = \frac{|I_{2\omega}|}{|I_\omega|} = \frac{8\pi^2 L^2 d_{\text{eff}}^2}{n_\omega^2 n_{2\omega}^2 \lambda_\omega^2 c\varepsilon_0} |I_\omega| \left[\frac{\sin\left(\frac{\Delta kL}{2}\right)}{\frac{\Delta kL}{2}}\right]^2 \tag{5-22-2}$$

式中，I_ω 为基频光光强，$I_{2\omega}$ 为倍频光光强，L 为晶体长度，d_{eff} 为晶体倍频有效非线性系数，n_ω 为基频光折射率，$n_{2\omega}$ 为倍频光折射率，$\Delta k = k_1 + k_2 - k_3$ 为三波互作用时的波矢量失配. 由公式给出的倍频效率是一个 sinc 平方函数，当 $\Delta k = 0$ 时效率达到最大值，失配量在 π 的整数倍时达到最小值(图 5-22-4).

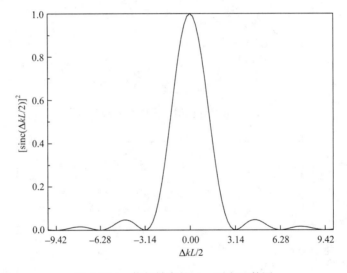

图 5-22-4　倍频效率的 sinc 平方函数图

【实验装置】

实验装置如图 5-22-5 所示，这是一台内腔倍频、连续氪灯(单灯)泵浦、声光调 Q 的 YAG 激光器. 不加倍频元件可以输出 1064 nm 波长的近红外高功率激光. 当腔内放置倍频晶体时，如采用倍频效率较高的 KTP(磷酸二氢钾)晶体，就可以产生 532 nm 波长的倍频绿光输出.

由于倍频效率与基频激光的峰值功率平方成正比，所以为了有效地产生高效率的倍频输出，在 YAG 腔内采用了声光调 Q 装置，其作用可以将连续振荡的 1064 nm 基频光变换成 10 kHz 左右的高重复频率脉冲激光，脉冲宽度在 150 ns 左右. 由于具有重复频率和峰值功率高的特点，所以可以获得高平均功率的倍频绿光输出.

实验装置中采用 5 mW 的 He-Ne 激光器作为准直光源. 谐振腔后面采用的全反镜为 1064 nm 高反. 倍频输出镜为 1064 nm 高反和 532 nm 高透双色镜. 1064 nm 基频光在腔内形成

振荡且不直接输出到腔外. 在腔内放置 KTP 晶体作为倍频器件，将 1064 nm 基频光转换为 532 nm 倍频光，并通过倍频输出镜获得输出. 本实验中，在腔内还放置了一块谐波反射镜，上面镀有 1064 nm 高透、532 nm 高反，使获得的后向倍频光再次反射回倍频输出镜处并得到输出，从而进一步提高了倍频输出效率.

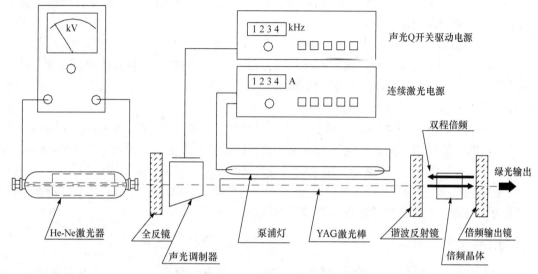

图 5-22-5　声光调 Q 连续 YAG 倍频激光器示意图

【实验内容】

(1) 仔细反复调整激光器中的反射镜、声光 Q 开关、KTP 倍频晶体，使之降低阈值达到最佳工作状态.

(2) 观察声光调 Q 连续 YAG 倍频激光器的工作特点.

(3) 比较有调 Q 作用和无调 Q 作用时倍频输出明显的差别.

(4) 测量倍频激光器绿光输出的脉冲宽度和波形.

(5) 观察不同声光调制频率下绿光输出功率的变化.

(6) 转动倍频晶体角度观察倍频输出功率的变化.

(7) 估算倍频激光器的倍频效率.

【实验步骤】

(1) 用 He-Ne 激光器调整光路，使所有反射面都与光轴垂直，达到谐振腔的腔镜平行，重点是光路中的激光棒端面、声光 Q 开关端面、全反镜和倍频输出镜. 这是保证有效产生高功率基频光振荡的首要条件.

(2) 通冷却水后，小心设定连续激光电源的最小工作电流，开启电源使连续氪灯工作在最小弧光放电状态.

(3) 打开激光功率计，并调零，设定探测波长为 532 nm. 开启声光调 Q 驱动电源，调整声光调制功率. 一般应结合激光功率进行调整，当激光功率较小时调制功率亦小，调制功率不宜设定过高，以达到最高效率为准. 先将声光调制频率设定为 7 kHz 左右，进行观察，然后再改变声光调制频率从 7~20 kHz，观察绿光输出功率的变化.

(4) 对实验内容(3)进行观察和熟悉.

(5) 用分辨率小于 100 ns 的示波器和绿光响应的高速光电二极管探测观察声光调 Q 倍频绿光输出的波形. 可将激光调整到较小, 或将绿光激光打到物体的反射面上探测其反射光; 不可直接将探测器对准绿光进行探测, 否则会造成探测器的损坏.

(6) 绘制不同声光调制频率下的绿光输出功率曲线, 注意标明激光工作条件(激光电源驱动电流、声光调制器驱动电流).

(7) KTP 晶体属于双轴晶体, 实验中采用 II 类相位匹配, 其 1064 nm 的倍频最佳相位匹配角为 $\theta = 90°$, $\phi = 23.2°$. 稍微转动晶体的方位角 ϕ, 记录输出功率随晶体角度变化的曲线. 理论计算应为一 sinc 平方曲线. 用 He-Ne 激光器垂直入射晶体表面, 在一定距离上观察晶体表面反射光点的位置, 以计算出晶体与光轴的夹角.

(8) 测量倍频效率. 先将倍频晶体和谐波反射镜取出, 用一波长在 1064 nm 处反射率为确 90%的镜片取代倍频输出镜, 形成一 1064 nm 的连续激光谐振腔, 先测量只有 1064 nm 激光输出的功率. 将晶体、谐波反射镜、倍频输出镜放回导轨上, 形成内腔倍频谐振腔, 再测量倍频输出的绿光功率. 用绿光功率除以基频光功率, 以估算出倍频效率. 注意: 此时测量的基频光功率为估算值, 实际还应考虑电源到激光的效率.

【重要提示】

(1) 连续激光器的电源功率最大输出在千瓦以上, 由于固体激光器效率只有百分之几, 大部分都转换为热量, 所以一定要先开启冷却水, 然后方可进行操作, 否则晶体和氪灯会发生损坏.

(2) 由于 1064 nm 基频光都在腔内振荡没有输出, 腔内功率密度很高, 很容易损坏光学元件, 所以一定要保证通光光路中没有切光, 特别是 KTP 晶体要对准通光中心.

(3) 激光脉宽探测器是价值较高的高速响应及高灵敏度光电二极管, 不可直接将激光输出打在上面, 只能探测强光打在物体上的散射光.

【思考题】

倍频激光器输出耦合镜为 1064 nm 全反, 这是否与激光原理中最佳耦合输出的概念矛盾.

第6章　计算机仿真实验

计算机虚拟仿真技术是一种对现实进行数字化处理的计算机综合技术. 它是 20 世纪末科技飞速发展，各种新技术相互交融的结果，也是近年来研究的热点，并且在很多行业已经有了许多实际应用.

大学物理计算仿真实验是利用计算机设备，采用虚拟现实技术实现的各种虚拟物理实验环境，实验者可以像在真实的环境中一样完成各种预定的实验项目. 虚拟实验虽然不能像真实实验那样直接地提供新的未知的事实，但在人们获取对事物的一些新的认识、完善已有的知识结构，或者在实践中消除不确定因素、提高实践能力方面具有重要的作用.

大多情况下，我们开展的大学物理计算仿真实验都是一些近现代物理的经典实验. 这些实验往往设备昂贵，操作复杂，稍有不慎可能会造成严重损失. 而仿真实验则可以避免这类损失，即便操作不当，也不会产生人身和财产损害的严重后果. 因此，计算仿真实验虽不能完全取代真实实验，但不失为对真实实验的一种合理及有效的补充.

6.1　大学物理仿真实验的基本操作方法

本仿真实验所使用的软件由中国科学技术大学天文与应用物理系(原基础物理中心)人工智能与计算机应用研究室提供.

在仿真实验中几乎所有的操作都要使用鼠标. 如果你的计算机安装了鼠标, 启动 Windows 后，屏幕上就会出现鼠标指针光标. 移动鼠标，屏幕上的指针光标随之移动. 下面是本手册中鼠标操作的名词约定.

单击：按下鼠标左键再放开.

双击：快速地连续按两次鼠标左键.

拖动：按下鼠标左键并移动.

右键单击：按下鼠标右键再放开.

1. 系统的启动

在 Windows 系统的文件管理器(或 Windows 的"开始"菜单)里双击"大学物理仿真实验 V2.0"图标，启动仿真实验系统. 进入系统后出现主界面(图 6-1-1)，单击"上一页""下一页"按钮可前后翻页. 用鼠标单击各实验项目文字按钮(不是图标)即可进入相应的仿真实验平台. 结束仿真实验后回到主界面，单击"退出"按钮即可退出本系统. 如果某个仿真实验还在运行，则在主界面单击"退出"按钮无效，待关闭所有正在运行的仿真实验后，系统会自动退出.

2. 仿真实验的操作方法

1) 概述

仿真实验平台采用窗口式的图形化界面，形象生动，使用方便.

图 6-1-1　仿真实验主界面

由仿真系统主界面进入仿真实验平台后,首先显示该平台的主窗口——实验室场景(图 6-1-2),该窗口大小一般为全屏或 640×480 像素. 实验室场景内一般都包括实验台、实验仪器和主菜单. 用鼠标在实验室场景内移动,当鼠标指向某件仪器时,鼠标指针处会显示相应的提示信息(仪器名称或如何操作),如图 6-1-3 所示. 有些仪器位置可以调节,可以按住鼠标左键进行拖动.

图 6-1-2　实验室场景(凯特摆实验)

图 6-1-3　提示信息

主菜单一般为弹出式,隐藏在主窗口里. 在实验室场景上单击右键即可显示(图 6-1-4). 菜单项一般包括:实验原理、实验步骤、思考题、实验报告等选项.

2) 仿真实验操作

(1) 开始实验. 有些仿真实验启动后就处于"开始实验"状态,有些需要在主菜单上选择.

(2) 控制仪器调节窗口. 调节仪器一般要在仪器调节窗口内进行.

打开窗口:双击主窗口上的仪器或从主菜单上选择,即可进入仪器调节窗口.

移动窗口:用鼠标拖动仪器调节窗口上端的细条.

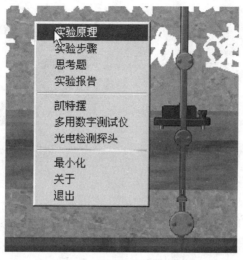

图 6-1-4　主菜单

关闭窗口：

方法一，右键单击仪器调节窗口上端的细条，在弹出的菜单中选择"返回"或"关闭".

方法二，双击仪器调节窗口上端的细条.

方法三，激活仪器调节窗口，按 Alt+F4 键.

(3) 选择操作对象. 激活对象(仪器图标、按钮、开关、旋钮等)所在窗口，当鼠标指向此对象时，系统会给出下列提示中的至少一种：

① 鼠标指针提示. 鼠标指针光标由箭头变为其他形状(如手形).

② 光标跟随提示. 鼠标指针光标旁边出现一个黄色的提示框，提示对象名称或如何操作.

③ 状态条提示. 状态条一般位于屏幕下方，提示对象名称或如何操作.

④ 语音提示. 朗读提示框或状态条内的文字说明.

⑤ 颜色提示. 对象的颜色变为高亮度(或发光)，显得突出而醒目.

出现上述提示即表明选中该对象，可以用鼠标进行仿真操作.

(4) 进行仿真操作.

① 移动对象. 如果选中的对象可以移动，就用鼠标拖动选中的对象.

② 按钮、开关、旋钮的操作. 按钮：选定按钮，单击鼠标即可(图 6-1-5). 开关：对于两挡开关，在选定的开关上单击鼠标切换其状态；多挡开关，在选定的开关上单击左键或右键切换其状态(图 6-1-6，图 6-1-7). 旋钮：选定旋钮，单击鼠标左键，旋钮反时针旋转，单击右键，旋钮顺时针旋转(图 6-1-8).

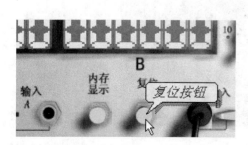

图 6-1-5　按钮

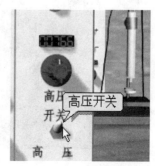

图 6-1-6　两挡开关

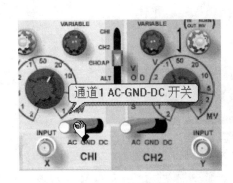

图 6-1-7　多挡开关

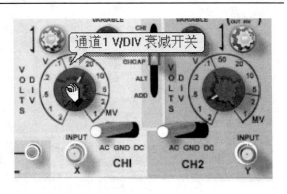

图 6-1-8　旋钮开关

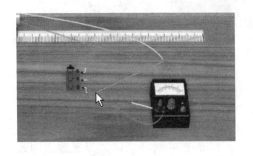

图 6-1-9　连线

③ 连接电路. 连接两个接线柱：选定一个接线柱，按住鼠标左键不放拖动，一根直导线即从接线柱引出. 将导线末端拖至另一个接线柱释放鼠标，就完成了两个接线柱的连接(图 6-1-9). 删除两个接线柱的连线：将这两个接线柱重新连接一次(如果面板上有"拆线"按钮，则应先选择此按钮).

④ Windows 标准控件的调节. 仿真实验中也使用了一些 Windows 标准控件，调节方法请参阅有关 Windows 操作的书籍或 Windows 的联机帮助.

6.2　凯特摆测重力加速度

1. 主窗口

在系统主界面上选择"用凯特摆测量重力加速度"并单击，即可进入本仿真实验平台，显示平台主窗口——实验室场景. 场景里有实验台和实验仪器，如图 6-2-1 所示. 用鼠标在实验室场景上四处移动，当鼠标指向实验仪器时，鼠标指针处会显示相应的提示信息.

图 6-2-1　主窗口

　　实验室场景里共有三件仪器：凯特摆、多用数字测试仪、光电检测探头. 按住鼠标左键可以拖动仪器在实验室场景里移动. 当拖动到不合理的位置(例如，仪器超出实验台、两件仪器位置重叠)放开鼠标时，仪器会自动返回原位置.

　　在实验仪器上单击鼠标右键，弹出仪器菜单，选择"调节"项(或双击实验仪器、或在主菜单里选择相应菜单项)，弹出放大的仪器窗口，仪器的具体操作就在此窗口内进行. 用鼠标左键拖动仪器窗口顶部的细条，可以移动仪器窗口. 用鼠标右键单击仪器窗口顶部的细条，会弹出仪器菜单.

2. 主菜单

　　在主窗口上单击鼠标右键，弹出主菜单. 主菜单共有 9 项，分别为：实验原理、实验步骤、思考题、实验报告、凯特摆、多用数字测试仪、光电检测探头、最小化、退出.

　　(1) 选择"实验原理"菜单项，显示介绍凯特摆的有关文档，请认真阅读.

　　(2) 选择"实验步骤"菜单项，显示介绍本仿真实验的内容和步骤的有关文档，请认真阅读. 实验操作中如有不清楚之处，可以反复打开本文档阅读.

　　(3) 选择"思考题"菜单项，显示思考题.

　　(4) 选择"实验报告"菜单项，将调用"实验报告处理系统"，用户可以建立、查看实验报告，将实验结果存档，以备教师评阅(具体使用方法请参看本手册中"实验报告处理系统"的有关内容).

　　(5) 选择"凯特摆"菜单项，显示凯特摆调节窗口(图 6-2-2).

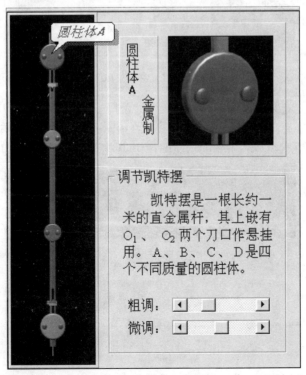

图 6-2-2　凯特摆调节窗口

凯特摆由金属摆杆、四个摆锤、两个刀口 7 部分组成. 凯特摆调节窗口的左方是一个凯特摆，单击摆锤或刀口选定待调节部件，窗口右上方将显示该部件的放大图像. 右下方是两个滚动条，供调节用. 用户可以选择"粗调"或"微调"控制调节幅度.

右键单击仪器窗口顶部的细条，弹出窗口菜单(图 6-2-3). 选择"倒置"菜单项(或在金属摆杆上双击)，可以将凯特摆倒置. 选择"返回"菜单项，可以关闭此窗口.

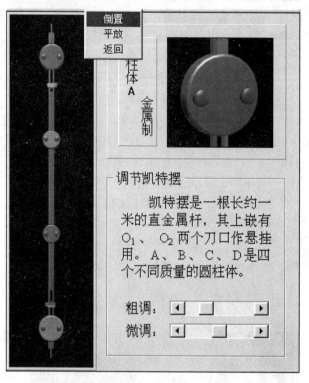

图 6-2-3　窗口菜单

(6) 选择"平放"菜单项，可显示凯特摆测量窗口(图 6-2-4，同时自动关闭凯特摆调节窗口)，这时凯特摆平放在实验台上，可以进行重心测量，选择"垂直"菜单项可以切换到测量窗口. 先调节刀口平衡(观察窗口右下角的示意图)，再单击"测量距离"，即可读出重心位置.

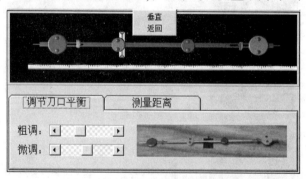

图 6-2-4　凯特摆测量窗口

(7) 选择"多用数字测试仪"菜单项，显示数字测试仪窗口(图 6-2-5)，同时主窗口左上角显示一段凯特摆连续摆动的动画，为了明显起见，摆动幅度被夸大了.

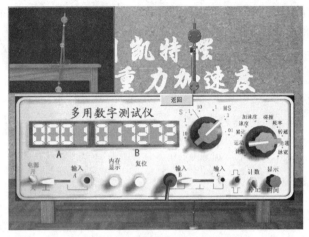

图 6-2-5　数字测试窗口

在实验室场景里将光电开关位置放好(要正对凯特摆下缘的遮光板). 打开数字测试仪电源开关, 选择适当的时标, 然后按"复位"键进行测量. 计停开关打到"停止"挡时, 数字测试仪记录一个周期后自动停止计数. 打到"计数"挡时, 数字测试仪将连续记录(A 组数码管显示周期数, B 组数码管显示总时间), 直到切换到"停止"挡(记录完当前周期后自动停止计数).

(8) 选择"光电检测探头"菜单项, 显示光电检测探头窗口(图 6-2-6), 介绍光电开关的用途.

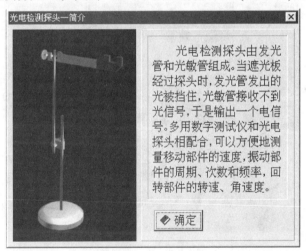

图 6-2-6　光电检测探头窗口

单击"确定"键, 可以关闭此窗口. 选择"最小化"菜单项, 整个程序将缩为一个图标, 用户可以方便地查看 Windows 桌面或进行任务切换.

(9) 选择"退出"菜单项, 将退出本实验, 返回主界面.

3. 实验内容

(1) 将光电门放在凯特摆正下方, 否则多用数字测试仪将无输入信号.

(2) 打开凯特摆仪器窗口, 单击凯特摆的各个部件, 右上角显示出放大的图形, 表示该部件已被选中, 可以进行调节. 调节"粗调"和"细调"滚动条, 选中的部件将在摆杆上移动. 鼠标右键单击仪器窗口顶部的细条, 在仪器菜单上选择"倒置", 凯特摆将被倒置.

(3) 打开多用数字测试仪窗口, 屏幕左上角显示凯特摆的摆动. 打开电源, 测量摆动周期.

(4) 反复调节凯特摆, 直到凯特摆正、倒放置的摆动周期近似相等(小于 0.001 s)为止.

(5) 测出凯特摆的等效摆长和重心位置, 将以上测得的数据填入实验报告中的表格中, 并计算出 g 值.

具体内容可以参考"实验步骤"(从主菜单里选择)或自行拟定.

6.3　核 磁 共 振

1. 主窗口

在系统主界面上选择"核磁共振", 单击即可进入本仿真实验平台, 显示平台主窗口——实验室场景. 场景里有实验台和实验仪器. 用鼠标在实验室场景上四处移动, 当鼠标指向仪器时, 鼠标指针处会显示相应的提示信息.

2. 主菜单

在主窗口上单击鼠标右键, 弹出主菜单, 主菜单下还有子菜单. 用鼠标左键单击相应的主菜单项或子菜单项, 则进入相应的实验部分, 如图 6-3-1 所示.

图 6-3-1　主菜单界面

实验应按照主菜单的条目顺序进行.

【实验简介】

打开实验简介文档(图 6-3-2), 请认真阅读.

注意: 鼠标移到"返回"处, 鼠标变成手形, 单击即可返回实验平台. 其他窗体上的"返回"类似.

【实验原理】

选择"磁共振的经典观点"子菜单, 认真阅读. 鼠标在三个图像框上移动, 则分别有相应演示内容的提示(图 6-3-3).

图 6-3-2　实验简介界面

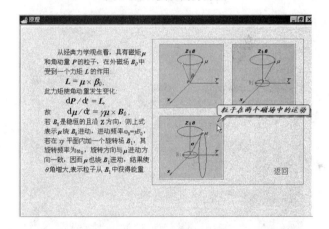

图 6-3-3　演示内容界面

选择"磁共振的方法图像"子菜单,认真阅读. 用鼠标操作滚动条,可以改变相应磁场的大小,从而观察到不同的共振图像(图 6-3-4).

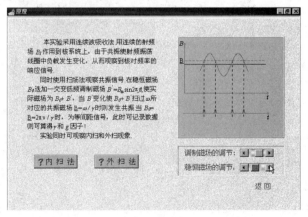

图 6-3-4　共振图像界面

单击"内扫法"命令钮，演示示波器的内扫法原理(图 6-3-5).

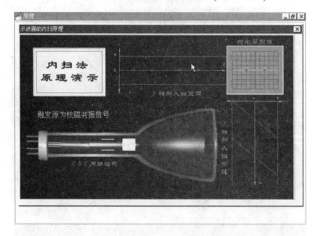

图 6-3-5　内扫原理界面

单击"外扫法"命令钮，演示示波器的外扫法原理(图 6-3-6).

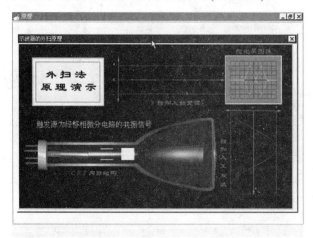

图 6-3-6　外扫原理界面

【实验仪器】

实验仪器包括子菜单"仪器装置图"和"仪器介绍"．单击子菜单"仪器装置图"，认真阅读；单击子菜单"仪器介绍"，认真阅读．

单击"继续…"可以看到下一个仪器的介绍(图 6-3-7).

【实验内容】

实验内容包括子菜单"预习思考""实验内容"和"进行实验"．

单击子菜单"预习思考"，需要实验者选择正确答案．正在闪烁的方框，就是需要实验者回答的地方．所有正确的答案全部包含在下面的六个可能选项中．将鼠标移到所要选择的答案上，待鼠标指针光标变为手形，单击选择这个答案(图 6-3-8). 若答案选择正确，则继续下

图 6-3-7 仪器说明界面

一个问题. 若回答完所有四个问题, 则可退出. 若回答错误, 则有相应的对话框出现, 单击"OK"即可重新选择(图 6-3-9).

图 6-3-8 预习答题界面

图 6-3-9 回答错误界面

单击子菜单"实验内容", 认真阅读. 按照内容的要求观察现象和记录数据.

单击子菜单"进行实验", 开始实验.

基本操作方法如下:

(1) 旋钮的操作方法. 所有的旋钮, 其操作方法都是一致的(包括旋钮"边限调节""频率调节"以及磁铁旋柄的手动), 即用鼠标右键单击, 则旋钮顺时针旋转; 用鼠标左键单击, 则旋钮逆时针旋转(图 6-3-10).

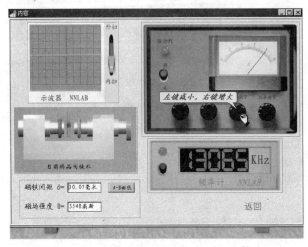

图 6-3-10　旋钮操作法界面

(2) 拨动开关(包括"核磁共振仪"的开关, "频率计"的开关, "内扫""外扫"开关以及样品的更换)的操作方法. 用鼠标左键单击开关的上部, 即把开关拨向上挡; 类似的, 用鼠标左键单击开关的下部, 则把开关拨向下挡(图 6-3-11).

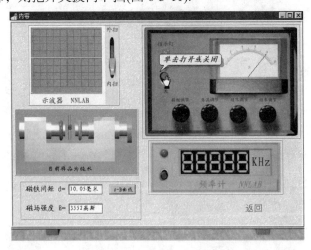

图 6-3-11　拨动开关操作法界面

所有操作必须当鼠标指针光标由箭头变为相应手形时才能进行. 实验中注意记下正确数据, 留待实验报告中输入并处理. 间距值、频率值、磁场强度值均自动给出. 实验者也可以点按钮"d-B 曲线", 根据 d 值读出相应 B 值.

点击"现代应用", 打开演示现代应用的文档; 点击"退出", 退出实验平台.

6.4　螺线管磁场及其测量

1. 主窗口

在系统主界面上选择"螺线管磁场及其测量"并单击，即可进入本仿真实验平台，显示平台主窗口——实验室场景，看到实验台和实验仪器.

2. 主菜单

在主窗口上单击鼠标右键，弹出主菜单，主菜单下有子菜单. 鼠标左键单击相应的主菜单项或子菜单项，则进入相应的实验部分(图 6-4-1).

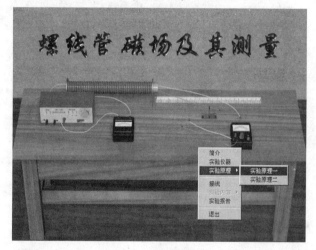

图 6-4-1　主菜单

实验应按照主菜单的条目顺序进行.

【实验简介】

选择主菜单的"简介"并单击可打开实验简介文档(图 6-4-2).

图 6-4-2　实验简介界面

鼠标移到上面蓝条处将显示操作提示，双击即可返回实验平台.

【实验仪器】

选择主菜单的"实验仪器"并单击可打开实验仪器文档，操作与查看实验简介完全类似.

【实验原理】

实验原理包括子菜单项"实验原理一"和"实验原理二".

选中"实验原理"的"实验原理一"子菜单项并单击，将显示实验原理一，如图 6-4-3 所示.

图 6-4-3　实验原理界面

用鼠标操作滚动条，可使画面上下滚动.

鼠标移到上面蓝条处将显示操作提示，双击可返回实验平台.

选择"实验原理"的"实验原理二"子菜单项并单击，将显示实验原理二，与"实验原理一"操作相同.

【实验接线】

选择"接线"并单击进入接线界面. 本实验中晶体管毫伏表读数会随时间产生漂移，所以做本实验的关键是要对晶体管毫伏表经常短路调零以消除误差. 为方便计，宜加一单刀双掷开关. 正确接线图(不止一种)可参见图 6-4-4.

接线时选定一个接线柱，按住鼠标左键不放拖动，一根直导线即从接线柱引出. 将导线末端拖至另一个接线柱释放鼠标，即可连接这两个接线柱. 删除两个接线柱的连线，可将这两个接线柱重新连接一次.

接线完毕单击鼠标右键弹出菜单，选择"接线完毕"来判断接线是否正确，接线正确后才能开始实验. 选择"重新接线"可删除所有导线.

【实验内容】

接线正确后此菜单项才会有效. 此菜单包括子菜单项"内容一""内容二"和"内容三".

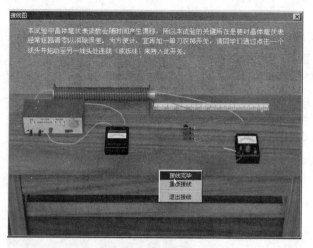

图 6-4-4　正确接线示意图

单击子菜单项"内容一"即可进入实验内容一进行实验，如图 6-4-5 所示.

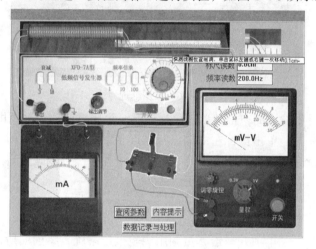

图 6-4-5　实验内容-界面

【仪器的基本操作方法】

（1）旋钮的操作方法：所有的旋钮，其操作方法是一致的，即用鼠标右键单击，则旋钮顺时针旋转；用鼠标左键单击，则旋钮逆时针旋转. 旋钮包括"输出调节""调零旋钮"，以及"频率调节".

（2）按钮的操作方法：用鼠标左键单击即可按下或弹起按钮. 按钮包括"衰减"和"频率倍乘".

（3）拨动开关的操作方法：操作非常简单，用鼠标左键单击开关即可改变开关的状态.

（4）探测线圈的粗调和细调，单刀双掷开关的操作和旋钮的调节一样.

（5）毫伏表"量程"的调节和开关的操作一样.

（6）单刀双掷开关的刀打到左边是调零位置，可调节"调零旋钮"调零；打到中间是断路位置；打到右边是测量位置，可以测量电路的电压.

在此界面的上部单击鼠标右键将弹出主菜单，做完实验内容一后选择实验内容二、实验内容三继续实验.

　　实验时点击"实验参数"可打开实验参数文档,双击其上的蓝条关闭此文档;点击"实验内容"打开实验内容文档,双击其上的蓝条关闭此文档;实验时按实验内容文档的步骤进行实验,点击"数据记录及处理"打开数据处理窗口,将测量数据记录到相应的位置,数据处理窗口如图 6-4-6 所示.

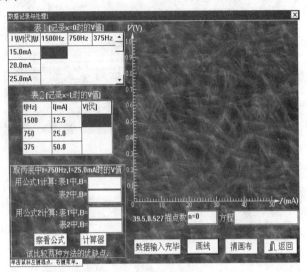

图 6-4-6　数据处理界面

　　输入数据时在所要输入的空格处单击鼠标左键,再用键盘输入数据即可.

　　画线时先在坐标图上单击鼠标左键描点,描点完毕点击"画线"即可画线,如描点错误可在错点处再单击鼠标左键即可删除该点,点击"清画布"可删除所有点,点击"返回"可返回实验操作界面.

【实验报告】

　　选择"实验报告"菜单项并单击,可调用实验报告系统,将前面所得数据记录到实验报告中以备教师检查,具体操作见实验报告说明.

【退出实验】

　　实验结束后点击"退出",退出实验平台.

6.5　检流计的特性

1. 主窗口

　　在系统主界面上选择"检流计"并单击,即可进入本仿真实验平台,显示平台主窗口——实验室场景.用鼠标在实验室场景上四处移动,当鼠标指向仪器时,鼠标指针处会显示相应的提示信息.

2. 主菜单

　　在主窗口上单击鼠标右键,弹出主菜单.主菜单包括以下几个菜单项:"简介""实验目的""实验原理""实验内容""思考题""退出系统". 其中"实验原理"及"实验内容"有下一级菜单, 如图 6-5-1 所示. 左键单击各项可进入相应的实验内容(若点击"退出系统", 则会退出实验平台).

图 6-5-1　主菜单

实验内容应按照主菜单的条目顺序进行, 否则系统会提示出错.

【实验简介】

以鼠标左键点击主菜单上"简介"项, 打开实验简介文档, 如图 6-5-2 所示, 请认真阅读.

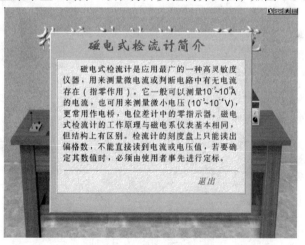

图 6-5-2　实验简介界面

注意: 鼠标移到"退出"处, 单击左键即可返回实验平台. 此外双击标题亦可关闭该窗口(将鼠标移动至标题处, 可见到有关提示). 其他窗口的退出操作类似.

【实验目的】

以鼠标左键点击主菜单上"实验目的"项, 打开实验目的文档, 如图 6-5-3 所示, 请认真阅读.

图 6-5-3　实验目的界面

【实验原理】

本实验原理共分三项：磁电式检流计的结构、磁电式检流计的工作原理、磁电式检流计的运动状态. 各项依次说明如下.

(1) 磁电式检流计的结构.

以鼠标左键点击"实验原理"子菜单上"磁电式检流计的结构"项，打开磁电式检流计的结构文档，显示如图 6-5-4 所示，请认真阅读.

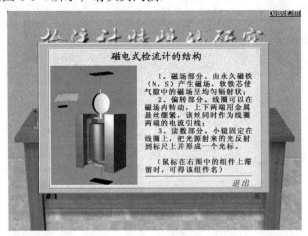

图 6-5-4　结构文档界面

(2) 磁电式检流计的工作原理.

以鼠标左键点击"实验原理"子菜单上"磁电式检流计的工作原理"项，打开磁电式检流计的工作原理文档，显示如图 6-5-5 所示，共分三页，请认真阅读.

(3) 磁电式检流计的运动状态.

以鼠标左键点击"实验原理"子菜单上"磁电式检流计的运动状态"项，打开磁电式检流计的运动状态窗口，显示如图 6-5-6 所示，请认真阅读.

图 6-5-5　工作原理界面

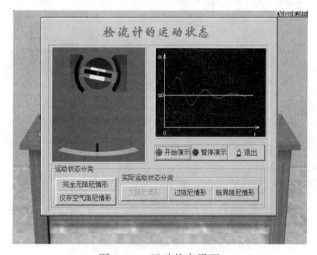

图 6-5-6　运动状态界面

可按各按钮上的提示选择运动情形并演示.

【实验内容】

实验内容包括"实验电路连接""检流计的调零""测量临界电阻""观察检流计的运动状态""测量电流常数与电压常数". "计时器"项是为在观察检流计的运动状态时，调计时器而设的.

【注意事项】

(1) 进行实验时，应按子菜单各项次序依次进行；

(2) 观察检流计的运动状态时，应注意 R_{kp} 值的选取，点击"观察检流计的运动状态"项，会出现以下提示，如图 6-5-7 所示，请依提示选取 R_{kp} 值.

图 6-5-7　提示示意图

(3) 点击屏幕右下角"实验报告"按钮，可调出实验报告，请在每完成一项实验后，将所有实验数据记录下来.

【仪器操作指南】

(1) 旋钮的操作方法.

所有的旋钮，操作方法一致，即用鼠标右键单击，则旋钮顺时针旋转；用鼠标左键单击，则旋钮逆时针旋转.

(2) 拨动开关的操作方法.

单刀开关：以左键点击单刀开关，则单刀开关可在"开"与"关"两种状态间相互切换.

双向开关：操作方法如图 6-5-8 所示.

压触开关：利用鼠标左键点击红色触头即可.

图 6-5-8　双向开关示意图

注：图中"→"表示点击鼠标左键；"←"表示点击鼠标右键

(3) 计时器(图 6-5-9)的操作方法.

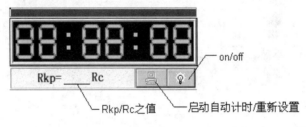

图 6-5-9　计时器示意图

操作次序：

① 点击"on/off"钮，数字显示呈红色(表示计时器处于工作状态)或灰色(表示计时器处于非工作状态)；

② 当计时器处于工作状态时，点击"启动自动计时/重新设置"钮，则计时器可处于：

a."启动自动计时"状态：此时该钮提示为"重新设置". 该状态使单刀开关的打开与计时器开始计时同步，并给出 R_{kp}/R_c 之值；

b."重新设置"状态：此时该钮提示为"启动自动计时". 该状态使计时器清零.

【思考题】

实验思考题如图 6-5-10 所示，答案请写入实验报告，以备教师检查.

【退出系统】

点击该项，弹出确认是否要退出系统的对话框，如图 6-5-11 所示. 点击"Yes"按钮将退出本实验平台.

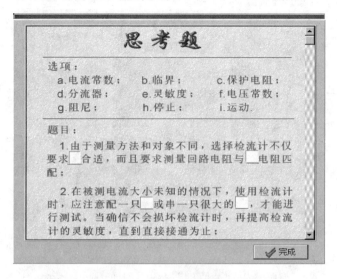

图 6-5-10 实验思考题界面

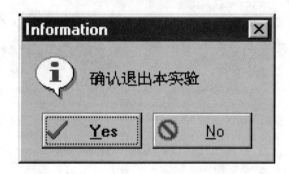

图 6-5-11 退出系统对话框

6.6 阿贝比长仪和氢氖光谱的测量

1. 主窗口

在系统主界面上选择"阿贝比长仪和氢氖光谱测量"并单击，即可进入本仿真实验平台.
在平台主窗口的顶部是主菜单，其下为一段循环播放的从不同角度演示阿贝比长仪的动画，
如图 6-6-1 所示.

2. 主菜单

1) "系统"菜单

选择"系统"菜单，出现"简介"和"退出"两个选项(图 6-6-2). 单击"简介"选项，
弹出关于本实验的简介；单击"退出"选项，退出本实验.

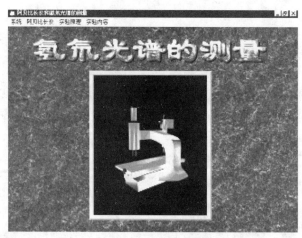

图 6-6-1　主窗口界面

2) "阿贝比长仪"菜单

选择"阿贝比长仪"菜单，出现"原理""结构和使用""读数练习"三个选项(图 6-6-3).

图 6-6-2　"系统"菜单

图 6-6-3　"阿贝比长仪"菜单

(1) 单击"原理"选项,弹出阿贝比长仪的原理图(图 6-6-4). 鼠标所指的部件会变成红色, 并在窗口下部的提示框里说明所指部件的名称、作用. 窗口左半部分是对阿贝比长仪测量原理的文字说明. 单击"返回"按钮可以退出本窗口, 返回到主窗口.

(2) 单击"结构和使用"选项, 出现阿贝比长仪的外观图(图 6-6-5), 并有对每个部件的说明. 窗口下方有进行本实验的步骤提示. 单击"返回"可以退出本窗口, 回到主窗口.

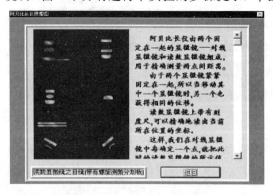

图 6-6-4　阿贝比长仪原理界面

图 6-6-5　阿贝比长仪外观图

(3) 单击"读数练习"选项, 弹出图 6-6-6 所示的窗口, 学习阿贝比长仪的读数方法. 在窗口左上方"对线显微镜视野"图中, 淡青色的竖线和波长为 λ_3 的谱线重合, 这时阿贝比长仪测量出的数值就表示谱线 λ_3 的位置.

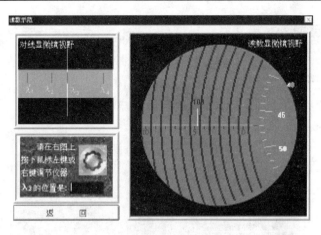

图 6-6-6　读法练习界面

①　按照窗口左下方的文字提示，在小旋钮上按住鼠标左键(或右键)，直到窗口右方图片框中阿基米德双螺旋线把黄色的短竖线卡在中间，此时阿贝比长仪的读数就是 λ_3 的位置(可以存在小范围的误差).

如图 6-6-7 所示，读数 $A=100+0.4+0.070+0.0005=100.4705$，最后的一项 0.0005 是估计读数，请注意阿贝比长仪读数的有效数字到小数点后四位.

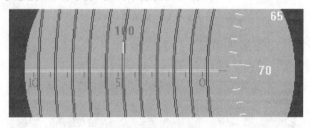

图 6-6-7　读数示意图 1

②　在左下图中的黑色框中输入 A 的值 "100.4705"，出现一个绿色的小框(正确信息). 单击绿色小框中的"确定"按钮，绿色小框消失. 再单击窗口左下方的"返回"按钮(图 6-6-8)，退出本窗口，返回到主窗口.

图 6-6-8　退出界面

图 6-6-9　"实验原理"菜单

3) "实验原理"菜单

选择"实验原理"菜单,弹出"氢原子光谱"和"确定波长"两个选项(图 6-6-9).

(1) 单击"氢原子光谱"选项,弹出以下窗口,概述量子跃迁理论,并以本实验要测量的巴耳末系前四条谱线为例进行说明(图 6-6-10).

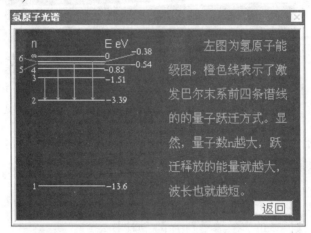

图 6-6-10　氢原子光谱说明界面

单击"返回"按钮可以退出本窗口,回到主窗口.

(2) 单击"确定波长"选项,弹出如图 6-6-11 所示窗口.

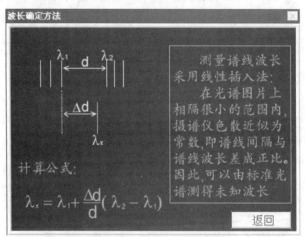

图 6-6-11　波长确定方法界面

该窗口内容表现了用阿贝比长仪测量未知波长的理论根据,即在一固定不变的参考系下,用阿贝比长仪测量出两点的位置,其差就是两点间的距离;由线性插入法,只要知道两条谱线的波长和位置,就可以算出任一未知谱线的波长.

单击"返回"按钮可以退出本窗口,回到主窗口.

4) "实验内容"菜单

单击"实验内容"菜单,正式进入实验,弹出如图 6-6-12 所示窗口.

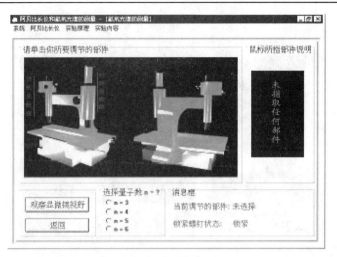

图 6-6-12 实验内容界面

由于该窗口的作用是用来选择所要测量的底片、所要调节的部件等，所以不妨称该窗口为"选择窗口"．

(1) 首先选择量子数 $n=?$

不同的 n 值对应着巴耳末系上不同的谱线，所以该项选择确定了要测量的谱线(图 6-6-13)，我们以 $n=4$ 为例对测量方法加以说明．

(2) 选择"视野调节手轮"进行调节操作，目的是把谱线底片移到对线显微镜视野的中央，方便测量．注意，该部件的调节对读数显微镜没有影响(图 6-6-14)．

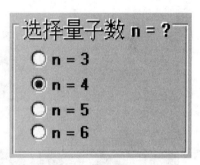

图 6-6-13 选择量子数示意图

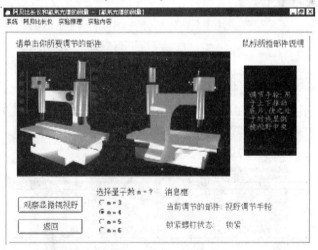

图 6-6-14 调节操作界面

① 当鼠标移动到该部件上时，部件变为红色．同时窗口上部右边的黑色框里出现对该部件的文字说明．用鼠标左键单击该部件，选定它作为工作部件．一经选定，窗口下部右图的消息框里的"当前调节的部件"一项显示为"视野调节手轮"．

② 单击"观察显微镜视野"按钮，进入如图 6-6-15 所示的窗口．由于该窗口的作用是调节在"选择窗口"选择好的部件并观察显微镜视野的图像变化，所以不妨称该窗口为"调节窗口"．

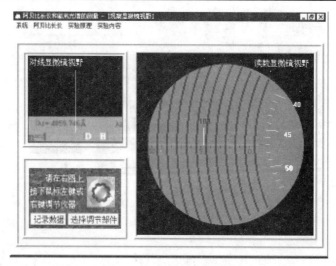

图 6-6-15　调节窗口界面

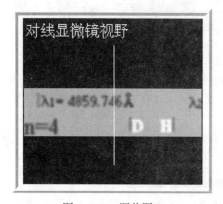

图 6-6-16　调节图 1

图 6-6-15 和"阿贝比长仪"菜单中"读数练习"一项所显示的图是一样的. 使用者可以在这里一边调节仪器, 一边观察调节所引起的显微镜视野中情况的变化. 以后每调节一个部件, 都要先在图 6-6-15 左下方中的旋钮上按住鼠标左键, 左上方中(图 6-6-16)的底片就会向上移动, 当它移动到视野中央时放开鼠标左键. 如果移动得太靠上了, 可以在左下图中的旋钮上按住鼠标右键使底片往下移动, 直到满意为止.

③ 该部件调节完毕, 单击图 6-6-15 左下方中的"选择调节部件", 回到"选择窗口", 选择调节另一个部件.

以后对于每一个部件的调节, 都先在"选择窗口"中选中这个部件, 然后在"调节窗口"中进行调节. "调节窗口"左下方的旋钮就代表刚才选中的部件, 用鼠标的左键或者右键按住这个旋钮进行调节操作.

(3) 选择"调焦手轮"进行调节操作, 目的是使对线显微镜视野中的底片清晰可见(图 6-6-17).

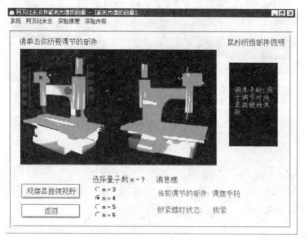

图 6-6-17　调焦手轮操作界面

① 同上一步对"视野调节手轮"的操作一样，鼠标指到"调焦手轮"以后，该部件变成红色；窗口上部右边的黑色框里出现对该部件的文字说明. 单击该部件后，窗口下部右边消息框里的"当前调节的部件"显示为"调焦手轮"(以后对其他部件的选择也是一样，不再赘述).

② 单击"观察显微镜视野"按钮进入"调节窗口"，在左下方中的旋钮上按住鼠标左键或者右键，直到底片清晰可见(图 6-6-18).

可以看出，图 6-6-18 中的底片比未调节"调焦手轮"之前的底片(图 6-6-16)要清晰得多.

③ 该部件已经调节完毕，单击"调节窗口"上的"选择调节部件"回到"选择窗口".

(4) 选择"对线手轮"进行调节操作，目的是用一个固定的参照系确定要测量谱线的位置."对线手轮"在仪器上的位置如图 6-6-19 所示(实际操作中红色的部件即是).

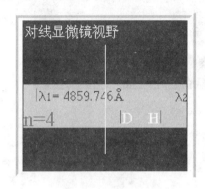

图 6-6-18　调节图 2

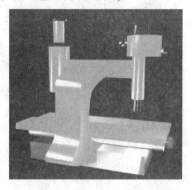

图 6-6-19　　"对线手轮"位置图

① 单击该部件，选定该部件为调节部件.

② 单击"观察显微镜视野"按钮进入"调节窗口".

③ 在"调节窗口"的左下方的旋钮上按住鼠标左键，直到在对线显微镜视野中的标准谱 λ_1 和视野中央的青色竖线重合，如图 6-6-20 所示.

④ 调节完毕，按下"选择调节部件"回到"选择窗口".

(5) 在"选择窗口"中单击"锁紧螺钉"，使其处于松开状态，目的是配合下一步的调零操作."锁紧螺钉"在仪器上的位置如图 6-6-21 所示(实际操作中红色小方块即是).

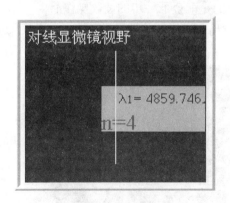

图 6-6-20　调节图 3

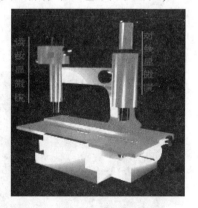

图 6-6-21　　"锁紧螺钉"位置图

(6) 选择"调零手轮"进行调节，目的是使对于每个量子数 n 的氢氘光谱测量，起始值都为一个整数,方便计算. 调零手轮在仪器上的位置如图 6-6-22 所示(实际操作中红色部件即是).

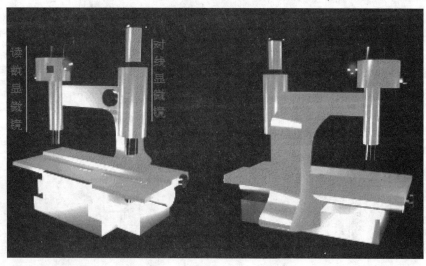

图 6-6-22　"调零手轮"位置图

① 单击"观察显微镜视野"进入"调节窗口".

② 在左下图的旋钮上按住鼠标左键使读数显微镜视野中的黄色小游标对准背景标尺的零刻度,如图 6-6-23 所示.

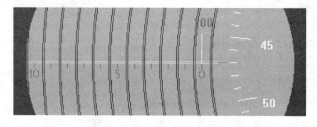

图 6-6-23　读数示意图 2

③ 单击"选择调节部件"退回到"选择窗口"中.

(7) 单击"锁紧螺钉",使其处于锁紧状态,目的是配合下一步的读数操作.

(8) 选择"读数螺钉"进行调节操作,目的是读出该谱线的位置的数值表示. 读数螺钉在仪器上的位置如图 6-6-24 所示(实际操作中红色部件即是).

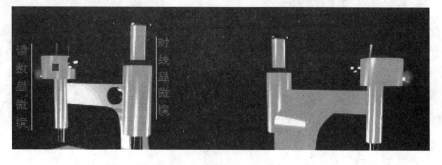

图 6-6-24　"读数螺钉"位置图

① 单击"观察显微镜视野",进入"调节窗口".

② 在左下图的旋钮上按住鼠标左键，直到读数显微镜视野中的黄色小游标被阿基米德双螺旋线卡住. 此时从读数显微镜里读出的数字就是被测谱线的位置的数字表示，如图 6-6-25 所示.

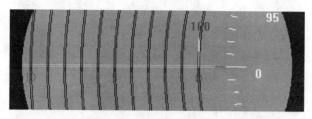

图 6-6-25　读数示意图 3

③ 记下该数字，并单击左下方的"记录数据"按钮，弹出实验报告，在实验报告的相应位置上填上该数据(实验报告的使用方法请参考"实验报告处理系统说明").

经过以上步骤，使用者就能测量出一条谱线的位置. 重复以上操作，测量出每一个量子数 n 对应的 4 条谱线(两条标准铁谱线、一条氢谱线、一条氘谱线)位置，填写在实验报告上，并根据有关公式计算出各谱线的波长、里德伯常数，一并填写在实验报告上保存，提交教师检查.

【注意事项】

(1) 在测量第一条谱线时已经调好了底片在对线显微镜视野中的位置和对线显微镜的焦距，以后的测量中就不必再进行这两项操作.

(2) "调零"操作对于每个确定的量子数 n 只进行一次，即第一条标准铁谱的位置为整数，其他的谱线位置测量都在此基础上进行. 对于 n 等于 3、4、5、6 的四种情况，只须进行四次调零操作即可.

6.7　氢氘光谱拍摄

氢氘光谱测量

本实验是为了使使用者了解平面光栅摄谱仪的设计原理、结构、使用方法，并且学习拍摄氢氘原子光谱巴耳末线系的实验方法而设计的. 具体使用说明如下.

1. 主窗口

在系统主界面上选择"氢氘光谱拍摄"并单击，即可进入本仿真实验平台，显示平台主窗口——两米光栅摄谱仪(图 6-7-1). 用鼠标在实验仪器上移动，当鼠标指向相应仪器的时候会出现相应的提示信息. 单击鼠标的右键出现主菜单.

2. 主菜单项和仪器各部分的说明

1) 主菜单

(1) 实验简介. 点取黄色标题栏可拖动窗口，双击黄色标题栏关闭窗口，如图 6-7-2 所示. 实验中出现的黄色标题栏操作均如此.

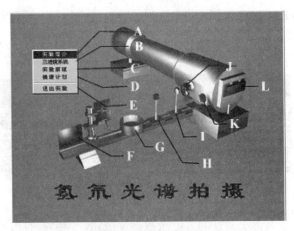

图 6-7-1　主菜单界面

A. 实验简介；B. 三透镜系统；C. 实验原理；D. 摄谱计划；E. 退出实验；F. 电极架；G. 废渣盘；H. 透镜；
I. 透镜及投射光阑；J. 哈特曼光阑；　K. 光栅转角调整；L. 拍摄光屏

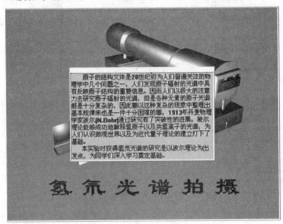

图 6-7-2　实验简介界面

(2) 三透镜系统.按右键可弹出菜单，选择相应项以分别演示三透镜系统中各个透镜的作用，如图 6-7-3 所示.

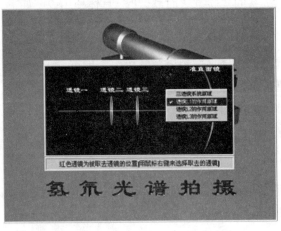

图 6-7-3　三透镜系统界面

(3) 实验原理. 用鼠标左右键点击图中红色的反射光栅改变转角以观察反射光栅的作用，如图 6-7-4 所示.

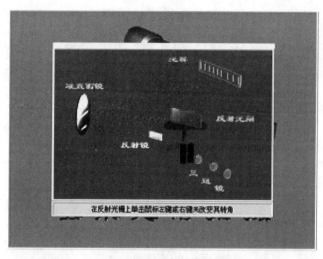

图 6-7-4　实验原理图

(4) 摄谱计划. 选择活页，分别进入实验目的、摄谱计划、实验预习. 在"摄谱计划"一页中可制订摄谱计划，如图 6-7-5 所示.

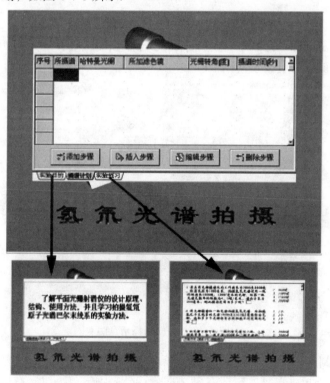

图 6-7-5　摄谱计划界面

(5) 退出实验. 返回系统主界面.

2) 仪器各部分的说明

(1) 电极架.

调节五个旋钮，使观察窗内电极的间隙略宽于光阑缝，位于同一垂直线内且水平方向上居于光阑缝的中央(图 6-7-6). 可通过切换视角来调节在另一方向上电极的位置，电极架调节好后会出现"调节成功"对话框.

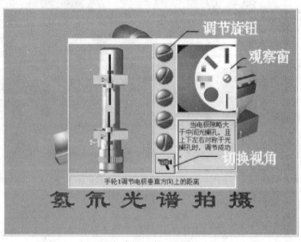

图 6-7-6　电极架调节界面

(2) 透镜及透射光阑.

在光阑盘上单击鼠标左键或右键选择正确的透射光阑(应选择的光阑如图 6-7-7 所示). 未选择正确的光阑不能进行电极架的调节.

图 6-7-7　光阑选择示意图

(3) 哈特曼光阑.

在哈特曼光阑上单击鼠标左键或右键选择哈特曼光阑，单击鼠标右键弹出菜单，并选择所用滤色镜(图 6-7-8).

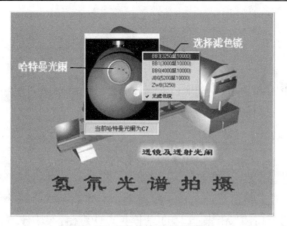

图 6-7-8　滤色镜选择示意图

(4) 光栅转角调整.

用鼠标拖动底片粗调光栅转角，在转轮上单击鼠标左键或右键细调光栅转角(图 6-7-9).

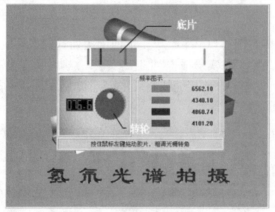

图 6-7-9　光栅转角调节示意图

(5) 拍摄光屏.

启动电子表，在光谱选择框内选择与当前步骤一致的谱线，选择合适的板移，按电子表的"start"开始拍摄，拍摄完一条谱线后用"reset"重置电子表. "拍摄新光谱"将当前所拍结果记录，并重置摄谱计划. "拍摄记录"可查看最近几次拍摄的谱片记录(图 6-7-10).

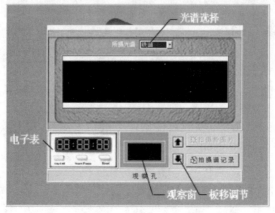

图 6-7-10　拍摄光屏界面

6.8 G-M计数管和核衰变的统计规律

本实验是为了使使用者学习和掌握 G-M 计数管的工作原理和使用方法，了解 G-M 计数管的坪特性而设计的. 具体使用说明如下.

1. 主窗口

在系统主界面上选择"G-M 计数管"并单击，即可进入本仿真实验平台，显示平台主窗口——实验室场景. 双击实验台桌面上的"定标器"和"数字式万用表"可看到相应放大的、可任意操作的实验仪器窗口. 双击桌面上的"书本"，可查看实验原理. 双击"G-M 计数管"进入仪器连接画面. 用鼠标在桌面上四处移动，当鼠标箭头指向某仪器时，鼠标指针处会显示相应的提示信息.

2. 主菜单

在主窗口上单击鼠标右键，弹出主菜单，上面依次列有以下六项："实验原理""预习思考题""连接线路""实验内容""实验报告""退出实验". 其中，在没有成功连接线路前，"实验内容"项为浅灰色即不可选；在连接完线路后，"连接线路"项会变成浅灰色. "实验内容"有下一级菜单(图 6-8-1).

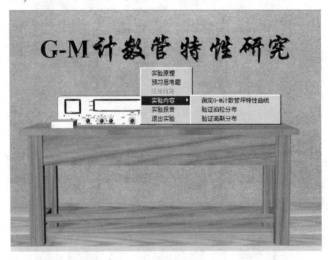

图 6-8-1 主菜单界面

【实验原理】

单击主菜单上的"实验原理"项或双击桌面上的"书本"，打开实验原理窗口. 单击目录中的某一条，可翻到相关页阅读. 正文页的右下角有左箭头或右箭头，单击箭头可翻至下一页或回到目录页，如图 6-8-2、图 6-8-3 所示.

双击窗口上端的蓝色标题条返回实验平台.

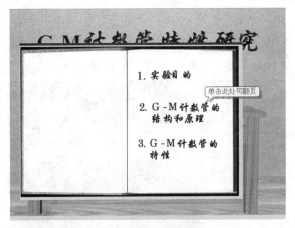

图 6-8-2　实验原理界面

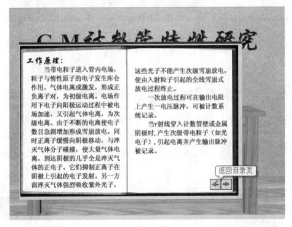

图 6-8-3　工作原理介绍界面

【预习思考题】

单击主菜单上"预习思考题"项，打开预习思考题窗口(图 6-8-4). 请用键盘将题目下方对应的答案代号填入空白处. 按 Tab 键或鼠标选择所要填写的空白. 单击确定键,可知正确率. 单击返回键或双击窗口上端的蓝色标题条返回实验平台. 正确完成预习思考题对顺利完成实验有很大帮助.

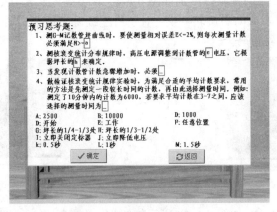

图 6-8-4　预习思考题窗口

【连接线路】

单击主菜单上"连接线路"项,打开连接线路窗口(图 6-8-5),按线路图接入 G-M 计数管. 双击 G-M 计数管可以使其水平翻转,改变正负极的位置(如左端为正,双击后变为右端为正).

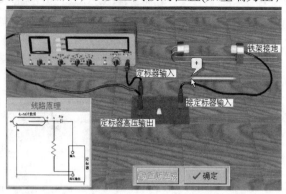

图 6-8-5　连接线路窗口

【实验内容】

实验内容包括以下三项:"测定 G-M 计数管坪特性曲线""验证泊松分布""验证高斯分布".

【仪器操作指南】

(1) 开关的操作方法. 两种开关分别如图 6-8-6、图 6-8-7 所示. 用鼠标左键单击开关,可改变开关开启状态或仪器连接状态.

图 6-8-6　开关 1

图 6-8-7　开关 2

(2) 旋钮的操作方法. 两种旋钮分别如图 6-8-8、图 6-8-9 所示. 两种旋钮都可以通过单击鼠标左键或右键分别向左或向右旋转一次. 对于可连续旋转旋钮,若按住鼠标左键或右键不放,则会向左或向右连续旋转.

图 6-8-8　可连续旋转旋钮

图 6-8-9　不可连续旋转旋钮

(3) 按钮的操作方法. 在如图 6-8-10 所示按钮中,将鼠标移到按钮上,单击鼠标左键能够完成相应的操作.

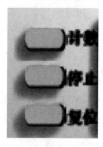

图 6-8-10　按钮

【注意事项】

(1) 请仔细阅读实验过程中出现的提示.

(2) 在实验过程中,定标器的工作状态(由工作选择旋钮控制)应为自动或半自动(建议使用半自动). 定标器应处于"工作"状态,而不是自检状态(由计数值观察窗口下的白色开关控制).

(3) 测量 G-M 计数管的坪特性曲线时,为使进入坪区后的计数值达到要求(大于 2500),计数时间应大于等于 10 s.

(4) V_0 和 V_0 时的计数值、坪区开始时的电压和计数值、坪区结束时的电压和计数值很重要. 事实上,只要有这三对值,就可以算出工作电压和坪斜. 当要绘出坪区的曲线图才需要所有数据.

(5) 如果工作电压或坪斜的计算错误,将不能进行下面的实验项目. 所以请按照要求仔细选取和计算工作电压和坪斜. 如图 6-8-11 所示,若计算正确,则"完成"键为可选状态,此时可继续下面的实验.

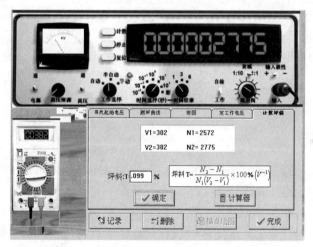

图 6-8-11　工作电压或坪斜计算正确示意图

(6) 在验证泊松分布和高斯分布时,应确定电压为工作电压. 为满足计数范围的要求,计数时间应为 3 s、6 s 或 9 s. 在验证泊松分布和高斯分布时,因需要测量的数据量较大(泊松分布为 400 次,高斯分布为 500 次),可以按"加速键"按钮,直接观察结果.

(7) 在验证泊松分布和高斯分布时,绘图项中都有两张图. 左面的是实验次数低于要求时的图,右面的是达到要求时的图. 按"显示理论曲线"按钮可看到理论曲线(图 6-8-12 为验证高斯分布时的绘图项).

(8) 实验过程中,若用鼠标左键单击主窗口,仪器和记录窗口会消隐. 只要再用主菜单选择相应项,就可恢复.

(9) 在实验过程中,可以返回重新查看实验原理和预习思考题.

(10) 窗口可以通过按"确定""返回"或"完成"键,或双击蓝色标题条关闭.

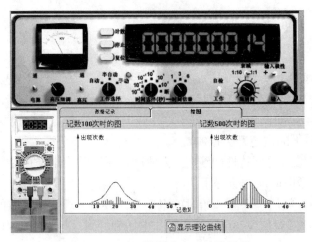

图 6-8-12　验证高斯分布时的绘图项

【实验报告】

调用"实验报告处理系统".

【退出实验】

单击主菜单中的"退出实验"即可退出本实验平台.

6.9　热敏电阻的温度特性实验

【实验环境】

在系统主界面上选择"热敏电阻温度特性实验"并单击，即可进入本仿真实验平台，显示平台主窗口——实验室场景(图 6-9-1).

实验台上共有七件物品：说明书、功率调节器、电炉及热敏电阻、实验数据记录本、惠斯通电桥、检流计、稳压电源. 鼠标移动到有关物体，当物体发光时再单击鼠标即进入该仪器介绍画面，可进行操作练习. 鼠标移动到非桌面上物体时，单击鼠标便进入实验.

图 6-9-1　实验场景图

例如，鼠标移动到电桥上，电桥发出红光，然后单击鼠标即进入电桥介绍画面. 鼠标移动到电桥盒盖，鼠标指针光标变为手形，单击鼠标可打开盒盖. 盖子打开后，鼠标移动到有关零件位置，鼠标指针光标变为放大镜，单击鼠标出现该零件的局部放大图(图 6-9-2). 鼠标移动到旋钮并单击后，画面变为俯视图，这时可以操作各旋钮进行仪器的操作练习，同时底部状态条提示当前的电阻正确读数. 如果觉得图案不清，可以单击旋钮外任何一点，显示放大图(图 6-9-3). 单击"返回"按钮回到电桥侧视图，单击"返回开始画面"按钮回到介绍主界面. 在有关物体介绍画面中，务必要仔细阅读文字说明，这些内容对以后的实验测量会有帮助.

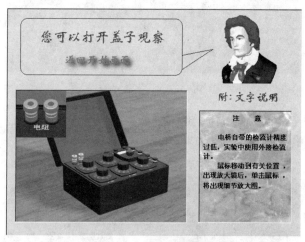

图 6-9-2　零件局部放大图 1

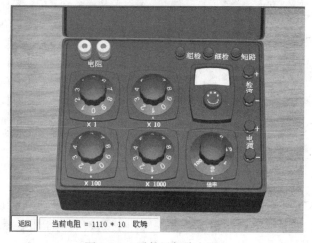

图 6-9-3　零件局部放大图 2

阅读完各仪器介绍后，退回到介绍主界面，在非桌面物体上，单击鼠标后可选择连接导线，进行实验(图 6-9-4).

【连接电路】

在介绍主界面中选择连接导线，进入接线主画面(图 6-9-5). 先后单击两个接线柱后，这两个接线柱将连上或删除连接导线，具体取决于"工作状态"的选择. 如果觉得连线错误很

图 6-9-4　进行实验示意图

多，可以选择"删除全部连线"按钮，这样画面上的所有连线被删除，可以重新连线. 连线完成后选择"开始测量数据"按钮，如果连线正确，将进入下一步.

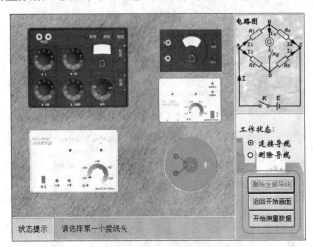

图 6-9-5　接线主画面

【实验测量】

连线正确后进入实验测量主界面(图 6-9-6)，下面是正确的操作过程说明：

(1) 在测量主界面中单击稳压电源，进入稳压电源画面. 打开电源并调整电压到 3.0 V (图 6-9-6).

(2) 进入检流计画面，打开检流计锁定并调零.

(3) 进入电桥画面，单击画面底部的温度计、检流计，记录表格图标按钮，打开温度计、检流计，记录表格子图，这样可以避免来回切换常用画面，方便操作(图 6-9-7).

(4) 测量常温下的热敏电阻阻值：旋转电桥旋钮调节惠斯通电桥到合适状态，单击检流计电计按钮，检查电桥是否达到平衡态. 在此阶段务必记住电阻偏大偏小与检流计偏向的关系，正确关系是电阻偏大则检流计读数为正，反之为负.

　　测量完成后，鼠标单击记录表格，选择合适位置记录数据，然后单击画面底部的记录表格图标按钮，记录数据.

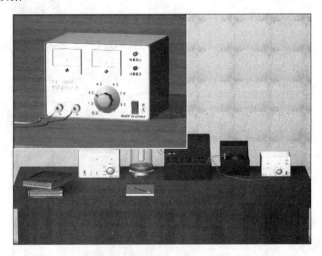

图 6-9-6　实验测量主界面

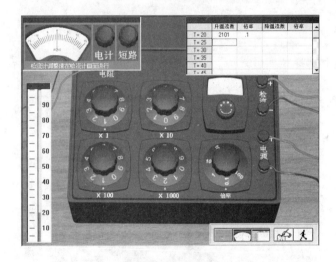

图 6-9-7　电桥画面

　　(5) 各操作熟悉后，进入功率调节器画面，打开电源，电炉开始工作. 旋钮不要一次变化过大，以免温度变化太快，来不及测量. 旋钮改变也不应太频繁，以免温度波动过大. 然后进入惠斯通电桥画面，及时调整旋钮保持电桥基本平衡. 同时要监视温度，单击温度计，刻度可以放大或缩小.

　　当给定温度到达时迅速调整电桥至平衡，并记录数据. 必要的时候还应进入功率调节器画面调整电炉发热功率(功率调节器是电炉的固定配套设备，电炉电压值反映的是电炉功率).

　　(6) 重复测量完全部数据后，在测量主界面选择记录本，再选择计算结果，这时可看实验结果.

　　(7) 在测量主画面非桌面物体上单击后选择"作图"栏，这样可看到各种测量曲线(图 6-9-8).

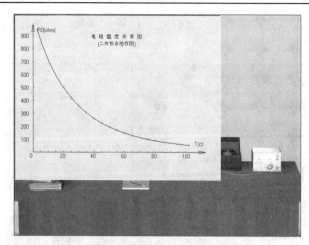

图 6-9-8　测量曲线示意图

(8) 全部实验完成,可选择退出实验.

6.10　塞曼效应实验

1. 主窗口

在系统主界面上选择"塞曼效应"并单击,即可进入本仿真实验平台,显示主实验台,如图 6-10-1 所示.

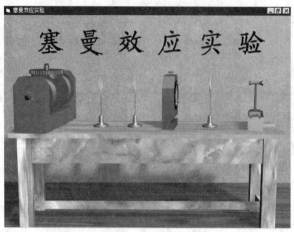

图 6-10-1　主实验台界面

2. 主菜单

在主实验台上单击鼠标右键,弹出主菜单(图 6-10-2、图 6-10-3):移动鼠标到所要的实验项目上单击,就会进入相应的实验项目.

图 6-10-2　"实验原理"菜单　　　　　　　图 6-10-3　"实验内容"菜单

【实验简介】

选择"实验简介"项，会出现以下文本框(图 6-10-4)，鼠标左键单击"返回"按钮，回到主实验台.

图 6-10-4　"实验简介"文本框

【实验原理】

(1) 选择"塞曼效应原理"项，会出现下面的控制台(图 6-10-5). 鼠标左键单击"滚动条"，文本向上移动. 鼠标左键单击"磁场控制"按钮，图形框会出现光谱线分裂情况. 鼠标左键单击"返回"按钮，返回主实验台.

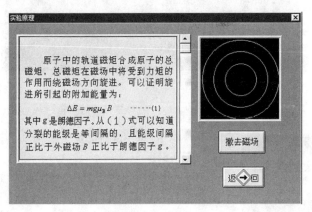

图 6-10-5　控制台 1

(2) 选择"法布里-珀罗标准具原理"项，会出现图 6-10-6 所示的控制台. 鼠标左键单击"滚动条"，文本向上移动. 鼠标左键单击"光路图"按钮，图形框会出现相应的标准具原理图. 鼠标左键单击"返回"按钮，返回主实验台.

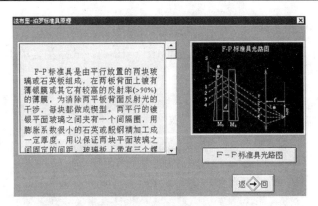

图 6-10-6　控制台 2

【实验内容】

实验内容分为"垂直磁场方向观察塞曼分裂"和"平行磁场方向观察塞曼分裂"两项.
实验结束后退出实验平台，返回系统主界面.

1) 垂直磁场方向观察塞曼分裂

在主菜单的"实验内容"里选择"垂直磁场方向观察塞曼分裂"，进入实验台一(图 6-10-7).
鼠标在台面上移动时，最下面的信息台会出现提示.

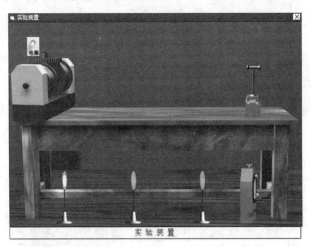

图 6-10-7　实验台一

图 6-10-8　"实验项目"菜单

鼠标右键在台面上单击，会出现下面的选项菜单(图 6-10-8)：

(1) 选择"实验步骤"项，会出现下面的文本框(图 6-10-9).
阅读完后，鼠标左键单击"返回"按钮，回到实验台一.

(2) 选择"实验光路图"项，出现下面的实验光路图(图 6-10-10). 鼠标左键单击"返回"按钮，返回实验台一.

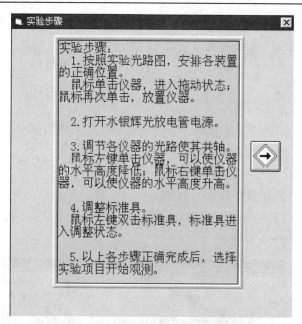

图 6-10-9　"实验步骤"文本框

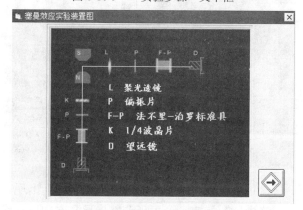

图 6-10-10　实验光路图

(3) 按照实验光路图，开始安排仪器位置(图 6-10-11).

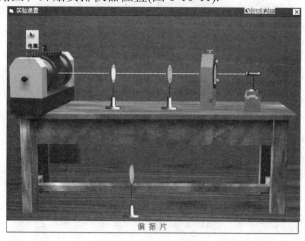

图 6-10-11　实验装置图

① 鼠标左键单击仪器，相应的仪器进入拖动状态，移动鼠标，仪器会随鼠标拖动. 在台面你认为正确的位置上，再次单击鼠标左键，仪器进入放置状态.

注意：如果仪器位置不到台面，或者超出台面范围，放置仪器时，仪器会回到初始位置.

② 所有仪器相对位置正确后，鼠标左键单击"电源"按钮，开启水银辉光放电管电源. 这时，台面上会出现一条水平的光线.

注意：如果仪器的相对位置不正确，开启电源时，会出现错误提示，光线不会出现.

③ 光线出现后，开始调节各仪器，使其共轴. 鼠标左键单击仪器，相应仪器的高度会降低；鼠标右键单击仪器，相应仪器的高度会上升.

注意：标准具的高度不需要调节.

④ 当各仪器共轴后，开始调节标准具. 鼠标左键双击标准具，标准具进入调整状态，会出现标准具调节控制台(图 6-10-12).

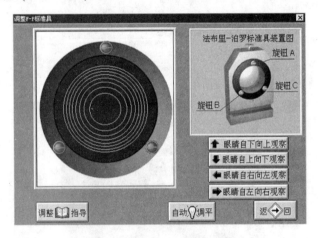

图 6-10-12　标准具调节控制台

a. 鼠标左键单击不同方向的观察按钮，标准具中的分裂环会出现吞吐现象.

b. 鼠标左键单击"调整指导"按钮，会出现调整指导文本和思考题，完成思考题后，出现提示信息. 鼠标右键单击文本退出"调整指导".

c. 调节标准具视框上的三个旋钮，直到眼睛往不同方向移动时，标准具视框中的分裂环均不会出现吞吐现象. 鼠标右键单击旋钮，旋钮逆时针转动，d 增大；鼠标左键单击旋钮，旋钮顺时针转动，d 减小.

d. 由于实验中的标准具难于调整，避免影响后面的实验进程，控制台中设计了"自动调平"按钮. 鼠标左键单击"自动调平"按钮，标准具自动达到调平状态.

e. 鼠标左键单击"返回"按钮，返回实验台一.

注意：光路不正确时，标准具不能进入调整状态.

(4) 调节完光路和标准具后，方可选择实验项目开始观测.

① 选择"鉴别两种偏振成分"，进入下面的控制台(图 6-10-13). 鼠标在控制台上移动时，最下面的信息台会出现相应的操作键和视窗信息.

a. 鼠标左键单击"观察指导"按钮，出现一个文本框. 鼠标左键单击"返回"按钮退出.

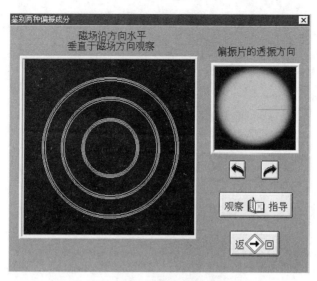

图 6-10-13　"鉴别两种偏振成分"控制台

b. 偏振片视窗上的红线表示偏振片透振方向，鼠标左键单击"偏振片透振方向逆时针旋转"或"偏振片透振方向顺时针旋转"按钮，偏振片透振方向会做相应的旋转，望远镜视窗中的分裂线也会随透振方向的改变而改变.

c. 鼠标左键单击"返回"按钮，返回实验台一.

② 选择"观察裂距的变化"选项，进入下面的控制台(图 6-10-14). 鼠标在控制台上移动时，最下面的信息台会出现相应的操作键和视窗信息.

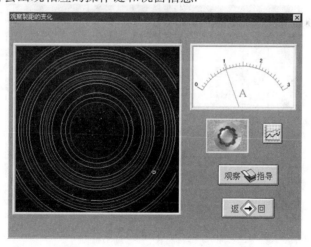

图 6-10-14　"观察裂距的变化"控制台

a. 鼠标左键单击"观察指导"按钮，会出现下面的文本框(图 6-10-15). 阅读完后，鼠标左键单击文本框上的"返回"按钮，返回控制台.

b. 鼠标左键单击(或按下不放)"电流调节旋钮"，旋钮顺时针旋转，安培表指示电流增大，望远镜视窗中的塞曼裂距发生变化；鼠标右键单击(或按下不放)"电流调节旋钮"，旋钮逆时针旋转，安培表指示电流减小，望远镜视窗中的塞曼裂距发生变化. 按照实验指导中的要求，记录相应的电流数据.

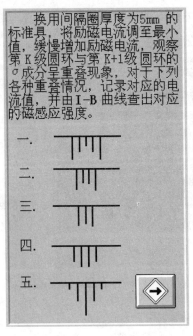

图 6-10-15　"观察指导"文本框 1

c. 鼠标左键单击"电流-磁场坐标图"，出现下面的坐标图(图 6-10-16). 鼠标左键点击横纵滚动条，坐标图移动，根据记录的电流值，查出相应的磁场强度值. 查完后，鼠标左键单击"返回"按钮，返回控制台.

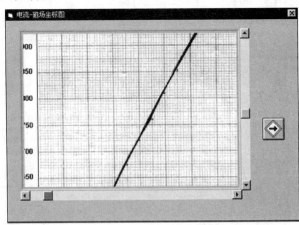

图 6-10-16　电流-磁场坐标图

d. 记录完毕后，鼠标左键单击控制台上的"返回"按钮，返回实验台一.

(5) 本实验台所有的实验项目完成后，选择"返回"项目，返回主实验台.

2) 平行磁场方向观察塞曼分裂

在主实验台上选择"平行于磁场方向观察塞曼分裂"选项，进入实验台二(图 6-10-17). 鼠标在实验台上移动时，最下面的信息台会出现相应的仪器信息.

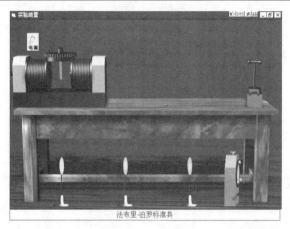

图 6-10-17　实验台二

　　鼠标右键在实验台上单击，会出现下面的实验选项 (图 6-10-18).

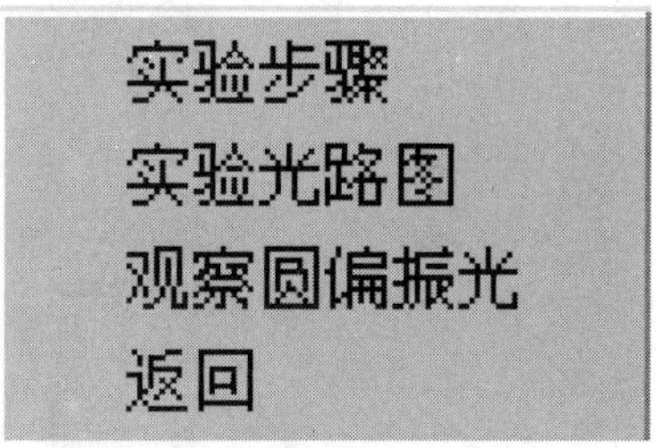

　　(1) "实验步骤""实验光路图"与实验台一的相同.

　　(2) 仿照实验台一的操作方法，安排好仪器的位置，调节好光路和标准具.

　　(3) 选择"观察圆偏振光"，进入下面的控制台(图 6-10-19). 鼠标在控制台上移动时，最下面的信息台会出现相应的操作键和视窗信息.

图 6-10-18　实验选项

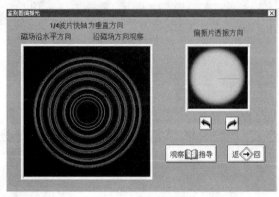

图 6-10-19　"鉴别圆偏振光"控制台

图 6-10-20　"观察指导"文本框 2

　　① 鼠标左键单击"观察指导"按钮，出现下面的文本框(图 6-10-20). 阅读完后，鼠标左键单击文本框上的"返回"按钮，返回控制台.

　　② 偏振片视窗上的红线表示偏振片的透振方向，鼠标左键单击"偏振片透振方向顺时针旋转"或"偏振片透振方向逆时针旋转"按钮，偏振片的透振方向做相应的旋转，望远镜视窗中的分裂环会产生相应的变化.

　　③ 实验完毕后，鼠标左键单击控制台上的"返回"按钮，返回实验台二.

(4) 选择"返回"选项, 返回主实验台.

实验完毕后, 鼠标右键单击主实验台, 在选项菜单上选择"返回"选项并点击, 主实验台出现"返回"按钮, 鼠标左键单击"返回"按钮, 返回主界面.

6.11　γ　能　谱

1. 主窗口

在系统主界面上选择"γ能谱"并单击, 即可进入本仿真实验平台, 显示平台主窗口, 如图 6-11-1 所示.

图 6-11-1　主窗口

进入仿真实验平台后自动出现"实验要求及提示"(图 6-11-2), 请仔细阅读, 以便准确、高效地完成实验. 单击"前一项""下一项"切换, 阅读后关闭.

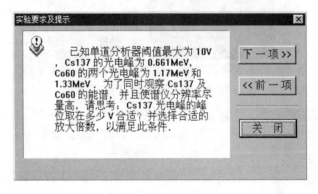

图 6-11-2　"实验要求及提示"界面

关闭"实验要求及提示"后自动出现"预习思考题"(图 6-11-3), 请认真完成, 单击"答案"可核对答案, 做完后关闭.

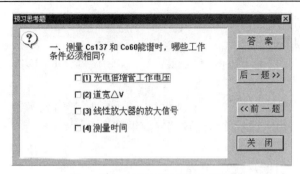

图 6-11-3　　"预习思考题"界面

2. 主菜单

在实验室台面上单击右键,弹出主菜单(图 6-11-4).

3. 实验内容

1) 实验原理

在开始实验前,请认真阅读实验原理、闪烁谱仪介绍以及单道脉冲幅度分析仪介绍.

2) 仪器调节

双击实验室桌面上的单道脉冲幅度分析仪,打开仪器调节窗口(图 6-11-5)进行调节.

各装置简介及调节方法如下:

图 6-11-4　主菜单界面

(1) 开关 ,单击左键控制开/关.

(2) 旋钮 ,单击左键或右键调节对应值.

(3) 指示灯 ,指示仪器的工作状态.

(4) ,线性率表表头.

(5) ,定标器数值显示器.

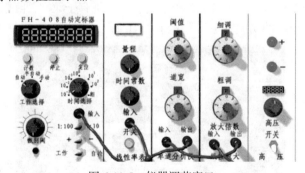

图 6-11-5　仪器调节窗口

仪器调节步骤:

(1) 打开高压电源开关.

(2) 按实验要求调节高压值.

(3) 打开线性率表开关,调节放大倍数. 每改变一次放大倍数值,不断改变阈值,同时从线性率表中观察 Cs_{137} 的峰位,直至满足实验要求.

(4) 按实验要求调节定标器的工作选择、时间选择旋钮.

(5) 按实验要求调节道宽.

(6) 调节完成，双击仪器上方的黄色标题栏，关闭仪器，返回实验室台面.

3) 进行实验

在主菜单上选择"开始实验"，如果仪器调节正确，将弹出数据表格，可继续以下实验步骤；否则，系统将给出相应提示并弹出仪器，应继续调节.

实验步骤：

(1) 单击定标器上的计数按钮，开始计数.

(2) 计数完毕，定标器自动停止，在实验数据表格中单击"记录数据"按钮，将此数据记录，单击"能谱图"，可观察描点. 若对本次数据不满意，单击"清除数据"按钮，返回第(1)步.

(3) 适当调节阈值，返回第 1 步，直至所有数据测定完成.

(4) 单击"能谱图"，观察以描点作图法绘制出的能谱图，将鼠标指针移动到记录点上，可读出此点所对应的阈值.

4) 数据处理

在主菜单上单击"实验报告"，可进入"实验报告处理系统"，进行"实验报告"填写.

5) 退出实验

在主菜单上单击"退出"，可退出本实验，返回系统主界面.

6.12　电子自旋共振

1. 主窗口

在系统主界面上选择"电子自旋共振"并单击，即可进入本仿真实验平台，显示平台主窗口，看到实验目的文档，请仔细阅读.

2. 主菜单

在主窗口上单击鼠标右键，弹出主菜单. 主菜单下还有子菜单. 鼠标左键单击相应的主菜单或子菜单，则进入相应的实验部分，如图 6-12-1 所示.

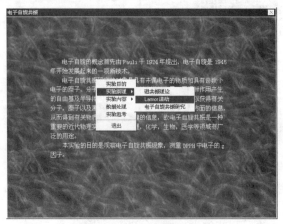

图 6-12-1　菜单界面

实验应按照主菜单的条目顺序进行.

【实验目的】

显示"实验目的"文档.

【实验原理】

选择"磁共振理论"子菜单，显示"磁共振理论"文档.

选择"Larmor 进动"子菜单，使用鼠标拖动滚动条，观察磁矩在外磁场、旋转磁场，以及合成磁场中的进动情况，如图 6-12-2 所示.

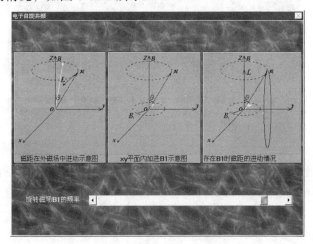

图 6-12-2　实验原理界面

选择"电子自旋共振"子菜单，显示"电子自旋共振"原理文档，认真阅读.

【实验内容】

实验内容包括子菜单"仪器装置"和"实验步骤".

单击子菜单"仪器装置"，显示仪器装置图(图 6-12-3). 用鼠标点击各个命令框，选择要观察的仪器装置(或电路图).

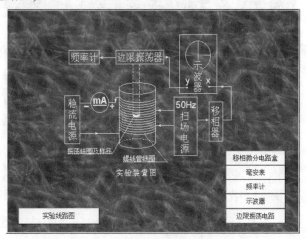

图 6-12-3　仪器装置图

【实验步骤】

单击子菜单"实验步骤"，开始具体的实验操作. 在实验操作之前，请阅读有关实验内容(图 6-12-4)，按步骤逐步进行实验.

图 6-12-4　实验内容界面

步骤 1：通过点击命令框"用内扫法观察电子自旋现象"(实验内容一)和命令框"测 DPPH 中的 g 因子及地磁场垂直分量"(实验内容二)来选择实验内容. 阅读完毕，可以点击命令框"继续下一步"开始下一步.

步骤 2：如图 6-12-5 所示，通过点击关键字"内扫法"和"外扫法"来查看扫场法的原理演示. 点击关键字"内扫法"进入步骤 2.1，点击关键字"外扫法"进入步骤 2.2，点击命令框"回到上一步"将退回到实验步骤 1，点击命令框"继续下一步"将开始实验步骤 3.

图 6-12-5　扫场法简介界面

(1) 如图 6-12-6 所示，通过改变扫场信号比较观察示波器的变化，图中所示的即为内扫法示波器波形图. 比较完毕，请按返回命令框退回到实验步骤 2.

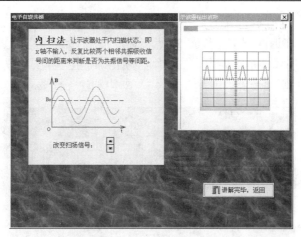

图 6-12-6　内扫法示波器波形图

(2) 如图 6-12-7 所示，图中示波器所示波形即为外扫法共振信号. 观察完毕，请按返回命令框退回到实验步骤 2.

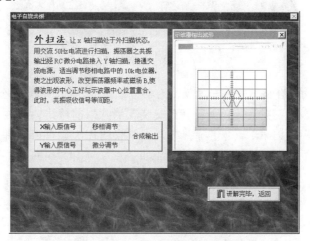

图 6-12-7　外扫法共振信号图

步骤 3：如图 6-12-8 所示，请仔细阅读给出的文档，并估计实验数值. 阅读完毕，点击命令框"回到上一步"将退回到实验步骤 2，点击命令框"继续下一步"将开始实验步骤 4.

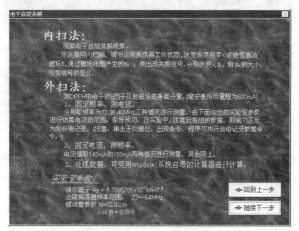

图 6-12-8　实验文档 1

步骤 4：如图 6-12-9 所示，请仔细阅读所给出的文字，并估计实验数值. 阅读完毕，点击命令框"返回上一步"将退回到实验步骤 3，点击命令框"开始实验"将正式开始实验操作. 注意：如果在步骤 1 中选择的是实验内容二，则必须正确连接实验线路方可进入实验平台，这时请按命令框"安装扫场法线路"开始步骤 4.1，对内扫法无此要求.

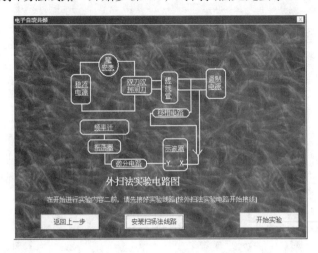

图 6-12-9　实验文档 2

如图 6-12-10 所示，在接线平台的下方，为了方便接线，给出接线状态，如果有错误接线，可以右击鼠标弹出菜单，选择菜单项"重新安装"清除以前接线；接线完毕，可以选择菜单项"安装完毕"判断接线结果是否正确，其最终结果将作为是否可以进入实验操作平台的依据(外扫法). 单击菜单项"退出"可以回到步骤 4.

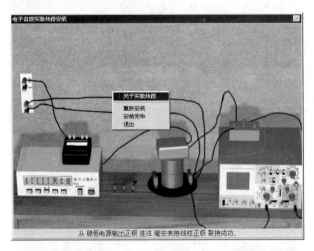

图 6-12-10　线路安装示意图

步骤 5：下面将进入正式实验操作，图 6-12-11 即是实验室的操作平台. 可以点击各个仪器表面，弹出仪器以供调试或观察.

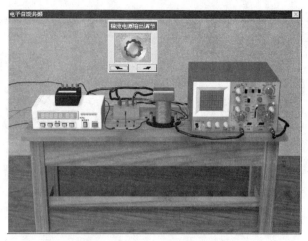

图 6-12-11　实验操作平台

(1) 数学式频率计：通过点击"POWER"开关，打开频率计(图 6-12-12).

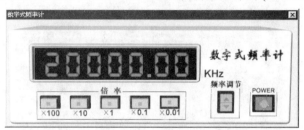

图 6-12-12　频率计

用鼠标点击频率调节的上下方向键，可以增加或减少频率输出. 改变倍率，将改变频率调节的幅度.

(2) 毫安表：仅供读取电流强度用，随"稳恒电流输出调节"的调节而改变，如图 6-12-13 所示. 毫安表所用量程为 500 mA，读数时请注意.

(3) 双刀双掷开刀：通过点击闸刀表面，改变闸刀的状态(正接，反接和断开)，如图 6-12-14 所示.

图 6-12-13　毫安表

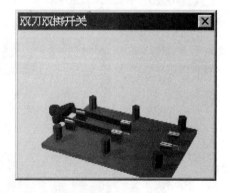

图 6-12-14　双刀双掷开刀

(4) 电路盒：左击和右击旋钮，可以改变示波器 X 输入的相位，如图 6-12-15 所示.

(5) 示波器输出波形：供观察和判定电子自旋共振情况，如图 6-12-16 所示.

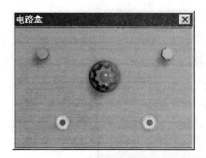

图 6-12-15　电路盒

图 6-12-16　示波器输出波形图

(6) 在得到一组实验数据之后，可以右击操作平台无仪器处弹出菜单(图 6-12-17)，点击"记录实验数据"菜单项，记录实验中得到的电流强度、频率值和开关倒向. 完成实验，可以通过点击"退出实验"正常退出.

图 6-12-17　弹出菜单界面

【数据处理】

选择"数据处理"菜单项，开始实验之后的数据处理(注意：本实验的数据处理仅提供实验记录，不对实验数据自动处理)，如图 6-12-18 所示. 数据处理提供了实验室常数和部分公式，实验者可使用 Windows 系统提供的计算器进行计算.

电流值、频率值和开关倒向由程序自动记录，其余各项均由实验人员手动填入.

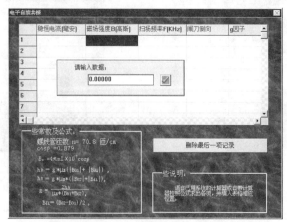

图 6-12-18　数据处理界面

选择"实验思考"菜单项，回答有关问题选择"退出"，退出实验.

6.13　法布里-珀罗标准具实验

1. 主窗口

在系统主界面上选择"法布里-珀罗标准具"并单击，即可进入本仿真实验平台，显示平台主窗口——实验室场景. 用鼠标单击实验台上的实验仪器，鼠标指针光标附近会显示实验仪器的名称.

2. 主菜单

在法布里-珀罗(F-P)标准具实验平台主窗口上单击鼠标右键，弹出主菜单(图 6-13-1).

图 6-13-1　实验主菜单界面

用鼠标单击菜单选项，即可进入相应的实验内容(若单击"退出"，将弹出一个"退出"按钮，单击它就可退出实验平台).

【实验简介】

用鼠标单击主菜单中"系统"选项的子菜单选项"简介"，进入实验简介部分，弹出实验简介窗口(图 6-13-2). 选择"返回"，即可返回法布里-珀罗标准具实验平台.

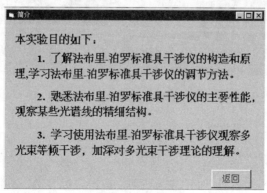

图 6-13-2　实验简介窗口

【实验原理】

(1) 法布里-珀罗标准具实验装置图.

选中主菜单选项"实验原理"的子菜单选项"实验装置",则弹出法布里-珀罗标准具实验装置图窗口. 鼠标单击实验装置窗口的"退出"按钮,即可返回法布里-珀罗标准具实验平台.

(2) 法布里-珀罗标准具工作原理.

选中主菜单选项"实验原理"的子菜单选项"法布里-珀罗标准具原理",则弹出法布里-珀罗标准具原理窗口(图 6-13-3).

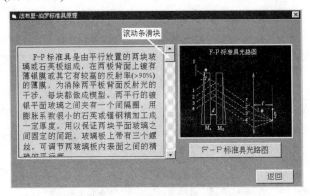

图 6-13-3　法布里-珀罗标准具原理窗口

用鼠标按住滚动条滑块上下拖动,实验原理也相应地向上(或向下)卷动. 鼠标单击"F-P 标准具光路图"按钮,按钮变为"F-P 标准具等倾干涉图",显示窗出现 F-P 标准具等倾干涉图(图 6-13-4). 鼠标单击"F-P 标准具等倾干涉图"按钮,按钮变为"F-P 标准具光路图",显示窗出现 F-P 标准具光路图(图 6-13-3).

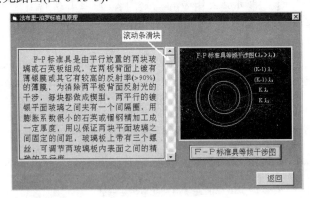

图 6-13-4　F-P 标准具等倾干涉图

【实验内容】

实验仪器面板上按钮、旋钮的通用操作方法如下。

：单击鼠标左键,旋钮逆时针方向转动,单击鼠标右键,旋钮顺时针方向转动.

：单击鼠标左键,摇柄由外向内转动,单击鼠标右键,摇柄由内向外转动.

返回：单击鼠标左键，按下按钮.

1) F-P 标准具装置调整

鼠标单击主菜单"实验内容"选项的子菜单的"F-P 装置调整"选项，即可弹出 F-P 标准具调整窗口(图 6-13-5).

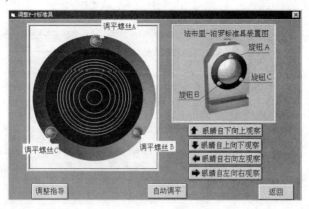

图 6-13-5　F-P 标准具调整窗口

用鼠标单击"眼睛自下向上观察"按钮，选择观察方式是眼睛自下向上观察干涉图像.
用鼠标单击"眼睛自上向下观察"按钮，选择观察方式是眼睛自上向下观察干涉图像.
用鼠标单击"眼睛自右向左观察"按钮，选择观察方式是眼睛自右向左观察干涉图像.
用鼠标单击"眼睛自左向右观察"按钮，选择观察方式是眼睛自左向右观察干涉图像.

若经过观察，发现法布里-珀罗标准具不平行，则可以通过调整 3 个调平螺丝来调平法布里-珀罗标准具.

单击"调整指导"按钮，弹出调整指导窗口(图 6-13-6).

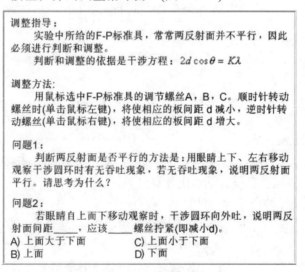

图 6-13-6　调整指导窗口

回答问题时，在横线处输入选择，按 Enter 键转到下一横线处. 完全输入选择后，双击鼠标，系统自动判定答案正误. 单击鼠标右键，退出窗口.

单击"自动调平"按钮，系统自动调平法布里-珀罗标准具.

2) 观察现象和测量

鼠标单击主菜单"实验内容"选项的子菜单的"观察现象和测量"选项，即可弹出 F-P 标准具调整窗口，单击望远镜镜头，弹出观察图像窗口(图 6-13-7)，鼠标右键单击观察图像窗口，即可隐藏观察图像窗口.

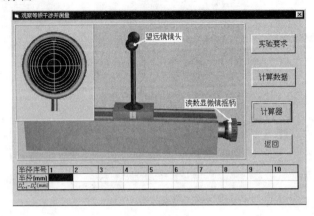

图 6-13-7　观察图像窗口

(1) 鼠标单击读数显微镜窗口，弹出读数显微镜放大的主尺图和副尺图(图 6-13-8).

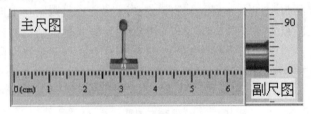

图 6-13-8　主尺图和副尺图

鼠标右键单击主尺图窗口，即可隐藏主尺图窗口.

(2) 单击"实验要求"按钮，弹出实验要求窗口. 在实验要求窗口单击鼠标右键，隐藏实验要求窗口.

(3) 读数显微镜的使用. 鼠标左键单击读数显微镜摇柄，摇柄由外向内转动，主尺图中缩小的读数显微镜向左移动；鼠标右键单击读数显微镜摇柄，旋钮由内向外转动，主尺图中缩小的读数显微镜向右移动.

(4) 数据处理. 用鼠标单击数据表格，在光标处输入实验数据. 全部输完 10 组数据后，鼠标单击"计算数据"按钮，系统自动给出计算结果.

(5) 单击"计算器"按钮，弹出计算器.

(6) 返回. 鼠标单击"返回"按钮，返回法布里-珀罗标准具实验平台.

6.14　低真空的获得和测量

1. 主窗口

在系统主界面上选择"低真空实验"并单击，即可进入本仿真实验平台，显示平台主窗

口——实验室场景. 场景里是实验台和实验仪器, 用鼠标在实验室内四处移动, 当鼠标指向
仪器时, 仪器发光, 同时鼠标指针处会显示相应的提示信息(图 6-14-1).

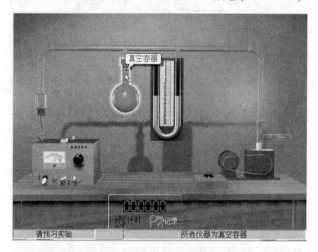

图 6-14-1 实验室场景图

2. 主菜单

在实验室台面上以鼠标右键单击, 弹出主菜单, 主菜单下还有子菜单(图 6-14-2). 鼠标左
键单击相应的主菜单或子菜单, 则进入相应的实验部分.

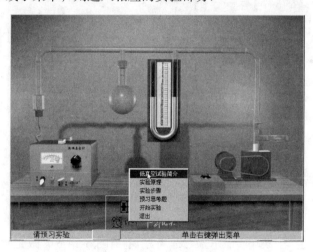

图 6-14-2 弹出菜单界面

实验应按照主菜单的条目顺序进行.

【实验简介】

选择"低真空实验简介"子菜单并单击, 即可查看实验简介. 单击"下一页"按钮可转
到下一页, 此时会出现"关闭"按钮, 单击可回到主窗口(图 6-14-3、图 6-14-4).

图 6-14-3　实验简介界面 1

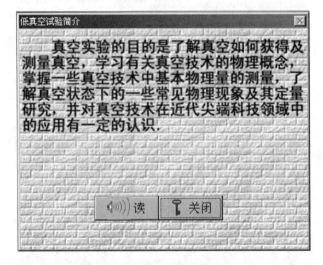

图 6-14-4　实验简介界面 2

"实验原理""实验步骤"的操作与此类似，不再多述.

【预习思考题】

单击"预习思考题"子菜单，显示预习思考题窗口(图 6-14-5). 做完所有题目后按"完成"按钮，系统检查答案. 最好在实验之前先做思考题，并且最好一次通过，因为失败的次数会影响成绩，以防止学生通过穷举的方法避开实际问题.

【开始实验】

单击子菜单"进行实验"，基本操作方法如下.

(1) 旋钮的操作方法：所有的旋钮，其操作方法是一致的，即用鼠标右键单击，则旋钮顺时针旋转；用鼠标左键单击，则旋钮逆时针旋转(图 6-14-6).

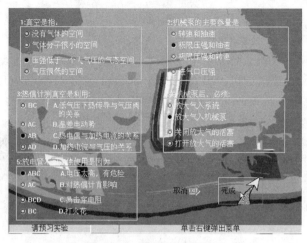

图 6-14-5　预习思考题窗口

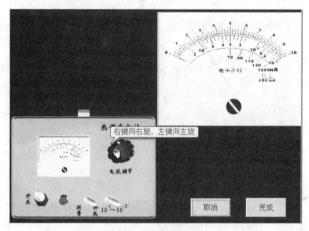

图 6-14-6　旋钮操作示意图

(2) 拨动开关的操作方法：用鼠标左键单击开关的上部，即把开关向上拨，用鼠标左键单击开关的下部，即把开关向下拨. 同样活塞以及横向拨动开关的操作也很类似，只须在其上单击鼠标左键即可(图 6-14-7).

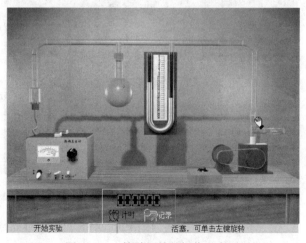

图 6-14-7　拨动开关的操作示意图

当鼠标变成手形时都是可以单击调节的. 因此对于打开、关闭电源开关以及进入调节电流状态的方法就不再——叙述了.

(3) 在观察火花检漏仪检查辉光放电现象时, 直接将鼠标移到上方玻璃管处, 此时鼠标变成检漏仪状(图 6-14-8), 单击即可弹出放大的玻璃管窗口(图 6-14-9), 点击"确定"按钮即可关闭. 在操作时尽量多观察, 即多次用检漏仪观察颜色变化(与成绩相关).

图 6-14-8　检漏仪状鼠标

图 6-14-9　玻璃管放大图

(4) 注意, 当 U 形计两端接近等高时, 确定此时的热偶计是打开的, 打开的方法很简单, 只须单击热偶真空计即可.

(5) 当实验做好时, 会有浮动字串告诉你已经做好了, 此时方可关闭热偶计, 停止秒表, 结束实验.

6.15　油滴法测电子电荷

1. 主窗口

在系统主界面上选择"油滴实验"并单击, 即可进入本仿真实验平台, 显示平台主窗口——实验室场景. 场景里有实验台和实验仪器. 用鼠标在实验台上四处移动, 当鼠标指向仪器时, 仪器发光, 同时鼠标指针处显示相应的提示信息(图 6-15-1).

图 6-15-1　实验平台主窗口

单击书本, 进入"实验简介"; 单击密立根(Millikan)油滴仪, 开始做实验; 单击笔记本, 开始数据处理; 单击右下角的门形图标, 退出仿真平台.

2. 操作方法

(1) 旋钮的操作方法. 所有的旋钮(包括调平螺丝)，其操作方法是一致的，即用鼠标右键单击，则旋钮顺时针旋转；用鼠标左键单击，则旋钮逆时针旋转. 如果按住鼠标键不放，则旋钮持续向相应方向旋转(图 6-15-2).

(2) 拨动开关的操作方法. 用鼠标左键单击开关的上部，即把开关拨向上挡；类似地，用鼠标左键单击开关的中、下部，则把开关拨向中、下挡(图 6-15-3).

图 6-15-2 调节螺丝示意图 图 6-15-3 拨动开关操作图

(3) "返回"图标和"退出"按钮. 单击窗口右下角的门形图标或"退出"按钮，关闭窗口，返回上一层.

(4) 提示信息. 在平台主窗口中，当鼠标移到可以点击的地方时，该处以高亮度(发光)显示(图 6-15-4)，并会显示浮动的提示条. "开始实验"时的选择界面上同样，当鼠标移到可以点击的地方时，该处也会以高亮度(发光)显示.

图 6-15-4 提示信息示意图

3. 使用说明

1) 实验简介

在主窗口的实验台上单击书本，进入"实验简介"窗口. 该窗口中，蓝色下划线的字代表一种链接，鼠标单击可跳转至另外的窗口或显示相应的图片.

在实验简介中的"预习思考题"项中，供选择的答案显示在窗口底部. 用鼠标单击所选答案，如果选择不正确，不会有显示，直到选择了正确答案时，才会将正确答案显示出来. 在没有将题目完全回答正确之前是无法离开的.

2) 开始实验

在主窗口的实验台上单击密立根油滴仪，进入"开始实验"窗口(图 6-15-5).

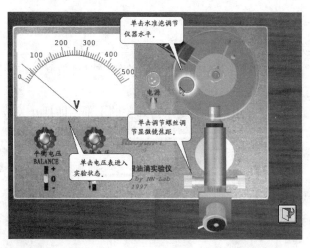

图 6-15-5　"开始实验"窗口

图 6-15-6　调节水平图

(1) 调节水平. 用鼠标单击水准泡, 即进入调节水平状态, 调节螺丝的操作方法如上所述, 当使气泡停留在中央的圆圈内部时, 即可认为已经调平(图 6-15-6).

(2) 显微镜调焦. 鼠标单击调焦手轮, 即进入调节焦距状态, 调节螺丝的操作方法同上所述, 当视野中的金属丝最为清晰时, 即可认为焦距已经调好.

(3) 开始实验. 用鼠标单击电压表, 进入实验状态. 进入实验状态后, 单击电源开关可进行开/关仪器电源的操作. 平衡、升降电压调节旋钮及其对应的反向开关操作方法如前所述. 单击油滴盒或显微镜则弹出观察窗, 观察窗下部是秒表及其操作开关, 如图 6-15-7 所示.

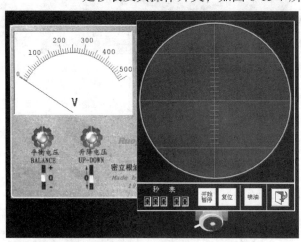

图 6-15-7　实验操作界面

按"开始/暂停"按钮(或按键盘上的"s"键), 秒表开始或暂停计时. 按"复位"按钮(或按键盘上的"r"键), 秒表清零复位. 按"喷油"按钮, 开始喷油.

3) 数据处理

完成实验后，在主窗口上单击笔记本进入数据处理状态. 用鼠标右键单击数据区，会弹出快捷菜单，如图 6-15-8 所示. 可根据需要，选择"新建一组数据"或"新建一个油滴的数据"；或因为误差太大，选择"删除一组数据"或"删除一个油滴的全部数据".

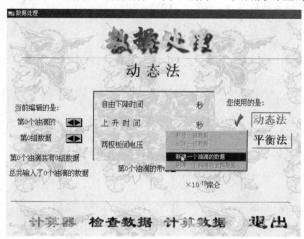

图 6-15-8　数据处理界面

可使用数据选择按钮来选择当前编辑的数据，在数据区内所要编辑的数据上单击，即可填写或编辑数据.

当数据全部填写完全后，单击"检查数据"会检查是否有漏填的数据及计算的每个油滴所带电量是否误差过大.

【注意事项】

(1) 每个油滴所带电量需要自己计算，其误差不得超过 3%.

(2) 单击"计算器"钮会弹出一个函数计算器，以方便计算.

(3) 在检查数据通过后，单击"计算数据"即会自动计算出基本电荷 e 及其标准差和相对误差. 如果填写的数据既有平衡法的也有动态法的，会提示选择其中一种数据进行计算或选择全部数据进行计算.

参 考 文 献

波蒂斯·杨. 1982. 大学物理实验：伯克利物理实验.《大学物理实验》翻译组，译. 北京：科学出版社

曹尔第. 1992. 近代物理实验. 上海：华东师范大学出版社

程守洙，江之永. 1979. 普通物理学. 3 版. 北京：高等教育出版社

杜保立. 2017. 大学物理实验. 上海：复旦大学出版社

霍剑青，王晓浦. 1998. 大学物理仿真实验 for Windows. 北京：高等教育出版社

霍剑青. 2007. 大学物理实验(第 4 册). 2 版. 北京：高等教育出版社

江兴方. 2003. 物理实验. 北京：科学出版社

刘隆鉴. 1997. 大学物理实验. 成都：成都科技大学出版社

钱难能. 1992. 当代测试技术. 上海：华东师范大学出版社

尚世铉. 1993. 近代物理实验技术. 北京：高等教育出版社

汪静，迟建卫. 2015. 创新性物理实验设计与应用. 北京：科学出版社

王青狮. 2011. 大学物理实验学. 北京：科学出版社

王庆有. 2000. ＣＣＤ应用技术. 天津：天津大学出版社

王少杰，顾牡，吴天刚. 2009. 新编基础物理学. 北京：科学出版社

魏怀鹏，张志东，展永. 2015. 大学物理实验(修订本). 北京：科学出版社

吴俊林. 2013. 大学物理实验. 北京：科学出版社

吴思诚，王祖铨. 1995. 近代物理实验. 北京：北京大学出版社

杨述武. 2000. 普通物理实验. 北京：高等教育出版社

余虹. 2007. 大学物理实验. 北京：科学出版社

袁希光. 1986. 传感器技术手册. 北京：国防工业出版社

赵近芳，王登龙. 2016. 大学物理简明教程. 3 版. 北京：北京邮电大学出版社

周炳琨. 2009. 激光原理. 北京：国防工业出版社

附　　录

附表 1　常用物理量表

物理量	符号、公式	数值	单位	不确定度 $(\times 10^{-8})$
光速	c	299792458	m/s	精确
普朗克常量	h	$6.62606896(33) \times 10^{-34}$	J·s	0.05
约化普朗克常量	$\hbar = h/2\pi$	$1.054571628(53) \times 10^{-34}$	J·s	0.05
电子电荷	e	$1.602176487(40) \times 10^{-19}$	C	0.025
电子质量	m_e	$9.10938215(45) \times 10^{-31}$	kg	0.05
质子质量	m_p	$1.672621637(83) \times 10^{-27}$	kg	0.05
氘质量	m_d	$3.34358320 \times 10^{-27}$	kg	0.05
真空介电常数	ε_0	$8.854187817\cdots \times 10^{-12}$	F/m	精确
真空磁导率	μ_0	$4\pi \times 10^{-7} = 12.566370614\cdots \times 10^{-7}$	H/m	精确
精细结构常数	$\alpha = e^2/4\pi\varepsilon_0 hc$	$7.2973525376(50) \times 10^{-3}$		0.00068
里德伯能量	$hcR_\infty = m_e c^2 \alpha^2/2$	13.60569193	eV	0.025
引力常数	G	$6.67428(67) \times 10^{-11}$	$m^3/(kg \cdot s^2)$	100
重力加速度(纬度 45° 海平面)	g	9.80665	m/s^2	精确
阿伏伽德罗常量	N_A	$6.02214179(30) \times 10^{23}$	mol^{-1}	0.05
玻尔兹曼常量	k	$1.3806504(24) \times 10^{-23}$	J/K	1.7
斯特藩-玻尔兹曼常量	$\sigma = \pi^2 k^4/60h^3 c^2$	$5.670400(40) \times 10^{-8}$	$W/(m^2 \cdot K^4)$	7.0
玻尔磁子	$\mu_B = eh/2m_e$	$927.400915 \times 10^{-26}$	$A \cdot m^2$	0.025
核磁子	$\Phi_N = eh/2m_p$	$5.05078324 \times 10^{-27}$	$A \cdot m^2$	0.025
玻尔半径(无穷大质量)	$\alpha_4 = 4\pi\varepsilon_0 h^2/m_e e^2$	$0.52917720859 \times 10^{-10}$	m	0.00068
电子伏特	eV	$1.602176487(40) \times 10^{-19}$	J	0.025

附表 2　构成词头的十进倍数和分数单位

因数	词头名称		符号	因数	词头名称		符号
	英文	中文			英文	中文	
10^{24}	yotta	尧[它]	Y	10^{12}	tera	太[拉]	T

因数	词头名称		符号	因数	词头名称		符号
	英文	中文			英文	中文	
10^{21}	zetta	泽[它]	Z	10^{9}	giga	吉[咖]	G
10^{18}	exa	艾[可萨]	E	10^{6}	mega	兆	M
10^{15}	peta	拍[它]	P	10^{3}	kilo	千	k
10^{2}	hecto	百	h	10^{-9}	nano	纳[诺]	n
10^{1}	deca	十	da	10^{-12}	pico	皮[可]	p
10^{-1}	deci	分	d	10^{-15}	femto	飞[母托]	f
10^{-2}	centi	厘	c	10^{-18}	atto	阿[托]	a
10^{-3}	milli	毫	m	10^{-21}	zepto	仄[普托]	z
10^{-6}	micro	微	μ	10^{-24}	yocto	幺[科托]	y

附表 3 部分城市的重力加速度值

地名	纬度 ϕ	重力加速度 $g/(m/s^2)$	地名	纬度 ϕ	重力加速度 $g/(m/s^2)$
北京	39° 56′	9.80122	宜昌	30° 42′	9.79312
张家口	40° 48′	9.79985	武汉	30° 33′	9.79359
烟台	40° 04′	9.80112	安庆	30° 31′	9.79357
天津	39° 09′	9.80094	黄山	30° 18′	9.79348
太原	37° 47′	9.79684	杭州	30° 16′	9.79300
济南	36° 41′	9.79858	重庆	29° 34′	9.79152
郑州	34° 45′	9.79665	南昌	28° 40′	9.79208
徐州	34° 18′	9.79664	长沙	28° 12′	9.79163
南京	32° 04′	9.79442	福州	26° 06′	9.79144
合肥	31° 52′	9.79473	厦门	24° 27′	9.79917
上海	31° 12′	9.79436	广州	23° 06′	9.78831

注：表中所列数值是根据公式 $g=9.78049(1+0.005288\sin^2\phi-0.000006\sin^2\phi)$ 算出的，其中 ϕ 为纬度.

附表 4 水及部分固体的比热容简表

不同温度时水的比热容

温度/℃	0	5	10	15	20	25	30	40	50	60	70	80	90	99
比热容 /[J/(kg · K)]	4217	4202	4192	4186	4182	4179	4178	4178	4180	4184	4189	4196	4205	4215

部分固体的比热容

固体	比热容/[J/(kg·K)]	固体	比热容/[J/(kg·K)]
铝	908	铁	460
黄铜	389	钢	450
铜	385	玻璃	670
康铜	420	冰	2090

附表5　不同温度时干燥空气中的声速　　　　　　（单位：m/s）

温度/℃	0	1	2	3	4	5	6	7	8	9
60	366.05	366.60	367.14	367.69	368.24	368.78	369.33	369.87	370.42	370.96
50	360.51	361.07	361.62	362.18	362.74	363.29	363.84	364.39	364.95	365.50
40	354.89	355.46	356.02	356.58	357.15	357.71	358.27	358.83	359.39	359.95
30	349.18	349.75	350.33	350.90	351.47	352.04	352.62	353.19	353.75	354.32
20	343.37	343.95	344.54	345.12	345.70	346.29	346.87	347.44	348.02	348.60
10	337.46	338.06	338.65	339.25	339.84	340.43	341.02	341.61	342.20	342.58
0	331.45	332.06	332.66	333.27	333.87	334.47	335.07	335.67	336.27	336.87
−10	325.33	324.71	324.09	323.47	322.84	322.22	321.60	320.97	320.34	319.52
−20	319.09	318.45	317.82	317.19	316.55	315.92	315.28	314.64	314.00	313.36
−30	312.72	312.08	311.43	310.78	310.14	309.49	308.84	308.19	307.53	306.88
−40	306.22	305.56	304.91	304.25	303.58	302.92	302.26	301.59	300.92	300.25
−50	299.58	298.91	298.24	397.56	296.89	296.21	295.53	294.85	294.16	293.48
−60	292.79	292.11	291.42	290.73	290.03	289.34	288.64	287.95	287.25	286.55
−70	285.84	285.14	284.43	283.73	283.02	282.30	281.59	280.88	280.16	279.44
−80	278.72	278.00	277.27	276.55	275.82	275.09	274.36	273.62	272.89	272.15
−90	271.41	270.67	269.92	269.18	268.43	267.68	266.93	266.17	265.42	264.66

附表6　部分固体的线膨胀系数

物质	温度范围/℃	$\alpha/(10^{-6}℃^{-1})$	物质	温度范围/℃	$\alpha/(10^{-6}℃^{-1})$
铝	0~100	23.8	铅	0~100	29.2
铜	0~100	17.1	锌	0~100	32
铁	0~100	12.2	铂	0~100	9.1
金	0~100	14.3	钨	0~100	4.5
银	0~100	19.6	石英玻璃	20~200	0.56
钢(0.05%碳)	0~100	12.0	窗玻璃	20~200	9.5
康铜	0~100	15.2			

附表 7　20℃时部分金属的弹性(杨氏)模量[①]

金属	弹性(杨氏)模量/(10^9Pa)	金属	弹性(杨氏)模量/(10^9Pa)
铝	68.7	铬	240
铜	108	铝合金 1100	68.7
金	75.6	不锈钢	196
银	73.6	合金钢	200
锌	88.3	钛合金	114
镍	206	碳钢 $AISI_{120}$	207

① 弹性(杨氏)模量的值与材料的结构、化学成分及其加工制造方法有关. 因此, 在某些情况下, 其值可能与表中所列的平均值有所不同.

附表 8　不同温度时水的黏滞系数

温度/℃	黏滞系数 η		温度/℃	黏滞系数 η	
	(μPa · s)	(10^{-6}kgf · s/mm^2)		(μPa · s)	(10^{-6}kgf · s/mm^2)
0	1787.8	182.3	60	469.7	47.9
10	1305.3	133.1	70	406.0	41.4
20	1004.2	102.4	80	355.0	36.2
30	801.2	81.7	90	314.8	32.1
40	653.1	66.6	100	282.5	28.8
50	549.2	56.0			

附表 9　在标准大气压下不同温度时水的密度

温度 t/℃	密度 ρ/(kg/m^3)	温度 t/℃	密度 ρ/(kg/m^3)	温度 t/℃	密度 ρ/(kg/m^3)
0	999.87	18	998.62	36	993.71
1	999.93	19	998.43	37	993.36
2	999.97	20	998.23	38	992.99
3	999.99	21	998.02	39	992.62
3.98	1000.00	22	997.77	40	992.24
5	9999.99	23	997.57	41	991.86
6	999.97	24	997.33	42	991.47
7	999.93	25	997.07	45	990.25
8	999.88	26	996.81	50	988.07
9	999.81	27	996.54	55	985.73
10	999.73	28	996.26	60	983.21
11	999.63	29	995.97	65	980.59
12	999.52	30	995.68	70	977.78
13	999.40	31	995.37	75	974.89
14	999.27	32	995.05	80	971.80

温度 t/℃	密度 ρ/(kg/m³)	温度 t/℃	密度 ρ/(kg/m³)	温度 t/℃	密度 ρ/(kg/m³)
15	999.13	33	994.72	85	968.65
16	998.97	34	994.40	90	965.31
17	998.90	35	994.06	100	958.35

注：纯水在 3.98℃时密度最大.